流体機械

―基礎理論から応用まで―

山本　誠・太田　有
新関良樹・宮川和芳［著］

序　文

流体機械は，発電設備や上下水道システムなど社会のインフラを支える基盤技術であるとともに，ロケットやジェットエンジンのような未来の創造や夢の実現につながる最先端工学の研究対象でもある．多くの若手技術者に流体機械を学んでもらいたいと思うが，残念ながら，初学者が流体機械の基礎から応用までを広く学ぶために適した教科書・参考書はこれまでほとんど出版されてこなかった．

1976年4月に草間秀俊先生，酒井俊道先生（ともに故人）が執筆・出版された『流体機械』は名著として知られ，その理論や応用例の詳細な解説は出版から42年経った現在でも十分実用に耐える内容であると思われる．しかし，現在の標準となっているSI単位系ではなく旧来の工学単位系が主に使用されていることや，出版以来40年以上の歳月の間に流体機械が遂げた技術的発展に関する事項が含まれていないことなど，現在また将来にわたって『流体機械』を教科書・参考書として使い続けることが難しくなっていたことは否めなかった．また一方で，『流体機械』という名著がこのまま消滅してしまうのは惜しいという声を多くの方々から聞いていた．

このような中，数年前に酒井俊道先生から『流体機械』の増補・改訂を持ちかけられたことが本書『流体機械—基礎理論から応用まで—』出版のきっかけであった．「著作権等はすべて移譲するので，将来にも通用するように増補・改訂してほしい」との依頼であったことを昨日のことのように覚えている．この依頼を安易に引き受けてしまったのは良いが，私一人で完成させることはできるはずもなく，流体機械分野で活躍されている研究者の中から共著者を探し，太田有先生（早稲田大学），宮川和芳先生（早稲田大学，元三菱重工），新関良樹先生（徳島文理大学，元東芝）の協力を得られたことは幸運であったと言えよう．以来数年にわたり，各々多忙なゆえになかなか筆の進まない我々著者に対し，共立出版の石井徹也氏には諦めることなく叱咤激励し続けていただいた．本書の出版に漕ぎ付けることができたのは，石井氏の執念の賜物だと思われ，心より謝意を表したい．酒井俊道先生が本書の出版を見ることなく逝去されてしまわれたのは誠に残念であったが，何とか『流体機械』の増補・改訂を実現し，酒井先生との約束を果たすことができたのは本当に感慨無量である．

本書が流体機械を学ぶ学生や若手技術者に広く利用され，優秀な技術人材の育成を通じて，我が国の流体機械のさらなる発展に多少なりとも貢献できれば幸甚である．

2018 年 9 月

著者を代表して　山本　誠

目　次

主な記号

アルファベット

a　音速
A　面積，断面積
b　羽根高さ，流路高さ
c　羽根長さ
C　比熱
C_p　定圧比熱
C_v　定積比熱
C_D　抗力係数
C_L　揚力係数
C_M　モーメント係数
D　抗力
D　直径，外径
E　比有効仕事
f　損失係数，摩擦係数
g　重力加速度
G　質量流量
h　損失ヘッド
H　全ヘッド，水頭，揚程
H_{th}　理論揚程
$H_{th\infty}$　無限羽根枚数の理論揚程
i　エンタルピー
i　インシデンス角
I　全エンタルピー
K　体積弾性係数
K　形式数
ℓ　翼弦長
L　揚力
M　モーメント，トルク
M　マッハ数
n　ポリトロープ指数
N　回転数
N_s　比速度
p　圧力
p_a　大気圧
P　動力，軸出力
P_f　(円板) 摩擦による動力損失
P_m　機械損失動力
Q　体積流量
q　単位質量当たりの熱量
q　漏れ流量
r　半径
R　ガス定数
R　反動度
R　翼に働く力
Re　レイノルズ数
s　エントロピー
t　(羽根) ピッチ
t　時間
T　温度
T　トルク，モーメント
u　比内部エネルギー
u　周方向速度
U　速度
v　絶対速度
v　比体積，比容積
V　体積，容積
w　比仕事
w　相対速度
W　仕事
z　高さ
z　羽根枚数

ギリシャ文字

α　冷却率
α　絶対角度
α　迎角，迎え角
β　相対角度
γ　比重量
Γ　循環
δ　偏差角，デビエーション角
ζ　損失係数
ζ　食い違い角，スタガ角
η　効率
θ　そり角，キャンバ角
κ　比熱比
κ　断熱指数
λ　(管) 摩擦損失係数
λ　(軸) 動力係数

μ すべり係数

μ 粘性係数

ν 動粘性係数

π 円周率

π 圧力比

ρ 密度

σ ソリディティ (ℓ/t)

σ トーマのキャビテーション係数

ϕ 流量係数

ψ 圧力上昇係数

ω 角速度

添字

0 基準状態または無限遠方 (上流)

1 入口

2 出口

3 静翼出口，または無限遠方 (下流)

a 軸方向

d 設計点

d ダイナミック，動的成分

iso 等温

m 子午面方向成分

pol ポリトロープ

r 半径方向

s スタティック，静的成分

t よどみ点状態

th 理論値

u 周方向成分

vp 飽和蒸気

V 静翼

∞ 無限羽根枚数

SL スリップ

第I部

基礎編

1

CHAPTER ONE

流体機械の概要

流体機械は社会の中でさまざまな用途に使われ，我々の生活を豊かで快適なものとする上で重要な役割を担っている．本章では，流体機械の分類，動作原理について述べる．

1.1 流体機械の分類

流体機械には多くの種類があり，さまざまな観点に基づいて分類することができる．一般に用いられている観点として，以下の 4 種類がある．

i　流体とのエネルギー授受の方向
ii　取り扱う流体の種類
iii　作用原理
iv　流体機械内の流れ方向

流体とのエネルギー授受の方向（観点 i）に基づくと，流体のエネルギーを機械的エネルギーに変換する**原動機**（prime mover）と，逆に機械的エネルギーを流体のエネルギーに変換する**被動機**（pumping machinery）に分類される．流体原動機は流体からエネルギーを受け取るのに対して，被動機は流体にエネルギーを与えることになり，流体に対するエネルギー授受の方向が反対になっている．

■例題

ある流体機械を流体が通過したとき，図のように流体のエネルギーが変化した．この流体機械は原動機か，それとも被動機か．

流入流体
3000［kJ/kg］

流体機械

流出流体
2500［kJ/kg］

解答

流体機械を通過することによりエネルギーが減少しているので，流体はエネルギーを消費して仕事を行ったことになる．したがって，この流体機械は原動機である．

取り扱う流体の種類（観点 ii）に基づくと，作動流体として液体と気体が用いられるため，水のような液体を取り扱う**水力機械**（hydraulic machinery）と空気のような気体を取り扱う**空気機械**（pneumatic machinery）とに分類される．

作用原理（観点 iii）に基づくと，回転する羽根車の動力学作用を用いる**ターボ形**（turbo type）と，ピストンやローターによる容積変化を用いる**容積形**（positive displacement type）とに分類することができる．

流体機械内の流れ方向（観点 iv）に基づく分類はターボ形にのみ適用され，回転軸に対して直角の流れを形成する**遠心式**（半径流式，radial flow type または centrifugal type），回転軸に対して斜め方向の流れを形成する**斜流式**（mixed flow type, diagonal flow type），回転軸と平行の流れを形成する**軸流式**（axial flow type）とに分類される．

以上の分類を代表的な機種とともに表 1.1，1.2，図 1.1 にまとめておく．表 1.1 は水力機械の，表 1.2 は空気機械の被動機の分類例である．なお，空気機械の場合，原動機として風車があるが，風車については第 II 部応用編第 11 章を参照してほしい．

表 1.1　水力機械の分類と代表的な機種

種　別		名　称	代表機種
原動機	ターボ形	衝動水車	ペルトン水車
		反動水車	フランシス水車，カプラン水車
被動機	ターボ形	遠心ポンプ	ボリュート・ポンプ
		軸流ポンプ	軸流ポンプ
		斜流ポンプ	斜流ポンプ
	容積形	往復ポンプ	ピストンポンプ
		回転ポンプ	ギヤーポンプ
	特殊形	特殊ポンプ	うず流ポンプ 気泡ポンプ

表 1.2　空気機械（被動機）の分類

種　別		送風機		圧縮機
		10 kPa 未満	10 kPa～100 kPa	100 kPa 以上
ターボ形	遠心式	多翼ファン ラジアルファン 後向き羽根ファン	遠心ブロワ ターボブロワ	遠心圧縮機 ターボ圧縮機
	軸流式	軸流ファン	軸流ブロワ	軸流圧縮機
容積形	ルーツ式		二葉ブロワ	
	可動式			可動翼式圧縮機
	ねじ式			ねじ式圧縮機
	往復式			往復式圧縮機

(a) トンネル換気用ジェットファン（電業社機械製作所）

(b) 電子機器用小型冷却ファン（日本計器製作所）

(c) ジェットエンジン（IHI）

(d) 風力発電用風車（三菱重工業）

(e) 水力発電用フランシス水車模型（早稲田大学）

図 1.1　典型的な流体機械

また，空気機械を取り扱う分野では，従来の習慣から，圧力上昇の程度によって名称が異なっている．圧力上昇が 100 [kPa] 以上のものを**圧縮機**（compressor），圧力上昇が 100 [kPa] 未満のものを**送風機**（fan），送風機で圧力上昇が 100 [kPa] から 10 [kPa] のものを**ブロワ**（blower），10 [kPa] 以下のものを**ファン**（fan）と呼んでいる（表 1.2 参照）．

1.2　ターボ形と容積形

工業上，ターボ形と容積形の流体機械が特に重要であるので，本節ではこれらの違いについて説明する．

両者の区別は，前述のように作動流体と機械との間のエネルギー授受の仕方によっている．ターボ形の場合，一般に回転する羽根車の中を作動流体が通り抜ける間に動力学的効果によって連続的にエネルギーの授受が行われる．一方，容積形の場合には，エネルギー授受の過程は境界壁（たとえばピストン）の移動によるものであり，機械の中に設けられた空間内に作動流体を流入させ，その空間内の境界面を移動させて流体に状態変化を与えることを間欠的に繰り返すことによってエネルギーの授受が行われる．図1.2にターボ形機械と容積形機械の模式図を示す．

ターボ形機械と容積形機械は，機械の運転を停止したときの作動流体の状態の変化を考えることによっても区別することができる．作動流体の漏れや熱の授受がないと仮定すると，機械の運転が停止したとき，ターボ形の場合，流体は今まで動いていたときの状態から別の状態に変化してしまうが，容積形の場合，運転が停止したときの流体の状態がそのまま持続して変化しない．

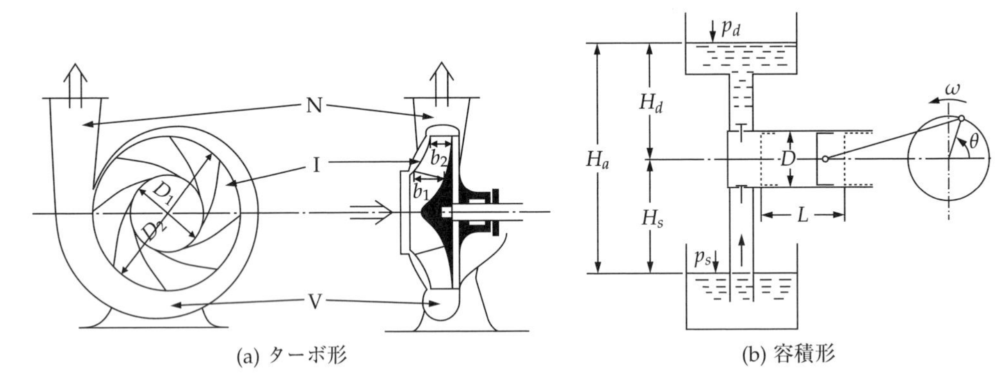

(a) ターボ形　　(b) 容積形

図1.2　ターボ形機械と容積形機械の例

1.3　ターボ機械の概要

本書は，ターボ機械の設計開発法の理解を主目的としている．このため，ターボ機械の代表である遠心機械と軸流機械を例として，その概要を説明しておく．

1.3.1　遠心機械

遠心ポンプ（centrifugal pump）は図1.2(a)に示すように，回転する**羽根車**（impeller）と**うず巻き室**（volute あるいは scroll）からなっており，ボリュート・ポンプ，うず巻きポンプなどとも呼ばれている．羽根車には多数の**羽根**（vane, blade）が設けられており，これらの羽根によって作動流体にエネルギーが供給される．

水を満たした**ケーシング**（casing）内で羽根車I（図1.2(a)参照）を回転する

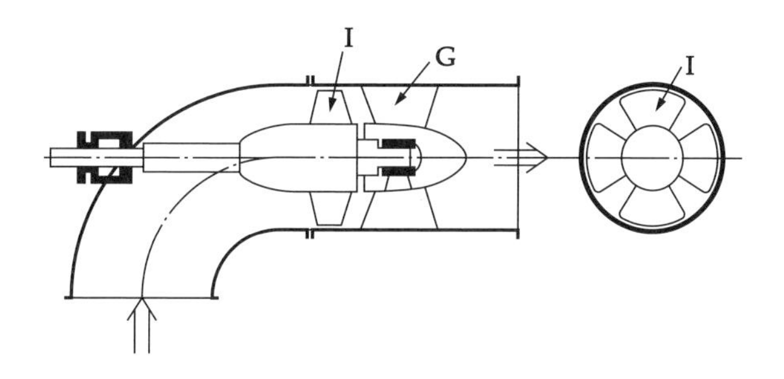

図 1.3　軸流ポンプ

と，遠心作用によって羽根車の中心部が低圧になる．このため，羽根車中心部分に設けられた吸込み管を通して水が羽根車に吸い込まれ，半径方向外向きに流出する．水が羽根車を通過する間に，羽根車は水に圧力ヘッドの上昇を起こさせ，また運動エネルギーを与える（すなわち，増速する）．次いで，水はうず巻き室 V，**吐出しノズル**（discharge nozzle）N を通過するが，この間に流路断面積が増加して減速することによって，圧力ヘッドをさらに高めることになる．

水にエネルギーを与える場合にはこのようなうず巻きポンプが使用されるが，空気など気体にエネルギーを与えるために用いられる遠心送風機はうず巻きポンプと構造上大差なく，作動原理もまったく同一である．

また，水力原動機，すなわちエネルギーを有する水を流入させて，羽根車（runner）を通り抜ける間に**軸動力**（shaft power）として取り出す水車のうちで**フランシス水車**（Francis turbine）も構造からみるとうず巻きポンプとほとんど同じである．異なるところは，ただ水の流れ方が，うず巻きポンプでは羽根車の中心から吸い込み，半径方向に外向きに流れた後，うず形室を経て，吐出し管に出るのに対して，フランシス水車ではまったく逆となっており，うず巻きポンプの場合の吐出し管に相当するところから水が流入し，**案内羽根**（guide vane）および**スピード・リング**（speed ring）などのうず巻きポンプではなかった固定された羽根の間を通り，羽根車を半径方向に内向きに流れ，羽根車の中心部に相当するところから外に出る．このように，流れの向きが逆でエネルギーの授受の関係は反対であるが，理論的には両者は同じ考え方で取り扱うことができる．

1.3.2　軸流機械

軸流ポンプ（axial flow pump）は図 1.3 に示すように，多数の羽根を有する軸を回転させることにより，軸方向に水を流すタイプのポンプである．このポンプは流量が大きく，**揚程**（lift）が低い場合に適している．吸い込まれた水は回転している羽根 I（図 1.3 参照）によってエネルギーを供給され，その下流側にある固定された案内羽根 G において，供給されたエネルギーのうちの運動エネルギーを減少させ，圧力ヘッドを上昇させる．

遠心ポンプでは主として遠心作用を利用して水にエネルギーを与えたのであるが，軸流ポンプでは遠心作用を利用することはなく，羽根を通過する際の速度変化によってエネルギーを供給している．

遠心ポンプの場合と同様，空気のような気体にエネルギーを与える軸流送風機や軸流圧縮機も構造において大差がない．また，軸流ポンプに対応して**軸流水車**（propeller turbine）があるが，ポンプと水車とではエネルギーの授受の方向が反対になっているだけで，これらを取り扱うための理論は同様である．

演習問題

1.1　表1.1に示された各種の流体機械がどのような用途で用いられているか調べなさい．

1.2　ターボ形と容積形についてそれぞれの長所と短所を論じなさい．

1.3　遠心機械と軸流機械の実用例を調べ，なぜその形式の機械が用いられているのかを論じなさい．

1.4　原子力発電のシステムに用いられている流体機械について調べなさい．

1.5　水力発電のシステムに用いられている流体機械について調べなさい．

2

CHAPTER TWO

流体機械のエネルギー変換

流体機械では，流体の持つエネルギーから機械的仕事を取り出したり，流体に熱エネルギーを加えて流体の持つエネルギーを増加させたりといったエネルギーの変換プロセスが行われている．本章では，流体機械におけるエネルギー変換の原理を理論的に説明する．

2.1 流体のエネルギー

流体が保有し伝達するエネルギーには種々の形態があり，**運動エネルギー** (kinetic energy) や重力の**位置エネルギー** (potential energy) のような**力学的エネルギー** (mechanical energy) と，**熱エネルギー** (thermal energy)，およびその他のエネルギーとに大別される．その他のエネルギーとしては，電離した気体や溶融金属が保有する電気・磁気エネルギーや，化学反応や相変化の際に問題となる化学エネルギー，および核分裂や核融合の際に生じる核エネルギーなどが挙げられるが，流体機械のエネルギー変換を考える際にこれらのエネルギーはほぼ一定に保たれることが多く，ここでは問題としない．

力学的エネルギーは，運動エネルギーとして流体に保有される一方，外力によってなされた仕事として流体中を伝達されたり，**内部エネルギー** (internal energy) として流体中に蓄えられることもある．一方，熱エネルギーは高温側から低温側へと温度勾配に比例して伝達されるエネルギーで，流体内部では内部エネルギーとして蓄えられたり，外界に対してなした仕事として費やされることもある．

本章では原則として，単位質量の流体が保有あるいは伝達するエネルギーについて考えることにする．単位質量の流体に着目した際のエネルギーは特に**比エネルギー** (specific energy) と呼ばれ，一般のエネルギーとは区別されることもあるが，ここでは用語の混乱を避けるためにあえて厳密な区別は行わないことにする．

2.1.1　流体の保有するエネルギー

(1)　運動エネルギー

質量 m [kg] の流体が速度 U [m/s] で運動している場合の運動エネルギーは $mU^2/2$ [J] であるから，単位質量当たりの流体が保有する運動エネルギーは，次式で表される．

$$\frac{1}{2}U^2 \quad [\mathrm{J/kg}] \tag{2.1}$$

これを**比運動エネルギー** (specific kinetic energy) という．

(2)　内部エネルギー

流体がその温度，圧力などに応じて内部に保有しているエネルギーを内部エネルギーと呼ぶ．具体的には，流体を構成する分子が，分子相互間のポテンシャルエネルギーとして保有するエネルギーと，不規則な分子運動に起因する運動エネルギーの総和である．内部エネルギーは流体の速度や高さなどの外的条件とは無関係である．

いま，閉じた系[†]において気体に微小な熱量 dq [J/kg] を加えた場合を考える．単位質量の気体に着目すると，熱力学の第一法則より，加えた熱量の一部は気体が外部の圧力 p [Pa] に抗して dv [m^3/kg] の体積変化（膨張）する際の仕事 dw [J/kg] として費やされ，残りは内部エネルギーの増加 du [J/kg] として気体内に蓄えられるから

$$dq = du + dw = du + pdv = du + pd\left(\frac{1}{\rho}\right) \quad [\mathrm{J/kg}] \tag{2.2}$$

という関係が成立する．ここで，単位質量当たりの内部エネルギーを**比内部エネルギー** (specific internal energy) という．また，$v = 1/\rho$ は単位質量の気体が占める体積を表す**比体積** (specific volume) [m^3/kg]，ρ は気体の**密度** (density) [kg/m^3] である．

体積が変化しない容器内に気体を封入して熱を加えても体積変化の際の仕事はないから，加えた熱はすべて内部エネルギーの増加（気体の温度や圧力の上昇）に使われる．したがって，

$$dq = du \quad [\mathrm{J/kg}] \tag{2.3}$$

一方，気体の状態変化が可逆断熱（等エントロピー）的に行われたとすると，式 (2.2) において $dq = 0$ より，

$$du = -dw = -pdv = -pd\left(\frac{1}{\rho}\right) \quad [\mathrm{J/kg}] \tag{2.4}$$

となり，外部からなされた仕事がすべて気体の内部エネルギーとして蓄えられることがわかる．流体分子のミクロなエネルギーの総和である内部エネルギーは一種の熱力学的状態量であるから，それを力学的エネルギーと熱エネルギー

[†] 物質の出入りはないが，熱や仕事は周囲と交換できるような系を閉じた系という．多くの流体機械においては，流体は外部から系に流入し，エネルギー交換を行った後に流出するが，このように物質の出入りがある系を開いた系という．また，熱や仕事だけではなく，物質の出入りもない系は孤立系と呼ばれる．

とに分離することは原理的には不可能である．しかし，上述のように，エネルギーが供給される形式の違いから便宜的に区別することはできる．

液体と気体の内部エネルギーをどのように表現すればよいのかを，エネルギーが供給される形式の違いに着目して考えてみる．

液体の体積は一般にきわめて変化しにくいが，圧力を作用させると圧縮によってわずかに収縮する．その度合いは**体積弾性係数** (bulk modulus) K といい，次式で表される．

$$K = -\frac{dp}{dv/v} = \frac{dp}{d\rho/\rho} \quad [\mathrm{Pa}] \tag{2.5}$$

この体積弾性係数 K は，液体に単位体積ひずみ dv/v を生じさせるのに必要な圧力の変化 dp [Pa] を表し，常温・常圧の水の場合，$K = 2.2 \times 10^9$ [Pa] ときわめて大きな値を示す．つまり，水は力学的エネルギー（外部からの力学的仕事による内部エネルギーの増加）の貯蔵能力がきわめて低いことがわかる．一方，水の熱エネルギーの貯蔵能力は著しく大きい．単位質量の水の温度を 1 度上昇させるのに必要なエネルギーは**比熱** (specific heat) C と呼ばれ，常温・常圧の水の場合，$C \approx 4200$ [J/(kg·K)] にも達する．1 度の温度上昇が約 4200 [J/kg] の比内部エネルギーの増加となる．これは比運動エネルギーに換算すると，$U \approx 91$ [m/s] の速度に相当する．

このように，水をはじめとする液体の内部エネルギーのうち，力学的エネルギーとして供給される分は，熱エネルギーとして供給される分よりはるかに小さい．よって，液体の内部エネルギーとしては熱エネルギーとして供給される分だけを考え，以下のように表すこととする．

$$du = dq = C\,dT, \quad u = CT \quad [\mathrm{J/kg}] \tag{2.6}$$

一方，気体について考えてみると，気体を構成する分子は，分子同士あるいは壁との衝突によって力を受けるまで各々の分子が独立に等速直線運動を行うと考えられている．分子間の平均距離は液体の場合と比べてはるかに大きいので，分子相互間のポテンシャルエネルギーは無視できるほど小さい．つまり，気体の内部エネルギーのほとんどは，分子の運動エネルギーとして貯蔵されている．このように分子間干渉のまったくない気体を**完全気体**あるいは**理想気体** (perfect gas) と呼び，本書で取り扱う気体のほとんどはこの完全気体である．気体分子の運動エネルギーの大きさは，絶対温度に比例して増大するので，気体の内部エネルギーは圧力に関係せず温度だけの関数となる．

$$u = u(T) \quad [\mathrm{J/kg}] \tag{2.7}$$

いま，気体を体積一定の容器内に封入して外部から熱を加えると，加えられた熱エネルギーはすべて内部エネルギーの増加分となる．この際，単位質量の気体の温度を 1 度上昇させるのに必要な熱量は**定積比熱** (specific heat at constant volume) C_v [J/(kg·K)] と呼ばれ

$$C_v = \left(\frac{\partial q}{\partial T}\right)_v = \frac{du}{dT} \quad [\mathrm{J/(kg \cdot K)}] \tag{2.8}$$

と表すことができる．したがって，気体の比内部エネルギーは定積比熱 C_v と絶対温度 T との積に比例し，次式のように表せる．

$$u = C_v T \quad [\mathrm{J/kg}] \tag{2.9}$$

(3)　位置エネルギー

重力場における位置エネルギーは，基準面からの高さを z [m]，重力加速度を g [m/s^2] とすると，

$$gz \quad [\mathrm{J/kg}] \tag{2.10}$$

と表せる．これは，重力場が保存場であることから，**比ポテンシャルエネルギー** (specific potential energy) とも呼ばれる．単位質量の流体には g [N/kg] の重力が作用する．この重力に逆らって，基準面から高さ z [m] まで単位質量の流体を持ち上げるのに必要な仕事が gz [J/kg] である．流体はこの分だけ外力から仕事をされて，比ポテンシャルエネルギーが増加することになる．この比ポテンシャルエネルギーは外力が重力に対してなした仕事であるから，地上（重力場）以外，たとえば宇宙空間では存在しないエネルギーである．この意味において，流体が自ら保有するエネルギーと考えるのは本来誤りであるが，流体機械のように地上で用いられる場合には，見かけ上流体が保有しているエネルギーと見なしても支障はない．

2.1.2　流体を媒体として伝達されるエネルギー

流体機械のエネルギー変換を考える際，流体が自ら保有するエネルギーのほかに，流体を媒体として伝達されるエネルギーも考慮しなければならない．図2.1 に示す流体機械を含む管路システムを考える．流体機械の入口断面①における管路断面積，圧力，密度，平均流速をそれぞれ A_1，p_1，ρ_1，U_1，同様に出口断面②における値を A_2，p_2，ρ_2，U_2 とおくと，断面①を通過して流体が流入する際，流体機械に対して単位時間当たりになす仕事は，$p_1 A_1 U_1$ [J/s]，同様に流体が断面②から流出する際，流体機械の外部に対して単位時間当たりになす仕事は，$p_2 A_2 U_2$ [J/s] と表せる．各断面を通過する質量流量はそれぞれ，$\rho_1 A_1 U_1$ [kg/s]，$\rho_2 A_2 U_2$ [kg/s] であるから，単位質量当たりのエネルギーを考えると

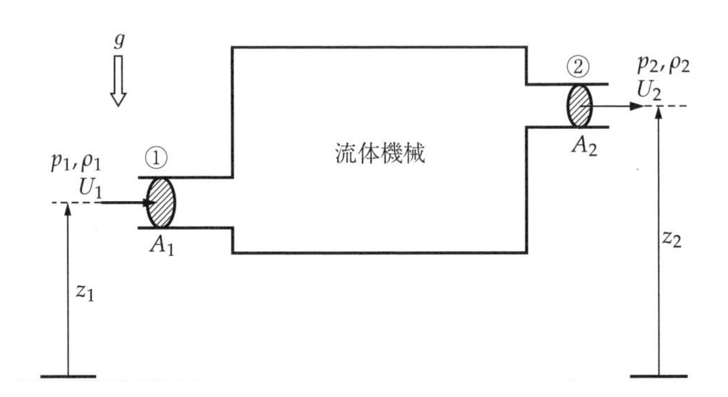

図 2.1　流体機械を含む管路システム

$$\text{断面①}:\ \frac{p_1 A_1 U_1}{\rho_1 A_1 U_1} = \frac{p_1}{\rho_1}\ [\mathrm{J/kg}],\quad \text{断面②}:\ \frac{p_2 A_2 U_2}{\rho_2 A_2 U_2} = \frac{p_2}{\rho_2}\ [\mathrm{J/kg}] \tag{2.11}$$

となる．つまり，p/ρ に相当する比エネルギーが流体を媒体として伝達されたことがわかる．これは流体が表面力である圧力に対してなした仕事であるから，流体が自ら保有するエネルギーとは区別して考えるべきである．

2.1.3　エンタルピー

図 2.1 に示した流体機械を含む管路システムにおいて，入口部断面①を単位時間に通過する流体の比エネルギーを考えてみよう．流体自身が保有するエネルギーは，比運動エネルギー，比内部エネルギーおよび比ポテンシャルエネルギーであり，次式のように表せる．

$$\frac{1}{2}U_1^2 + u_1 + gz_1 \quad [\mathrm{J/kg}] \tag{2.12}$$

一方，流体を媒体として伝達される仕事は，p_1/ρ_1 であるから，単位時間に入口部断面①を通過する流体が輸送する全エネルギーは

$$\frac{1}{2}U_1^2 + u_1 + gz_1 + \frac{p_1}{\rho_1} \quad [\mathrm{J/kg}] \tag{2.13}$$

と書ける．

上式において，比内部エネルギー u と圧力がなす仕事 p/ρ は共に熱力学的な状態量であり密接な関係があるため，この両者の和を 1 つの量として考えると都合がよい．この両者の和を**比エンタルピー** (specific enthalpy) i と呼ぶ．すなわち，単位質量当たりのエンタルピー（比エンタルピー）は

$$i = u + \frac{p}{\rho} = u + pv \quad [\mathrm{J/kg}] \tag{2.14}$$

で表される．

液体の場合には，式 (2.6) より内部エネルギー u は温度 T だけの関数 $u = CT$ であるから

$$i = CT + \frac{p}{\rho} = CT + pv \quad [\mathrm{J/kg}] \tag{2.15}$$

となる．一方，完全気体の場合には式 (2.9) より，$u = C_v T$ であるから

$$i = C_v T + \frac{p}{\rho} = C_v T + pv = C_v T + RT = (C_v + R)T = C_p T \quad [\mathrm{J/kg}] \tag{2.16}$$

と表せる．ここで，$R\,[\mathrm{J/(kg \cdot K)}]$ は**ガス定数** (gas constant)，$C_p\,[\mathrm{J/(kg \cdot K)}]$ は**定圧比熱** (specific heat at constant pressure) である（ガス定数および定圧比熱の詳細は，2.3.1 項を参照のこと）．

また，流体の運動エネルギーや位置エネルギーを含めたエンタルピーを**全エンタルピー** (total enthalpy あるいは stagnation enthalpy) という．この全エンタルピーは流体が輸送する全エネルギーを表している．単位質量当たりの全エンタルピー I は

$$I = u + \frac{p}{\rho} + \frac{1}{2}U^2 + gz = u + pv + \frac{1}{2}U^2 + gz = i + \frac{1}{2}U^2 + gz \quad [\mathrm{J/kg}] \tag{2.17}$$

で表される†.

2.1.4　比仕事と比有効仕事

図 2.2 に示すような流体機械を含む系を対象として，流体のエネルギーを考えてみよう．単位質量当たりに着目すると，入口断面①からは全エンタルピー I_1 [J/kg] の流体が流入し，出口断面②から全エンタルピー I_2 [J/kg] の流体が流出している．このほかに，流体機械は駆動軸を介して外部から単位質量当たり w [J/kg] の動力（仕事）を受け取る．この w は**比仕事** (specific work) と呼ばれ，外部から内部へと動力が伝達される被動機の場合を正，逆に外部へ動力を伝達する原動機の場合を負と考えることにする．また，単位質量当たりの流体が流体機械を通過する間に受け取る熱量を q [J/kg] とする．この場合も，図中に示した矢印のように，流体機械内部へと熱が流入する（加熱する）場合を正，逆に外部へ流出する（冷却する）場合を負と考えることにする．

この系を対象とすると，次に示すエネルギーバランス式（エネルギー保存）が成立する．

$$I_2 - I_1 = w + q \quad [\mathrm{J/kg}] \tag{2.18}$$

あるいは

$$\left(u_2 + \frac{p_2}{\rho_2} + \frac{1}{2}U_2^2 + gz_2\right) - \left(u_1 + \frac{p_1}{\rho_1} + \frac{1}{2}U_1^2 + gz_1\right) = w + q \quad [\mathrm{J/kg}] \tag{2.19}$$

上式は，ターボ形流体機械のように，定常的にエネルギー変換を行う流体機械に対しては，原動機と被動機の区別や作動流体の種類，損失の有無などとは無関係に成立する．

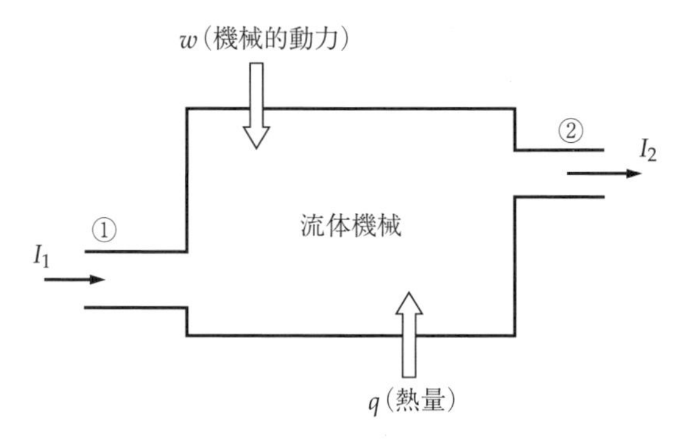

図 2.2　流体機械のエネルギーバランス

† 全エンタルピーの定義には，位置のエネルギー gz を含まない形が用いられることも多いが，ここでは単位質量の流体が輸送する全エネルギーを表すことを考慮して，位置エネルギーを含む形で定義しておく．一般的に，気体を対象として考える場合には位置のエネルギーを無視することが多く，その際には位置のエネルギーを含まない形の全エンタルピーの定義式が用いられる．

■例題

空気を作動流体とする圧縮機がある．流入空気の比エンタルピーが 2 [kJ/kg]，流速が 100 [m/s]，流出空気の比エンタルピーが 4 [kJ/kg] のとき，流出流速を求めなさい．ただし，圧縮機が流体になした仕事を 1 [kJ/kg] とし，圧縮機内のエネルギー損失，流体との熱の授受と位置エネルギーの変化は無視できるとする．

解答

流体のエネルギー保存を考える．流入状態に添字 1，流出状態に添字 2 を付して表すと

$$i_1 + \frac{1}{2}U_1^2 + w = i_2 + \frac{1}{2}U_2^2$$

が成り立つことになる．上式から流出流速を求めると

$$\begin{aligned} U_2 &= \{2(i_1 - i_2) + U_1^2 + 2w\}^{\frac{1}{2}} \\ &= \{2 \times (2000 - 4000) + 100^2 + 2 \times 1000\}^{\frac{1}{2}} = 89.4 \ [\mathrm{m/s}] \end{aligned}$$

式 (2.2) に示した熱力学の第一法則を積分し，流体機械の入口断面①から出口断面②までの変化量を考えると

$$u_2 - u_1 = q_{12} - \int_1^2 p\,dv = q_{12} - \int_1^2 p\,d\left(\frac{1}{\rho}\right) \quad [\mathrm{J/kg}] \tag{2.20}$$

となる．ここで，q_{12} は断面①から②へ変化する過程で流体に加えられた熱量の総和であり，外部から受け取った熱量 q のほかに，流体摩擦などの非可逆過程によって発生する熱量である**損失** (loss) q_f が含まれる．

$$q_{12} = q + q_f \quad [\mathrm{J/kg}] \tag{2.21}$$

式 (2.20) と式 (2.21) を式 (2.19) に代入して整理すると，比仕事 w は次のように表せる．

$$w = \int_1^2 \frac{1}{\rho}\,dp + \frac{1}{2}(U_2^2 - U_1^2) + g(z_2 - z_1) + q_f \quad [\mathrm{J/kg}] \tag{2.22}$$

ここで，損失 q_f を除く右辺の三項を**比有効仕事** (specific reversible work) と呼び，E [J/kg] と記述する．すなわち，

$$w = E + q_f \quad [\mathrm{J/kg}] \tag{2.23}$$

$$E = \int_1^2 \frac{1}{\rho}\,dp + \frac{1}{2}(U_2^2 - U_1^2) + g(z_2 - z_1) \quad [\mathrm{J/kg}] \tag{2.24}$$

この比有効仕事 E は，単位質量の流体に関して，機械的仕事（動力）と流体力学的エネルギーが流体摩擦などの損失なしに可逆的に変換される場合の比仕事を表している．たとえば，ポンプなどの被動機の場合には，駆動軸を介して流体に伝えられる有効仕事（有効動力）を，水車のような原動機の場合には流体から取り出し得る最大の仕事（動力）を表すことになる．

2.1.5　流体効率

ポンプや送風機，圧縮機などの被動機では，駆動軸を介して伝えられる機械的仕事が流体のエネルギーに変換される．単位質量の流体に注目すると，式 (2.22) で与えられた比仕事 w のうち，損失 q_f を除く比有効仕事 E が流体のエネルギーを増加させるのに使われることになる．図 2.2 に示した系で考えると，被動機の場合には比仕事 $w > 0$，比有効仕事 $E > 0$（系の外部から内部へと仕事が伝達される場合を正）となり，流体摩擦などの非可逆過程によって発生する損失は必ず $q_f > 0$ であるから

$$w = E + q_f \tag{2.25}$$

$$w > E \tag{2.26}$$

が成立する．これは，被動機に与えた機械的仕事（動力）のすべてを流体のエネルギーに変換することはできないことを意味している．これを用いて，被動機の**流体効率** (hydraulic efficiency) η は次のように定義される．

$$\eta = \frac{E}{w} = \frac{w - q_f}{w} = 1 - \frac{q_f}{w} = \frac{E}{E + q_f} \tag{2.27}$$

一方，水車やタービンなどの原動機では，流体の持つ力学的エネルギーの一部を機械的仕事（動力）として取り出している．よって，原動機の場合には比仕事 $w < 0$，比有効仕事 $E < 0$（系の内部から外部へ仕事を取り出す場合を負）となる．この場合でも，流体摩擦によって発生する損失は必ず $q_f > 0$ であるから

$$-|w| = -|E| + q_f \quad \text{つまり} \quad |w| = |E| - q_f \tag{2.28}$$

が成立する．これは，流体の持つ力学的エネルギーのすべてを機械的動力（仕事）として取り出すことはできないことを意味している．よって，原動機の流体効率は次のように表される．

$$\eta = \frac{|w|}{|E|} = \frac{|E| - q_f}{|E|} = 1 - \frac{q_f}{|E|} = \frac{|w|}{|w| + q_f} \tag{2.29}$$

2.2　非圧縮性流体によるエネルギー変換

温度や圧力の変化に際し密度がほとんど変化しない流体，すなわち非圧縮性流体を取り扱う水力機械のエネルギー変換を考える際には，一般に液体の比運動エネルギー，比ポテンシャルエネルギーおよび液体が圧力に対してなした仕事が対象となる．つまり，対象となる比エネルギーは

$$\frac{1}{2}U^2 + gz + \frac{p}{\rho} \quad [\mathrm{J/kg}] \tag{2.30}$$

であり，これを非圧縮性流体では**全エネルギー** (total energy) と呼ぶ．損失のない理想的な非圧縮性流れでは，流線あるいはうず線に沿ってこの全エネルギーが一定に保たれることが知られており，これを**ベルヌーイの定理** (Bernoulli's

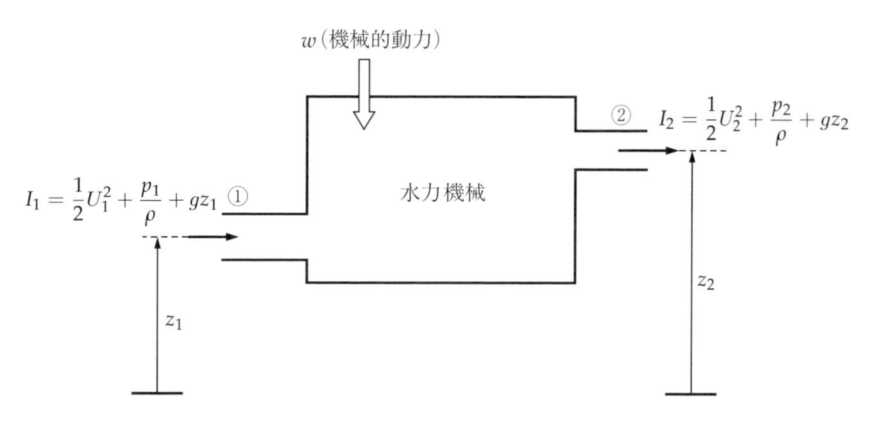

図 2.3 水力機械におけるエネルギーバランス

theorem) という．水力機械においても，温度上昇などにより流体機械内部で内部エネルギーは変化するが，一般の空気機械の場合とは異なり，内部エネルギーを機械的仕事や運動エネルギーとして取り出すことはできないので，これらのエネルギーとは切り離して考えることができる．このため，水力機械は空気機械に比べてエネルギー変換に関する考察は容易になる．また，空気機械においても，エネルギー変換の際の温度および圧力の変化が微小な低圧空気機械の場合には，密度変化が微小となり，エネルギー変換の考察に際して水力機械と同様な取り扱いができる．

ここで，水力機械におけるエネルギーバランスを考えてみる．図 2.3 に示す系に外部から単位時間当たり w [J/kg] の機械的動力（比仕事）が供給されているものとする．このとき，流体摩擦などの内部損失を一切無視するとエネルギー保存則は式 (2.18)，(2.19) より

$$I_2 - I_1 = w \quad [\mathrm{J/kg}] \tag{2.31}$$

$$\left(\frac{1}{2}U_2^2 + \frac{p_2}{\rho} + gz_2\right) - \left(\frac{1}{2}U_1^2 + \frac{p_1}{\rho} + gz_1\right) = w \quad [\mathrm{J/kg}] \tag{2.32}$$

で表され，外部から供給された比仕事 w がすべて液体のエネルギー上昇に使われたことがわかる．しかし，実際の水力機械では，流体摩擦などの非可逆過程によって発生する損失 q_f があるため，比仕事 w および比有効仕事 E は，それぞれ式 (2.22)，式 (2.24) より

$$w = \left(\frac{p_2}{\rho} - \frac{p_1}{\rho}\right) + \frac{1}{2}(U_2^2 - U_1^2) + g(z_2 - z_1) + q_f \quad [\mathrm{J/kg}] \tag{2.33}$$

$$E = \left(\frac{p_2}{\rho} - \frac{p_1}{\rho}\right) + \frac{1}{2}(U_2^2 - U_1^2) + g(z_2 - z_1) \quad [\mathrm{J/kg}] \tag{2.34}$$

となる．

ここで，式 (2.35) の各辺を重力加速度 g [m/s^2] で割ると，各項は単位重量当たりのエネルギーを表す．これらは**水頭（ヘッド）**(head) と呼ばれ，長さ [m] の次元を持つ．

$$\text{単位質量当たりのエネルギー：} \frac{p}{\rho} + gz + \frac{1}{2}U^2 + q_f \ [\mathrm{J/kg}] \tag{2.35}$$

$$\text{単位重量当たりのエネルギー：}\ \frac{p}{\rho g}+z+\frac{1}{2g}U^2+\frac{q_f}{g}\ [\mathrm{J/N}]=[\mathrm{m}] \quad (2.36)$$

上式において，第 1 項を**圧力ヘッド** (pressure head)，第 2 項を**位置ヘッド** (potential head)，第 3 項を**速度ヘッド** (velocity head) といい，これらの和は**全ヘッド** (total head) H [m] と呼ばれる．また，内部損失 q_f [J/kg] を長さの次元に変換した第 4 項は**損失ヘッド** (dissipative head または friction head) h_f [m] という．

全ヘッド H を用いて，比仕事 w および比有効仕事 E を表すと，式 (2.33)，式 (2.34) より

$$\left.\begin{aligned} w &= g(H_2-H_1+h_f) \quad [\mathrm{J/kg}] \\ E &= g(H_2-H_1) \quad [\mathrm{J/kg}] \end{aligned}\right\} \quad \text{（被動機の場合）} \quad (2.37)$$

$$\left.\begin{aligned} |w| &= g(H_1-H_2-h_f) \quad [\mathrm{J/kg}] \\ |E| &= g(H_1-H_2) \quad [\mathrm{J/kg}] \end{aligned}\right\} \quad \text{（原動機の場合）} \quad (2.38)$$

となる．よって，水力機械の流体効率 η は

$$\eta=\frac{E}{w}=\frac{H_2-H_1}{H_2-H_1+h_f} \quad \text{（被動機の場合）} \quad (2.39)$$

$$\eta=\frac{|w|}{|E|}=\frac{H_1-H_2-h_f}{H_1-H_2} \quad \text{（原動機の場合）} \quad (2.40)$$

で得られることがわかる．

2.3　圧縮性流体によるエネルギー変換

圧力ならびに温度変化の大きい圧縮性流体を対象とした流体機械のエネルギー変換を考える際には，気体の内部エネルギーと圧力がなす仕事 p/ρ との間に密接な相互関係があるため，すでに述べた水力機械の場合のようにエネルギーの変換式において比内部エネルギーを切り離して考えることができなくなる．このため，一般に空気機械のエネルギー変換は，水力機械の場合よりも複雑なものになる．ここでは，圧縮性流体によるエネルギー変換を考える前に，気体の状態変化について概説しておく．

2.3.1　気体の状態変化

(1)　完全気体の状態方程式

気体の圧力を p [Pa]，密度を ρ [kg/m^3]，比体積を v [m^3/kg]，温度を T [K] として

$$\frac{p}{\rho}=pv=RT \quad [\mathrm{J/kg}] \quad (2.41)$$

の関係が成り立つ気体を**完全気体** (perfect gas) あるいは理想気体という．通常の温度，圧力においては，多くの気体は近似的に完全気体として取り扱うことができる．R [J/(kg·K)] は**ガス定数** (gas constant) と呼ばれ，気体の種類によって異なった値をとる．種々の気体のガス定数の値を表 2.1 に示しておく．

表 2.1　各種気体の物性値

気体	化学記号	原子数	分子量	ガス定数 R [J/(kg·K)]	密度 (*) ρ [kg/m^3]	比重 (空気 = 1)	比熱 (*) [kJ/(kg·K)] C_p	C_v	比熱比 $\kappa = C_p/C_v$
ヘリウム	He	1	4.003	2078	0.1785	0.1381	5.238	3.161	1.66
アルゴン	Ar	1	39.944	208.2	1.7834	1.379	0.523	0.318	1.66
水　素	H_2	2	2.016	4122	0.08987	0.0695	14.25	10.12	1.409
窒　素	N_2	2	28.016	296.7	1.2505	0.968	1.0392	0.7427	1.400
酸　素	O_2	2	32.000	259.8	1.42895	1.105	0.9135	0.6540	1.399
空　気	—		28.964	287.0	1.2928	1.000	1.005	0.716	1.402
一酸化炭素	CO	2	28.01	296.9	1.2500	0.967	1.0408	0.7431	1.400
一酸化窒素	NO	2	30.008	277.0	1.3402	1.037	0.9981	0.7210	1.385
塩化水素	HCl	2	36.465	228.0	1.6391	1.268	0.800	0.569	1.40
二酸化炭素	CO_2	3	44.01	188.8	1.9768	1.530	0.8194	0.6301	1.301
亜硫酸窒素	N_2O	3	44.016	188.9	1.9878	1.538	0.8922	0.7034	1.270
亜硫酸ガス	SO_2	3	64.06	129.8	2.9265	2.264	0.6083	0.4786	1.272
アンモニア	NH_3	4	17.032	488.2	0.7713	0.596	2.055	1.566	1.313
アセチレン	C_2H_2	4	26.036	319.6	1.1709	0.906	1.5127	1.2158	1.255
メ タ ン	CH_4	5	16.042	518.7	0.7168	0.554	2.156	1.633	1.319
メチルクロライド	CH_3Cl	5	50.491	164.7	2.3084	1.785	0.736	0.574	1.29
エチレン	C_2H_4	6	28.052	296.7	1.2604	0.975	1.611	1.290	1.249
エ タ ン	C_2H_6	8	30.068	276.7	1.3560	1.049	1.729	1.444	1.20
エチルクロライド	C_2H_5Cl	8	64.511	128.9	2.8804	2.228	1.34	1.156	1.16

(*) 0℃, 1 気圧における値

気体の分子量 M とガス定数の積はすべての気体に対して一定の値をとり，これを**一般ガス定数** (universal gas constant) という．分子量 M の気体のガス定数を R とした場合，一般ガス定数 $\boldsymbol{R}_\mathrm{U}$ の値は

$$\boldsymbol{R}_\mathrm{U} = MR = 8314.7 \quad [\mathrm{J/(kmol \cdot K)}] \tag{2.42}$$

となる．

(2)　気体の比熱，比熱比

単位質量の物体の温度を dT [K] だけ高めるのに要する熱量を dq [J/kg] とすると，比熱 C は次式のように表すことができる．

$$C = \frac{dq}{dT} \quad [\mathrm{J/(kg \cdot K)}] \tag{2.43}$$

熱量 dq は気体の体積を一定に保ちながら温度を上昇させる場合と，圧力を一定に保ちながら温度を上昇させる場合で異なる．体積を一定に保った場合の比熱を**定積比熱** (specific heat at constant volume) C_v [J/(kg·K)]，圧力を一定に保った場合の比熱を**定圧比熱** (specific heat at constant pressure) C_p [J/(kg·K)] という．すなわち

$$C_v = \left(\frac{\partial q}{\partial T}\right)_v, \quad C_p = \left(\frac{\partial q}{\partial T}\right)_p \quad [\mathrm{J/(kg \cdot K)}] \tag{2.44}$$

体積一定で気体に熱を与えた場合，熱はすべて内部エネルギーとして蓄えられるから，単位質量当たりの内部エネルギーを u [J/kg] とすれば，定積比熱はすでに式 (2.8) に示したとおり

$$C_v = \left(\frac{\partial q}{\partial T}\right)_v = \frac{du}{dT} \quad [\mathrm{J/(kg \cdot K)}] \tag{2.8}$$

となる．また，圧力一定で気体に熱を与えた場合，一部は内部エネルギーとして蓄えられ，残りは体積変化の際の仕事となるから，定圧比熱は

$$\begin{aligned} C_p &= \left(\frac{\partial q}{\partial T}\right)_p = \frac{di}{dT} = \frac{d\left(u + \dfrac{p}{\rho}\right)}{dT} = \frac{du}{dT} + \frac{pd\left(\dfrac{1}{\rho}\right) + \dfrac{1}{\rho}dp}{dT} \\ &= \frac{du}{dT} + \frac{pd\left(\dfrac{1}{\rho}\right)}{dT} \quad [\mathrm{J/(kg \cdot K)}] \end{aligned} \tag{2.45a}$$

あるいは，

$$\begin{aligned} C_p &= \left(\frac{\partial q}{\partial T}\right)_p = \frac{di}{dT} = \frac{d(u + pv)}{dT} = \frac{du}{dT} + \frac{pdv + v\,dp}{dT} \\ &= \frac{du}{dT} + \frac{pdv}{dT} \quad [\mathrm{J/(kg \cdot K)}] \end{aligned} \tag{2.45b}$$

となる．さらに，完全気体の状態方程式 (2.41) の微分形

$$R\,dT = pd\left(\frac{1}{\rho}\right) + \frac{1}{\rho}dp = pdv + v\,dp \quad [\mathrm{J/kg}] \tag{2.46}$$

を用い，式 (2.8) および等圧変化においては $(1/\rho)\,dp = v\,dp = 0$ であることを考慮すれば，式 (2.45) は

$$C_p = \frac{du}{dT} + \frac{pd\left(\dfrac{1}{\rho}\right)}{dT} = \frac{du}{dT} + \frac{pdv}{dT} = C_v + R \quad [\mathrm{J/(kg \cdot K)}] \tag{2.47}$$

となる．

定圧比熱 C_p [J/(kg · K)] と定積比熱 C_v [J/(kg · K)] の比を**比熱比** (specific heat ratio) といい

$$\kappa = \frac{C_p}{C_v} \tag{2.48}$$

で表す．比熱比を用いると，定積比熱 C_v および定圧比熱 C_p は次のように表せる．

$$C_v = \frac{1}{\kappa - 1} R \quad [\mathrm{J/(kg \cdot K)}], \quad C_p = \frac{\kappa}{\kappa - 1} R \quad [\mathrm{J/(kg \cdot K)}] \tag{2.49}$$

気体の状態変化には，上述した等容変化，等圧変化のほかにも，等温変化，断熱変化，ポリトロープ変化などがあり，それらは空気機械の性能や効率を評価するために重要である．これらの詳細は 2.3.3 項以降で順次解説していく．参考までに，閉じた系における完全気体の各種状態変化を表 2.2 にまとめておく．

(3) 全圧力，全温度

単位質量の流体が輸送するエネルギーは，式 (2.17) に示したとおり全エンタルピーと呼ばれる．いま，全エンタルピー I [J/kg] を一定に保った状態のまま，流れを速度 $U = 0$ [m/s] まで等エントロピー（可逆断熱）的に変化させた状態を**よどみ点状態** (stagnation state) といい，このときの流体の圧力と温度をそれぞれ**全圧力** (total pressure あるいは stagnation pressure) および**全温度** (total temperature あるいは stagnation temperature) という．これらの量の導入は，運動している流体の状態を静止時の状態量である全圧力や全温度で記述することにより，静止流体に関する熱力学の諸法則を運動している流体に対しても拡張して使用することが可能になるという利点を持っている．

まず，圧縮性が無視できる液体の場合を対象として，全圧力および全温度を考えてみよう．よどみ点状態に添字 t を付して表すと，液体（非圧縮性流体）の全エンタルピー I は

$$I = u + \frac{p}{\rho} + \frac{1}{2}U^2 + gz = u_\mathrm{t} + \frac{p_\mathrm{t}}{\rho} + gz \quad [\mathrm{J/kg}] \tag{2.50}$$

となる．液体の内部エネルギーは，式 (2.6) に示したとおり，熱エネルギーとして供給された分のみを考えればよいから可逆断熱過程では不変．つまり，$du = dq = C\,dT = 0$ より，$u = CT = CT_\mathrm{t} = u_\mathrm{t}$ となり，よどみ点状態でも温度に変化はない．したがって，

$$T_\mathrm{t} = T \quad [\mathrm{K}] \tag{2.51}$$

一方，全圧力は式 (2.50) より

$$p_\mathrm{t} = p + \frac{1}{2}\rho U^2 \quad [\mathrm{Pa}] \tag{2.52}$$

表 2.2 完全気体の状態変化

	p, ρ, T の関係式	指数	変化後の圧力 p_2	変化後の温度 T_2	変化後の密度 ρ_2	単位質量当たりの供給熱量 q	比内部エネルギーの変化 $u_2 - u_1$	外部に対してなした比仕事 w_{12}
等容変化	$\rho = \text{const.}$ $\frac{p}{T} = \text{const.}$	∞	$\frac{T_2}{T_1} p_1$	$\frac{p_2}{p_1} T_1$	ρ_1	$C_v(T_2 - T_1)$	$C_v(T_2 - T_1)$	0
等圧変化	$p = \text{const.}$ $\rho T = \text{const.}$	0	p_1	$\frac{\rho_1}{\rho_2} T_1$	$\frac{T_1}{T_2} \rho_1$	$C_p(T_2 - T_1)$	$C_v(T_2 - T_1)$	$R(T_2 - T_1)$
等温変化	$T = \text{const.}$ $\frac{p}{\rho} = \text{const.}$	1	$\frac{\rho_2}{\rho_1} p_1$	T_1	$\frac{p_2}{p_1} \rho_1$	$\frac{p_1}{\rho_1} \ln \frac{\rho_1}{\rho_2}$ $RT_1 \ln \frac{p_1}{p_2}$	0	$\frac{p_1}{\rho_1} \ln \frac{\rho_1}{\rho_2}$ $RT_1 \ln \frac{p_1}{p_2}$
等エントロピー（可逆断熱）変化	$\frac{p}{\rho^\kappa} = \text{const.}$ $\frac{T}{\rho^{\kappa-1}} = \text{const.}$ $\frac{T}{p^{\frac{\kappa-1}{\kappa}}} = \text{const.}$	κ	$\left(\frac{\rho_2}{\rho_1}\right)^\kappa p_1$ $\left(\frac{T_2}{T_1}\right)^{\frac{\kappa}{\kappa-1}} p_1$	$\left(\frac{\rho_2}{\rho_1}\right)^{\kappa-1} T_1$ $\left(\frac{p_2}{p_1}\right)^{\frac{\kappa-1}{\kappa}} T_1$	$\left(\frac{p_2}{p_1}\right)^{\frac{1}{\kappa}} \rho_1$ $\left(\frac{T_2}{T_1}\right)^{\frac{1}{\kappa-1}} \rho_1$	0	$C_v(T_2 - T_1)$ $\frac{1}{\kappa - 1}\left(\frac{p_2}{\rho_2} - \frac{p_1}{\rho_1}\right)$	$C_v(T_1 - T_2)$ $\frac{1}{\kappa - 1}\left(\frac{p_1}{\rho_1} - \frac{p_2}{\rho_2}\right)$
ポリトロープ変化	$\frac{p}{\rho^n} = \text{const.}$ $\frac{T}{\rho^{n-1}} = \text{const.}$ $\frac{T}{p^{\frac{n-1}{n}}} = \text{const.}$	n	$\left(\frac{\rho_2}{\rho_1}\right)^n p_1$ $\left(\frac{T_2}{T_1}\right)^{\frac{n}{n-1}} p_1$	$\left(\frac{\rho_2}{\rho_1}\right)^{n-1} T_1$ $\left(\frac{p_2}{p_1}\right)^{\frac{n-1}{n}} T_1$	$\left(\frac{p_2}{p_1}\right)^{\frac{1}{n}} \rho_1$ $\left(\frac{T_2}{T_1}\right)^{\frac{1}{n-1}} \rho_1$	$C_v \frac{n - \kappa}{n - 1}(T_2 - T_1)$	$C_v(T_2 - T_1)$ $\frac{1}{n - 1}\left(\frac{p_2}{\rho_2} - \frac{p_1}{\rho_1}\right)$	$\frac{R}{n - 1}(T_1 - T_2)$ $\frac{1}{n - 1}\left(\frac{p_1}{\rho_1} - \frac{p_2}{\rho_2}\right)$

と与えられる．ここで右辺第 1 項を**静圧** (static pressure)，第 2 項を**動圧** (dynamic pressure) という．

これに対して，完全気体の場合の全圧力，全温度はやや複雑になる．式 (2.16) の関係を用い，よどみ点状態に添字 t を付して表すと，完全気体の全エンタルピー I は

$$I = i + \frac{1}{2}U^2 + gz = C_pT + \frac{1}{2}U^2 + gz = C_pT_t + gz \quad [\mathrm{J/kg}] \tag{2.53}$$

と記述できる．よって，全温度は式 (2.49) の関係を用いて次のように表すことができる．

$$T_t = T + \frac{1}{2C_p}U^2 = T + \frac{1}{R}\frac{\kappa - 1}{\kappa}\frac{U^2}{2} \quad [\mathrm{K}] \tag{2.54}$$

上式の右辺第 1 項は**静温度** (static temperature)，第 2 項は**動温度** (dynamic temperature) と呼ばれる．

一方，完全気体の全圧力は等エントロピー（可逆断熱）変化の関係式

$$\frac{p}{T^{\frac{\kappa}{\kappa-1}}} = \mathrm{const.} \tag{2.55}$$

を用いると，次のように簡単に求められる（等エントロピーの関係式の詳細については，2.3.4 項を参照のこと）．

$$p_t = p\left(\frac{T_t}{T}\right)^{\frac{\kappa}{\kappa-1}} = p\left(1 + \frac{U^2}{2C_pT}\right)^{\frac{\kappa}{\kappa-1}} \quad [\mathrm{Pa}] \tag{2.56}$$

■例題

静温度が 273 [K]，静圧力が 100 [kPa] の空気が流速 150 [m/s] で流れている．この流れの全温度および全圧力を求めなさい．

解答

全温度は，(2.54) 式より

$$T_t = T + \frac{U^2}{2C_p} = 273 + \frac{150^2}{2 \times 1005} = 284.2 \quad [\mathrm{K}]$$

空気の比熱比は 1.4 である．全圧力は，(2.56) 式より

$$p_t = p\left(1 + \frac{U^2}{2C_pT}\right)^{\frac{\kappa}{\kappa-1}} = 10^5 \times \left(1 + \frac{150^2}{2 \times 1005 \times 273}\right)^{\frac{1.4}{1.4-1}}$$
$$= 1.15 \times 10^5\,[\mathrm{Pa}] = 115\,[\mathrm{kPa}]$$

2.3.2 気体機械の比仕事と効率

図 2.2 に示したような系を対象として，圧縮性流体を対象とした空気機械におけるエネルギー変換と比仕事，効率について考えてみよう．気体の密度は液体と比べて十分に小さいので，一般的には位置エネルギーの変化を無視して考えることが多い．この場合のエネルギーバランス式は式 (2.18) より

$$I_2 - I_1 = w + q \quad [\mathrm{J/kg}] \tag{2.57}$$

比有効仕事は式 (2.24) より

$$E = \int_1^2 \frac{1}{\rho} dp + \frac{1}{2}(U_2^2 - U_1^2) \quad [\mathrm{J/kg}] \tag{2.58}$$

となる．

ここで，**エントロピー** (entropy) s [J/(kg·K)] を導入し，熱力学の第一法則［式 (2.2)］を用いることで比エンタルピー i [J/(kg·K)] の変化量を考えると

$$\begin{aligned} di &= du + d\left(\frac{p}{\rho}\right) = dq - pd\left(\frac{1}{\rho}\right) + \frac{1}{\rho}dp + pd\left(\frac{1}{\rho}\right) \\ &= Tds + \frac{1}{\rho}dp \quad [\mathrm{J/kg}] \end{aligned} \tag{2.59}$$

であるから，流体機械の入口断面①から出口断面②までの比エンタルピー i および全エンタルピー I の変化量は次式となる．

$$i_2 - i_1 = \int_1^2 Tds + \int_1^2 \frac{1}{\rho}dp \quad [\mathrm{J/kg}] \tag{2.60}$$

$$\begin{aligned} I_2 - I_1 &= i_2 - i_1 + \frac{1}{2}(U_2^2 - U_1^2) \\ &= \int_1^2 Tds + \int_1^2 \frac{1}{\rho}dp + \frac{1}{2}(U_2^2 - U_1^2) \quad [\mathrm{J/kg}] \end{aligned} \tag{2.61}$$

これを用いると，式 (2.58) に示した比有効仕事は次のように表すことができる．

$$E = \int_1^2 \frac{1}{\rho} dp + \frac{1}{2}(U_2^2 - U_1^2) = I_2 - I_1 - \int_1^2 T\,ds \quad [\mathrm{J/kg}] \tag{2.62}$$

一方，式 (2.23) より $w = E + q_f$，また式 (2.57) より $I_2 - I_1 = w + q$ であるから

$$\int_1^2 T\,ds = q + q_f \quad [\mathrm{J/kg}] \tag{2.63}$$

となる．この式によれば，流体機械を通過する際の流れのエントロピーが，外部から供給される熱量 q と非可逆過程によって発生する熱量（損失）q_f によって変化していることがわかる．ここで，q に相当するエントロピーは**伝達（流動）エントロピー** (transferred entropy) s_e [J/(kg·K)] と呼ばれ，流体が加熱された場合は正（$ds_e > 0$），冷却された場合は負（$ds_e < 0$）の値をとる．これに対して，q_f に相当するエントロピーは**生成（発生）エントロピー** (generated entropy) s_i [J/(kg·K)] と呼ばれ，常に正（$ds_i \geq 0$）の値をとる．これより，等エントロピー変化とは，外部との熱の出入りがなく（断熱：$ds_e = 0$），損失がない（可逆：$ds_i = 0$）変化であることが確認できる．

比仕事 w は，流体機械の入口断面①での全エンタルピー I_1，出口断面②での全エンタルピー I_2，および外部から供給される熱量 q が測定できれば，式 (2.61) より求めることができる．しかし，式 (2.62) に示した比有効仕事 E は，入口断面①および出口断面②での状態量が測定できても

$$\int_1^2 \frac{1}{\rho} dp \quad \text{あるいは} \quad \int_1^2 T\,ds = \frac{1}{C_p}\int_1^2 i\,ds \quad [\mathrm{J/kg}] \tag{2.64}$$

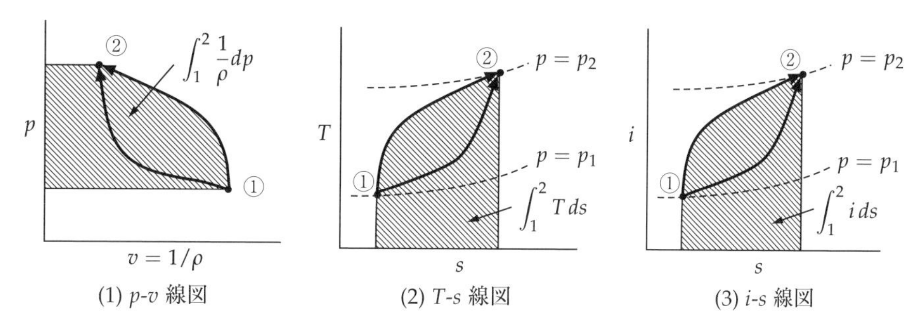

図 2.4　空気機械の状態変化

の値が積分の経路によって変化するので正確な値を求めることは不可能である．これらの積分値はそれぞれ図 2.4 の 斜線部分に相当するが，入口断面①から出口断面②までの気体の圧縮あるいは膨張過程がわからなければ計算することができない．一般に，この経路は流体機械の種類や形式，さらに厳密に言うと流線の一本一本によっても異なるので，真の比有効仕事 E を求めることは事実上不可能である．それゆえ，式 (2.27) や式 (2.29) で定義される空気機械の流体効率 η も不明となる．

以上のように，圧縮性を有する空気機械では，真の比有効仕事 E を求めることができないため，入口断面①から出口断面②までの気体の圧縮あるいは膨張過程を便宜的に仮定して式 (2.62) を計算し，その結果を比有効仕事 E の代わりとして用いることで，比仕事や流体効率を定義する．実際の空気機械では，気体の状態変化を等温変化と仮定した等温比仕事や，可逆断熱変化と仮定した断熱比仕事，あるいはより実際に近い状態変化を表すものとしてポリトロープ変化を仮定したポリトロープ比仕事などが用いられる．

2.3.3　等温比仕事と等温効率

中間冷却を行うような圧縮機の場合，気体の吐出し温度が吸込み温度とあまり変わらない場合がある．このような圧縮機は**等温圧縮機** (isothermal compressor) と呼ばれ，圧縮過程で発生した熱を中間冷却機で除去することにより，軸受やシール部などの摩擦部分を高温から保護するとともに，冷却による気体密度の増大によって圧縮機の比仕事，つまり軸動力を軽減させることができる．等温圧縮の T-s 線図の一例を図 2.5 に示しておく．圧縮過程では流体摩擦によってエントロピー s は上昇するが，その後の冷却作用によってエントロピーは減少し，気体温度も吸込み温度とあまり変らない程度まで低下する．この場合には，圧縮機の入口断面①から出口断面②までの気体の状態変化が等温であると仮定して等温比仕事 w_{iso} [J/kg] を定義し，式 (2.58) に示した比有効仕事 E [J/kg] の代わりとして用いることで，等温効率 η_{iso} を算出することが行われる．

等温変化 (isothermal change) は，気体がその温度を一定に保った変化であり，完全気体の場合には

$$di = C_p\,dT = 0, \quad du = C_v\,dT = 0 \tag{2.65}$$

より，気体の比エンタルピーおよび比内部エネルギーは変化しない．また，気

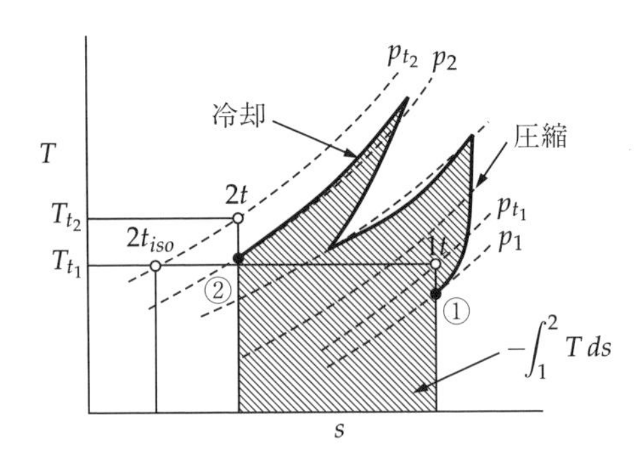

図 2.5　等温圧縮と中間冷却

体の状態方程式より

$$\frac{p}{\rho} = pv = RT = \text{const.} \tag{2.66}$$

が成立する．よって，等温比仕事 w_{iso} は次式のように求めることができる．

$$\begin{aligned} w_{iso} &= \int_1^2 \frac{1}{\rho}\,dp + \frac{1}{2}(U_2^2 - U_1^2) = \int_1^2 \frac{RT}{p}\,dp + \frac{1}{2}(U_2^2 - U_1^2) \\ &= RT \ln\left(\frac{p_2}{p_1}\right) + \frac{1}{2}(U_2^2 - U_1^2) \quad [\mathrm{J/kg}] \end{aligned} \tag{2.67}$$

よどみ点状態を考えることで運動エネルギーの扱いを省略すると

$$w_{iso} = RT_{\mathrm{t_1}} \ln\left(\frac{p_{\mathrm{t_2}}}{p_{\mathrm{t_1}}}\right) \quad [\mathrm{J/kg}] \tag{2.68}$$

となる．一方，比仕事 w は式 (2.57) より

$$w = I_2 - I_1 - q = C_p(T_{\mathrm{t_2}} - T_{\mathrm{t_1}}) - q \quad [\mathrm{J/kg}] \tag{2.69}$$

であるから，等温効率 η_{iso} は

$$\eta_{iso} = \frac{w_{iso}}{w} = \frac{RT_{\mathrm{t_1}} \ln(p_{\mathrm{t_2}}/P_{\mathrm{t_1}})}{C_p(T_{\mathrm{t_2}} - T_{\mathrm{t_1}}) - q} = \frac{\dfrac{\kappa - 1}{\kappa} \ln\left(\dfrac{p_{\mathrm{t_2}}}{P_{\mathrm{t_1}}}\right)}{\dfrac{T_{\mathrm{t_2}}}{T_{\mathrm{t_1}}} - 1 - \dfrac{q}{C_p T_{\mathrm{t_1}}}} \tag{2.70}$$

で与えられる．ただし，q は中間冷却によって取り去られた熱量であり，$q < 0$ であることに注意する必要がある．

等温効率は，吸込み温度と吐出し温度との差が大きいとき（圧力比が大きく，中間冷却を行わない圧縮機のとき）には，真の流体効率との差が大きくなるので用いられない．そのような場合には，後述する断熱効率やポリトロープ効率を用いる．また，圧縮機のような被動機には用いられるが，温度調節を行わない原動機（タービン）には用いられない．

2.3.4　断熱比仕事と断熱効率

空気機械の多くでは，外部との熱の授受が無視できる場合が多い．このような場合には，空気機械の入口断面①から出口断面②までの気体の状態変化が等

エントロピー的に行われたと仮定して断熱比仕事 w_{ad} [J/kg] を定義し，比有効仕事 E [J/kg] の代わりとして用いることで，**断熱効率** (adiabatic efficiency) η_{ad} が算出される．

断熱変化 (adiabatic change) とは外部との間に熱の出入りがない変化であり，摩擦損失を伴わない場合を特に**可逆断熱変化**あるいは**等エントロピー変化** (isentropic change) という．

等エントロピー変化では $dq = 0$ であるから，式 (2.2) より

$$du + pdv = du + pd\left(\frac{1}{\rho}\right) = 0 \quad [\mathrm{J/kg}] \tag{2.71}$$

となる．これを式 (2.8) を用いて変形すると，次のように表せる．

$$C_v\, dT + pd\left(\frac{1}{\rho}\right) = 0 \tag{2.72}$$

また，完全気体の状態方程式 (2.41) を微分することにより

$$R\, dT = pd\left(\frac{1}{\rho}\right) + \frac{1}{\rho}\, dp \tag{2.73}$$

となり，この結果を式 (2.72) に代入して整理し，式 (2.48) の関係式を使うと

$$\kappa\rho d\left(\frac{1}{\rho}\right) + \frac{dp}{p} = 0 \tag{2.74}$$

を得る．これを積分することで等エントロピー変化の関係式が次のように求まる．

$$\frac{p}{\rho^{\kappa}} = \mathrm{const.} \tag{2.75}$$

あるいは，状態方程式 (2.41) を用いて，次のように表すこともできる．

$$\frac{T}{\rho^{\kappa-1}} = \mathrm{const.} \tag{2.76}$$

$$\frac{T}{p^{\frac{\kappa-1}{\kappa}}} = \mathrm{const.} \tag{2.77}$$

完全気体の場合，断熱比仕事 w_{ad} は，式 (2.58) より次のように表される．

$$w_{ad} = \int_1^{2,ad} \frac{1}{\rho}\, dp + \frac{1}{2}(U_2^2 - U_1^2) \quad [\mathrm{J/kg}] \tag{2.78}$$

等エントロピー変化では外部からの熱の供給がないので，比エンタルピー i の変化量を考えると

$$di = \underbrace{du + pd\left(\frac{1}{\rho}\right)}_{=0} + \frac{1}{\rho}\, dp = \frac{1}{\rho}\, dp \quad [\mathrm{J/kg}] \tag{2.79}$$

となり，式 (2.78) の断熱比仕事 w_{ad} は，比エンタルピーの差を用いて次のように表すことができる．

$$\begin{aligned} w_{ad} &= \int_1^{2,ad} \frac{1}{\rho}\, dp + \frac{1}{2}(U_2^2 - U_1^2) \\ &= i_{2,ad} - i_1 + \frac{1}{2}(U_2^2 - U_1^2) = C_p(T_{2,ad} - T_1) + \frac{1}{2}(U_2^2 - U_1^2) \\ &= \frac{\kappa}{\kappa - 1} RT_1 \left\{ \left(\frac{p_2}{p_1}\right)^{\frac{\kappa-1}{\kappa}} - 1 \right\} + \frac{1}{2}(U_2^2 - U_1^2) \quad [\mathrm{J/kg}] \end{aligned} \tag{2.80}$$

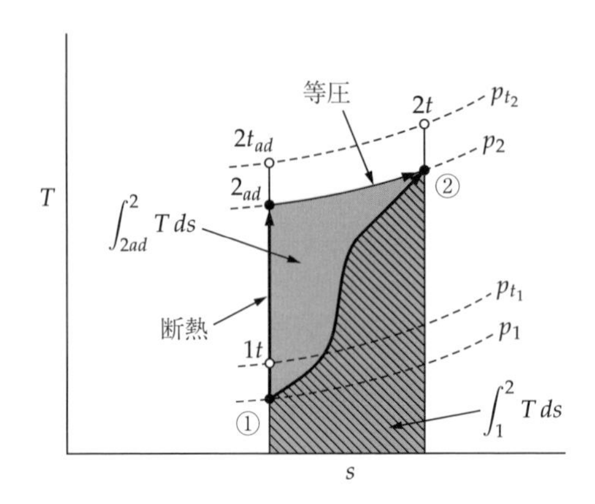

図 2.6　断熱変化（圧縮機）

ここで，添字 ad は入口断面①から出口断面②まで等エントロピー的に変化させた状態を表す．

よどみ点状態を考えることで運動エネルギーの扱いを省略すると

$$w_{ad} = C_p(T_{t_2,ad} - T_{t_1}) = \frac{\kappa}{\kappa - 1} R T_{t_1} \left\{ \left(\frac{p_{t_2}}{p_{t_1}} \right)^{\frac{\kappa-1}{\kappa}} - 1 \right\} \quad [\mathrm{J/kg}] \tag{2.81}$$

となる．一方，比仕事 w は式 (2.57) において $q = 0$ より

$$w = I_2 - I_1 = C_p(T_2 - T_1) + \frac{1}{2}(U_2^2 - U_1^2) = C_p(T_{t_2} - T_{t_1}) \quad [\mathrm{J/kg}] \tag{2.82}$$

であるから，断熱効率 η_{ad} は次式で与えられる．

$$\eta_{ad} = \frac{w_{ad}}{w} = \frac{(p_{t_2}/p_{t_1})^{\frac{\kappa-1}{\kappa}} - 1}{T_{t_2}/T_{t_1} - 1} = \frac{T_{t_2,ad} - T_{t_1}}{T_{t_2} - T_{t_1}} \ \text{（圧縮機の場合）} \tag{2.83}$$

$$\eta_{ad} = \frac{|w|}{|w_{ad}|} = \frac{1 - T_{t_2}/T_{t_1}}{1 - (p_{t_2}/p_{t_1})^{\frac{\kappa-1}{\kappa}}} = \frac{T_{t_1} - T_{t_2}}{T_{t_1} - T_{t_2,ad}} \ \text{（タービンの場合）} \tag{2.84}$$

断熱比仕事 w_{ad} を算出した際の気体の状態変化を，圧縮機を例にとって簡単に説明しておこう．図 2.6 に圧縮機の T-s 線図の一例を示す．実際の圧縮過程（①〜②）が不明であるので，これを①から 2_{ad} までの等エントロピー変化と，2_{ad} から②までの加熱等圧変化の組み合わせと仮定する．2_{ad} から②までの過程は等圧変化であるから，式 (2.80) より断熱比仕事 w_{ad} の値には関与しないことがわかる．式 (2.63) から考えると，非可逆過程によって発生する熱量 q_f は図 2.6 の斜線部に相当するが，この値が不明であるのでその代わりとして，$w - w_{ad} = i_2 - i_{2ad}$ を用いたことになる．つまり

$$i_2 - i_{2ad} = \int_{2ad}^{2} T\,ds \Big|_p \quad [\mathrm{J/kg}] \tag{2.85}$$

となり，図中の網掛け部分として損失は過大評価されたことになる．このため，圧縮機の断熱効率は通常，真の効率よりも低く見積られることがわかる．逆に，タービンの場合は損失を過小評価するため，真の効率よりも高く見積られることになる．

■例題

静温度 293 [K]，静圧力 100 [kPa]，流速 200 [m/s] の空気が，等エントロピー変化により，静温度 368 [K]，静圧力 200 [kPa]，流速 150 [m/s] となった．このときの断熱効率を求めなさい．

解答

断熱比仕事は，(2.80) 式より

$$w_{ad} = \frac{\kappa}{\kappa-1}RT_1\left\{\left(\frac{p_2}{p_1}\right)^{\frac{\kappa-1}{\kappa}}-1\right\}+\frac{1}{2}(U_2^2-U_1^2)$$
$$= \frac{1.4}{1.4-1}\times 287\times 293\times\left\{\left(\frac{200\times 10^3}{100\times 10^3}\right)^{\frac{1.4-1}{1.4}}-1\right\}+\frac{1}{2}(150^2-200^2)$$
$$= 5.57\times 10^4 \quad [\mathrm{J/kg}]$$

一方，比仕事は，(2.82) 式より

$$w = \frac{\kappa}{\kappa-1}R(T_2-T_1)+\frac{1}{2}(U_2^2-U_1^2)$$
$$= \frac{1.4}{1.4-1}\times 287\times(368-293)+\frac{1}{2}(150^2-200^2) = 6.66\times 10^4 \quad [\mathrm{J/kg}]$$

以上より，断熱効率は

$$\eta_{ad} = \frac{w_{ad}}{w} = \frac{5.57\times 10^4}{6.66\times 10^4} = 0.836$$

と求められる．

2.3.5 ポリトロープ比仕事とポリトロープ効率

実際の圧縮機などにおける状態変化はかなり急激に行われるため，外部から冷却しても等温変化とはならず，また冷却などを行わない場合でも多少の熱の出入を伴うために完全な断熱変化でもない．このような場合には，気体が**ポリトロープ変化** (polytropic change) をすると仮定して，**ポリトロープ指数** (polytropic exponent) n に適切な値を用いることにより種々の状態変化を近似的に記述し，効率を真の値に近づけることが可能となる．

ポリトロープ変化では，気体に加えられる熱量を可逆，非可逆の区別なく温度変化に比例すると見なし

$$dq = C_n\,dT \quad [\mathrm{J/kg}]$$

と表す．ここで C_n はポリトロープ比熱である．このとき，熱力学の第一法則 (2.2) およびエンタルピーの定義式 (2.59) より

$$du - dq = (C_v - C_n)dT = -pd\left(\frac{1}{\rho}\right) \quad [\mathrm{J/kg}] \tag{2.86}$$

$$di - dq = (C_p - C_n)dT = \frac{1}{\rho}dp \quad [\mathrm{J/kg}] \tag{2.87}$$

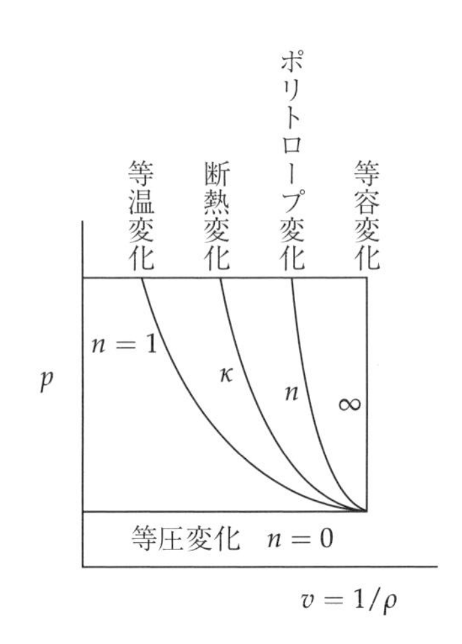

図 2.7 気体の状態変化

となる．ここで，

$$\frac{C_p - C_n}{C_v - C_n} \equiv n \tag{2.88}$$

で定義されるポリトロープ指数 n を導入すると，以下に示すようなポリトロープ変化の関係式が得られる．

$$\frac{p}{\rho^n} = \text{const.} \tag{2.89}$$

$$\frac{T}{\rho^{n-1}} = \text{const.} \tag{2.90}$$

$$\frac{T}{p^{\frac{n-1}{n}}} = \text{const.} \tag{2.91}$$

上式からわかるように，$n=0$ の場合は等圧変化，$n=1$ の場合は等温変化，$n=\kappa$ の場合は等エントロピー（可逆断熱）変化，$n=\infty$ の場合は等容変化に相当する．図 2.7 はこれらの変化を p-v 線図に示したものである．

一般に，往復圧縮機の場合には，外部からの冷却によって等温圧縮に近づき $n<\kappa$ であり，遠心圧縮機や軸流圧縮機などでは圧縮が急激に行われるため，外部へ逃げる熱量が少なく，流体摩擦などにより気体の温度が断熱圧縮の場合よりも高くなるため $n>\kappa$ となる．逆に，タービンでは $n<\kappa$ となる．n と κ の差は，流体効率が低いほど小さくなることが知られている．

ポリトロープ変化においては，式 (2.89)〜(2.91) に示した関係式の形が断熱変化と同様であるから，**ポリトロープ比仕事** (polytropic specific work) w_{pol} は次のように求まる．

$$w_{pol} = \frac{n}{n-1} RT_1 \left\{ \left(\frac{p_2}{p_1} \right)^{\frac{n-1}{n}} - 1 \right\} + \frac{1}{2}(U_2^2 - U_1^2) \quad [\text{J/kg}] \tag{2.92}$$

この際の T-s 線図の一例を図 2.8 に示しておく．図中の斜線部は式 (2.63) より，圧縮過程で供給された全熱量 $q+q_f$ を示すが，外部との熱の出入りが無視できる場合（$q=0$）には非可逆過程によって発生する損失 q_f を表すことにな

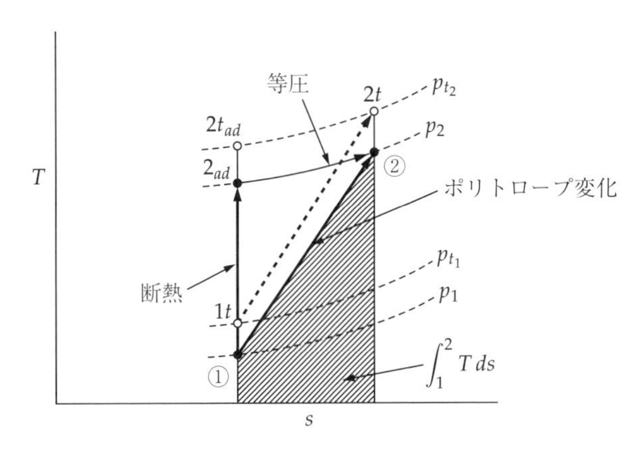

図 2.8 ポリトロープ変化（圧縮機）

る．すでに示した等エントロピー変化の場合と比較すると，指数 n を適切に選ぶことで実際の圧縮過程に近づけることが可能であり，より妥当な流体効率の算出が可能となる．

よどみ点状態を考えると，ポリトロープ比仕事 w_{pol} は次のように書ける．

$$w_{pol} = \frac{n}{n-1}RT_{t_1}\left\{\left(\frac{p_{t_2}}{p_{t_1}}\right)^{\frac{n-1}{n}} - 1\right\} = \frac{n}{n-1}R\left(T_{t_2} - T_{t_1}\right) \quad \text{[J/kg]} \tag{2.93}$$

ここで，冷却率 α を次式のように定義すると

$$\alpha = -\frac{q}{w} \tag{2.94}$$

比仕事 w は式 (2.69) より

$$w = \frac{C_p(T_{t_2} - T_{t_1})}{1-\alpha} = \frac{\dfrac{\kappa}{\kappa-1}R(T_{t_2} - T_{t_1})}{1-\alpha} \quad \text{[J/kg]} \tag{2.95}$$

となるので，これより**ポリトロープ効率** (polytropic efficiency) η_{pol} は次式で与えられる．（強制冷却がない場合は $\alpha = 0$ となる．）

$$\eta_{pol} = \frac{w_{pol}}{w} = (1-\alpha)\frac{\kappa-1}{\kappa}\frac{n}{n-1} \quad \text{（圧縮機の場合）} \tag{2.96}$$

$$\eta_{pol} = \frac{|w|}{|w_{pol}|} = \frac{1}{1-\alpha}\frac{\kappa}{\kappa-1}\frac{n-1}{n} \quad \text{（タービンの場合）} \tag{2.97}$$

このとき，ポリトロープ指数 n は次式により計算できる．

$$n = \frac{\ln(p_{t_2}/p_{t_1})}{\ln(\rho_{t_2}/\rho_{t_1})} = \frac{\ln(p_{t_2}/p_{t_1})}{\ln(p_{t_2}/p_{t_1}) - \ln(T_{t_2}/T_{t_1})} \tag{2.98}$$

演習問題

2.1 吸込み圧力 p_1 と吐出し圧力 p_2 がそれぞれ，$p_1 = -30$ [kPa] (gauge)，$p_2 = 200$ [kPa] (gauge) のポンプを用いて，密度 $\rho = 1000$ [kg/m^3] の水を輸送する．水の体積流量が $Q = 0.084$ [m^3/s]，このポンプを駆動するための必要な動力が 26 [kW] であるとして，以下の設問に答えよ．ただし，吸

込み管と吐出し管の内径をそれぞれ $D_1 = 0.2$ [m]，$D_2 = 0.15$ [m]，重力加速度を $g = 9.8$ [m/s^2] とする．

(1)　このポンプの流体効率 η を求めよ．

(2)　ポンプ内部での流体摩擦による損失ヘッド h_f [m] を計算せよ．

2.2　絶対圧力 100 [kPa]，温度 15 [℃] の静止した空気を吸い込み，絶対 (全) 圧力 750 [kPa] まで等温圧縮させる．圧縮後の空気流量が 0.25 [m^3/s] であるとき，等温比仕事 w_{iso} [J/kg] とこの等温圧縮機の理論動力 P_{th} [W] を求めよ．

2.3　絶対圧力 96 [kPa]，温度 20 [℃] の静止した空気を吸い込み，絶対 (全) 圧力 205 [kPa]，全温度 120 [℃] で吐出する圧縮機の断熱効率 η_{ad} とポリトロープ効率 η_{pol} を計算せよ．

2.4　絶対圧力 95 [kPa]，温度 20 [℃] の静止した空気を吸い込み，絶対 (全) 圧力 210 [kPa] まで圧縮する．この圧縮機の断熱効率が 70 [%] であるとき，圧縮後の空気温度を計算せよ．

2.5　120 [m^3/min] の標準空気 (101.3 [kPa]) を吸い込んで，絶対 (全) 圧力 140 [kPa] まで圧縮する圧縮機がある．この圧縮機の断熱効率が 70 [%] であるとき，軸動力 P [W] を計算せよ．

3

CHAPTER THREE

遠心式ターボ機械の作動原理

第 1 章において説明したように，回転軸方向に流入して半径方向に流出する，あるいは逆に半径方向に流入して回転軸方向に流出するような流体機械を遠心式ターボ機械という．

遠心式ターボ機械は，小流量だが圧力差の大きな用途に適している．本章では，遠心式ターボ機械の作動原理を角運動量法則に基づいて説明するとともに，その設計方法について述べる．

3.1 ターボ機械の動力

ターボ機械の**動力** (power) P_h [W] は，ρ を流体の密度 [kg/m^3]，g を重力の加速度 [m/s^2]，Q を体積流量 (volumetric flow rate) [m^3/s]，H をヘッド（水頭）[m] とすると，次式のように与えられる．

$$P_h = \rho g Q H \tag{3.1}$$

ただし，ヘッド H は圧力ヘッド，速度ヘッドおよび位置ヘッドの総和であり，流体のもつエネルギーの総量をヘッドで表したものである．これを**全ヘッド**（total head）と呼ぶ．

このように流動している流体のもつエネルギーを動力で表すと，はじめ流体機械に P_{h_1} $(= \rho_1 g Q_1 H_1)$ の動力をもった流体が吸い込まれ，P_{h_2} $(= \rho_2 g Q_2 H_2)$ の動力をもって吐き出される場合，流体機械が流体に与えた動力 P_h は $(P_{h_2} - P_{h_1})$ で与えられる．ここで，$\rho_1 Q_1$ および $\rho_2 Q_2$ は単位時間当たりに流れる流体の質量，すなわち**質量流量** (mass flow rate) [kg/s] であり，流体機械を含む系において一定である．これを**質量保存則**（mass conservation law）と呼ぶ．したがって，$\rho_1 Q_1 = \rho_2 Q_2 = \rho Q$ とおくことにより

$$P_h = P_{h_2} - P_{h_1} = \rho_2 g Q_2 H_2 - \rho_1 g Q_1 H_1 = \rho g Q (H_2 - H_1) = \rho g Q H \tag{3.2}$$

が得られる．このように，流体機械の出口と入口での流体のもつヘッドの差

H [m] を流体機械が流体に与えたエネルギーとして評価するのが一般的である.

■例題

ある流体機械の入口，出口における全ヘッドがそれぞれ5，20 [m] であった．この流体機械により流体に与えられた動力を求めなさい．ただし，流体の密度は 1000 [kg/m^3]，体積流量は 2 [m^3/s] とし，損失はないとする．

解答

式 (3.2) より，

$$P_h = \rho g Q(H_2 - H_1) = 1000 \times 9.8 \times 2 \times (20 - 5) = 294 \times 10^3 \text{ [W]}$$
$$= 294 \text{ [kW]}$$

3.2　遠心式ターボ機械の理論（オイラーの式）

うず巻きポンプ，遠心送風機，遠心圧縮機などの遠心式の流体機械は，**前面囲い板**（front shroud）および**後面囲い板**（back shroud）の 2 枚の円板の間に普通 5 枚から 10 数枚ほどの羽根が取り付けられた羽根車を有している．羽根車の中心部から吸い込まれた流体は，両側面が囲い板で，また羽根と羽根との間の周囲を壁に囲まれた**流路**（passage）を通り抜けることになる．したがって，壁面と流体の相対運動を見れば，固定された管路内の流れと大差はない．このため，遠心式ターボ機械では，以下に述べるような角運動量法則を適用した考え方が最も一般的に採用されている．

図 3.1 に，流体の羽根入口および出口における速度を成分表示する．このような図を**速度三角形**（velocity triangle）あるいは**速度線図**（velocity diagram）と呼ぶ．この図は，羽根入口の半径が r_1，出口の半径が r_2 の羽根車の 1 枚の羽根を示しており，流体が羽根の入口，出口でどのように流入，流出するかを表している．

羽根入口において流体は絶対速度 v_1 で流入するが，羽根車が角速度 ω で回

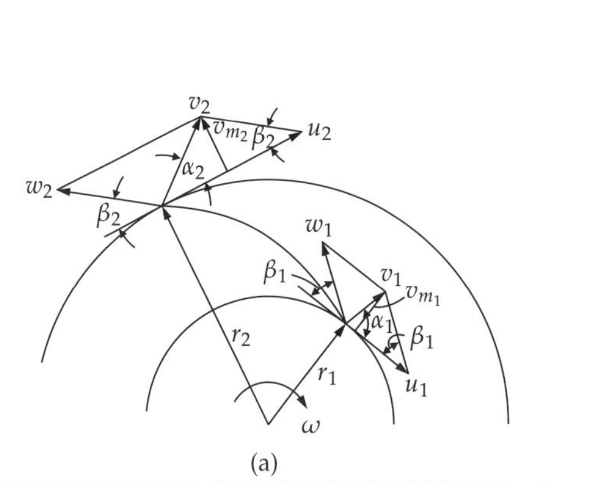

(a)

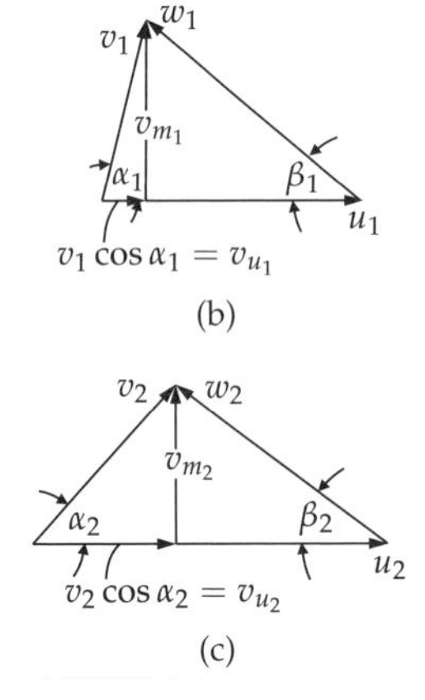

図 3.1　速度三角形

転しているため，半径 r_1 の羽根入口における周方向の速度成分は $u_1\ (= r_1\omega)$ であり，回転している羽根に対する流体の相対速度 w_1 はベクトル的に v_1 から u_1 を差し引けば得られる．その後，流体は羽根に沿って流れ，羽根出口では羽根の接線方向に相対速度 w_2 で流出する．この w_2 は動いている羽根に対する相対速度であり，羽根出口における周方向の速度成分 $u_2\ (= r_2\omega)$ と w_2 とのベクトル的な和が絶対速度 v_2 となる．以上より，流体は絶対速度 v_1 で流入し，絶対速度 v_2 で流出することになる．

それでは，遠心式機械の羽根車が流体に与えるヘッドを，角運動量法則を用いて理論的に求めてみよう．すなわち，「羽根車の流路を通る流体の回転軸に対する**角運動量**（angular momentum）の時間的な変化の割合は，その流体に外力を与えている羽根車の軸についての**トルク**（torque）に等しい」ということを基礎とする考え方である．

図 3.1 では 1 枚の羽根に沿う流れを考えたが，今度は羽根車全周にわたって考え，羽根車を通り抜けていく流体の質量流量を ρQ で表す．ここで，ρ は流体の密度，Q は体積流量を意味する．

図 3.1（b）の入口速度三角形で示される $v_1 \cos\alpha_1$ は，羽根車入口における流体の絶対速度 v_1 の周方向速度成分である．同様に，図 3.1（c）の $v_2 \cos\alpha_2$ は，絶対速度 v_2 の周方向速度成分を表している．流体は羽根車を通り抜ける間に，周方向の成分として，$v_1 \cos\alpha_1$ から $v_2 \cos\alpha_2$ の変化を与えられたことになる．

そこで，流体の出口と入口との間の毎秒当たりの角運動量の変化を考え，角運動量法則を適用すると，羽根車を回転するために使われるトルク T は

$$T = \rho Q(r_2 v_2 \cos\alpha_2 - r_1 v_1 \cos\alpha_1) \tag{3.3}$$

と表せる．

回転軸の角速度を ω，周方向速度成分を $v_2 \cos\alpha_2 = v_{u_2}$，$v_1 \cos\alpha_1 = v_{u_1}$ と表記すると，羽根車の軸を回転するための動力 P_d は

$$P_d = T\omega = \rho Q(u_2 v_{u_2} - u_1 v_{u_1}) \tag{3.4}$$

と与えられる．

ここで，まったく損失の起こらない理想的な流体機械を考え，式 (3.4) で示される外部から加えられる動力 P_d の全部が流体に与えられたと仮定して

$$\rho g Q H_{th\infty} = \rho Q(u_2 v_{u_2} - u_1 v_{u_1})$$

と表記する．流体のもつ動力 $\rho g Q H$ に対し，上式において H の代わりに $H_{th\infty}$ と表記したのは，外部から加えられた動力が損失することなく全部流体に与えられたときの流体のヘッドであることを強調するためである．ここで，$\rho g Q$ を消去すると

$$H_{th\infty} = \frac{1}{g}(u_2 v_{u_2} - u_1 v_{u_1}) \tag{3.5}$$

となる．このような $H_{th\infty}$ のことを羽根数無限の場合の**理論揚程**（theoretical head）または**オイラーヘッド**（Euler's head）と呼ぶ．また，式 (3.5) のことを**オイラーの式**（Euler's equation）という．オイラーの式は，遠心式のポンプ，水

車，送風機，圧縮機はもちろんのこと，軸流式のポンプ，水車，軸流送風機，圧縮機などに対しても性能を考えるときの基礎になるものである．

■例題

羽根車が 2000 [1/min] で回転している．羽根車の入口半径が 10 [cm]，出口半径が 30 [cm]，入口での周方向速度成分が 0 [m/s]，出口での周方向速度成分が 10 [m/s] のとき，オイラーヘッドを求めなさい．

解答

式 (3.5) より

$$H_{th\infty} = \frac{1}{g}(u_2 v_{u_2} - u_1 v_{u_1}) = \frac{1}{9.8}\left(0.3\times\frac{2\pi\times 2000}{60}\times 10 - 0\right) = 64.1\,[\mathrm{m}]$$

式 (3.5) を誘導するにあたっては，ポンプや送風機のように，流体が中心部から吸い込まれ，半径方向に外向きに流出し，その間に羽根車が流体にエネルギー付与をする場合を想定した．したがって，流体の絶対速度の周方向成分は，羽根車の回転によって入口で v_{u_1} であったものが出口で v_{u_2} に高められるのであるから，明らかに $v_{u_1} < v_{u_2}$ であり，また，$u_1 < u_2$ であるから，$u_1 v_{u_1} < u_2 v_{u_2}$ である．

一方，水車の場合には流れ方が逆で，エネルギー授受の関係も逆である．したがって，明らかに $u_1 v_{u_1} > u_2 v_{u_2}$ であり，損失の起こらない理想的な水車の場合，流体が羽根車の軸に動力を与える際の関係は

$$H_{th\infty} = \frac{1}{g}(u_1 v_{u_1} - u_2 v_{u_2}) \tag{3.5$'$}$$

と表すことができる．

次に，式 (3.5) をもう少し詳しく調べてみよう．図 3.1 の出口速度線図について，幾何学的な条件から

$$v_{m_2}^2 = v_2^2 - v_{u_2}^2, \quad v_{m_2}^2 = w_2^2 - (u_2 - v_{u_2})^2$$

という 2 つの関係を得ることができる．これらを等しいと置くことにより

$$v_2^2 - v_{u_2}^2 = w_2^2 - u_2^2 + 2u_2 v_{u_2} - v_{u_2}^2$$

したがって

$$u_2 v_{u_2} = \frac{1}{2}(v_2^2 + u_2^2 - w_2^2)$$

が得られる．また同様に，入口速度線図から次の関係を得ることができる．

$$u_1 v_{u_1} = \frac{1}{2}(v_1^2 + u_1^2 - w_1^2)$$

これらを式 (3.5) に代入すると

$$H_{th\infty} = \frac{1}{2g}\left[(v_2^2 - v_1^2) + (u_2^2 - u_1^2) + (w_1^2 - w_2^2)\right] \tag{3.6}$$

が導かれる．すなわち，理論揚程は，入口，出口における各速度成分の 2 乗の差によって表すことできることがわかる．

ここで，式 (3.6) の右辺の各項のもつ物理的意味について考えてみよう．

第 1 項の $(v_2^2 - v_1^2)/2g$ は，出口と入口における運動エネルギーの差をヘッドで表したものである．したがって，この項は運動エネルギーの形でエネルギー移動が行われたものを意味している．

第 2 項 $(u_2^2 - u_1^2)/2g$ は，入口半径 r_1 の位置から出口半径 r_2 の位置まで回転している羽根車内を流体が移動するときのエネルギー変化をヘッドで表すものであり，遠心力によって引き起こされるものである．角速度 ω で回転している羽根車の中で，軸中心から r の位置の流体の微小質量 dm に働く遠心力は $dm\omega^2 r$ であり，質量は $dm = \rho dAdr$ と与えられる．ここで，ρ は流体の密度，dA は半径方向に垂直な微小面積である．遠心力は，微小な厚さ dr を隔てて半径方向に外向きに dp の圧力上昇を与える．このため，半径方向内向きに働く $dpdA$ の力を生ずる．この圧力差による力と遠心力とがつり合うことから

$$dpdA = dm\omega^2 r = \rho dAdr\omega^2 r$$

したがって

$$\frac{dp}{\rho} = \omega^2 r\, dr$$

が得られる．この dp/ρ を半径 r_1 から r_2 まで積分すると

$$\int_{r_1}^{r_2} \frac{dp}{\rho} = \int_{r_1}^{r_2} \omega^2 r\, dr = \frac{1}{2}\omega^2(r_2^2 - r_1^2) = \frac{1}{2}(u_2^2 - u_1^2)$$

となる．一方，v を比体積とすると，$v = 1/\rho$ より $dp/\rho = vdp$ となるので

$$\int_{r_1}^{r_2} \frac{dp}{\rho} = \int_{r_1}^{r_2} v\, dp$$

であり，上記の積分が可逆的な圧縮または膨張による単位質量当たりの正味仕事を表すことがわかる．以上により，第 2 項は，遠心力の影響によって半径 r_1 から r_2 まで移動する間に流体が羽根車から受けたエネルギーをヘッドの形で表したものとなっており，入口から出口に向かって半径が増加するにつれて圧力ヘッドが増加することを意味していることがわかる．

最後に，第 3 項の $(w_1^2 - w_2^2)/2g$ について考えてみよう．w_1，w_2 は動いている羽根車の羽根に対する流体の相対速度であるが，羽根の間の通路を流れる間に w_1 から w_2 に変わったとすると，通路の入口と出口とでは第 3 項に示される圧力変化が引き起こされることになる．このことは，通路が固定されたものでも動いているものでも同様であり，通路が徐々に広がる減速流であるとすれば，運動エネルギーの変化が圧力上昇の形となって現れることを意味している．

以上をまとめると，式 (3.6) の第 1 項は動的なヘッド，第 2，3 項は静的な圧力ヘッドであることがわかる．

■例題

図のような速度三角形をなす羽根車がある．この羽根車のオイラーヘッドを求めなさい．

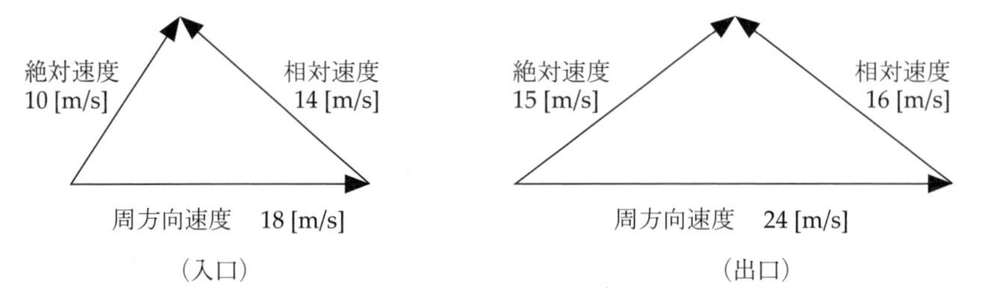

解答

式 (3.6) より

$$H_{th_\infty} = \frac{1}{2g}\left[(v_2^2 - v_1^2) + (u_2^2 - u_1^2) + (w_1^2 - w_2^2)\right]$$
$$= \frac{1}{2 \times 9.8}\left[(15^2 - 10^2) + (24^2 - 18^2) + (14^2 - 16^2)\right] = 16.2\,[\mathrm{m}]$$

ここで，オイラーの式 (3.5) を再び考えてみることにする．羽根入口において絶対速度が周方向速度成分（これを予旋回と呼ぶ）を持たないときは，$\alpha_1 = 90°$ であり，$v_{u_1} = 0$ となる．普通のうず巻きポンプでは入口での周方向速度成分を持たせない場合が多いので，$\alpha_1 = 90°$ として考察することは実用上有意義である．

この場合，$v_{u_1} = 0$ から，式 (3.5) は

$$H_{th_\infty} = \frac{1}{g} u_2 v_{u_2} \tag{3.7}$$

となる．さらに，図 3.1 の出口速度線図から

$$v_{u_2} = u_2 - w_2 \cos\beta_2 = u_2 - \frac{v_{m_2}}{\tan\beta_2}$$

が得られる．ここで，v_{m_2} は絶対速度 v_2 の半径方向速度成分であり，**子午面速度**（meridian velocity）と呼ばれる．羽根車出口径を D_2，幅を b_2 とすると，吐出し流量が $Q = \pi D_2 b_2 v_{m_2}$ と与えられる．これらの関係を式 (3.7) に代入して整理すると

$$H_{th_\infty} = \frac{u_2}{g}\left(u_2 - \frac{v_{m_2}}{\tan\beta_2}\right) = \frac{u_2^2}{g} - \frac{u_2 v_{m_2}}{g \tan\beta_2} \tag{3.8}$$

となる．

図 3.2 は横軸に v_{m_2}（または $Q = \pi D_2 b_2 v_{m_2}$）を，縦軸に理論揚程 H_{th_∞} を取って式 (3.8) を表したものである．$\beta_2 = 90°$ のとき H_{th_∞} は吐出し流量 Q に関係なく一定であるが，$\beta_2 > 90°$ の場合には Q の増大とともに増加し，$\beta_2 < 90°$ では Q の増大とともに減少することがわかる．

図 3.3 は，$\beta_2 < 90°$ の後向き羽根，$\beta_2 > 90°$ の前向き羽根を示したものである．図 3.3 から前向き羽根のほうが羽根から受けるエネルギーは大きくて有利

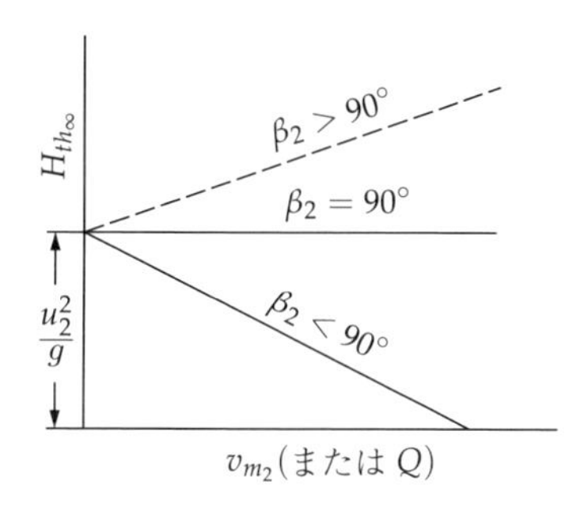

図 3.2　理論ヘッドと吐出し量の関係

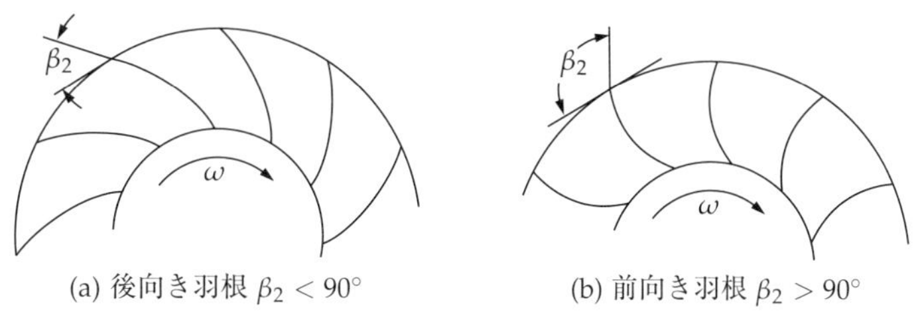

(a) 後向き羽根 $\beta_2 < 90°$　　(b) 前向き羽根 $\beta_2 > 90°$

図 3.3　後向き羽根と前向き羽根

のように見えるが，次節で述べる理由により，現在のうず巻きポンプにおいて使用されている羽根車では，羽根出口角度 β_2 が 90° より小さい後向き羽根のみが用いられている．

■例題

オイラーヘッドが 20 [m] のうず巻きポンプがある．羽根車出口径 D_2 が 30 [cm]，幅 b_2 が 3 [cm]，羽根出口角 β_2 が 30°，回転数が 1500 [1/min] のとき，このポンプを流れる流量 Q を求めなさい．ただし，損失はないとする．

解答

まず，周方向速度を求める．

$$u_2 = r_2\omega = \frac{0.3}{2} \times \frac{2\pi \times 1500}{60} = 23.6\,[\mathrm{m/s}]$$

次に，式 (3.8) を用いて子午面速度を求める．

$$H_{th_\infty} = \frac{u_2}{g}\left(u_2 - \frac{v_{m_2}}{\tan\beta_2}\right)$$
$$20 = \frac{23.6}{9.8}\left(23.6 - \frac{v_{m_2}}{\tan 30°}\right)$$
$$v_{m_2} = 8.8\,[\mathrm{m/s}]$$

したがって，体積流量は

$$Q = \pi D_2 b_2 v_{m_2} = \pi \times 0.3 \times 0.03 \times 8.8 = 0.25\,[\mathrm{m^3/s}]$$

と求められる．

3.3 反動度

羽根車が流体にエネルギーを与える方法には，動的なヘッドの変化によるものと，静的な圧力上昇によるものとがあるが，これらの割合がどのようになっているかはターボ機械の性能に大きな影響を及ぼし，この割合を表現するために**反動度**（degree of reaction）という量が定義される．定義式は

$$R = \frac{\left[(u_2^2 - u_1^2) + (w_1^2 - w_2^2)\right] / (2g)}{H_{th\infty}} \tag{3.9}$$

と与えられる．また，式 (3.6) を用いることにより

$$R = \frac{[(u_2^2 - u_1^2) + (w_1^2 - w_2^2)]}{[(v_2^2 - v_1^2) + (u_2^2 - u_1^2) + (w_1^2 - w_2^2)]} \tag{3.9$'$}$$

と表現することもできる．

すなわち，羽根車が流体に与えたエネルギーの全体に対して圧力ヘッドの上昇分がどのくらいになるかを反動度 R で表すのである．

■例題

図のような速度三角形をなす羽根車がある．この羽根車の反動度を求めなさい．

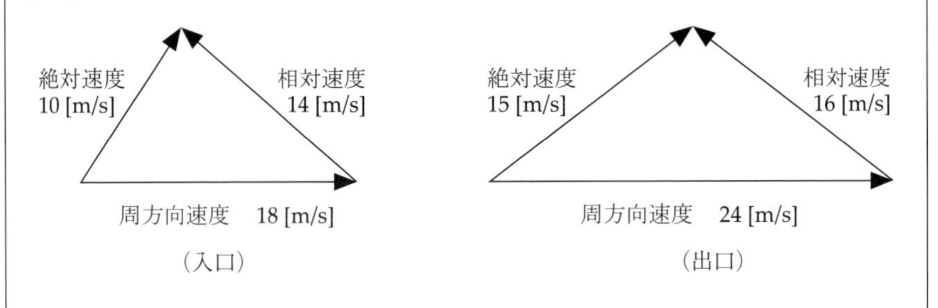

解答

式 (3.9′) より

$$\begin{aligned} R &= \frac{[(u_2^2 - u_1^2) + (w_1^2 - w_2^2)]}{[(v_2^2 - v_1^2) + (u_2^2 - u_1^2) + (w_1^2 - w_2^2)]} \\ &= \frac{\left[(24^2 - 18^2) + (14^2 - 16^2)\right]}{\left[(15^2 - 10^2) + (24^2 - 18^2) + (14^2 - 16^2)\right]} = 0.61 \end{aligned}$$

反動度は，遠心式のうず巻きポンプだけでなく，軸流ポンプや軸流送風機など他の流体機械に対してもその性能に大いに関係するものであるが，以下では流入角 $\alpha_1 = 90°$ のうず巻きポンプを例として考察を進めてみよう．

まず，$H_{th\infty}$ は式 (3.7) で表される．また，$\alpha_1 = 90°$ の場合には入口速度三角形から $w_1^2 = v_1^2 + u_1^2$ であるので，これらの関係を式 (3.9) に代入することにより，反動度は

$$R = \frac{u_2^2 - w_2^2 + v_1^2}{2u_2 v_{u_2}}$$

となる．出口速度三角形から $w_2^2 = v_{m_2}^2 + (u_2 - v_{u_2})^2$ という関係が得られるので，これを上式に代入することにより

$$R = \frac{2u_2 v_{u_2} - v_{u_2}^2 - v_{m_2}^2 + v_1^2}{2u_2 v_{u_2}}$$

が得られる．

ここで，うず巻きポンプの設計における重要寸法の取り方について説明する．普通のうず巻きポンプは比速度 N_s（5.1.3 項参照）が 150 ～ 300 くらいの範囲にあるが，この場合，多くは $r_2/r_1 \fallingdotseq 2$，$b_2/b_1 \leq 0.5$ のような関係にある．ただし，b_1，b_2 は羽根車の入口，出口における幅である．したがって，$r_1 b_1 \fallingdotseq r_2 b_2$ と仮定しても実用上問題ない．羽根車の入口，出口円を通過する体積流量を Q とすると，$Q = 2\pi r_1 b_1 v_{m_1} = 2\pi r_2 b_2 v_{m_2}$ であるので，$v_{m_1} \fallingdotseq v_{m_2}$ となる．また，$\alpha_1 = 90°$ では $v_{m_1} = v_1$ であり，結果として $v_{m_1} \fallingdotseq v_{m_2} \fallingdotseq v_1$ とみなしてよいであろう．以上の条件を，反動度 R の式に代入すると

$$R = 1 - \frac{v_{u_2}}{2u_2}$$

となり，さらに，出口速度三角形から $v_{u_2} = u_2 - v_{m_2} \cot\beta_2$ を代入すると

$$R = \frac{1}{2}\left(1 + \frac{v_{m_2}}{u_2}\cot\beta_2\right) \tag{3.10}$$

が得られる．この式中の (v_{m_2}/u_2) は**流量係数**（flow coefficient）と呼ばれるもので，吐出し流量を無次元表示したものとなっている．

式 (3.10) から明らかなように，羽根出口角度 β_2 と反動度 R との関係は

後向き羽根　$\beta_2 < 90° \ldots\ldots\ldots R > \dfrac{1}{2}$

半径方向羽根　$\beta_2 = 90° \ldots\ldots\ldots R = \dfrac{1}{2}$

前向き羽根　$\beta_2 > 90° \ldots\ldots\ldots R < \dfrac{1}{2}$

となる．これによると，圧力上昇として与えられるエネルギーは，$\beta_2 = 90°$ のとき全体のエネルギー付与量の半分，後向き羽根（$\beta_2 < 90°$）のとき全体の半分以上，前向き羽根（$\beta_2 > 90°$）のとき全体の半分以下となることがわかる．

ポンプの場合，一般に羽根車を出てから吐出し管に達するまでに，運動エネルギーの形で付与されたエネルギーの大部分を圧力ヘッドの上昇に変換することが必要である．これは，流体が羽根車を出た後，うず巻き室や吐出しノズルのような流れの方向に流路断面積が大きくなる，いわゆる広がり流路を形成することによって達成される．しかし，このような流路は流れのはく離による損失を伴いやすく，したがって反動度 R の小さい前向き羽根の採用は実用上不利となる．式 (3.8) または図 3.2 からわかるように，β_2 の大きいほうが同じ吐出し量 Q に対して大きな理論揚程 $H_{th\infty}$ を達成することができるが，上述の理由からポンプ効率の点から見て劣る結果となる．このため，うず巻きポンプの場合，後向き羽根が一般に使用されている．通常は $\beta_2 = 18°$～$35°$ の範囲にあり，特に $20°$～$25°$ の例が多い．また，ターボ形送風機の後向き羽根では $\beta_2 = 30°$～$50°$，特に $35°$～$45°$ の例が多い．

3.4　羽根車内の流れ

前節までは，羽根車の羽根入口と出口における角運動量に注目し，単位時間当たりの角運動量変化が羽根車に作用するトルクに等しいという角運動量法則を適用してオイラーの式を求め，これを基礎にして考察を加えた．したがって，考え方としては巨視的であり，羽根車の中での流れ状態についてはまったく考慮していなかった．そこで，本節では羽根の間の流れを考えることにする．

図 3.4 は，角速度 ω で回転している羽根車の羽根に対する相対流れを表している．図中の s は流れの経路である．図 3.4(b) は，経路 s 上の半径 r の位置にある P 点における速度三角形を示している．ここで，$u = r\omega$ であり，β は P 点における s に対する接線と半径に直角な直線とのなす角度である．

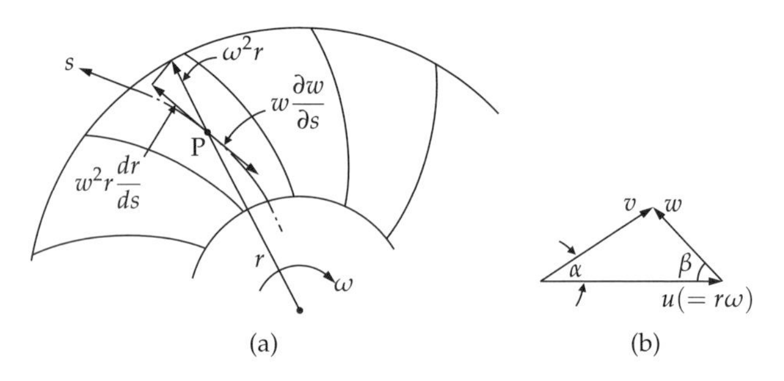

図 3.4　羽根の間の流れ

P 点を中心にして断面積 a_s，長さ ds の微小体積（微小な流管）を考え，これに対して運動方程式を立ててみよう．流れの加速度は $w\partial w/\partial s$，遠心加速度は $\omega^2 r$ であり，s 方向の成分は $-\omega^2 r\sin\beta$ である．ただし，$\sin\beta = dr/ds$ である．また，微小体積 $a_s ds$ に働く圧力による力の s 方向の成分は $-(\partial p/\partial s)a_s ds$ である．したがって

$$\rho a_s ds\left(w\frac{\partial w}{\partial s} - \omega^2 r\frac{dr}{ds}\right) = -\frac{\partial p}{\partial s}a_s ds$$

この式から

$$w\frac{\partial w}{\partial s} - \omega^2 r\frac{dr}{ds} + \frac{1}{\rho}\frac{\partial p}{\partial s} = 0 \tag{3.11}$$

が得られるが，この式を経路 s について積分すると

$$\frac{w^2}{2} - \frac{u^2}{2} + \frac{p}{\rho} = \text{const.} \tag{3.12}$$

が導かれる．すなわち，この式は，回転している羽根の間の流れに対するベルヌーイ（Bernoulli）の定理を表している．

次に，P 点において流れの経路 s の方向に直角な n 方向を考え，P 点において n 方向に直角な断面積 a_n，長さ dn の微小体積 $a_n dn$ に働くすべての力の n 方向成分に注目し，そのつり合いを考えてみる（図 3.5 参照）．流れの経路 s の曲率半径を r_ρ とすると，w^2/r_ρ の遠心加速度およびコリオリ（Coriolis）の加速度 $2\omega w$ が働いているから

$$\rho a_n dn\left(2\omega w - \frac{w^2}{r_\rho} - \omega^2 r\cos\beta\right) = -\frac{\partial p}{\partial n}a_n dn$$

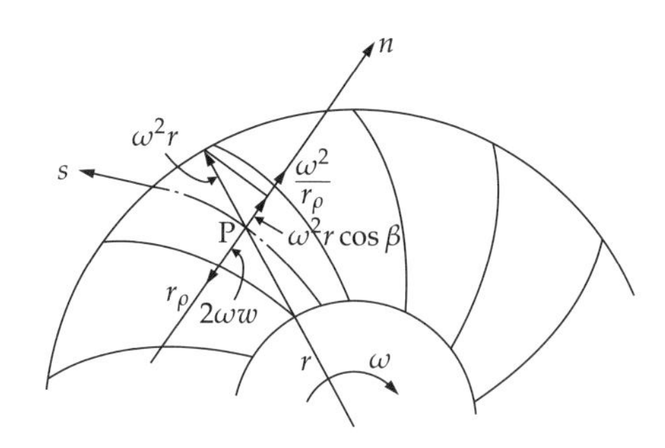

図 3.5　流れの経路に直角方向に働く加速度

となり，この関係から

$$2\omega w - \frac{w^2}{r_\rho} - \omega^2 r\cos\beta = -\frac{1}{\rho}\frac{\partial p}{\partial n} \tag{3.13}$$

が得られる．この式は，流れの方向と直角の n 方向にも圧力勾配が生じることを意味している．

通常，式 (3.13) の左辺は正の値を取るので，$(\partial p/\partial n) < 0$ となり，したがって，流路内の圧力は n の正の方向に向かって低くなる．この結果，羽根間の流路を流れている流体の圧力は羽根の前面（後向き羽根では凸になっている側）に近いほうが圧力が高く，後面（後向き羽根では凹になっている側）に近いほうが圧力が低い．すなわち，1 枚の羽根について考えると，羽根の表裏で圧力が異なっていることになる．

1 枚の羽根についての圧力の合成力 P の周方向成分 P_u と作用点までの半径 r との積 $P_u r$ は，羽根車の回転方向と反対の方向に作用する．これは羽根車の回転に対する抵抗トルクであり，羽根数を z 枚とすると，$zP_u r$ が羽根車を回転させるために必要なトルクになる．

次に，羽根車間の流れにおいて，流体のもつ全エネルギーが n 方向について変わらないと仮定すると，式 (3.12) から

$$w\frac{\partial w}{\partial n} - u\frac{\partial u}{\partial n} + \frac{1}{\rho}\frac{\partial p}{\partial n} = 0$$

となる．さらに $u = \omega r$，$dr/dn = \cos\beta$ であるから，$u(\partial u/\partial n) = \omega^2 r\cos\beta$ となり，これを上式に代入すると

$$w\frac{\partial w}{\partial n} - \omega^2 r\cos\beta = -\frac{1}{\rho}\frac{\partial p}{\partial n}$$

が得られる．この式と式 (3.13) から $(1/\rho)(\partial p/\partial n)$ の項を消去すると

$$\frac{\partial w}{\partial n} = 2\omega - \frac{w}{r_\rho} \tag{3.14}$$

が導かれる．この式は羽根に対する相対速度 w が n 方向にどのように変化するかを表している．一般に r_ρ は大きな値であり，$(\partial w/\partial n) > 0$ となるから，n 方向に w は増加することがわかる．すなわち，1 枚の羽根についてみると，羽根の表裏で速度が異なっていることになる．

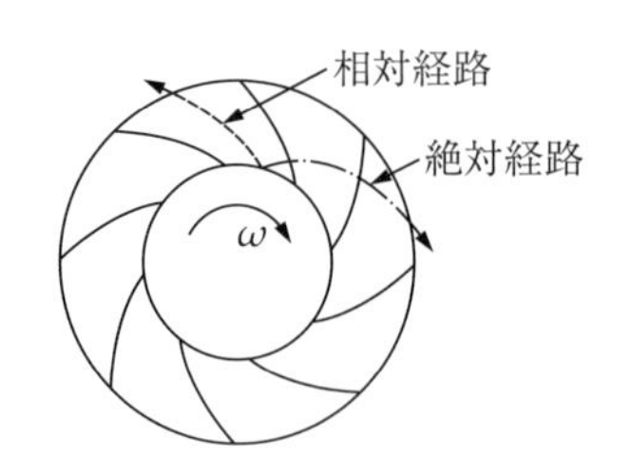

図 3.6　羽根の中での流体の相対経路と絶対経路

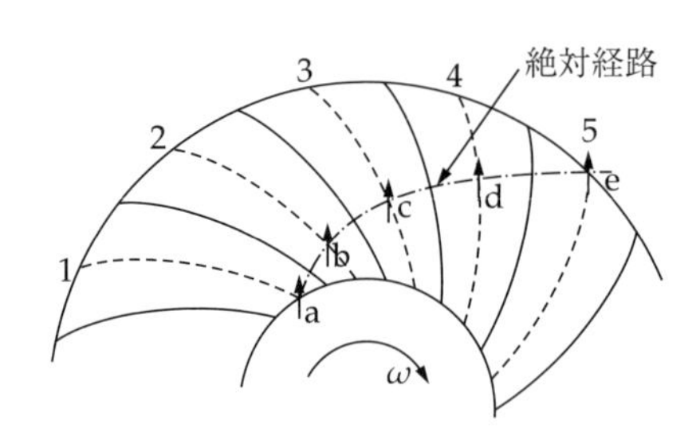

図 3.7　回転している羽根に対する粒子の相対的な回転流体

以上，式 (3.13)，(3.14) を導いて羽根の間の圧力と相対速度がどうなっているかを調べたが，次に別な考え方によって同様の考察を加えることにする．

図 3.6 は，回転している羽根の中心を流れる流体の羽根に対する相対経路と，静止系に対する絶対経路とを示している．いま，粘性と圧縮性がない 2 次元ポテンシャル流を仮定する．このとき，絶対座標系からみて，流れにうずは存在しない．そこで流れの中にある流体粒子の“向き”を考えると，これは流体粒子の移動に際しても絶対座標系に対しては“向き”が変わらない．図 3.7 において，角速度 ω で回転している羽根車のうち，点線 1 で示す羽根間の中心流線上の羽根入口のところにある流体粒子 a に着目し，この粒子の“向き”を矢印で示すことにする．羽根車の回転によって羽根間通路 1 が羽根間通路 2 に移ったとすると，a にあった流体粒子は点線で示す粒子の相対経路と 1 点鎖線で示す絶対経路の交点 b に移動している．同様に，回転につれて 3 に来たときには c に移り，さらに d，e に移る．これらの a，b，c，d，e における粒子の“向き”は，上述のように，全部同じであると考えられる．そこで，初めの a のところの向きと，相対経路の a 点における接線との角，次の b 点での同様の角，さらに c，d，e における角に注目してみれば，回転につれて，これらの角は減少していることがわかる．したがって，羽根車とともに回転している相対座標系についてみると，流体粒子は回転しているということになる．この回転角速度は，羽根車が ω で回転していることによって引き起こされるものであり，方向が反対になるので $-\omega$ となる．

以上では流れの中の 1 点にだけ着目したが，流れ全体についても同様のことが成り立つ．したがって，図 3.8 に示すように，羽根の間の流れは左側に示す羽根に沿った平行流と右側に示す回転流との合成されたものであると考えられる．これによって，羽根表面では平行流と回転流の向きが逆になるため合成された流速は小さくなり，羽根裏面では 2 つの流れが加わって合成速度が大きく

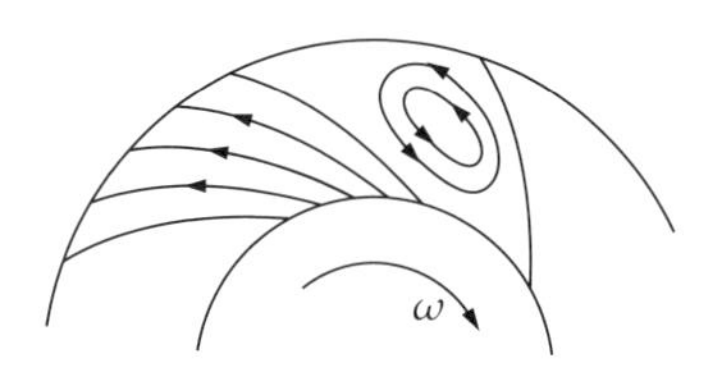

図 3.8 羽根の回転によって引き起こされる回転流

なる．

3.5 羽根数有限の場合の理論揚程

前節で述べたように，羽根の間の流路の流れは一様ではなく，羽根車の回転によって引き起こされる回転流が混在するということが明らかとなった．

図 3.9 に出口における速度三角形を示す．角度 α_2，β_2 と，3 辺 u_2，v_2，w_2 から形成されているこの速度三角形は，相対速度 w_2 が羽根の後縁で羽根曲線の接線に対して羽根出口角 β_2 の角度をなす方向に流出することを意味している．

しかし，いままで述べてきたように，羽根車の回転の影響によって，相対流れが羽根曲線の接線方向から角度 β_2 の方向でなく，$\beta_2' < \beta_2$ なる関係の角度 β_2' の方向に流出し，図 3.9 の角度 α_2'，β_2'，3 辺 u_2，v_2'，w_2' をもつ速度三角形となり，したがって，$v_{u_2}\ (= v_2 \cos\alpha_2)$ も $v_{u_2}'(= v_2' \cos\alpha_2')$ に変わってしまうことになる．

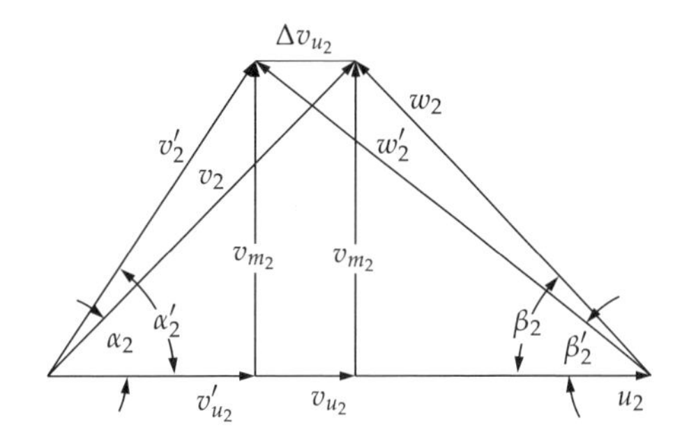

図 3.9 出口の速度三角形

羽根入口での絶対速度の流入角 α_1 が 90° と仮定すると，オイラーの式は式 (3.7) を適用することにより

$$H_{th_\infty} = \frac{1}{g} u_2 v_{u_2} \tag{3.7}$$

となるが，この式の右辺の v_{u_2} には羽根車の回転の影響が現れるため，粘性の影響がなくても羽根数が有限の場合には v_{u_2}' となってしまう．しかし，羽根車に取り付けた羽根の数を無限に多くして，しかも羽根厚さを無限小にしたような理想的な場合を考えると，羽根車の回転によって羽根間の流れが不均一になることはなく，羽根出口円の円周上のどの点でも相対流れは出口角 β_2 に沿って流れることが可能である．H_{th_∞} を羽根数無限の場合の理論揚程といったのは，このような意味である．

実際問題としては，たとえ羽根数を多くしたからといって H_{th_∞} が得られるわけではなく，有限数の羽根である限り，β_2 は β_2' に，α_2 は α_2' に，v_{u_2} は v_{u_2}' に変わるため，v_{u_2}' を使って求めるヘッドは

$$H_{th} = \frac{1}{g} u_2 v_{u_2}' \tag{3.15}$$

となってしまう．この H_{th} のことを羽根数有限の場合の理論揚程と呼ぶ．

したがって，H_{th_∞} と H_{th} との間の関係がどうなっているかを考察する必要が生じる．すなわち，H_{th_∞} は羽根出口角 β_2 を基礎として速度三角形から求められる v_{u_2} を用いて得られるので，両者の関係さえわかれば H_{th} を求めることができる．

H_{th_∞} と H_{th} の関係を求めるために，次式の**すべり係数**（slip factor）k_2 が定義される．

$$k_2 = \frac{v_{u_2} - v_{u_2}'}{u_2} = \frac{\Delta v_{u_2}}{u_2} \tag{3.16}$$

ここで，Δv_{u_2} のことを**すべり速度**（slip velocity）と呼ぶ．上式で定義されるすべり係数 k_2 は多くのポンプなどの水力機械の分野で使用されている．

■例題

羽根車出口の半径が 0.5 [m]，絶対流速の周方向成分が 20 [m/s] の羽根車がある．回転数が 2500 [1/min]，すべり係数が 0.03 のとき，実際に得られるヘッドを求めなさい．

解答

羽根車出口の周方向速度は

$$u_2 = r\omega = 0.25 \times \frac{2\pi \times 2500}{60} = 65.4 \quad [\mathrm{m/s}]$$

すべり係数の定義式 (3.16) を用いて

$$k_2 = \frac{v_{u_2} - v_{u_2}'}{u_2}$$
$$0.03 = \frac{20 - v_{u_2}'}{65.4} \quad [\mathrm{m/s}]$$
$$\therefore \quad v_{u_2}' = 18.0 \quad [\mathrm{m/s}]$$

実際に得られるヘッドは，式 (3.15) を用いて

$$H_{th} = \frac{1}{g} u_2 v_{u_2}' = \frac{1}{9.8} \times 65.4 \times 18.0 = 120.1 \quad [\mathrm{m}]$$

と求められる．ちなみに，オイラーヘッド H_{th_∞} は 133.5 [m] であり，両者の比は 0.90 である．

すべり速度の影響を表すために別のパラメータを用いることもある．たとえば，ポンプでは H_{th_∞} と H_{th} とを直接結び付けて

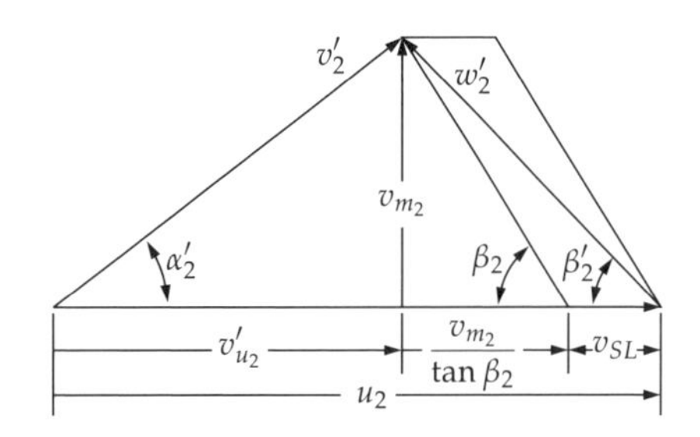

図 3.10 Wiesner による速度三角形

$$H_{th_\infty} = H_{th}(1+p) \tag{3.17}$$

と表すことがある．この式中の p を**揚程減少数** (head reduction factor) と呼ぶ．

また，すべり係数 μ として

$$\mu = \frac{H_{th}}{H_{th_\infty}} = \frac{u_2 v'_{u_2}/g}{u_2 v_{u_2}/g} = \frac{v'_{u_2}}{v_{u_2}} = 1 - \frac{\Delta v_{u_2}}{v_{u_2}} \tag{3.18}$$

を定義することもある．これは主として空気機械の分野で用いられている．

そのほかに Wiesner は図 3.10 における v_{SL} を用いて，すべり係数を

$$\sigma = \frac{u_2 - v_{SL}}{u_2} = 1 - \frac{v_{SL}}{u_2} \tag{3.19}$$

と定義している．しかし，図から明らかなように，この v_{SL} は Δv_{u_2} と等しく，したがって

$$\sigma = 1 - k_2 \tag{3.20}$$

の関係がある．

また，図 3.11 からわかるように放射状の羽根（$\beta_2 = 90°$）の場合には

$$\sigma = \mu \tag{3.21}$$

の関係がある．

以上のように，H_{th_∞} と H_{th} との間の関係を与えるために，揚程減少数 p，すべり係数 k_2，μ，σ などが定義されているが，実際の設計において，これらの値をどのように取ったらよいかという問題が残っている．この点については，これまでに多くの研究が行われており，以下ではその主なものを挙げておく．

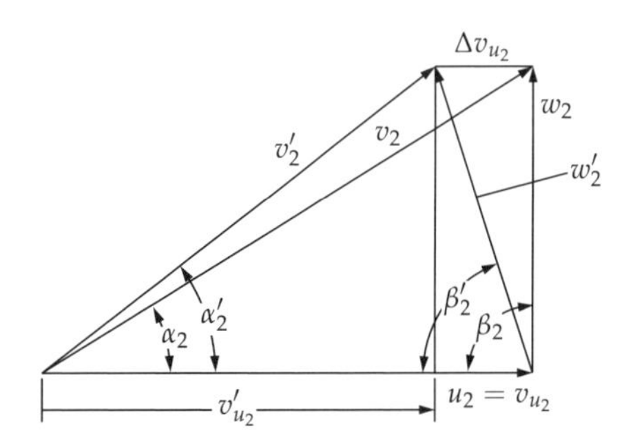

図 3.11 放射状羽根 ($\beta_2 = 90°$) の場合の速度三角形

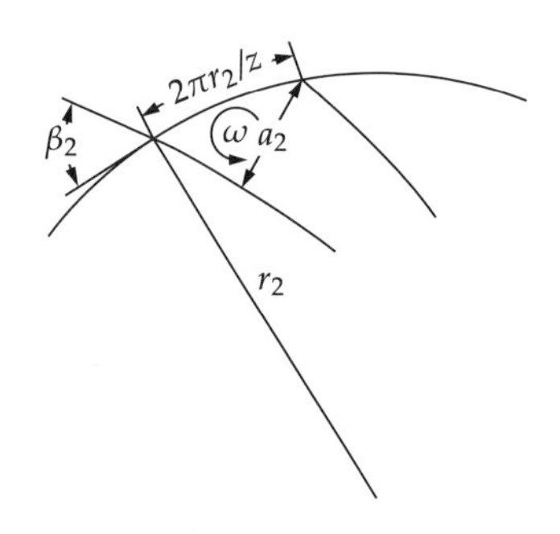

図 3.12　羽根車出口付近

(a)　Stodola の近似式

前節では，羽根車の中の流れがポテンシャル流であるとして，流体が羽根車に対して相対的に角速度 $(-\omega)$ の回転していることを述べた．Stodola はすべり速度 Δv_{u_2} がこの回転流によるものとし，a_2 を羽根の間の流路の出口幅として

$$\Delta v_{u_2} = \omega \frac{a_2}{2}$$

と表した．図 3.12 からわかるように，羽根車の出口半径を r_2，羽根数を z とすると，a_2 は近似的に

$$a_2 \fallingdotseq \frac{2\pi r_2 \sin\beta_2}{z}$$

とみなすことができるので

$$\Delta v_{u_2} \fallingdotseq \frac{\pi\omega r_2 \sin\beta_2}{z} = \frac{\pi \sin\beta_2}{z} u_2 \tag{3.22}$$

となり，出口速度三角形における幾何学的な関係を用いて，すべり係数 μ を次式のように表すことができる．

$$\mu = 1 - \frac{(\pi \sin\beta_2)/z}{1 - \phi \cot\beta_2} \tag{3.23}$$

ここで，$\phi = v_{m_2}/u_2$ であり，ϕ のことを**流量係数**（flow coefficient）と呼ぶ．

ただし，式 (3.23) で示されるすべり係数 μ は，前述のような仮定の下に導かれたものであるから，実在流体の流れである実際の場合に対して，必ずしも正確な値を与えるわけではないことに注意を要する．

■例題

翼枚数が 16 枚，羽根車出口角が 25°，出口周速度が 20 [m/s] の羽根車におけるすべり速度を求めなさい．

解答

式 (3.22) より

$$\Delta v_{u_2} \fallingdotseq \frac{\pi \sin\beta_2}{z} u_2 = \frac{\pi \sin 25^\circ}{16} \times 20 = 1.66 \quad [\mathrm{m/s}]$$

(b)　Wislicenus の方法

これは，Busemann が対数ら線の羽根をもつ羽根車内の流れを等角写像によって解き，羽根数有限の場合の理論ヘッド H_{th} を求めた式に，Wislicenus 自身の研究による修正係数を加えたものである．対数ら線の羽根では，羽根入口から出口に至るまでの間，羽根曲線に対する接線の周方向となす角度 β が一定である．実際の遠心式の流体機械では必ずしも $\beta =$ 一定 ではないが，多くの場合，入口と出口との羽根角度に大きな差がないので，$\beta =$ 一定 として解いた結果は実際の場合に対して近似的にかなり良い値を与えると言われている．

羽根数有限の場合の理論ヘッド H_{th} は

$$H_{th} = \frac{u_2^2}{g}\left\{h_0 - C_H \frac{v_{u_m}}{u_2}(\cot\beta + \cot\alpha_1)\right\} \tag{3.24}$$

ただし，α_1 は入口での絶対速度の流入角，h_0，C_H は補正係数である．h_0 は図 3.13 に示すように羽根車の内外半径比 r_1/r_2 と羽根数 z をパラメータとして与えられ，C_H は図 3.14 に示すように羽根の間隔（ピッチ）t の羽根長さ c に対する比 t/c と β との関数として与えられる．また，t/c は

$$\frac{t}{c} = \frac{-2\pi\sin\beta}{z\ln(r_1/r_2)} \tag{3.25}$$

から求められる．

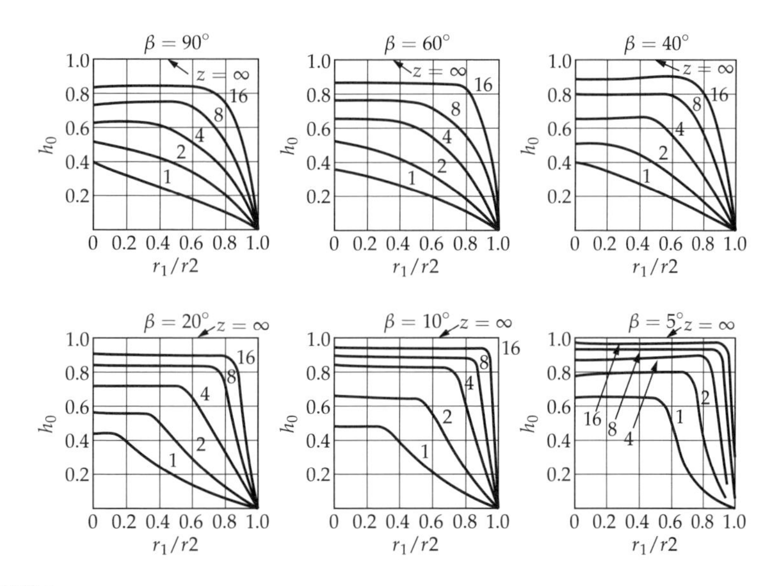

図 3.13 補正係数 h_0

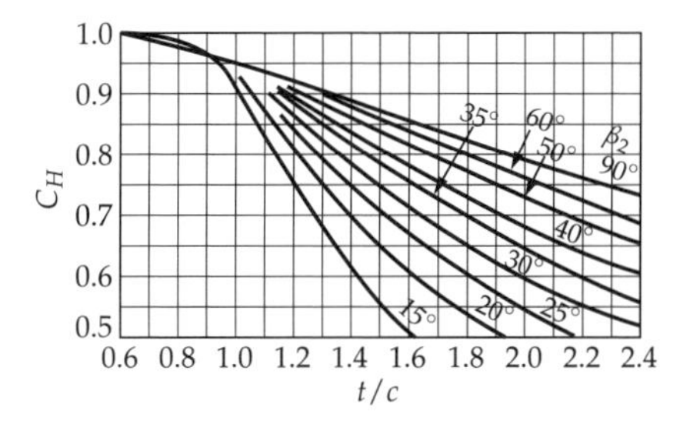

図 3.14 補正係数 C_H

(c)　Wiesnerの経験式

Wiesnerは，すべり係数に関する多くの実験データに基づいて，すべり係数σに対する経験式を提案した．Wiesnerは，羽根車入口，出口半径比r_1/r_2が

$$\varepsilon_{limit} = \frac{r_1}{r_2} \fallingdotseq \frac{1}{\exp(8.16 \sin \beta_2 / z)} \tag{3.26}$$

以下の場合にはr_1/r_2がすべり係数に与える影響が小さいとして，すべり係数σを羽根出口角度β_2と羽根数zだけの関数として

$$\sigma = 1 - \frac{\sqrt{\sin \beta_2}}{z^{0.7}} \tag{3.27}$$

と与え，r_1/r_2がε_{limit}を越えるときは

$$\sigma = \left(1 - \frac{\sqrt{\sin \beta_2}}{z^{0.7}}\right)\left[1 - \left\{\frac{(r_1/r_2) - \varepsilon_{limit}}{1 - \varepsilon_{limit}}\right\}^3\right] \tag{3.27'}$$

と近似している．この近似式の誤差はおおむね±5%である．

演習問題

3.1　定格動力が500 [kW]の流体機械がある．この流体機械の入口，出口における全ヘッドがそれぞれ10，15 [m]のとき，この流体機械を流れる体積流量を求めなさい．ただし，流体の密度は1000 [kg/m^3]であり，損失はないとする．

3.2　羽根車の入口半径が18 [cm]，出口半径が36 [cm]，オイラーヘッドが40 [m]の遠心ポンプがある．回転数が1800 [1/min]，入口での周方向速度成分が0 [m/s]のとき，出口での周方向速度成分を求めなさい．ただし，損失は無視できるとする．

3.3　図のような速度三角形をなす羽根車がある．この羽根車のオイラーヘッドを求めなさい．ただし，損失は無視する．

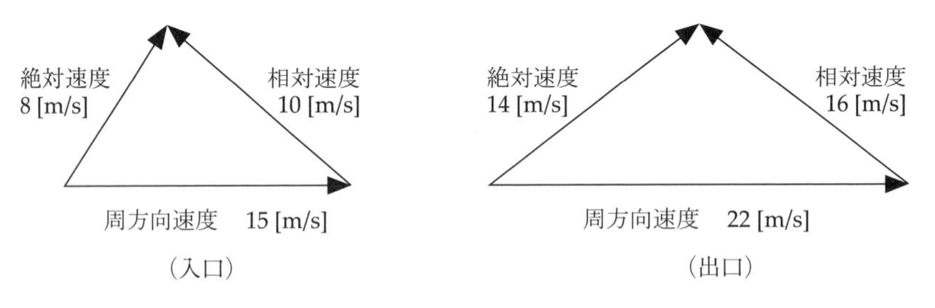

3.4　問題3.3の反動度を求めなさい．また，この羽根車によって得られる速度ヘッドの増加はオイラーヘッドの何%か求めなさい．

3.5　前問ですべり係数が0.05のとき，実際に得られるヘッドを求めなさい．

3.6　うず巻きポンプでは，一般に，後向き羽根が採用されている．これは前向き羽根では大きな損失を生じやすいためであるが，どのような流れにより大きな損失が発生するのかを説明しなさい．

3.7 羽根車出口半径が 20 [cm]，出口幅が 2 [cm]，半径比が 0.5，出口角が 30°，回転数 3000 [1/min]，羽根枚数 8 枚の遠心ポンプがある．流量係数が 0.4 のとき，流量，すべり係数，相対流出角，圧力上昇を求めなさい．ただし，作動流体は水であり，損失と入口の予旋回は無視できるとする．

4

CHAPTER FOUR

軸流式ターボ機械の作動原理

流量 Q が大きくなると遠心式は不適当となり，軸流式を採用する必要が生じる．遠心式では，前後のシュラウドと隣接する羽根にはさまれた流路の中の流れ，すなわち管路のような流れであった．一方，軸流式では羽根枚数が少なく，しかもシュラウドも取りはずされた状態にあるため，流路の中の流れというよりは，広い空間の中を動いている羽根の間を通り抜ける流れと考えたほうが適切である．このため，流体と羽根との間のエネルギー授受の関係を考察するためには，航空機の翼に作用する流体力を求めるために発達した**翼理論**（wing theory）を適用して考えるのが便利である．本章では，翼理論を基礎にして軸流式ターボ機械の作動原理を考察することにする．

4.1　翼と翼列

図 4.1 は 1 つの**翼**（airfoil）の断面を表し，翼についての名称およびこれに関する用語を説明している．この図において流体は左方から翼に向かって流れるが，翼の先端を**前縁**（leading edge），後端を**後縁**（trailing edge），これらを結ぶ直線を**翼弦**（chord），これら両縁間の長さを**翼弦長**（chord length）と呼んでいる．また，翼の中央を通る線を翼の**そり線**または**キャンバ線**（camber line），翼弦からキャンバ線までの高さを**そり**または**キャンバ**（camber），その最大値を**最大そり**または**最大キャンバ**（maximum camber）と呼んでいる．さらに，翼の上縁と下縁との間の距離を**翼厚さ**（thickness），その最大値を**最大翼厚さ**（maximum thickness）と呼ぶ．図 4.1 では主流が翼弦に対して α の角度で流れている．この角度 α を**迎角**（attack angle）と呼ぶ．

一般に，翼はその性能を調べた研究機関の名称を先頭につけて呼ばれる．たとえば，NACA（アメリカ），Göttingen（ドイツ），RAF（イギリス）などが先頭に付けられる．ここでは，一例として，NACA 4406～4415 での翼形形状を表 4.1 に示す．これは翼弦上の各点に対して翼形の上縁および下縁の輪郭線の位置を翼弦長に対する百分率（%）で与えたものである．NACA の翼の呼び

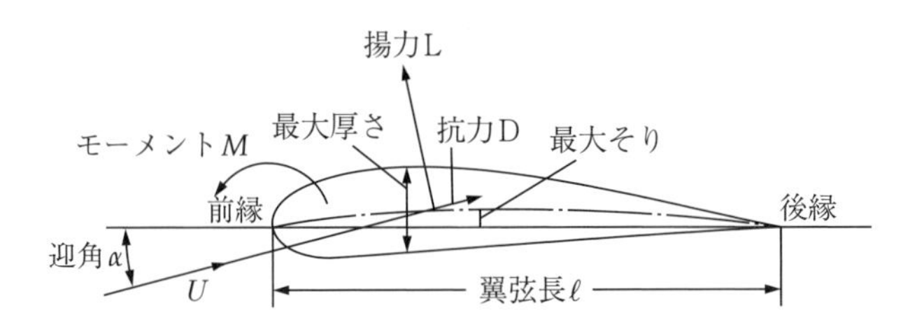

図 4.1　翼

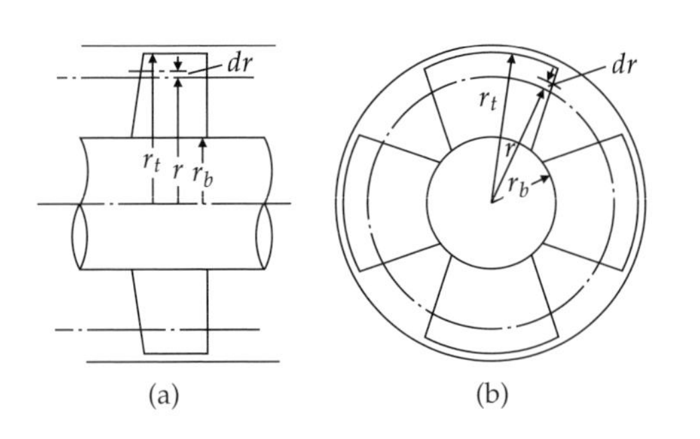

図 4.2　軸流式流体機械の羽根車

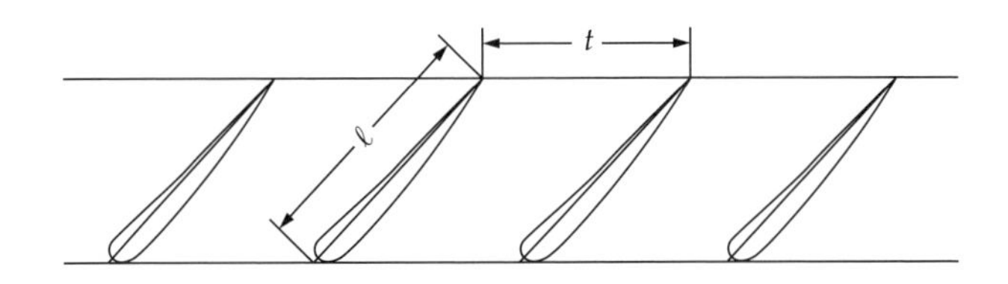

図 4.3　直線翼列

方には，4 桁方式および 7 桁方式がある．表 4.1 は前者によるものである．この方式は，第 1 桁の数字が最大そりの値と翼弦長との比，第 2 桁の数字が翼先端から最大そりの点までの距離と翼弦長との比を表す．さらに，最後の 2 桁の数字が翼の最大厚さと翼弦長との比を表す．たとえば，表 4.1 における NACA 4406〜4415 の翼は，いずれも翼の先端から 0.4ℓ（ここで，ℓ は翼弦長）の位置に 0.4％のそり（キャンバ）を有したもので，厚さが 0.06ℓ から 0.15ℓ までそれぞれ異なるということである．

■例題

NACA6310 において，最大キャンバ，翼先端から最大そりの点までの距離，翼の最大厚さを求めなさい．ただし，翼弦長を ℓ とする．

解答

NACA の定義により，最大キャンバは 0.006ℓ，翼先端から最大そりの点までの距離は 0.3ℓ，翼の最大厚さは 0.1ℓ である．

図 4.2(a) は軸流式流体機械の羽根車を軸に平行な平面に，図 4.2(b) は軸に垂直な平面に投影したものである．翼の**ボス**（boss）および翼の**先端**（tip）の半径をそれぞれ r_b，r_t とする．図 4.3 は，$r_b < r < r_t$ なる任意の半径 r の円筒面

表 4.1 NACA44 系列の翼型

弦長に沿った位置	翼型（弦長の百分率にて表す）																			
	4406		4407		4408		4409		4410		4411		4412		4413		4414		4415	
	上縁	下縁	上縁	下縁	上縁	下縁	上縁	下縁	上縁	下縁	上縁	下縁	上縁	下縁	上縁	下縁	上縁	下縁	上縁	下縁
0	—	—	—	—	—	—	—	—	—	—	—	—	—	—	—	—	—	—	—	—
1.25	1.25	−.64	1.44	−.78	1.63	−.92	1.81	−1.05	2.02	−1.27	2.23	−1.30	2.44	−1.43	2.65	−1.55	2.86	−1.67	3.07	−1.79
2.5	1.88	−.79	2.12	−.98	2.36	−1.17	2.61	−1.37	2.87	−1.57	3.13	−1.76	3.39	−1.95	3.65	−2.13	3.91	−2.31	4.14	−2.41
5	2.79	−.82	3.11	−1.10	3.43	−1.38	3.74	−1.65	4.07	−1.93	4.40	−2.21	4.73	−2.49	5.07	−2.75	5.41	−3.01	5.74	−3.27
755	3.53	−.73	3.90	−1.06	4.27	−1.40	4.64	−1.74	5.02	−2.08	5.39	−2.41	5.76	−2.74	6.14	−3.06	6.52	−3.38	6.91	−3.71
10	4.15	−.60	4.55	−.93	4.96	−1.63	5.37	−1.73	5.77	−2.10	6.18	−2.48	6.59	−2.86	7.01	−3.23	7.42	−3.61	7.84	−3.98
15	5.15	−.25	5.61	−.68	6.07	−1.11	6.52	−1.55	6.97	−2.00	7.43	−2.44	7.89	−2.88	8.35	−3.31	8.81	−3.74	9.27	−4.18
20	5.90	+.12	6.38	−.35	6.86	−.82	7.33	−1.30	7.82	−1.78	8.31	−2.26	8.80	−2.74	9.28	−3.21	9.76	−3.68	10.25	−4.15
25	6.42	+.46	6.91	−.03	7.40	−.52	7.90	−1.02	8.41	−1.52	8.91	−2.01	9.41	−2.50	9.91	−2.91	10.42	−3.48	10.92	−3.98
30	6.76	+.74	7.25	+.24	7.75	−.26	8.25	−.76	8.76	−1.26	9.26	−1.76	9.76	−2.26	10.26	−2.76	10.75	−3.26	11.25	−3.75
40	6.90	+1.10	7.38	+.62	7.86	+.14	8.35	−.35	8.81	−.84	9.32	−1.32	9.80	−1.80	10.28	−2.28	10.76	−2.76	11.25	−3.25
50	6.55	+1.24	6.99	+.81	7.43	+.38	7.87	−.07	8.31	−.52	8.75	−.96	9.19	−1.40	9.64	−1.84	10.08	−2.28	10.53	−2.72
60	5.85	+1.27	6.23	+.90	6.61	+.53	7.00	+.14	7.38	−.24	7.76	−.62	8.14	−1.00	8.53	−1.38	8.92	−1.76	9.30	−2.14
70	4.85	+1.16	5.15	+.86	5.45	+.56	5.76	+.26	6.07	−.05	6.38	−.35	6.69	−.65	7.00	−.95	7.31	−1.25	7.63	−1.55
80	3.56	+.91	3.78	+.69	4.00	+.47	4.21	+.26	4.43	+.05	4.66	−.17	4.89	−.39	5.11	−.60	5.33	−.81	5.55	−1.03
90	1.96	+.49	2.08	+.38	2.20	+.27	2.33	+.14	2.45	+.02	2.58	−.10	2.71	−.22	2.83	−.34	2.95	−.46	3.08	−.57
95	1.05	+.24	1.12	+.17	1.19	+.10	1.26	+.03	1.33	.04	1.40	−.10	1.47	−.16	1.54	−.23	1.60	−.30	1.67	−.36
100	—	—	—	—	—	—	—	—	—	—	—	—	—	—	—	—	—	—	—	—

で羽根車を切って，それを平面に展開したものである．このような翼の群を**翼列**（cascade），翼を直線上に配列したものを**直線翼列**（linear cascade）と呼んでいる．

直線翼列において翼形と翼形との間隔 t は**ピッチ**（pitch）といわれ，翼弦長 ℓ と t との比 $\sigma = \ell/t$ は**ソリディティ**（solidity），その逆数 t/ℓ は**節弦比**（pitch chord ratio）と呼ばれる．また，図4.3の紙面に直角方向の翼の長さのことを**翼幅** (span) b といい，翼幅 b と弦長 ℓ との比 b/ℓ を**縦横比**または**アスペクト比**（aspect ratio）という．軸流式流体機械の作動理論を考えるときは翼幅の微小長さ dr（図4.2参照）の翼を取り扱うことが多いが，このようなものを**翼素**（blade element）と呼んでいる．なお，$b/\ell = \infty$ の場合を**2次元翼**（two-dimensional blade）という．

4.2　循環，揚力，クッタ・ジューコフスキーの定理

翼の性能を考える前に，翼性能を考える上で必要な基礎事項を説明しておく．

図4.4に示すように，流体中に1つの閉曲線Cと，この曲線上の任意の点Pを考える．P点における流速を q とし，P点において閉曲線上に微小長さ ds，q と ds とのなす角を θ とすると，q の ds 方向の速度成分は $q\cos\theta$ と表される．この $q\cos\theta$ を閉曲線Cに沿って一周積分した値を**循環**（circulation）という．すなわち，循環は

$$\Gamma = \oint_C q\cos\theta\, ds \tag{4.1}$$

と定義される．

自由うずでは，半径 r における周方向速度を u とすると，$ru = $ 一定 の関係が成り立つ．ここで，自由うずのある流線Cについて式(4.1)で定義される循環 Γ を求める．半径 r となす角を ϕ とすれば，$q\cos\theta \to u$，$ds = rd\phi$ であるから

$$\Gamma = \int_0^{2\pi} ur\, d\phi = 2\pi ru$$

が得られる．また，他の流線についても循環の値は同じ値を取る．すなわち，自由うずの循環は一意に決まることになる．うずの場合，循環 Γ を**うずの強さ**（vortex strength）と呼んでいる．

図4.5(a)は，半径 a なる円柱が完全流体の流れの中に置かれている場合を表

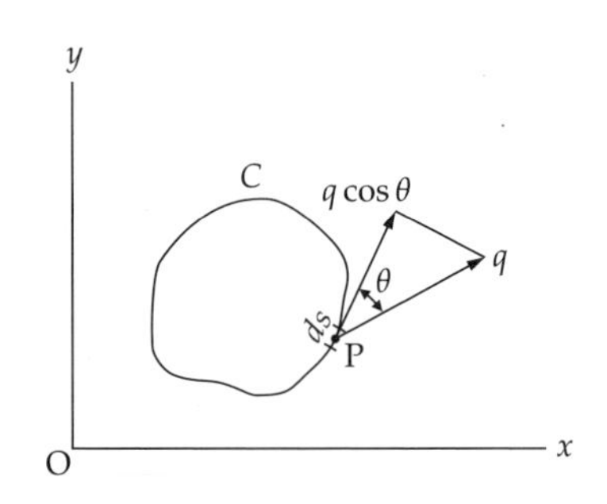

図4.4　閉曲線Cのまわりの循環

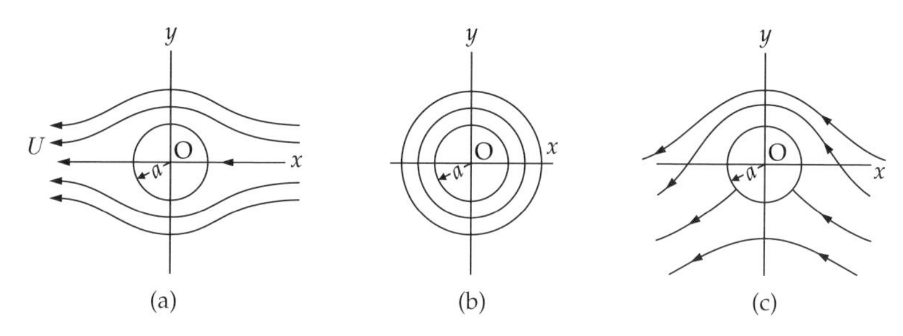

図 4.5 円柱まわりの流れ

している．円柱から無限遠上流では速度 U の平行流であるとする．完全流体は粘性を持たないため，流線は図のように表され，x 軸，y 軸について対称となり，円柱に対して力を及ぼさないことがわかる．しかし，図 4.5(b) に示すような循環 Γ が図 4.5(a) の平行流に重ね合わされると，図 4.5(c) に示すように x 軸については非対称となり，流線が y 軸の正の側では負の側よりも密になる．このことは，y 軸の正の側は速度が大きく，負の側では速度が小さくなることを意味している．したがって，ベルヌーイの定理からわかるように，円柱の上方の圧力が低くなり，結果として円柱を上方に押し上げる力が働くことになる．この場合，円柱を上方に押し上げる力 L は**揚力**（lift）と呼ばれ

$$L = \rho U \Gamma \tag{4.2}$$

で与えられる．一般に，循環 Γ を持つ任意断面の物体が流速 U の平行流中にあると，$\rho U \Gamma$ という揚力が発生することが証明されている．これを**クッタ・ジューコフスキーの定理**（Kutta-Joukowski's theory）という．

■例題

一様流速 10 [m/s] の流れの中に翼が置かれ，1000 [N] の揚力を発生している．流体の密度が 1000 [kg/m^3] のとき，循環の大きさを求めなさい．

解答

式 (4.2) より

$$\Gamma = \frac{L}{\rho U} = \frac{1000}{1000 \times 10} = 0.1 \quad [\mathrm{m^2/s}]$$

以上は粘性のない完全流体の流れとして考えた結果を述べたものであるが，粘性を持つ実在流体の場合ではどうなるであろうか．図 4.5 において，半径 a なる円柱を図で反時計まわりに円柱の軸を中心に回転するとする．粘性を持つ実在流体であるから，円柱のまわりの流体は円柱に引っ張られて，図 4.5(b) のような循環を生ずる．これに流速 U の平行流を与えれば，完全流体として考えた場合と同様に揚力 L が生ずることは明らかであり，実験的にも確かめられている．この現象のことを**マグナス効果**（Magnus effect）と呼んでいる．野球の球に回転を与えて投げたときに球がカーブする現象は，このマグナス効果を利用したものである．

以上のように，実在流体であっても循環流を伴うような条件があれば，平行流の中に置かれた物体には揚力が作用することがわかる．

また，一般に物体が実在流体の流れの中に置かれている場合，物体は粘性の影響によって流れの後方に押しやられるような力を受ける．この力を**抗力**（drag）と呼んでいる．したがって，実際の翼や翼列の場合，揚力と抗力がともに作用することになる．なお，揚力 L と抗力 D の比（L/D）を**揚抗比**（lift drag ratio）と呼ぶ．

4.3　翼の性能

ここで，翼の性能として最も重要な揚力と抗力との関係について考えてみよう．

水車の場合では，翼の揚力を利用して軸動力を得ることができるが，抗力は得られる軸動力を減少させるように働く．また，ポンプ，送風機，圧縮機の場合では，抗力は羽根車の軸を回転させるために必要な動力の増加を引き起こすことになる．したがって，いずれの場合においても抗力が大きいことは性能上不利となる．一般に，揚抗比（L/D）の値が大きいことが翼性能として望ましい．性能の良い翼を得るためにこれまで多くの研究が行われており，現在使用されている翼形では20以上の揚抗比となっている．

流れの中に置かれた1つの翼（単独翼）の性能を表すためには，以下のような定義が用いられる．

揚力：　$$L = C_L \rho A \frac{U^2}{2} \tag{4.3}$$

抗力：　$$D = C_D \rho A \frac{U^2}{2} \tag{4.4}$$

モーメント：　$$M = C_M \rho A \frac{U^2}{2} \ell \tag{4.5}$$

ただし，ρ は流体の密度，A は翼面積（$= b\ell$），U は翼前方の無限遠から翼に近づく速度（主流流速），モーメント M は翼に働く力のある点まわりのモーメントである．また，C_L，C_D，C_M を**揚力係数**（lift coefficient），**抗力係数**（drag coefficient）および**モーメント係数**（moment coefficient）と呼ぶ．モーメント係数については，モーメントを求める点を翼弦の前縁から $\ell/4$ の点または空力中心（迎え角 α が変わってもモーメント係数が変わらない点）とする場合があり，それぞれ $C_{M\ell/4}$，$C_{Ma.c}$ と表される．ただし，軸流機械の設計にはモーメント係数を特に使用しないので，定義だけに留めておく．

図4.6は典型的な翼の性能曲線を示したもので，迎角 α を横軸にとり，C_L，C_D，L/D の曲線が描かれている．また，図4.7は極性能曲線と呼ばれるもので，C_D を横軸に取り，C_L との関係曲線を示すものである．

一般の翼性能としては，迎角 α が大きくなるほど C_L，C_D ともに大きくなるが，図4.6，図4.7ともに α が $16°$ を越えた付近で C_L の急減するところがある．この現象は**失速**（stall）と呼ばれているが，翼の上面に沿った流れが翼表面から離れる現象，すなわち，はく離（separation）が起こることによるものである．また，図4.6からわかるように，一般に，揚抗比（L/D）は迎角 α が比較的小さな値のところで最大値を持っている．

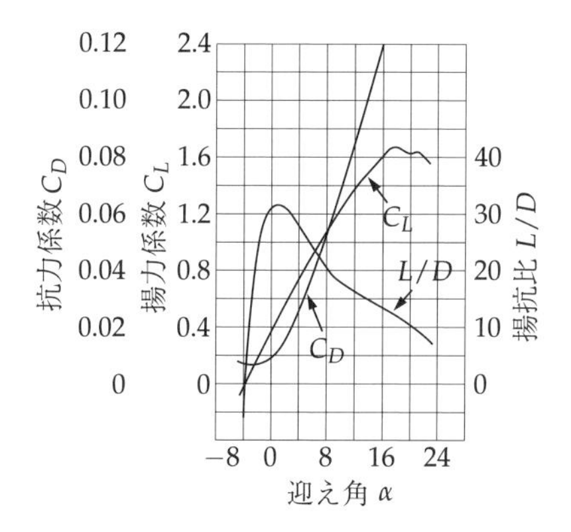

図 4.6 翼の性能曲線の例

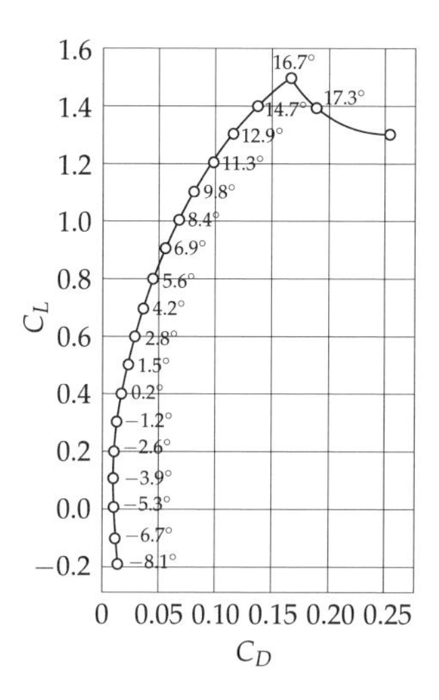

図 4.7 翼の極性能曲線の例

■例題

ある翼が流速 30 [m/s] の一様な流れの中に置かれている．揚力係数が 1.2，抗力係数が 0.02，翼弦長が 2 [m]，アスペクト比が 10 のとき，この翼に作用する揚力と抗力を求めなさい．ただし，流体の密度を 1.2 [kg/m^3] とする．

解答

翼弦長が 2 [m]，アスペクト比が 10 なので，翼面積 A は 40 [m^2]

揚力および抗力の定義式 (4.3)，(4.4) より

$$揚力：L = C_L \rho A \frac{U^2}{2} = 1.2 \times 1.2 \times 40 \times \frac{30^2}{2} = 2.59 \times 10^4 \quad [\mathrm{N}]$$

$$抗力：D = C_D \rho A \frac{U^2}{2} = 0.02 \times 1.2 \times 40 \times \frac{30^2}{2} = 4.32 \times 10^2 \quad [\mathrm{N}]$$

4.4　翼列

前節では，流れの中に1つの翼形が置かれている場合について述べたが，本節では，翼列の場合について考察する．

理想的な軸流式の流体機械の流動状態は，半径方向速度成分を持たないもので，たとえば，図4.8に示した半径 r の円筒面と半径（$r+dr$）の円筒面との間にはさまれた空間にある流体は，その2つの円筒面をはみ出さないで，旋回しながら軸方向に流れることが望ましい．このように，半径方向の流れの成分を持たないことは軸流機械の効率向上に寄与し，したがって，設計をする際の1つの目標となっている．

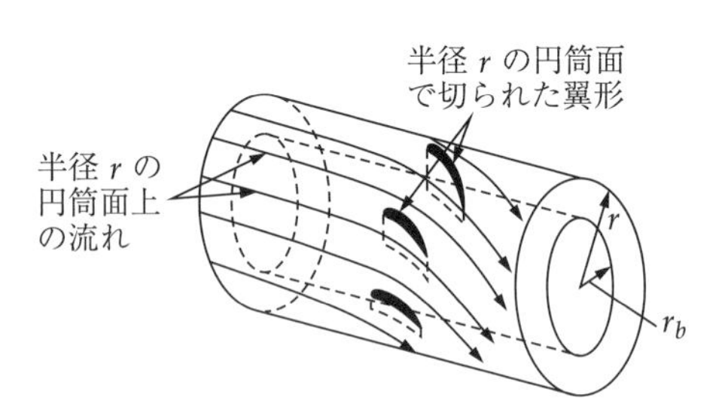

図4.8　半径 r の円筒で切られた翼列と円筒面流れ

半径 r の円筒面上の流れは，半径 r の円筒面で切って展開した直線翼列の描かれた平面上の流れとみなすことができる（図4.3参照）．よって，半径 r と半径（$r+dr$）の2つの円筒面にはさまれた空間を流れる流体は，図4.8に示した直線翼列の描かれている平面に垂直に dr の厚さを持った空間内の流れとして取り扱ってよいこととなり，結果として実際の3次元流れを2次元流れに置き換えて取り扱うことができる．

軸流機械内の流れが半径方向速度成分を持たないようにするためには，ボスの半径を r_b，羽根先端の半径を r_t とするとき，$r_b < r < r_t$ のできるだけ多くの半径 r を考え，それぞれの半径において半径方向速度成分のない条件を満足するように翼形および流動状態を決定しなければならない．

それでは，任意の半径 r の円筒面で切ってできた直線翼列のまわりの流れを考えてみよう．図4.9(a)は，任意の半径 r の円筒面で切って得られた直線翼列を示している．流体がこの翼列の間を通り抜けるとき，流体が翼に対して作用する力を求めることにする．ただし，取り扱いを簡単にするため，流体は完全流体と仮定する．

まず，翼列の翼に対する流体の速度を w とし，w の翼列に平行な成分を w_u，翼列に垂直な成分を w_a，圧力を p とする．また，これらの値に，翼列の前方では添字1を，後方では添字2を付けて区別することにする．

翼と翼との間のピッチを t，流体の密度を ρ とし，紙面に垂直に単位長さの厚さを考えて，1ピッチの間を通る流体に連続の条件（すなわち，質量保存則）を適用すると，

$$\rho_1 w_{a1} t = \rho_2 w_{a2} t$$

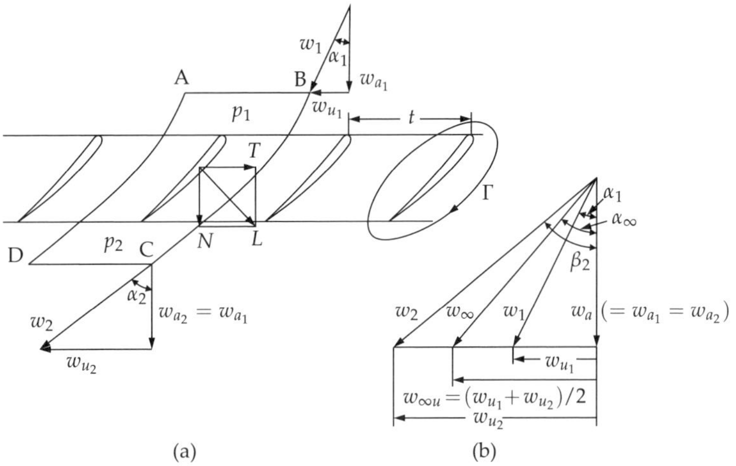

図 **4.9** 翼列を通り抜ける場合の翼に作用する力と速度三角形

となるが，ここでは完全流体の流れを考えているために密度 ρ が一定であり

$$w_{a1} = w_{a2} = w_a \tag{4.6}$$

でなければならない．

いま，翼のまわりの循環を求めるために，図 4.9 に示すように ABCD なる閉曲線を考える．ここで，翼と翼との中間を通り抜ける曲線 AD を 1 ピッチ t だけ平行にずらした曲線を BC とした．このとき，閉曲線 ABCD に沿って式 (4.1) で定義される循環 Γ の値を求めると，曲線 BC 上の点と，曲線 AD 上の対応する点では，w の大きさ，方向は同一であるから，これら両曲線に沿う積分値は等しいが，積分するときの方向が逆になるので，符合が反対（ここでは時計回りの方向を正とする）になって打ち消し合い，結局，AB に沿う積分値 $-w_{u_1}t$ と，CD に沿う積分値 $w_{u_2}t$ だけが残り

$$\Gamma = t(w_{u_2} - w_{u_1}) \tag{4.7}$$

が得られる．単位時間当たりに 1 つの翼間を通り抜ける流体の質量は $\rho w_a t$ である．この質量が翼列の方向に $(w_{u_2} - w_{u_1})$ の流速変化を受けるので，運動量の法則を適用すると，1 枚の翼に働く揚力 L の翼列方向の分力 T [N/m] が

$$T = \rho w_a t(w_{u_2} - w_{u_1})$$

となり，さらに式 (4.7) の関係を代入すると

$$T = \rho w_a \Gamma \tag{4.8}$$

と表すことができる．

次に，翼列の前方と後方との間にベルヌーイの定理を適用すると

$$p_1 + \rho\frac{w_1^2}{2} = p_2 + \rho\frac{w_2^2}{2}$$

となるから，図 4.9(b) の速度三角形における幾何学的関係を用いて

$$p_1 - p_2 = \frac{\rho}{2}(w_2^2 - w_1^2) = \frac{\rho}{2}(w_{u_2}^2 - w_{u_1}^2)$$

したがって，1枚の単位幅の翼に働く揚力 L [N/m] の翼列に垂直方向に働く力 N [N/m] は

$$N = (p_1 - p_2)t = \frac{t}{2}\rho(w_{u_2}^2 - w_{u_1}^2)$$

となり，式 (4.7) の関係を用いると

$$N = \rho\frac{(w_{u_2} + w_{u_1})}{2}\Gamma$$

が得られる．さらに，図 4.9(b) に示すように，w_1 と w_2 の平均ベクトルを w_∞ とし，w_∞ と w_a とのなす角を α_∞ とすると

$$w_\infty \sin\alpha_\infty = w_{\infty u} = \frac{1}{2}(w_{u_2} + w_{u_1})$$

の関係にあるので

$$N = \rho w_{\infty u}\Gamma \tag{4.9}$$

となる．

また，1枚の翼に働く力 L は T と N の合力であるため

$$L = \sqrt{N^2 + T^2} = \rho w_\infty \Gamma \tag{4.10}$$

が得られる．この w_∞ は，翼に入る前と出た後の速度ベクトルの平均を示すもので，翼に対する**有効平均速度**（effective mean velocity）と呼ばれる．

ここで，単独翼の場合のクッタ・ジューコフスキーの定理を思い出してみよう．すなわち単独翼の場合，循環 Γ がそのまわりに存在するときは，翼に対する揚力 L は $L = \rho U\Gamma$ であった．すなわち，単独翼の場合には無限遠上流における流速 U を用いているのに対し，翼列の場合には上流における速度と下流における速度とのベクトル的平均である w_∞ を用いるという違いがあることがわかる．単独翼では，流体は翼のまわりを流れるときに流れの状態が変わり，その結果として翼に揚力を与え，翼の後方に流れ去る．ところが，翼から十分離れた後方になると，無限に広がった流れであるので，翼により流れが変えられた影響は消失してしまう．その結果，翼から十分離れたところでは上流でも，下流でも流速 U の平行流となっている．しかし翼列の場合には，無限枚数並んだ翼の間を通り抜けた後は流れを変えられた状態のままとなるので，結果として翼列の前後で流れが変わってしまう．したがって，翼に対する作用力は前後のベクトル的平均値 w_∞ によって決められることになる．したがって，翼列の場合は，単独翼のときの U の代わりに w_∞ を用いればクッタ・ジューコフスキーの定理をそのまま適用できることがわかる．

以上，流体が翼列を通り抜ける場合を考えた．図 4.9 の例では，$p_1 > p_2$，$w_1 < w_2$ の関係にあり，上流側の圧力が高く，翼列の間を通り抜けるときに増速しながら流れる場合であった．このような翼列を**増速翼列** (accelerating cascade) と呼ぶ．圧力の高い流体が翼列の間を流れながら翼に与える力の，翼列の平行方向の分力 T によって，その方向に翼列を動かすように働く場合であり，軸流水車の場合に相当する．これと反対に，ポンプや送風機の場合には $p_1 < p_2$，$w_1 > w_2$ の関係にあり，**減速翼列** (decelerating cascade) と呼ばれる．

なお，図 4.9 において，翼列に垂直な方向と，流体の流入，流出方向とのなす角度を α_1，α_2 とすると，$(\alpha_1 - \alpha_2)$ は翼列を通り抜ける間に流れが方向を変える角度を示している．これを**転向角**（deflection angle）と呼んでいる．

以上の検討は，流体を完全流体と仮定して行った．しかし実在流体の流れでは，単独翼の場合と同様，翼列の場合においても粘性の影響によって抗力 D が発生することになる．単独翼の場合の実在流体中に置かれた翼性能については式 (4.3)，(4.4) で定義されたが，翼列の場合に対しては，単位翼幅の翼に対して流体が与える流体力を dL，dD と表記して

$$dL = C_L \ell \rho \frac{w_\infty^2}{2} \tag{4.3$'$}$$

$$dD = C_D \ell \rho \frac{w_\infty^2}{2} \tag{4.4$'$}$$

と定義する．ここで，w_∞ は翼に対する有効平均速度，ℓ は翼弦長である．

もちろん，C_L，C_D は翼形の種類，および w_∞ と翼弦とのなす角度，すなわち迎角 α の関数として，既知の翼形性能から求められる．ただし，翼列の場合には，隣接する翼による干渉の問題が生じる．この翼干渉効果の強さは，ソリディティ $\sigma\,(= \ell/t)$ の値によって決まることが知られている．翼弦長 ℓ に対してピッチ t が十分に大きい場合，すなわち，$\sigma = 0.5 \sim 0.7$ 程度では，翼相互の干渉はほとんどないと考えて構わない．軸流ポンプや軸流送風機の大半はこの範囲内にあり，平均有効速度 w_∞ と，w_∞ と翼弦とのなす角度 α に対する既知の単独翼形の C_L，C_D の実験結果をそのまま利用することができる．しかし，ガスタービンなどに使われている高速の軸流圧縮機などでは，一般にソリディティ σ の値が大きく，翼相互の干渉効果が大きく効いてくる．このため，単独翼の実験結果をそのまま使用することはできず，個々の翼列実験の結果に頼らざるを得ないこととなる．

■例題

翼弦長が 20 [cm]，揚力係数が 0.8，翼枚数が 7 枚，有効平均速度が 30 [m/s] の翼列がある．この翼列全体に作用する揚力を求めなさい．ただし，空気の密度を 1.2 [kg/m^3] とし，単位翼幅（スパン方向の翼厚が単位長さ）で考えればよい．

解答

1 枚の翼に作用する揚力は，式 (4.3′) より

$$dL = C_L \ell \rho \frac{w_\infty^2}{2} = 0.8 \times 0.2 \times 1.2 \times \frac{30^2}{2} = 86.4 \quad [\text{N/m}]$$

したがって，翼列全体に作用する揚力は

$$L = dL \cdot z = 86.4 \times 7 = 6.0 \times 10^2 \quad [\text{N/m}]$$

4.5　軸流式ターボ機械の理論

図 4.10 は，軸流ポンプや軸流送風機を半径 r の円筒面で切って平面に展開したものである．翼列が 2 つ並んでいるが，上側の翼列は**動翼**（rotor）であり，u（軸の角速度を ω とすると，$u = r\omega$）の速度で図の右の方向に動いている．一方，下側の翼列は固定された**静翼**（stator）である．このような動翼と静翼の組合せを後置静翼形，逆に静翼を上側に配置する組合せを前置静翼形という．

後置静翼形，前置静翼形いずれの形式においても，これら 2 つの翼列の上流，下流の流れは，翼列に垂直方向の流れである．後置静翼形では，流体に対し動翼で圧力を上昇させるとともに翼列の平行方向（u 方向）の運動エネルギーを与える．次いで，静翼の間を通り抜けることによって垂直方向（図中で下方向）の流れになるため，u 方向の運動エネルギーに相当するものが静翼で圧力の上昇に変換され，動翼で得られた圧力上昇に加算される．前置静翼形では，垂直に流れてきた流体を，静翼で u の反対方向にある程度曲げて動翼に流入させる．動翼では圧力上昇を与えると同時に静翼で曲げられた流れ方向を元に戻すため，u 方向の運動エネルギーを流体に与えることになる．2 つの翼列の上流，下流で翼列に垂直な流れであるから，連続の原理から 2 つの翼列の前後で運動エネルギーは変化せず，動翼で与えられた運動エネルギーに相当する圧力ヘッドが，動翼での圧力上昇に加算されることになる．

なお，前置静翼形では動翼に対する流体の相対速度が後置静翼形より大きくなるため，ポンプの場合にはキャビテーション現象（6.1 節参照）の発生の点で不利となる．このため，前置静翼形はポンプにおいてはほとんど用いられない．

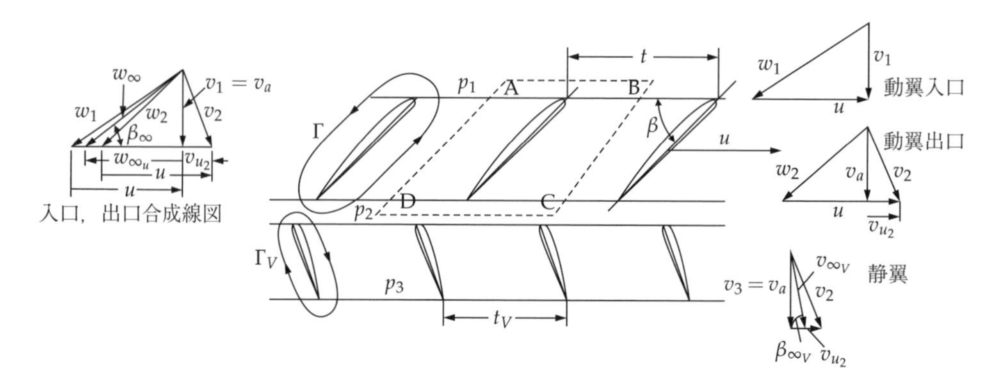

図 4.10　後置静翼形の翼列配置

4.5.1　完全流体の場合

いずれの形式でも考え方に違いはないので，図 4.10 のような後置静翼形の場合について議論を進めることにする．ただし，ここでは完全流体を仮定する．

まず，この 2 つの翼列に向かってくる絶対速度 v_1 と翼列を通り抜けた後の絶対速度 v_3 は，いずれも翼列に対して垂直下向きであるとする．したがって，連続の原理から $v_1 = v_3 = v_a$ の関係にある．動翼が速度 u で動いているため，図 4.10 の速度三角形に示されているように，入口，出口における流体の動翼に対

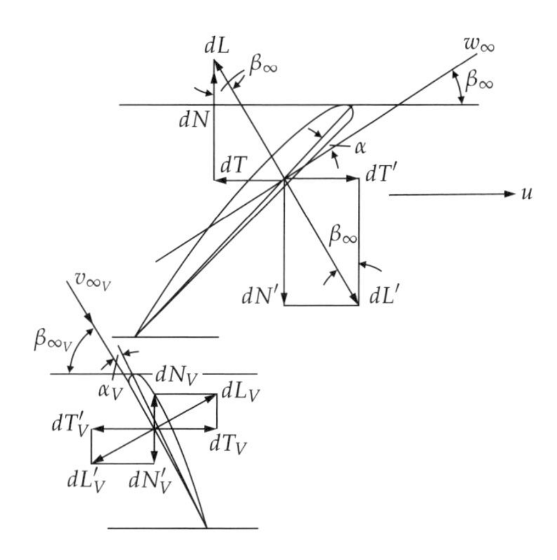

図 4.11 翼に作用する流体力と反力

する相対速度 w_1, w_2 が決まる.

いま, 単位翼幅（紙面に垂直方向の厚さが単位長さ）の翼 1 枚に作用する揚力を dL とすると, 図 4.11 に示すように, w_1 と w_2 の平均である w_∞ に垂直方向に dL が働くことになる.

次に, 揚力 dL を決定するために, 翼まわりの循環 Γ を求める. 前節において図 4.10 の閉曲線 ABCD を仮定して解析を行ったのと同様に考えれば, 式 (4.7) から, $\Gamma = -tv_{u_2}$ を得る. ここで, t は動翼列のピッチである. ここではポンプのような減速翼列の場合を考えているので, 循環 Γ は反時計まわりとなって負号を取る. しかし, 後の計算では絶対値が必要であるので負号は省略して

$$\Gamma = tv_{u_2} \tag{4.11}$$

としておく. さらに, 式 (4.10) を参照して単位翼幅の翼 1 枚当たりの揚力 dL は

$$dL = \rho w_\infty \Gamma \tag{4.12}$$

となる.

また, 揚力 dL の垂直分力 dN, 翼列方向の分力 dT は, w_∞ の u 方向（翼列の方向）とのなす角を β_∞ とすると

$$dN = dL \cos \beta_\infty \tag{4.13}$$

$$dT = dL \sin \beta_\infty \tag{4.14}$$

と与えられる.

以上, 流体が単位翼幅の翼に対して働く揚力 dL およびその分力 dN, dT を求めることができた. 軸流水車のような場合では, dT の力によって水車軸を回すことができる. しかし, ポンプや送風機の場合では外部の原動機からの動力を受けて動翼を u なる速度で動かして, 翼に対する流体の相対速度の関係を作り出し, 結果として流体の翼に対する作用力が dL になったということで, 動翼を動かすためには dT の反作用の dT' を, 翼列の間を流過させるためには dN

の反作用の dN' を与えなければならない（図4.11参照）．したがって，ポンプや送風機の場合は，dL，dT，dN ではなくて，それらの反力（方向が反対で大きさが等しい）dL'，dT'，dN' を用いる必要がある．しかし，これを区別することは煩わしいことでもあり，絶対値が同じであるので，ポンプなどでは翼が流体に与える力としてこれらを取り扱うことにする．

動翼の前後の圧力を p_1，p_2 とし，紙面に直角に dr の厚さを考え，1ピッチのところの力のつり合いを考えると

$$(p_2 - p_1)tdr = dNdr = dLdr\cos\beta_\infty = \rho w_{\infty u}\Gamma dr = \rho w_{\infty u} v_{u_2} tdr$$

$$(p_2 - p_1) = \rho w_{\infty u} v_{u_2} = \rho\left(u - \frac{v_{u_2}}{2}\right)v_{u_2}$$

が導かれる．これをヘッドで表すと，次のようになる．

$$\frac{p_2 - p_1}{\rho g} = \frac{1}{g}\left(u - \frac{v_{u_2}}{2}\right)v_{u_2} = \frac{1}{g}\left(uv_{u_2} - \frac{v_{u_2}^2}{2}\right) \tag{4.15}$$

すなわち，動翼は上式で表される圧力上昇を流体に与えることになる．

最後に，動翼を $u\ (= r\omega)$ の速度で動かすために必要なトルク dM を求める．これは

$$dM = dTrzdr = dL\sin\beta_\infty rzdr = \rho w_\infty \Gamma \sin\beta_\infty rzdr = \rho\Gamma v_a rzdr \tag{4.16}$$

となる．

次に，静翼列についても動翼列で行ったのと同様な方法で，静翼における圧力上昇 $(p_3 - p_2)$ を求めてみよう．ここで，p_2，p_3 は静翼の前後の圧力を表すとする．静翼列を通る流れの場合，静翼が固定されているため，流体の翼に対する速度は絶対速度だけで考えればよく，v_2 で流入して，翼列に垂直方向に v_3 で流出する．したがって，この場合のベクトル平均 $v_{\infty V}$ は図4.10に示した速度三角形のように決まることになる．

静翼のまわりの循環 Γ_V も動翼の場合に行ったのと同じように求めることができ，速度三角形を参照し，t_V をピッチとすると

$$\Gamma_V = t_V v_{u_2} \tag{4.17}$$

となる．この Γ_V は正の値を取り，時計まわりで，動翼の循環 Γ とは反対向きとなる．したがって，静翼に働く力 dL_V は $v_{\infty V}$ に垂直に働き，かつ

$$dL_V = \rho v_{\infty V}\Gamma_V \tag{4.18}$$

となる．

$v_{\infty V}$ の u 方向とのなす角を $\beta_{\infty V}$ とすると，dL_V の垂直方向分力 dN_V は

$$dN_V = dL_V \cos\beta_{\infty V} \tag{4.19}$$

である．また，$v_{\infty V}\cos\beta_{\infty V} = v_{u_2}/2$ であるから

$$(p_3 - p_2)t_V dr = dN_V dr = \rho\Gamma_V \frac{v_{u_2}}{2}dr = \rho\frac{v_{u_2}^2}{2}t_V dr$$

という関係が成り立ち，結局，静翼での圧力上昇は次式で表される．

$$(p_3 - p_2) = \rho \frac{v_{u_2}^2}{2} \tag{4.20}$$

これをヘッドで表すと

$$\frac{p_3 - p_2}{\rho g} = \frac{v_{u_2}^2}{2g} \tag{4.21}$$

となる．

以上のように，静翼の場合も翼まわりの循環を考えて静翼列での圧力上昇を求めることができたが，次のように考えることも可能である．すなわち，静翼に入るときに流体が保有していた速度ヘッドは $(v_2^2/2g)$ であり，流出するときに持っている速度ヘッドは $(v_a^2/2g)$ である．この差 $(v_2^2 - v_a^2)/2g$ が圧力上昇を起こしたものである．速度三角形から明らかなように，$(v_2^2 - v_a^2) = v_{u_2}^2$ であるから，式 (4.20) と同様の結果に帰着する．

以上，動翼列での圧力ヘッドの上昇は

$$\frac{(p_2 - p_1)}{\rho g} = \frac{1}{g}\left(u v_{u_2} - \frac{v_{u_2}^2}{2}\right) \tag{4.15}$$

静翼列での圧力ヘッドの上昇は

$$\frac{(p_3 - p_2)}{\rho g} = \frac{v_{u_2}^2}{2g} \tag{4.22}$$

となることがわかった．2 つの翼列によって達成される圧力ヘッドの上昇 H_{th} は，これらの和であり，したがって

$$H_{th} = \frac{1}{g} u v_{u_2} \tag{4.23}$$

と与えられることになる．

■例題

図のような速度三角形をなす軸流機械において，動翼列および静翼列での圧力ヘッドの上昇を求めなさい．

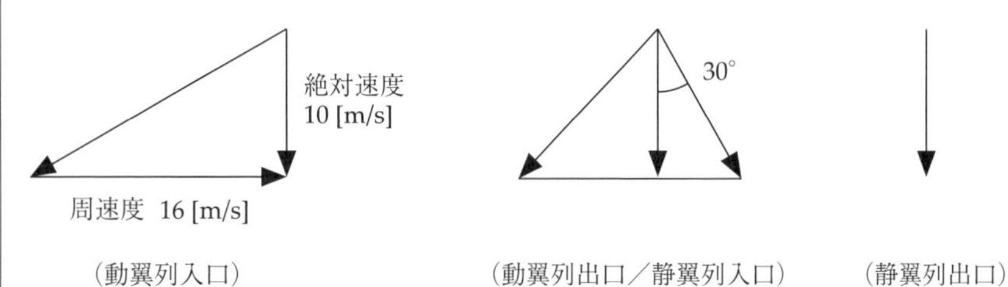

解答

動翼出口の速度三角形から，絶対速度の周方向成分は

$$\tan 30^\circ = \frac{v_{u_2}}{10}$$

$$\therefore \quad v_{u_2} = 5.77 \quad [\mathrm{m/s}]$$

周速度 u は 16 [m/s] なので，これらの数値を式 (4.15)，(4.22) に代入して

$$動翼列：\frac{(p_2-p_1)}{\rho g}=\frac{1}{g}\left(uv_{u_2}-\frac{v_{u_2}^2}{2}\right)=\frac{1}{9.8}\left(16\times 5.77-\frac{5.77^2}{2}\right)$$

$$=7.7 \quad [\mathrm{m}]$$

$$静翼列：\frac{(p_3-p_2)}{\rho g}=\frac{v_{u_2}^2}{2g}=\frac{5.77^2}{2\times 9.8}=1.7 \quad [\mathrm{m}]$$

が求めるべき答となる．

以上は，翼列を外部からの動力によって動かしているところを完全流体が通り抜け，そのときに翼のまわりに生ずる循環によって流体が翼に作用する力を考慮して，流体に与える圧力ヘッドの上昇が H_{th} であることを導いたものである．軸流ポンプを例とすれば，軸から半径 r と $(r+dr)$ との2つの円筒面にはさまれた部分の流れを取り扱ったものであり，他の半径のところについてもまったく同様に考えることができる．したがって，半径 r をボス r_b から先端 r_t の間に数多くの円筒を取って軸流ポンプ全体を議論することが可能である．

最後に，前章における式（3.5）で表されたオイラーの式を思い出してみよう．この場合のオイラーヘッド $H_{th\infty}$ は，羽根枚数が無限大で羽根厚さが0という理想状態の羽根車で，しかも外部から加えられた動力が損失なく流体に与えられたとしたときの流体の圧力ヘッドの上昇であった．これは，いまここで完全流体について求めた式 (4.23) で表される軸流機械の場合の H_{th} と対応するものである．この両者を比較すると，軸流機械では $u_1=u_2=u=r\omega$ であり，$v_{u_1}=0$ と考えているので，この条件を前章の式（3.5）に代入すると式 (4.23) とまったく同じ結果となることがわかる．

4.5.2　実在流体の場合

ここでは，実在流体の場合を考えることにする．すなわち，流れは損失を伴い，流体が翼に作用する力も揚力 L だけでなく，抗力 D が生じることになる．

図 4.12 は，後置静翼形において，単位幅の翼が流体に作用する揚力 dL [N/m] と抗力 dD [N/m] を示している．この場合も動翼に向かってくる流体の絶対速度 v_1，および最後に静翼から出ていく流体の絶対速度 v_3 は，ともに u 方向成分を持たないとする．すなわち，$v_{u_1}=v_{u_3}=0$ であり，絶対速度の軸方向成分（翼列に垂直方向成分）を v_{a_1}，v_{a_3} とすると，$v_1=v_{a_1}$，$v_3=v_{a_3}$ である．しかし，動翼出口の絶対速度 v_2 は u 方向成分 v_{u_2} を持っており，v_2 の軸方向成分は v_{a_2} である．

このとき，連続の原理を適用すると

$$v_1=v_{a_1}=v_{a_2}=v_{a_3}=v_3=v_a \tag{4.24}$$

が得られる．

4.3 節において揚力と抗力との比，すなわち揚抗比を定義したが，ここではその逆数

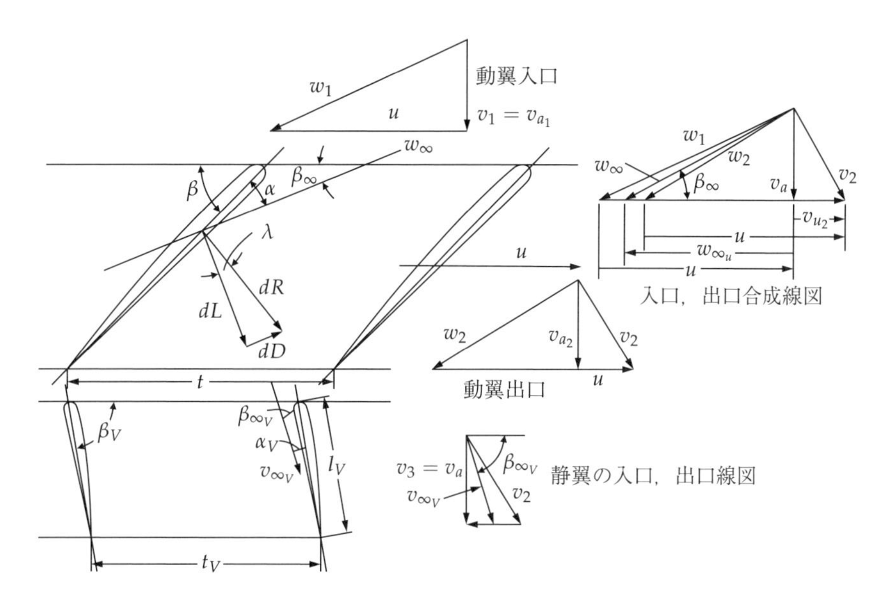

図 4.12　後置静翼形（実在流体の場合）

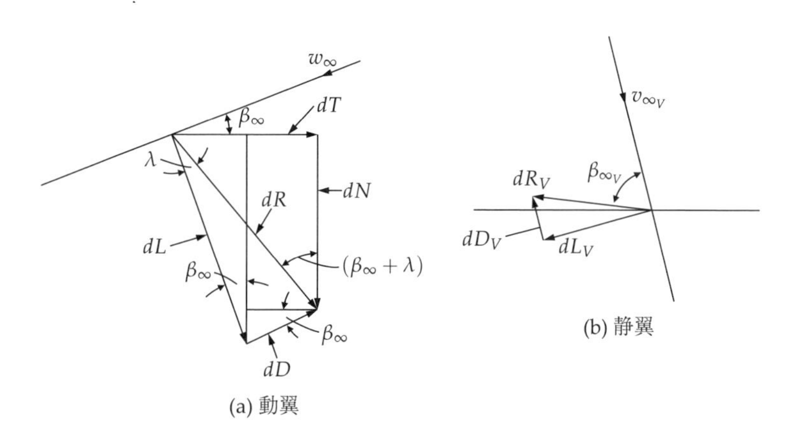

図 4.13　翼が流体に作用する力

$$\frac{dD}{dL} = \tan\lambda \tag{4.25}$$

を**抗揚比**（drag lift ratio）と定義する．

図 4.13 から明らかなように，翼幅 dr，翼数 z 枚について求めると

$$dTzdr = dRzdr\sin(\beta_\infty + \lambda) \tag{4.26}$$

$$dNzdr = dRzdr\cos(\beta_\infty + \lambda) \tag{4.27}$$

ただし，$dR = \sqrt{dL^2 + dD^2}$ である．また

$$dTzdr = dLzdr\sin\beta_\infty + dDzdr\cos\beta_\infty = dLzdr(\sin\beta_\infty + \tan\lambda\cos\beta_\infty) \tag{4.28}$$

$$dNzdr = dLzdr\cos\beta_\infty - dDzdr\sin\beta_\infty = dLzdr(\cos\beta_\infty - \tan\lambda\sin\beta_\infty) \tag{4.29}$$

と表すことができる．

翼が流体に与えるヘッドが理論揚程 H_{th} であっても，実在流体では損失ヘッド h を伴うので，実際にポンプが出すヘッドをポンプ揚程 H とすると

$$H_{th} = H + h \tag{4.30}$$

の関係になることはエネルギー保存則から明らかである．

したがって，翼が流体にエネルギーを与える効率，すなわち**水力効率**（hydraulic efficiency）η_h は

$$\eta_h = \frac{H}{H_{th}} = \frac{H_{th} - h}{H_{th}} = 1 - \frac{h}{H_{th}} \tag{4.31}$$

と表すことができる．

いま，動翼の入口と出口における圧力を p_1，p_2 とし，翼列の間を通過する間に翼によって正味に流体にヘッド H が与えられているとすると，動翼の入口と出口とのエネルギー保存関係（ベルヌーイの定理）から

$$\frac{p_1}{\rho g} + \frac{v_1^2}{2g} + H = \frac{p_2}{\rho g} + \frac{v_2^2}{2g}$$

が成立する．ここで，$v_1 = v_{a_1} = v_{a_2}$ であることを考慮すると

$$H = \frac{p_2 - p_1}{\rho g} + \frac{v_{u_2}^2}{2g} \tag{4.32}$$

が得られる．この式の右辺第1項は動翼を通過する間における圧力ヘッドの増加，第2項は速度エネルギーの形で受け取ったもので，後に静翼で圧力ヘッドに変わるものである．

次に，翼幅 dr の動翼において，軸方向の力のつり合いおよび式 (4.27) を用いると

$$(p_2 - p_1)ztdr = dNzdr = dRzdr\cos(\beta_\infty + \lambda)$$

と表せるので，この式から

$$\frac{p_2 - p_1}{\rho g} = \frac{dR\cos(\beta_\infty + \lambda)}{\rho g t} \tag{4.33}$$

となり，これを式 (4.32) の第1項に代入すると，ヘッド H は

$$H = \frac{dR\cos(\beta_\infty + \lambda)}{\rho g t} + \frac{v_{u_2}^2}{2g} \tag{4.34}$$

と与えられる．後に述べるように，dR，β_∞，λ は翼形ならびに翼の取付け角などから決められるので，上式からヘッド H を求めることができる．

次に，u 方向の分力 dT によって単位時間に動翼の翼列を通過する質量 $\rho ztdrv_a$ が u 方向に v_{u_2} の変化を与えることを考慮して，運動量の法則を適用すると

$$dTzdr = \rho ztdrv_a v_{u_2} \tag{4.35}$$

となる．また，羽根車の軸を回転させるのに必要な動力 dP $(= dTzdru)$ がすべて流体の水動力に変換されたときのヘッドが H_{th} であるから

$$dP = dTzdru = g\rho ztdrv_a H_{th} \tag{4.36}$$

である．したがって，式 (4.35)，(4.36) から

$$H_{th} = \frac{1}{g} u v_{u_2} \tag{4.37}$$

となり，前述の式 (4.23) と同じ形になる．これは，いずれも流体損失を考慮していないからである．

次に，式 (4.26) と (4.36) から

$$H_{th} = \frac{udR\sin(\beta_\infty + \lambda)}{\rho g t v_a} \tag{4.38}$$

が得られる．また，動翼の翼間を流れるときの流体損失を考え，損失ヘッドを h とすれば

$$\rho g z d r t v_a h = z d r d D w_\infty$$

の関係があるから，損失ヘッド h は次式のように表せる．

$$h = \frac{dDw_\infty}{\rho g t v_a} \tag{4.39}$$

そこで，式 (4.38) と式 (4.39) を式 (4.31) に代入し，さらに $dD = dR\sin\lambda$，$v_a = w_\infty \sin\beta_\infty$ の関係を用いると

$$\eta_h = 1 - \frac{v_a}{u} \frac{\sin\lambda}{\sin\beta_\infty \sin(\beta_\infty + \lambda)} \tag{4.40}$$

が得られる．この式から抗揚比 λ の値が小さいほど効率が高いことがわかる．

軸流機械内の流れが半径方向成分を持たないようにすることが，設計をする際の 1 つの目標であることを前述したが，ここで，いかなる条件を与えればこのことが実現できるかを考えてみよう．

まず，式 (4.37) に $H_{th} = H/\eta_h$，$u = \omega r$ の関係を代入して v_{u_2} を求めると

$$v_{u_2} = \frac{gH}{\omega r \eta_h} \tag{4.41}$$

となる．この式は，要求されるヘッド H を出すために必要な v_{u_2} を決めるものである．そこで，H，ω，η_h がそれぞれ一定であると仮定して，上式を r で微分すると

$$\frac{d(v_{u_2})}{dr} = -\frac{v_{u_2}}{r} \tag{4.42}$$

となる．

一方，式 (4.32) を再び考えてみると，この式は流体に正味に与えられたヘッド H の内容を表すものであり，第 1 項は圧力ヘッド，第 2 項は速度ヘッドの増分を意味する．ここで，H，p_1 が一定として，式 (4.32) を r について微分すると

$$\frac{d(v_{u_2})}{dr} = -\frac{1}{\rho v_{u_2}} \left(\frac{dp_2}{dr} \right) \tag{4.43}$$

の関係が得られる．

式 (4.42) と式 (4.43) はともに H を一定として求めたものであるが，これら両式から

$$\left(\frac{dp_2}{dr}\right) = \rho\frac{v_{u_2}^2}{r} \tag{4.44}$$

という関係が導かれる．この式は，**平衡方程式**（equation of equilibrium）と呼ばれ，半径方向の圧力勾配が流体の旋回による遠心力とつり合っていることを意味している．したがって，式 (4.44) が成り立てば，半径方向の流れが生じないことになる．

式 (4.44) を求めるために用いた条件は，H，ω，p_1，η_h がいずれの半径 r の位置でも一定としたことである．最後の η_h が一定という条件は厳密には実現しにくいとしても，わずかの差しかない．したがって，H を各半径 r の位置で一定にする設計を行えば半径流は発生しないことになる．

以上より，軸流ポンプ，軸流送風機のヘッド H が与えられたとき，各半径 r の位置で指定された H を得るように設計が行われる．

最後に，いままで求めてきた諸式を基礎にして，設計の手順ならびに翼形の選定および翼の取付け角を求めるための基本式を求めてみよう．

軸流ポンプ，軸流送風機で，揚程 H [m]，吐出し流量 Q [m^3/s] が与えられたとする．まず，基本の諸量を次に示す関係から求める．

$$v_a: \quad Q = \frac{\pi D^2}{4} v_a \left\{1 - \left(\frac{D_b}{D}\right)^2\right\} \tag{4.45}$$

ただし，D は羽根車外径，D_b はボス径とする．

$$v_{u_2}: \quad v_{u_2} = \frac{gH}{\eta_h \omega r} \tag{4.46}$$

$$\beta_\infty: \quad \tan\beta_\infty = \frac{v_a}{u - (v_{u_2}/2)}$$

$$w_\infty: \quad w_\infty = \frac{v_a}{\sin\beta_\infty}$$

次に，式 (4.37)，(4.38) の両辺から

$$v_{u_2} = \frac{gudR\sin(\beta_\infty + \lambda)}{\rho gtuv_a} \tag{4.47}$$

を得る．この式 (4.47) が翼形を決める基本式となる．ある翼形を採用して α を決めると，λ および C_L が図 4.6 のような翼形性能を表す図表から得られる．式 (4.47) における (ℓ/t) を除く v_a，v_{u_2}，β_∞ などは上述の式から決まるので，これらの値を代入することにより (ℓ/t) を求めることができる．

こうして適当な翼形を選定すれば，翼の取付け角度 β（図 4.12 参照）が次式で決まることになる．

$$\beta = \alpha + \beta_\infty \tag{4.48}$$

以上は動翼（羽根車の羽根）についての理論を述べたものであるが，静翼（案内羽根）についても同様の考え方で取り扱うことができる．この場合，静翼は固定されているので，相対速度と絶対速度は一致している．図 4.12 に示す静翼

に対する速度三角形において，静翼に流入する流体の絶対速度は，上流側にある動翼の出口における絶対速度 v_2 である．静翼の役目は，動翼で与えられた $(v_{u_2}^2/2g)$ をすべて圧力ヘッドの上昇に置き換えて，静翼出口で完全に軸方向速度のみにすることにある．

したがって，運動量の法則を適用すると

$$\rho t_V v_a v_{u_2} = dL_V \sin\beta_{\infty V} + dD_V \cos\beta_{\infty V} = \frac{dL_V \sin(\beta_V + \lambda_V)}{\cos\lambda_V}$$

となる．ここで，添字 V は静翼を意味する．この式から，動翼と同様の考え方によって

$$v_{u_2} = C_{LV}\frac{l_V}{t_V}\frac{v_a(1+\tan\lambda_V/\tan\beta_{\infty V})}{2\sin\beta_{\infty V}} \tag{4.49}$$

が得られる．式 (4.49) において v_{u_2} は既知であるので，C_{LV} および λ_V が適当な値となるように α_V を選べばよい．

静翼を通過するときに失われる損失ヘッド h_V は

$$h_V = \frac{dD_V v_{\infty V}}{\rho g t_V v_a} = C_{LV}\frac{l_V}{t_V}\frac{v_a^2}{2g}\frac{\tan\lambda_V}{\sin^3\beta_{\infty V}} \tag{4.50}$$

から求められる．

また，静翼の取付け角度 β_V は

$$\beta_V = \beta_{\infty V} + \alpha_V \tag{4.51}$$

から求められる．

以上，翼理論に基づいて軸流ポンプや軸流送風機内の流れについて考察して求めた基本式を用い，既知の性能の翼形を選び，要求される性能を達成できる，すなわち設計が可能であることを述べた．

なお，軸流水車のような場合には，エネルギー授受の関係が軸流ポンプ等とは反対になっているが，基本的な考え方は同じであることを付記しておく．

演習問題

4.1　有効平均速度の軸方向成分が 12 [m/s]，周方向成分が 8 [m/s] の動翼列がある．翼弦長が 10 [cm]，揚力係数が 1.5，抗力係数が 0.05，翼枚数が 12 枚のとき，翼列全体に作用する揚力，抗力，抗揚比を求めなさい．ただし，流体の密度は 1000 [kg/m^3] とする．

4.2　ある軸流送風機の羽根車の平均半径 0.3 [m] において，空気が羽根車に軸方向絶対速度 28 [m/s] で流入し，転向角 20° で流出している．この羽根車の圧力ヘッドとオイラーヘッドの上昇分を求めなさい．ただし，回転数は 1000 [1/min] であり，損失は無視できるものとする．

4.3　軸流送風機の羽根車先端直径が 0.8 [m]，ボス直径が 0.5 [m]，回転速度が 1200 [1/min]，全ヘッドが 30 [m]，送風量が 240 [m^3/min] のとき，平均半径における有効平均速度とオイラーヘッドを求めなさい．ただし，入口での予旋回はないとする．

5

CHAPTER FIVE

相似法則と性能曲線

流れ場に関する相似法則を見出すことは，長い間，流体工学における重要な課題の１つとされてきた．粘性流れにおける**レイノルズ**(Reynolds)**の相似則**，非粘性重力流れに関する**フルード**(Froude)**の相似則**，圧縮性流れに関する**マッハ**(Mach)**の相似則**など，いくつもの相似法則が発見され，相似パラメータである各種の無次元数とともに，社会のあらゆる分野で実用化されている．流体機械の分野においても，幾何学的あるいは力学的相似を考えることで，性能や特性に関する多くの有益な知見を得ることができる．

本章では，流体機械における相似法則を考えることで，性能や特性に影響を与えるパラメータの選定を行うとともに，それらを用いて性能を記述する具体的な方法について述べる．

5.1 流体機械における相似法則

5.1.1 バッキンガムの Π 定理と次元解析

流体機械が互いに相似であるためには，幾何学的相似条件と力学的相似条件が同時に成立することが必要である．幾何学的相似条件とは，単に羽根車や翼形状などの物体形状が幾何学的に相似であるだけでなく，各点における速度比や流線の形状などの流れ場も幾何学的に相似であることが必要となる．一方，力学的相似条件とは，流れ場の各点に作用する力の比が相似となることを意味するが，作用するすべての力についてこの力学的相似条件を満足させることは困難であり，通常は着目する力についてのみこの条件を満たしていること確認する．たとえば，粘性流れにおいてはレイノルズ数を一致させることで，慣性力と粘性力について力学的相似条件を満足させる．

力学的相似条件を考える際に重要な役割を果たす無次元パラメータは，**バッキンガムの Π 定理**(Buckingham's Π-Theorem)を用いた次元解析によって導出することができる．

バッキンガムのΠ定理 (Buckingham's Π-Theorem)

ある物理現象を支配する（に関与する）n 個の物理量 $q_1, q_2, q_3, \cdots, q_n$ の関係が，次式で表されるとする．

$$F(q_1, q_2, q_3, \cdots, q_n) = 0 \tag{5.1}$$

これらの物理量を表すのに必要な基本次元の数が k 個であるとき，式 (5.1) は $(n-k)$ 個の無次元数 $\Pi_1, \Pi_2, \Pi_3, \cdots, \Pi_{n-k}$ を用いて次のように表すことができる．

$$\Phi(\Pi_1, \Pi_2, \Pi_3, \cdots, \Pi_{n-k}) = 0 \tag{5.2}$$

関数 $F(q)$ は有次元の表現であるので，単位系や大きさが異なればその値も異なる．しかし，関数 $\Phi(\Pi)$ は無次元の表現で，単位系や大きさが異なる場合でも変化せず，相似法則を与えることになる．F や Φ の関数形は理論，実験および数値計算などを用いて決定することになるが，その引数である Π は次元解析によっても得ることができる．

実際の流体機械について考えると，性能や特性に直接関与すると考えられる物理量は非常に多く，流れ場を含めたすべての力学的相似条件を満足させることは事実上不可能である．そこで，主要な物理量のみに着目して，バッキンガムの Π 定理により，流体機械の性能に深く関与する無次元パラメータを求めることにする．

流体機械の性能に関与する主要な物理量として，代表寸法（通常は，羽根車や動翼の直径）D [m]，運転回転数 N [1/s]，体積流量 Q [m^3/s]（または質量流量 G [kg/s]），比有効仕事 $E\ (= gH)$ [J/kg]，軸動力 P [W]，流体密度 ρ [kg/m^3]，流体の粘性係数 μ [Pa·s]，音速 a [m/s] の8種類を選び，これらの間に

$$F(D,\ N,\ Q,\ E,\ P,\ \rho,\ \mu,\ a) = 0 \tag{5.3}$$

の関係があるとする．基本次元が長さ [L]，質量 [M]，時間 [T] の3個であるから，D，N，ρ を基本物理量として次元解析を行うと，式 (5.4) に示す関係式と5個の無次元数が得られる．

$$\Phi(\Pi_1,\ \Pi_2,\ \Pi_3,\ \Pi_4,\ \Pi_5) = 0 \tag{5.4}$$

$$\Pi_1 = QD^{\alpha_1}N^{\beta_1}\rho^{\gamma_1} \quad (\alpha_1 = -3,\ \beta_1 = -1,\ \gamma_1 = 0) \Rightarrow \Pi_1 = \frac{Q}{D^3 N} \tag{5.5}$$

$$\Pi_2 = ED^{\alpha_2}N^{\beta_2}\rho^{\gamma_2} \quad (\alpha_2 = -2,\ \beta_2 = -2,\ \gamma_2 = 0) \Rightarrow \Pi_2 = \frac{E}{D^2 N^2} \tag{5.6}$$

$$\Pi_3 = PD^{\alpha_3}N^{\beta_3}\rho^{\gamma_3} \quad (\alpha_3 = -5,\ \beta_3 = -3,\ \gamma_3 = -1) \Rightarrow \Pi_3 = \frac{P}{\rho D^5 N^3} \tag{5.7}$$

$$\Pi_4 = \mu D^{\alpha_4}N^{\beta_4}\rho^{\gamma_4} \quad (\alpha_4 = -2,\ \beta_4 = -1,\ \gamma_4 = -1) \Rightarrow \Pi_4 = \frac{\mu}{\rho D^2 N} \tag{5.8}$$

$$\Pi_5 = aD^{\alpha_5}N^{\beta_5}\rho^{\gamma_5} \quad (\alpha_5 = -1,\ \beta_5 = -1,\ \gamma_5 = 0) \Rightarrow \Pi_5 = \frac{a}{DN} \tag{5.9}$$

ここで，代表寸法 D [m] と運転回転数 N [1/s] を用いて

$$DN = U \quad [\mathrm{m/s}] \tag{5.10}$$

で代表速度 U [m/s] を定義すると

$$\Pi_1 = \frac{Q}{D^3 N} \approx \frac{Q}{D^2 U} \approx \frac{Q}{AU} \quad (A \approx D^2\ [\mathrm{m^2}]\ ：代表面積) \tag{5.11}$$

$$\Pi_2 = \frac{E}{D^2 N^2} \approx \frac{E}{U^2} \approx \frac{gH}{U^2} \approx \frac{p}{\rho U^2} \quad (p\ [\mathrm{Pa}]\ ：圧力) \tag{5.12}$$

$$\Pi_3 = \frac{P}{\rho D^5 N^3} \approx \frac{P}{\rho D^2 U^3} \approx \frac{P}{\rho D^2 U \cdot U^2} \approx \frac{P}{\rho AU \cdot U^2} \tag{5.13}$$

より，Π_1，Π_2，Π_3 がそれぞれ，体積流量，比有効仕事，軸動力の無次元表現であることがわかる．これらは，後述するように，**流量係数** (flow coefficient)，**揚程係数** (head coefficient) あるいは**圧力係数** (pressure coefficient)，**軸動力係数** (shaft power coefficient) と呼ばれる重要なパラメータである．一方，Π_4，Π_5 はそれぞれ

$$\Pi_4 = \frac{\mu}{\rho D^2 N} \approx \frac{\mu}{\rho DU} \tag{5.14}$$

$$\Pi_5 = \frac{a}{DN} \approx \frac{a}{U} \tag{5.15}$$

となり，機械レイノルズ数 Re_m と機械マッハ数 M_m の逆数を表し，流体機械の性能にも粘性と圧縮性が強く影響することを示唆している．しかし実際には，ある程度以上の機械レイノルズ数 Re_m になると，Re_m はほとんど性能に影響を及ぼさないことが知られている．また，流体の圧縮性が無視できるような液体機械や低圧の気体機械の場合には機械マッハ数 M_m の影響は無視できるので，ポンプやファンの性能を評価するためには，流量係数，圧力係数，軸動力係数のみを考慮すればよい．よって，流体機械の特性曲線はこれらの相互関係を表せばよいことになる（5.2.1 項参照）．

一方，圧縮性の影響が無視できない高圧の圧縮機やタービンの場合には，代表寸法 D [m]，運転回転数 N [1/s]，質量流量 G [kg/s]，比有効仕事 $E(= gH)$ [J/kg]，軸動力 P [W]，流体密度 ρ [kg/m^3]，音速 a [m/s] の 7 つを性能に関与する主要な物理量として選択し，D，a，ρ を基本物理量として次元解析を行うと

$$\Pi_1 = \frac{G}{\rho a D^2} \approx \frac{G}{\rho D^2 \sqrt{\kappa p/\rho}} \approx \frac{G}{pD^2\sqrt{\kappa/RT}} \approx \frac{G\sqrt{RT/\kappa}}{pD^2} \tag{5.16}$$

$$\Pi_2 = \frac{E}{a^2} \approx \frac{gH}{a^2} \approx \frac{gH}{\kappa RT} \approx \frac{p/\rho}{\kappa RT} \tag{5.17}$$

$$\Pi_3 = \frac{P}{\rho a^3 D^2} \approx \frac{P}{pD^2\sqrt{\kappa^3 RT}} \tag{5.18}$$

$$\Pi_4 = \frac{ND}{a} \approx \frac{ND}{\sqrt{\kappa RT}} \tag{5.19}$$

を得る．上式より明らかに Π_1，Π_2，Π_3 がそれぞれ流量係数，揚程（圧力）係数，軸動力係数に，Π_4 が機械マッハ数に相当することがわかる．

5.1.2　相似則

2つの流体機械が幾何学的相似条件と力学的相似条件を満たす場合には，互いに相似関係にあるといい，性能に関する相似則が成立する．たとえば，幾何学的に相似で，流量係数，圧力（揚程）係数，軸動力係数が等しく，相似な運転状態にある2台のポンプA，Bを考えると

$$\Pi_1 = \frac{Q}{D^3 N} \quad \Rightarrow \quad \frac{Q_B}{Q_A} = \left(\frac{D_B}{D_A}\right)^3 \frac{N_B}{N_A} \tag{5.20}$$

$$\Pi_2 = \frac{E}{D^2 N^2} = \frac{gH}{D^2 N^2} \quad \Rightarrow \quad \frac{H_B}{H_A} = \left(\frac{D_B}{D_A}\right)^2 \left(\frac{N_B}{N_A}\right)^2 \tag{5.21}$$

$$\Pi_3 = \frac{P}{\rho D^5 N^3} \quad \Rightarrow \quad \frac{P_B}{P_A} = \left(\frac{D_B}{D_A}\right)^5 \left(\frac{N_B}{N_A}\right)^3 \tag{5.22}$$

となり，流量 Q，全揚程 H，軸動力 P に関して上式が相似な運転条件を与える．

同一のポンプが異なる回転数で運転されている場合にも，式(5.20)～式(5.22)において $D_A = D_B$ とおくことで，次の関係式を得る．

$$Q \propto N, \quad H \propto N^2, \quad P \propto N^3 \tag{5.23}$$

つまり，ポンプの流量 Q，全揚程 H，軸動力 P は，相似な運転条件下ではそれぞれ，運転回転数の1乗，2乗，3乗に比例する．

一方，高圧の圧縮機やタービンの場合には，式(5.16)～式(5.19)より，相似な運転条件下での換算式が以下のように得られる．ただし，比熱比 κ は一定とした．

$$\frac{G_B}{G_A} = \frac{p_{t_B}}{p_{t_A}} \left(\frac{R_B T_B}{R_A T_A}\right)^{-1/2} \left(\frac{D_B}{D_A}\right)^2 \tag{5.24}$$

$$\frac{H_B}{H_A} = \frac{R_B T_B}{R_A T_A} \quad \Rightarrow \quad \left(\frac{p_{t_2}}{p_{t_1}}\right)_A = \left(\frac{p_{t_2}}{p_{t_1}}\right)_B \tag{5.25}$$

$$\frac{P_B}{P_A} = \frac{P_{t_B}}{P_{t_A}} \left(\frac{D_B}{D_A}\right)^2 \left(\frac{R_B T_B}{R_A T_A}\right)^{1/2} \tag{5.26}$$

$$\frac{N_B}{N_A} = \left(\frac{D_B}{D_A}\right)^{-1} \left(\frac{R_B T_B}{R_A T_A}\right)^{1/2} \tag{5.27}$$

5.1.3　比速度と形式数

バッキンガムの Π 定理を用いた次元解析によって得られた5つの無次元数 $\Pi_1 \sim \Pi_5$ は，いずれも流体機械の性能と密接に関連する重要なパラメータである．一方，流体機械を設計する場合を考えると，まず体積（質量）流量や圧力上昇（ポンプの場合には揚程）などの設計仕様が与えられ，その仕様を満足するように回転数や軸動力などの運転条件を決定していく．さらに，これらの条件の下で最も効率が高くなるように幾何形状や寸法を決定する必要がある．このためには，流体機械の寸法や形状と，性能とを結びつけるパラメータがあれば便利である．

■例題

流体機械の性能に関与する物理量として，代表寸法 D [m]，運転回転数 N [1/s]，体積流量 Q [m^3/s]，比有効仕事 E ($=gH$) [J/kg]，軸動力 P [W]，流体密度 ρ [kg/m^3] の 6 種類を選択して，これらの間に

$$F(D,\ N,\ Q,\ E,\ P,\ \rho) = 0 \tag{5.28}$$

の関係があるとする．このとき，バッキンガムの Π 定理と，ρ，E ($=gH$)，Q の 3 つを基本物理量とした次元解析を用いて，無次元パラメータを決定せよ．

解答

$$\Pi_1 = DQ^{\alpha_1}E^{\beta_1}\rho^{\gamma_1} \quad \left(\alpha_1 = -\frac{1}{2},\ \beta_1 = \frac{1}{4},\ \gamma_1 = 0\right)$$
$$\Rightarrow \quad \Pi_1 = \frac{DE^{1/4}}{Q^{1/2}} = \frac{D(gH)^{1/4}}{Q^{1/2}} \tag{5.29}$$

$$\Pi_2 = NQ^{\alpha_2}E^{\beta_2}\rho^{\gamma_2} \quad \left(\alpha_2 = \frac{1}{2},\ \beta_2 = -\frac{3}{4},\ \gamma_2 = 0\right)$$
$$\Rightarrow \quad \Pi_2 = \frac{NQ^{1/2}}{E^{3/4}} = \frac{NQ^{1/2}}{(gH)^{3/4}} \tag{5.30}$$

$$\Pi_3 = PQ^{\alpha_3}E^{\beta_3}\rho^{\gamma_3} \quad (\alpha_3 = -1,\ \beta_3 = -1,\ \gamma_3 = -1)$$
$$\Rightarrow \quad \Pi_3 = \frac{P}{\rho EQ} = \frac{P}{\rho gHQ} \tag{5.31}$$

より，

$$\Phi\left(d_s,\ N_s,\ \frac{1}{\eta}\right) = 0 \quad \Rightarrow \quad \eta = \Psi(d_s,\ N_s) \tag{5.32}$$

ただし，

$$d_s = \frac{DE^{1/4}}{Q^{1/2}} = \frac{D(gH)^{1/4}}{Q^{1/2}},\ N_s = \frac{NQ^{1/2}}{E^{3/4}} = \frac{NQ^{1/2}}{(gH)^{3/4}},\ \frac{1}{\eta} = \frac{P}{\rho EQ} = \frac{P}{\rho gHQ} \tag{5.33}$$

となり，無次元パラメータが 3 種類求まる．

ここで，d_s は**比直径** (specific diameter)，N_s は**比速度** (specific speed) と呼ばれ，ポンプや送風機などの流体機械を設計する際，機械の形式や形状の選定に有用な無次元数である．たとえばポンプを例に取ると，式 (5.29)，式 (5.30) より明らかなように比直径，比速度はそれぞれ，“単位体積の水を単位高さまで揚水するのに必要な羽根車直径と運転回転数”を意味していることがわかる．この中でも特に比速度は，ターボ機械の羽根車形状や効率，性能などと密接に関連し，従来より多くの基礎的データが蓄積されて設計には欠かせないパラメータとなっている．一方，η は被動機の場合，**流体効率** (hydraulic efficiency) を表し，すでに述べた比直径と比速度の関数になることがわかる（式 (5.32) 参照）．

比速度は本来，運転回転数 N に [1/s]，体積流量 Q に [m^3/s]，比有効仕事

$E\,(=gH)$ に [J/kg] の単位系を用いた際には無次元となる．しかし，実際に比速度を用いる場合には，その利用上の便利さから，重力加速度 g を省略し，N，Q，H の単位としてそれぞれ [1/min]，[m^3/min]，[m] を用いた有次元の表現が使われることが多い．このため，単位系による混乱を避けるため，使用した N，Q，H の単位を併記することが慣用的に行われる．

水車などの原動機では，体積流量 $Q\,[\mathrm{m^3/s}]$ の代わりに水車出力 $P\,[\mathrm{W}]$ を用いた

$$N_s^* = \frac{NP^{1/2}}{H^{5/4}} \quad [1/\mathrm{min}, \mathrm{kW}, \mathrm{m}] \tag{5.34}$$

を用いるほうが一般的である．水車出力 $P\,[\mathrm{W}]$ は，水車効率を η とすると

$$P = \eta \cdot \rho g H Q \tag{5.35}$$

と表せるから，式 (5.34) に代入して

$$N_s^* = \frac{NP^{1/2}}{H^{5/4}} = N\frac{(\eta\rho g H Q)^{1/2}}{H^{5/4}} = (\eta\rho g)^{1/2}\frac{NQ^{1/2}}{H^{3/4}} = (\eta\rho g)^{1/2}N_s \tag{5.36}$$

となり，N_s^* の物理的意味は比速度 N_s と同じである．

一方，気体を取り扱う送風機の場合には，有効全圧上昇 $p_t\,[\mathrm{Pa}]$ を用いた

$$N_s = \frac{NQ^{1/2}}{(p_t/\rho g)^{3/4}} \quad [1/\mathrm{s}, \mathrm{m^3/kg}, \mathrm{Pa}] \tag{5.37}$$

を用いることが多い．しかし，流体の圧縮性が無視できなくなる高圧圧縮機の場合には，体積流量 Q が入口と出口で大きく異なるため，比速度という概念はあまり用いられない．

比速度はバッキンガムの Π 定理を用いた次元解析によって得られた相似パラメータであるから，比速度が等しい流体機械の羽根車形状は原則的には幾何的相似である．このように，比速度の値は羽根車の形式や形状を表現する尺度として用いることができる．この関係を図 5.1 に示す．図より，ポンプや送風機の羽根車形式や最適となる羽根車断面形状までも比速度によってほぼ定まっていることがわかる．さらに，羽根車やボリュート室（うず巻き室）の設計に際して，形状を決めるための基礎となる設計定数や大まかな効率までも，経験的なデータの集積によって比速度をパラメータとして求められている．一般に，比速度が小さくなると，流路幅が減少して羽根車主板および側板（シュラウド）との粘性摩擦の影響が相対的に大きくなり，効率は次第に低下する傾向がある．また，比速度が大きくなるとともに流路幅が増大して，羽根車内での 2 次流れ等の影響で効率は再び低下する傾向を示す．さらに，羽根車内で急激な流れの転向を伴う遠心式流体機械は，軸流式流体機械と比べて一般的には低効率となることが知られている．このように，流体機械の設計に際し比速度の効用は非常に大きい．

単位系によってさまざまな値をとる比速度に対して，現在，ISO 規格などでは比速度に代わる無次元数として形式数 (type number) K を次のように定義している．

$$K = 2\pi N\frac{Q^{1/2}}{E^{3/4}} \tag{5.38}$$

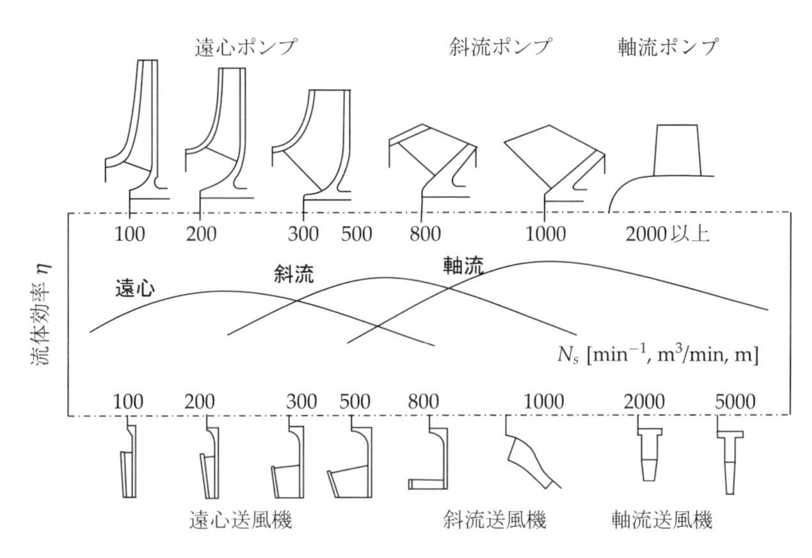

図 5.1 ターボ形羽根車の配列と比速度との関係

表 5.1 比速度と形式数の換算表

形式数	比　速　度				
K	無次元	1/min, m^3/min, m	1/min, m^3/s, m	1/min, ft^3/min, ft	1/min, gpm, ft*
1	1.592×10^{-1}	410.0	52.93	999.3	2736
6.283	1	2576	332.5	6277	1.719×10^4
2.440×10^{-3}	3.883×10^{-4}	1	1.291×10^{-1}	2.437	6.673
1.890×10^{-2}	3.008×10^{-3}	7.746	1	18.88	51.69
1.001×10^{-3}	1.593×10^{-4}	4.103×10^{-1}	5.297×10^{-2}	1	2.738
3.657×10^{-4}	5.820×10^{-5}	1.499×10^{-1}	1.935×10^{-2}	3.652×10^{-1}	1

* 1/min, U.S. fluid gallon/min, ft

（注）1 ft = 0.305 m，1 U.S.fluidgallon = $3.785411784 \times 10^{-3}$ [m^3]

ここで，N は運転回転数 [1/s]，Q は体積流量 [m^3/s]，E は比有効仕事 [J/kg] である．

上式は無次元数であり，単位系によらず同一の値をとる．この形式数とさまざまな単位系における比速度との換算表を表 5.1 に示しておく．

形式数はターボ形のみならず，容積形流体機械にも適用することができるが，ターボ形の場合とは違って，流体機械要素の形式や形状を決定するパラメータとはならない．

5.2 性能曲線と特性曲線

流体機械が一定の運転回転数 N [1/min]，一定流量 Q [m^3/s] で運転されているとき，全圧力上昇 p_t [Pa]（ポンプの場合には全揚程 H [m]），軸動力 P [W]，流体効率 η などの値も 1 つに定まる．これらの値の関係を示す線図を**性能曲線** (performance curve) といい，特にこれらの値を無次元表示して示した線図を**特**

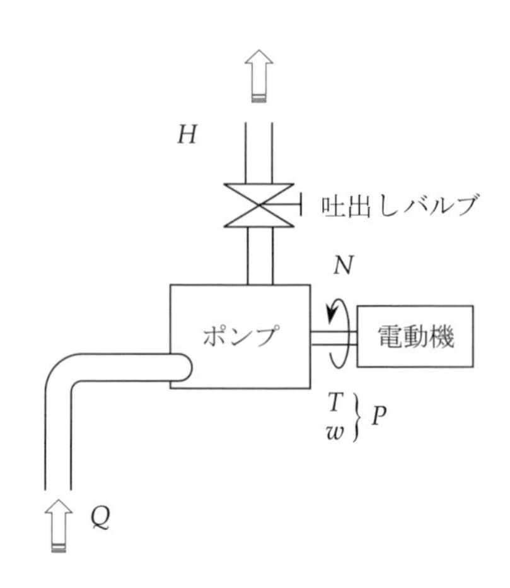

図 5.2　ポンプ性能に関連するパラメータ

性曲線 (characteristic curve) と呼ぶ．ここでは，流体機械の性能を評価する際に用いられる性能曲線や特性曲線の考え方と，流体機械の動作状態を考える上で重要な抵抗曲線と作動点，あるいは完全特性と運転点の相似などについて述べる．

5.2.1　流体機械の性能曲線と特性曲線

性能曲線や特性曲線は流体機械の種類や形式によってさまざまに異なる表現法がとられる．そこで本節では，非圧縮性流体を扱うターボ形ポンプや低圧送風機，流体の圧縮性の影響が無視できなくなるターボ形圧縮機，および容積形流体機械の一例としてピストンポンプの例を取り上げ，簡単に解説しておく．

(1)　ターボ形ポンプの性能曲線と特性曲線

図 5.2 に示すように，電動機によって駆動される最も簡単なポンプ系を考える．このポンプが定常な状態で運転されていれば，N [1/s]，Q [m^3/s]，H [m]，P [W]，η の値はある一定の値に定まる．いま，このポンプの流量を半分（$Q/2$）に変化させる方法を考えてみる．運転回転数 N を一定に保ったまま吐出しバルブを閉めていくと，流量はやがて $Q/2$ となり，それに伴い H，P，η などの値もすべて変化する．一方，吐出しバルブの開度を変えずに，運転回転数 N を落としていくことでも，流量を $Q/2$ に設定できる．このように流体機械の運転状態を変化させるには 2 つの方法があり，それらの方法は互いに独立である．言い換えると，N，Q，H，P，η の変数の中で独立変数は 2 つであり，その他の変数はこの 2 つの独立変数によって決定される従属変数であることがわかる．これより，流体機械の性能を表すためには，2 つの独立変数が与えられた際にその他の従属変数がどのような値をとるかを明示すればよいことがわかる．

図 5.3 はポンプの性能曲線の一例である．2 つの独立変数 Q，N が与えられた際の H，P，η の関係を示したものであるが，2 つの独立変数に対してこれらの関係を図示するのは煩雑になるので，通常は運転回転数 N を一定に保った条件下で，残りの変数の関係を図示する方法がとられる．回転数一定の運転条件下でも，流量は 0（吐出しバルブ全閉状態）から最大値（吐出しバルブ全開状

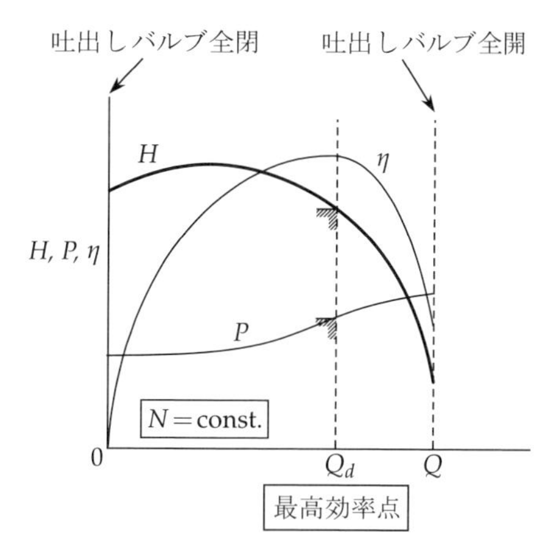

図 5.3 ターボ形ポンプの性能曲線

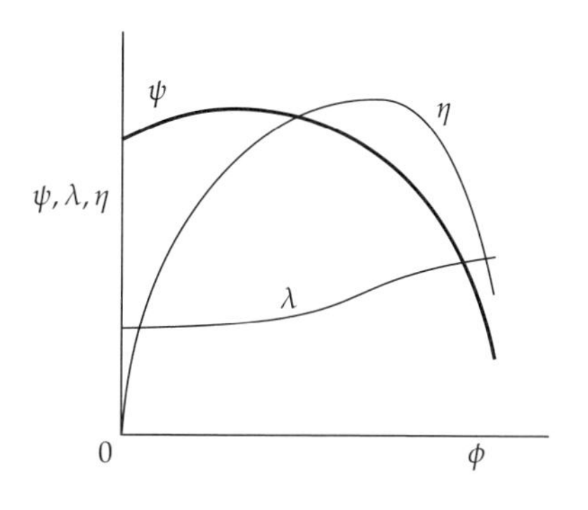

図 5.4 ターボ形ポンプの特性曲線

態）まで広範囲を変化し，流体効率 η が最も高くなる点の付近に設計点がある．この 3 本の曲線の中で最も性能に関連するのが揚程曲線（H-Q 曲線）であり，この曲線のみを性能曲線と呼ぶこともある．

一方，図 5.4 に示す特性曲線は，式 (5.11)～式 (5.12) で求めた無次元数を用いて性能を表示したもので，相似な運転状態における特性を運転回転数に関係なく整理することができる．ここで，ϕ，ψ，λ はそれぞれ流量係数，揚程（圧力）係数，軸動力係数であり，次のように表される．

$$\phi = \frac{Q}{AU} \tag{5.39}$$

$$\psi = \frac{gH}{U^2/2} \approx \frac{p}{\rho U^2/2} \tag{5.40}$$

$$\lambda = \frac{P}{A\rho U^3/2} \tag{5.41}$$

代表速度 U および代表面積 A としては，通常，羽根車周速や羽根車出口断面積などが用いられる．

流体の圧縮性が無視できる程度の低圧送風機の性能曲線や特性曲線もポンプの場合と同様に考えればよい．この場合には，全揚程 H [m] の代わりに全圧上昇 p_t [Pa] や静圧上昇 p_s [Pa] を用いた圧力-流量曲線（P-Q 曲線），あるいはその無次元表示である $\phi-\psi$ 曲線によって性能や特性を評価する．

(2)　ターボ形圧縮機の性能曲線と特性曲線

高圧の送風機や圧縮機では密度の変化が著しくなり，圧縮性の影響を無視できなくなる場合がある．このような圧縮性流体を扱う流体機械では，(1) で述べたポンプや低圧送風機の場合に比べて，流体の圧縮性に関する相似条件が必要になるから，運転状態を決定する独立変数の数は (1) の場合よりも 1 個多くなり 3 個となる．よって，ターボ形圧縮機の性能曲線を考える場合には，図 5.5 のように質量流量 G [kg/s]，運転回転数 N [1/s] の変化に対する全圧力比 p_{t_2}/p_{t_1} および全効率 η の関係を示すが，この関係は流体の吸込み状態（吸込み全圧力 p_{t_1} [Pa] や吸込み全温度 T_{t_1} [K]）によって大きく変化してしまうことに注意しなければならない．

一方，ターボ形圧縮機の特性曲線を考える際には，式 (5.24)〜式 (5.27) に示した相似則を参考にして，全圧力比 p_{t_2}/p_{t_1} を次に示す修正流量 G^* と修正回転数 N^* の関数として表す．

$$G^* = G\left(\frac{p_{t_0}}{p_{t_1}}\right)\sqrt{\frac{T_{t_1}}{T_{t_0}}}\left(\frac{D_0}{D}\right)^2 \quad ：修正流量 \tag{5.42}$$

$$N^* = N\sqrt{\frac{T_{t_0}}{T_{t_1}}}\left(\frac{D}{D_0}\right) \quad ：修正回転数 \tag{5.43}$$

ここで，p_{t_0}，T_{t_0} は基準状態での全圧力および全温度であり，圧縮機の場合には通常，標準状態（101.325 [kPa]，293.15 [K]）での値を用いる．

修正流量と修正回転数はそれぞれ，流れの平均流速 v [m/s] と周速度 U [m/s] に対して定義された 2 種類のマッハ数（流れのマッハ数 M_v と周速マッハ数 M_U）に相当し，これら 2 種類のマッハ数が一致すれば，圧縮性に関する相似則は保たれることになる．

$$M_v = \frac{v}{a} = \frac{Q}{Aa} \approx \frac{GT_{t_1}/p_{t_1}}{D^2\sqrt{T_{t_1}}} \approx G\left(\frac{p_{t_0}}{p_{t_1}}\right)\sqrt{\frac{T_{t_1}}{T_{t_0}}}\left(\frac{D_0}{D}\right)^2 \tag{5.44}$$

$$M_U = \frac{u}{a} \approx \frac{ND}{\sqrt{T_{t_1}}} \approx N\sqrt{\frac{T_{t_0}}{T_{t_1}}}\left(\frac{D}{D_0}\right) \tag{5.45}$$

式 (5.42) および式 (5.43) より明らかなように，修正流量 G^* と修正回転数 N^*

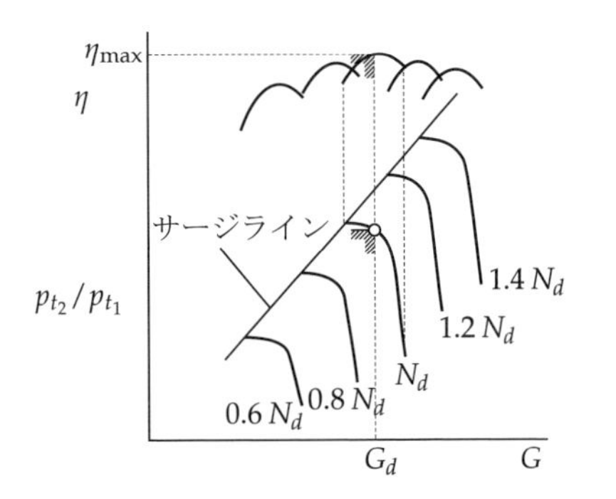

図 5.5　ターボ形（遠心）圧縮機の性能曲線

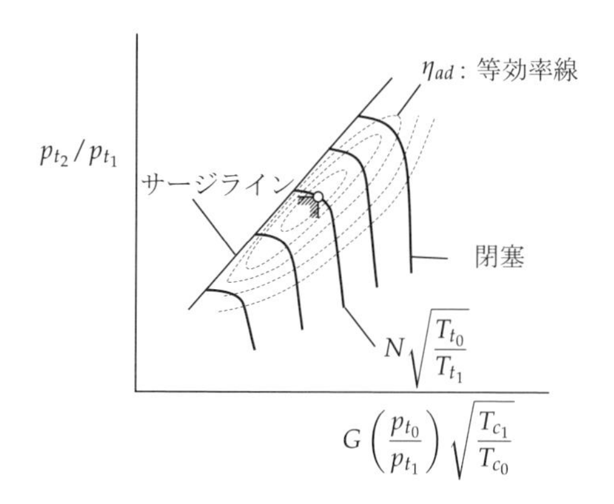

図 5.6 ターボ形（遠心）圧縮機の特性曲線

は無次元数ではない．しかし，上述のように，これらは 2 種類のマッハ数 M_v，M_U に比例する量であり，実質的には性能を表示する無次元数と変わりはなく，これらをパラメータとして圧力比 p_{t_2}/p_{t_1} や断熱効率 η_{ad} の関係を示したものが特性曲線となる．特性曲線では圧縮性に関する相似則も成立しているので，幾何学的相似条件さえ満足していれば，任意の代表寸法 D を有する圧縮機が，任意の吸込み状態（吸込み全圧力 p_{t_1} [Pa] や吸込み全温度 T_{t_1} [K]）で運転されている場合であっても性能を評価することができる．

図 5.6 に遠心圧縮機の特性曲線例を示しておく．同一の圧縮機がさまざまな吸込み状態で運転されている場合には，式 (5.42) および式 (5.43) において代表寸法 D の項を考える必要はなく，修正流量，修正回転数はそれぞれ

$$G^* = G\left(\frac{p_{t_0}}{p_{t_1}}\right)\sqrt{\frac{T_{t_1}}{T_{t_0}}} \tag{5.46}$$

$$N^* = N\sqrt{\frac{T_{t_0}}{T_{t_1}}} \tag{5.47}$$

とおけばよい．

(3) 容積形ピストンポンプの性能曲線

容積形流体機械の特徴は，流量が圧力にはほぼ無関係で運転回転数によって決定されることである．図 5.7 に性能曲線を示したピストンポンプの場合には，ピストンとシリンダーの大きさによってほぼ流量が決定されることになる．実際には，揚程の増加とともに漏洩流量が増加して体積効率が低下するために，若干減少する傾向を示す．軸動力は揚程の増加とともにほぼ直線的に増大する傾向を示すが，流体効率は設計点で極大値をとった後，緩やかに低下する．

図より明らかなように，ピストンポンプの性能曲線では回転数を一定に保った条件下で，揚程 H に対する Q，P，η の変化を示している．これは，圧力源であるターボ形流体機械に対して，容積形流体機械は流量源であることからも容易に理解できるであろう．

このように，流体機械の性能曲線や特性曲線は，流体機械の形式や取り扱う流体の種類などによって，さまざまに使い分けられている．

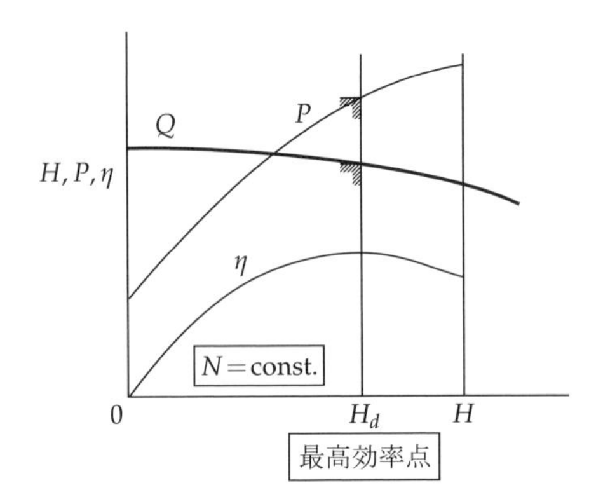

図 5.7　ピストンポンプの性能曲線

5.2.2　性能曲線と比速度

ターボ機械において，比速度は単に羽根車の形式や形状と密接に関連するばかりか，流体機械の性能や効率とも深い関連が認められることが，数多くの研究成果の蓄積として明らかになっている．図 5.8 にその一例として，ポンプの性能曲線と比速度との関係を示す．

横軸はいずれも設計流量 Q_d で無次元化した体積流量 Q であり，縦軸はそれぞれ設計点における値で無次元化された揚程 H，流体効率 η，軸動力 P である．また，a，b，c は低比速度の遠心ポンプ，d は斜流ポンプ，e は軸流ポンプの例である．図より，比速度によって，いずれも特徴的な変化を示すことがわかる．

比速度（形式数）の増加とともに揚程曲線（H-Q 曲線）の傾きが増大する傾向は，すでに示した

$$\psi_{th_\infty} = 1 - \phi \cos \beta_2$$

において，相対流出角 β_2 が比速度とともに減少することからも容易に理解できる．比速度が大きい軸流機械では，低流量域での流れの逆流などによる半径方向速度成分の増加が，揚程曲線（H-Q 曲線）の傾きを増大させる主な原因と考えられるが，この複雑な 2 次流れは効率の低下や，軸動力の著しい増大をも伴う．これにより，低流量域では原動機の過負荷という大問題が発生し，これを防止するために可動羽根や可変速といった措置がとられている．

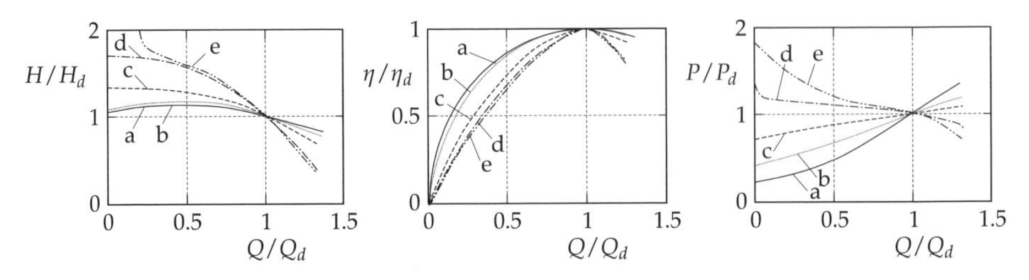

図 5.8　ポンプ性能曲線の比速度による変化

N_s[1/min, m^3/min, m]

a：160（遠心），b：260（遠心），c：550（遠心），d：850（斜流），e：1700（軸流）

以上のように，比速度は，ターボ形流体機械の形式や羽根車形状を決定するだけでなく，性能や効率とも密接に関連する設計上の重要なパラメータであることが理解できるであろう．

5.2.3　抵抗曲線と作動点

(1)　抵抗曲線

一定回転数で運転されているポンプを考えたとき，体積流量 Q に伴う全揚程 H の変化は，性能曲線によって与えられる．しかし，実際にそのポンプが性能曲線上のどの点で運転されるかについては，ポンプの据付位置や配管系など，ポンプの運転条件や使用条件が定まらなければ決定されない．ここでは，図 5.9 に示すようなポンプ系を例にとり，作動点がどのように決定されるのかを考える．

吸込み，吐出し部での流速を無視し，上部タンクと下部タンク内の圧力がともに大気圧に等しいとすると，ポンプが下部タンクより実揚程 H_a [m] 上方の上部タンクに揚水するために必要なエネルギーは水頭（ヘッド）換算で，H_a [m] である．しかし，実際の管路では管摩擦損失（管摩擦係数：λ），管路の曲がり損失（損失係数：ζ_b），吸込み損失（損失係数：ζ_{in}），吐出し損失（損失係数：ζ_{out}），吐出しバルブによる損失（損失係数：ζ_v）など，数多くの流体損失が存在するため，H_a [m] 揚水するためには，それらの諸損失分を加えたエネルギーを水に供給する必要がある．つまり，ポンプが水に与えるべきエネルギー（ポンプの全揚程 H）は，管路内平均流速 v [m/s] を用いて次のように書ける．

$$H = H_a + \left(\lambda \frac{L}{d} + \zeta_b + \zeta_{in} + \zeta_{out} + \zeta_v\right) \frac{v^2}{2g} \qquad [\mathrm{m}] \tag{5.48}$$

上式の諸損失を便宜的に，管路損失と吐出しバルブ損失とに大別し，管路内平均流速 v が体積流量 Q に比例することを用いると，次のようになる．

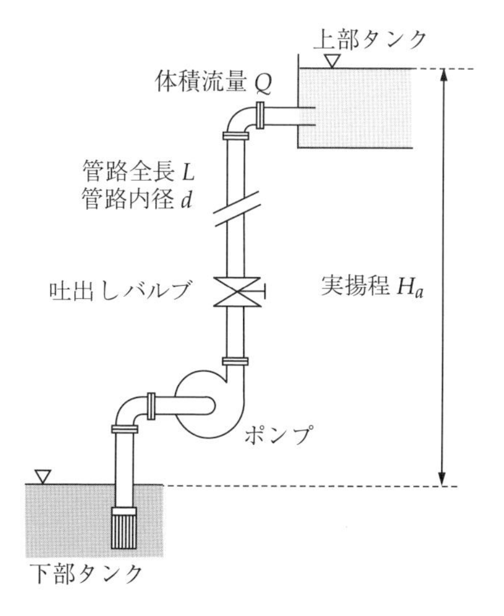

図 5.9　ポンプの運転条件と実揚程

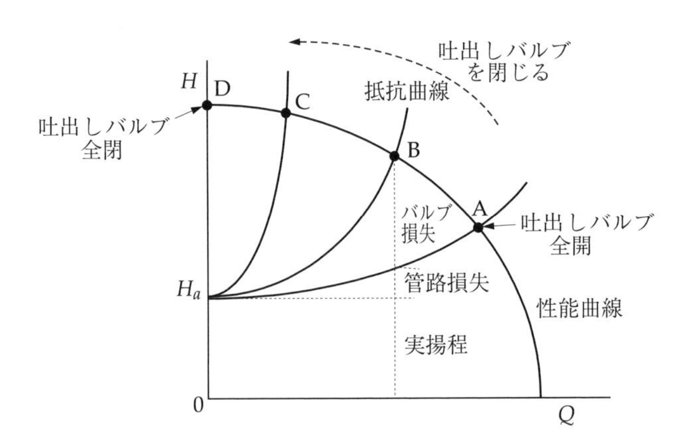

図 5.10　ポンプの抵抗曲線と作動点

$$H = H_a + kQ^2 + k'Q^2 \quad [\mathrm{m}] \tag{5.49}$$

［全揚程］［実揚程］［管路損失］［バルブ損失］

ここで，k は管路の形状によって決定される係数，k' は吐出しバルブの開度によって決定される係数であり，全開時に 0，全閉時に無限大となる．

式 (5.47) をポンプの性能曲線（H-Q 曲線）上に表示すると，実揚程 H_a [m] を切片に持ち，吐出しバルブの開度によって異なる放物線群になる（図 5.10 参照）．これらは，ポンプに作用する負荷（管路系をも含めた総抵抗）を表す曲線であり**抵抗曲線** (resistance curve) と呼ばれる．ポンプの作動点は，ポンプ本体の性能曲線とこの抵抗曲線との交点として定まり，吐出しバルブを閉じていくことで図中点 A → B → C へと順に移動し，吐出しバルブ全閉時に点 D に至る．

空気機械の場合には一般に吸込み口と吐出し口との間にヘッドの差がないことが多く，仮に高さが異なっていても密度が水の 1/1000 程度であるから無視できる場合が多い．よって，空気機械の場合の抵抗曲線は，原点を通る放物線と見なすことができる．

(2)　作動点の相似

流量係数，圧力（揚程）係数，軸動力係数が等しく，相似な運転状態にある 2 台のポンプを考えると，すでに述べたとおり，式 (5.20)〜式 (5.21) の関係が成立する．これを同一のポンプに適用し ($D_A = D_B$)，N_A，N_B を消去すると，次の関係が得られる．

$$\frac{H_B}{H_A} = \left(\frac{Q_B}{Q_A}\right)^2 \tag{5.50}$$

上式より，1 つのポンプにおいて運転回転数 N を変化させて得られる性能曲線群（H-Q 曲線群）の中で，相似な運転状態を示す点は，原点を頂点とした放物線上にあることがわかる．図 5.11 に示すように，あるポンプが運転回転数 N_1 で運転され，その際の体積流量が Q_1 であったとする．吐出しバルブの開度など，他の条件を固定したまま運転回転数を N_2 まで低下させると，作動点は点 A から抵抗曲線上を移動して点 B に至り，体積流量は Q_2 となる．しかし，同じ抵抗曲線上に存在する 2 点 A，B における運転状態は相似ではない．点 A

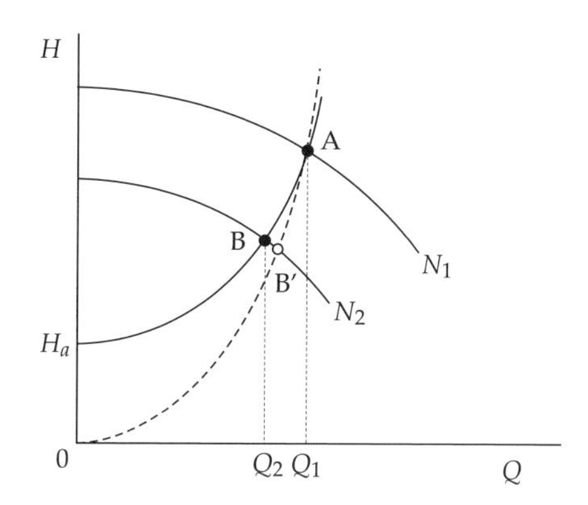

図 5.11 ポンプ作動点の相似

と相似な運転状態は，点 A と原点を通る放物線上の点 B′ である．

空気機械では一般に，吸込み口と吐出し口とのヘッド差が無視できることが多い．仮に高さが異なっていても密度が水の 1/1000 程度であることを考えると，無視できる場合がほとんどである．よって，抵抗曲線は原点を通る放物線と考えることができる．つまり，空気機械では相似な運転状態を示す線は抵抗曲線と一致し，抵抗曲線上の各点で運転されていれば流量係数，揚程係数，軸動力係数は等しく，相似な運転状態にあると言えるのである．

5.2.4 完全特性曲線

これまで示してきた性能曲線や特性曲線は，運転回転数 $N > 0$（あらかじめ規定された回転方向），流量 $Q > 0$（規定の吐出し方向）の場合について，全揚程 H や軸動力 L の変化を示したもので，通常はこれで流体機械の性能を十分評価することができる．しかし，運転回転数 N や流量 Q は必ずしも正の値をとるとは限らない．ポンプが逆回転する場合（$N < 0$）や，吐出し側から吸込み側に向かって逆流する場合（$Q < 0$）も考えられる．

このような場合には，全揚程 H や軸動力 L も正負両方の値をとり得る．$H < 0$ とは，ポンプを通過する流体がポンプ内部で圧力降下を起こす場合であり，ポンプが流体に対して与えるエネルギーよりも，損失によって失われるエネルギーのほうが大きいことを表している．一方，$P < 0$ とは，ポンプが水車の働きをすることで，逆に動力を発生する場合を意味している．

図 5.12 は N と Q を正負に変化させた際のポンプ特性曲線の一例である．左図は流量係数 ϕ-揚程係数 ψ 曲線，右図は流量係数 ϕ-軸動力係数 λ 曲線である．通常の運転状態（$N > 0$, $Q > 0$）は図の第一象限に対応し，作動点は吐出しバルブの開度によって全開③から全閉④までを移動する．④-⑤間は，吐出し側から吸込み側に向かって逆流する場合であり，ポンプは単に抵抗としてエネルギーを消費する役割しか果たさない．一方，点②より流量 Q が増加すると，ポンプ内部で圧力降下が発生し，吐出し側のエネルギーは吸込み側より小さくなる．これに伴い，ポンプを駆動するために必要な軸動力は徐々に減少し，点①より高流量側ではポンプが水車の働きをすることで逆に動力を発生するに至る．図中の破線は，羽根車が逆回転する場合（$N/N_d = -1$）の特性曲線であ

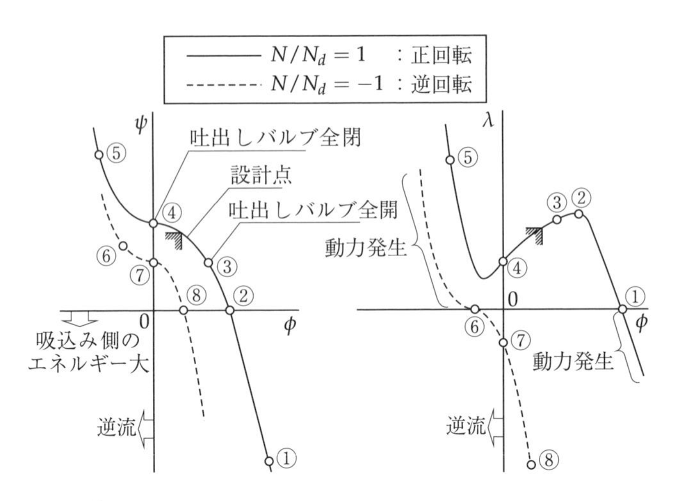

図 5.12　ポンプの完全特性曲線

り，この場合も点⑥より低流量側で動力が発生することがわかる．

このように，ポンプのあらゆる運転条件をカバーできるように示された特性曲線のことを，**完全特性曲線** (complete characteristics curve) といい，サージングや水撃現象のように管路系を含むポンプ系全体の振動現象や過渡現象の解析に用いられる．

演習問題

5.1　回転数 $N = 1080$ [1/min] で運転されている送風機の流量，全圧上昇がそれぞれ，$Q = 16$ [m^3/min]，$P_T = 600$ [Pa] のとき，回転数を 1620 [1/min] まで上昇させると，流量，全圧上昇はいくらになると予想されるか．

5.2　回転数 $N = 1450$ [1/min] で運転されているポンプがある．このポンプの揚程は $H = 20$ [m]，流量は $Q = 3$ [m^3/min]，軸動力は $L = 13$ [kW] である．

(1)　このポンプの回転数を 1740 [1/min] まで上昇させると，揚程，流量，軸動力はいくらになると予想されるか．

(2)　比速度を計算し，このポンプの型式を推定せよ．

5.3　回転数 $N = 150$ [1/min] で運転されている水車がある．有効落差を $H = 80$ [m]，水車出力を $P = 50 \times 10^3$ [kW] として比速度を計算せよ．

5.4　回転数 750 [1/min]，揚程 200 [m]，流量 400 [m^3/min] のポンプを設計する前に，小型の模型を作成して相似な運転状態で実験を行った．その結果，この模型の流量は 12 [m^3/min]，軸動力は 210 [kW]，効率は 82 [%] であった．作動流体は水（密度：1000 [kg/m^3]）として以下の問いに答えよ．

(1)　このポンプの比速度を求めよ．

(2)　模型の回転数を求めよ．

(3)　実機と模型の寸法比を求めよ．

(4)　この模型を用いて，実機と同じ揚程 200 [m] を達成するためには，回転数，流量，軸動力はそれぞれいくらになるか．

6

CHAPTER SIX

流体機械の特異現象

本章では流体機械に発生するさまざまな特異現象の中から，特に重要であるいくつかの現象を取り上げ，簡単に紹介する．これらの現象は主に，流体機械が非設計状態で運転された場合に発生することが多く，効率や性能低下の原因となるだけでなく，振動や騒音の発生，ひいては流体機械本体や管路系の破損を招くなど運転が困難となる場合も多い．また，現段階でも不明の点が多く，国内外で盛んに研究されている分野でもある．

6.1 キャビテーション

6.1.1 キャビテーションとは

大気圧の下で水に熱を加えていくと，100 [℃] までは単調に温度が上昇するが，その後は熱を加えても温度が上昇しなくなる状態が存在する（図 6.1 参照）．これは水から蒸気への相変化が起きている状態であり，このように液相と気相が平衡し，共存している状態を**飽和** (saturation) という．さらに熱を加え続けると，水は完全に沸騰して蒸気だけの単相状態となり，再び温度は上昇する．水を液相状態から気相状態へと変化させるのに必要な熱量を**蒸発潜熱** (evaporative latent heat) といい，1 気圧下では 539.05 [kcal/kg] である．一方，図 6.1 に示すように，30 気圧の高圧力下では，約 240 [℃] で初めて相変化が起こり，蒸発潜熱も小さくなる．逆に 0.2 気圧の低圧力下では約 60 [℃] で水は沸騰することがわかる．このように，水の相変化や飽和は圧力に大きく影響される．

ある一定の圧力下で，水が相変化を起こさずに液相状態を維持できる温度を**飽和温度** (saturation temperature) という．また，ある一定の温度下で，水が相変化を起こさずに液相状態を維持できる圧力を**飽和蒸気圧** (saturated vapor pressure) という．つまり，0.2 気圧の低圧力下での飽和温度は約 60 [℃] であり，水温がこの飽和温度より上昇すれば水は沸騰し，相変化を起こす．また，60 [℃] の水温では飽和蒸気圧が約 0.2 気圧となるため，圧力がこの飽和蒸気圧

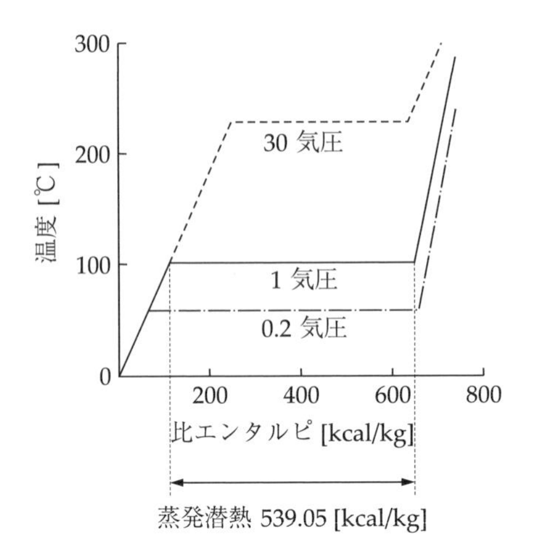

図 6.1　飽和温度，飽和圧力と蒸発潜熱

表 6.1　水温と飽和蒸気圧および水の密度の関係

水温 [℃]	飽和蒸気圧 [atm]	飽和蒸気圧 [kPa]	密　度 [kg/m^3]
300	84.8	8592	712
200	15.35	1555	865
190	12.39	1255	876
180	9.90	1003	887
170	7.82	792.4	898
160	6.10	618.1	908
150	4.697	475.9	917
140	3.566	361.3	926
130	2.666	270.1	935
120	1.959	198.5	943
110	1.414	143.3	951.0
100	1.000	101.3	958.3
90	0.692	70.12	965.3
80	0.4674	47.36	971.8
70	0.3075	31.16	977.7
60	0.1966	19.92	983.2
50	0.1217	12.33	988.0
40	0.0728	7.376	992.0
30	0.04186	4.241	995.6
20	0.02306	2.337	998.2
10	0.01211	1.227	999.7
0	0.00603	0.6110	999.8

以下になったときに水は相変化を起こすことになる．表 6.1 に水温と飽和蒸気圧および水の密度との関係を示す．

通常の流体機械においては，たとえばポンプでは羽根車入口部，水車では羽根車出口部に最低圧力を生じる場所が存在し，その地点における局所的な圧力がその温度における飽和蒸気圧よりも低下した場合に，水中の微細な気泡を核として沸騰が始まり，蒸気泡が形成される．この蒸気泡は流れとともに下流側に運ばれるが，やがて圧力が飽和蒸気圧を越える場所に到達すると逆に凝縮が起こり，蒸気泡は瞬時にして消滅することになる．この際，周囲の液体が気泡

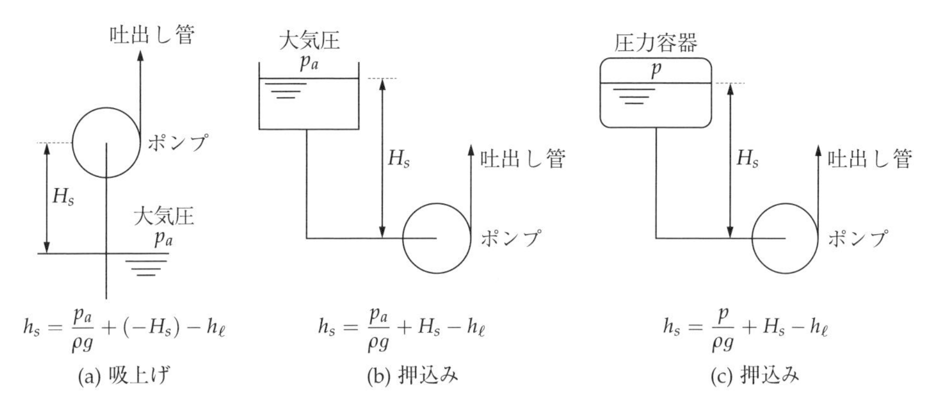

図 6.2 各種吸込み形式の吸込み揚程

を押しつぶそうとして流入するため，瞬間的かつ局所的に非常に高い圧力が発生する．この圧力は数十～数百気圧にも達することが報告されている．流れ中に無数に存在する蒸気泡が消滅を繰り返すたびに，衝撃圧が繰り返し発生し，高いレベルの振動や騒音を伴うだけでなく，羽根車やケーシング壁面に侵食を引き起こす．このような現象を**キャビテーション** (cavitation) と呼んでいる．キャビテーションの発生は流体機械の運転性能を低下させ，壁面の侵食（**キャビテーション壊食** [cavitation erosion]）は流体機械の寿命を著しく短くすることになる．このため，キャビテーションの発生を防止することは水力機械や油圧装置においては重要な課題であり，流体機械を含めた配管計画ならびに流体機械の設計段階で十分な配慮が必要となる．

キャビテーション現象は，水を取り扱うポンプ，水車，また油を取り扱う油ポンプならびに油圧機器において発生するが，それらの場合でのキャビテーション発生の機構などについてはまったく同一であるので，ここでは水を取り扱うポンプ装置の場合を取り上げて考察を進めることにする．油ポンプの場合に対しては油の特性値を組み入れればよい．

6.1.2 キャビテーションの発生条件

ポンプ内を流れている水の圧力が，その温度における飽和蒸気圧以下になるとキャビテーションが発生するのであるから，キャビテーションの発生条件を議論するためには，ポンプ内の最低圧力部がどこで発生するのか，あるいはその最低圧力部が飽和蒸気圧より高いかどうかを調べる必要がある．もし，その最低圧力部が飽和蒸気圧よりも高ければ，キャビテーションの発生はなく，最低圧力部が飽和蒸気圧より低いときには，キャビテーションの発生は免れないことになる．したがって，最低圧力部と飽和蒸気圧とが等しい条件がキャビテーションの発生限界ということになる．

そこで，まず，ポンプの羽根車入口部の圧力がどうなるかを調べよう．

図 6.2 は，吸込み状態の異なる 3 種類のポンプを示している．ここで，H_s はポンプ中心を通る水平面から吸込み液面までの高さを表し，その符号は押込みで正，吸上げで負とする．また，吸込み管路内での損失ヘッド h_ℓ を

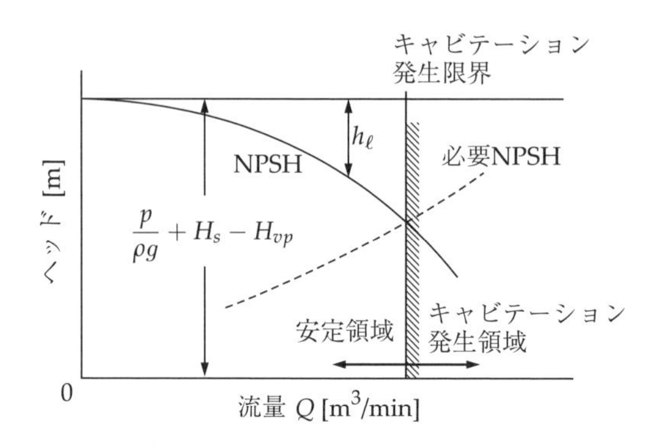

図 6.3　ポンプ吐出し流量を変化させた際の NPSH と必要 NPSH との関係

$$h_l=\sum f(v_s^2/2g) \tag{6.1}$$

で表す．ここで，f は損失係数，v_s は吸込み管路内の平均流速である．さらに，p を吸込み液面に作用する絶対圧力とすると，ポンプ入口部圧力 p_{sp} は

$$\frac{p_{sp}}{\rho g}=\frac{p}{\rho g}+H_s-h_\ell-\frac{v_s^2}{2g} \tag{6.2}$$

の関係にある．

一般にポンプ入口における圧力ヘッドおよび速度ヘッドの和を**吸込み揚程** (suction head) と呼び，これを h_s で表すと

$$h_s=\frac{p_{sp}}{\rho g}+\frac{v_s^2}{2g}=\frac{p}{\rho g}+H_s-h_\ell \tag{6.3}$$

となる．

図 6.2(a) の場合は，ポンプに流入する直前の圧力 p_{sp} は，大気圧 p_a より $\rho g(H_s+h_\ell+v_s^2/2g)$ だけ低くなる．(b) の場合は (a) に比べて羽根車入口部の圧力が高くなるので，キャビテーションの防止には有効である．(c) の場合は，容器内の圧力が大気圧よりも低い場合に，(b) と同様の押込みにすることでキャビテーションの発生を防止する配管形式である．

いま，飽和蒸気圧 p_{vp} をヘッドで表示したものを $H_{vp}(=p_{vp}/\rho g)$ として，(h_s-H_{vp}) を考えよう．h_s は式 (6.3) に示したように，ポンプ吸込み口での全ヘッドである．したがって，この (h_s-H_{vp}) はキャビテーションの発生を防ぐための余裕値と考えることができる．そこで，工学上これを

$$NPSH=h_s-H_{vp} \tag{6.4}$$

と表し，この $NPSH$ を**有効吸込み水頭** (NPSH: Net Positive Suction Head) と呼んでいる．H_{vp} は取り扱う流体とその温度に依存するが，h_s は吸込み液面からポンプに至る吸込み管路系の特性を表すもので，式 (6.3) からもわかるように損失ヘッド h_ℓ が管内平均流速 v_s，換言すれば吸込み流量 Q の関数であることから，有効吸込み水頭 $NPSH$ もまた吸込み流量 Q の関数となる．図 6.3 に有効吸込み水頭の曲線を示しておく．

このように，ポンプ羽根車に流入する際の水の状態から，キャビテーション発生までの余裕値と見られる $NPSH$ を知ることができた．問題は羽根車内に

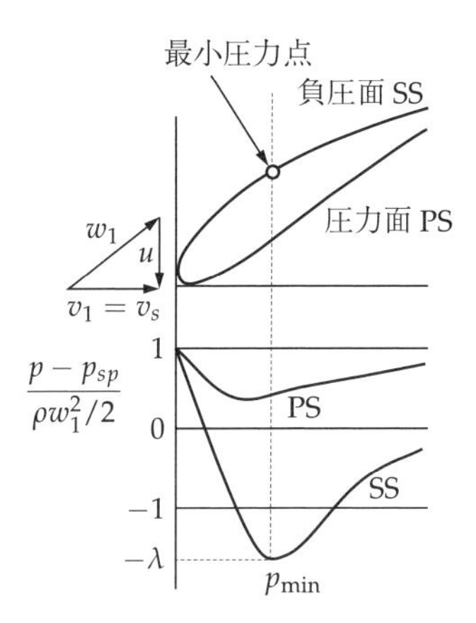

図 6.4 ポンプ羽根車内翼表面上の圧力分布

流入した後に起こる圧力降下である．そこで図 6.4 に示すように，ポンプ羽根車内翼表面上の圧力分布を考える．入口圧力 p_{sp}，相対速度 w_1 で流入する流れに対して，ポンプ羽根車翼表面上の圧力分布形状が決定され，翼負圧面側の一点で最小圧力 $p_{\min}$ を生じたとしよう．入口圧力 p_{sp} と最小圧力 $p_{\min}$ の差を，相対速度 w_1 を用いた速度ヘッドで無次元表示すると

$$\frac{1}{\rho g}(p_{sp} - p_{\min}) = \lambda \frac{w_1^2}{2g} \tag{6.5}$$

となる．ここで，λ は翼形状や設置条件によって決定される特性数である．

羽根車内に流入する直前の全ヘッドは

$$h_s = \frac{p_{sp}}{\rho g} + \frac{v_s^2}{2g} = \frac{p_{sp}}{\rho g} + \frac{v_1^2}{2g} \tag{6.6}$$

であるから，式 (6.5)，式 (6.6) より，

$$\frac{p_{\min}}{\rho g} = h_s - \left(\lambda \frac{w_1^2}{2g} + \frac{v_s^2}{2g}\right) \tag{6.7}$$

を得る．ポンプ羽根車内部でキャビテーションが発生しないためには，この最小圧力がその温度における飽和蒸気圧以上であればよい．そこで

$$h_s - \left(\lambda \frac{w_1^2}{2g} + \frac{v_s^2}{2g}\right) > H_{vp} \tag{6.8}$$

これを変形して

$$NPSH = h_s - H_{vp} > \frac{1}{2g}(\lambda w_1^2 + v_s^2) = [NPSH]_i \tag{6.9}$$

となり，キャビテーションが発生しない条件が決定される．

これより，$NPSH$ が $[NPSH]_i$ 以上に保たれていればキャビテーションを防止することができる．

$[NPSH]_i$ は羽根の形状と，w_1，v_1 のように羽根車を流れる流量 Q によって決定され，ある特定の羽根車を用いて特定の流量で運転するときに，羽根車内

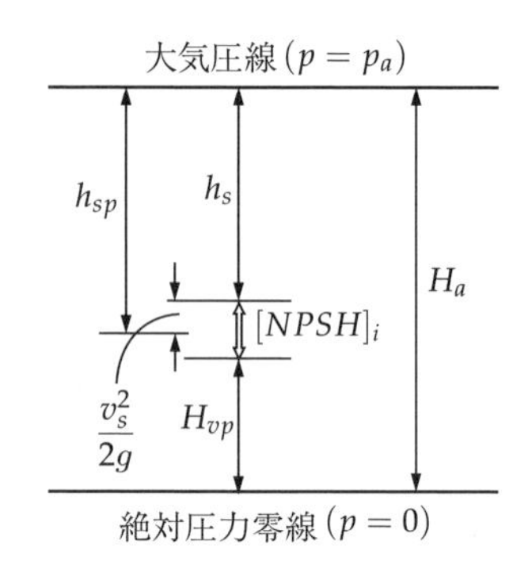

図 6.5　キャビテーションの発生限界（飽和蒸気圧が大気圧以下の場合）

での避けられない圧力降下を示している．$[NPSH]_i$ も流量 Q の関数であるから，図 6.3 に図示することができる．

以上のことから，図 6.3 において，NPSH 曲線と必要 NPSH 曲線との交点に相当する流量を限界として，大流量側では羽根車翼表面上での最低圧力が飽和蒸気圧以下となり，キャビテーションが発生することになる．

キャビテーション発生限界の条件は，$NPSH = [NPSH]_i$ であるから，式 (6.3)，(6.4) より

$$NPSH = [NPSH]_i = h_s - H_{vp} = \frac{p}{\rho g} + H_s - h_\ell - H_{vp} \tag{6.10}$$

であり，キャビテーション発生限界における吸込み高さ H_s は

$$-H_s = \frac{p}{\rho g} - (h_\ell + H_{vp} + [NPSH]_i) \tag{6.11}$$

で表される．図 6.2(a) に示した吸上げの場合で，吸込み液面に大気圧 p_a が作用している場合には

$$-H_s = \frac{p_a}{\rho g} - (h_\ell + H_{vp} + [NPSH]_i) \tag{6.12}$$

であり，右辺の値が正であるときは H_s の符号は負となり，その高さまで吸上げが可能であることを示している（図 6.5 参照）．また，右辺の値が負になるときは，H_s の符号が正で，その高さの押込みをしなければキャビテーションが発生することを意味している（図 6.6 参照）．

以上のように，各ポンプに固有の性能値である必要 NPSH を決定することは，ポンプ性能やキャビテーション特性を評価する上でとても重要である．通常は一定回転数，一定流量でポンプを運転し，吸込み高さ H_s を変化させることで，NPSH の値に対する揚程 H，効率 η，軸動力 P の変化を調べるという方法が用いられる．その一例を図 6.7 に示す．NPSH がある限界以下になると，キャビテーション発生のため，揚程 H，効率 η が急に低下し始める．臨界 NPSH を決定するためには，(1) キャビテーション初生点，(2) 効率を低下させる程度のキャビテーション発生点，(3) 揚程を低下させる程度のキャビテーション発生点，のいずれを考えるかが問題となり，これらを厳密に識別するのは非常に困難である．流れ中に発生する気泡を目で観察する程度で初生点を決定するのは無理で

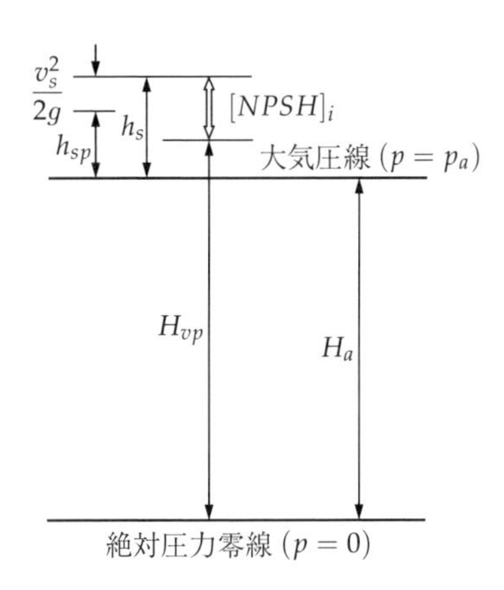

図 6.6 キャビテーションの発生限界（飽和蒸気圧が大気圧以上の場合）

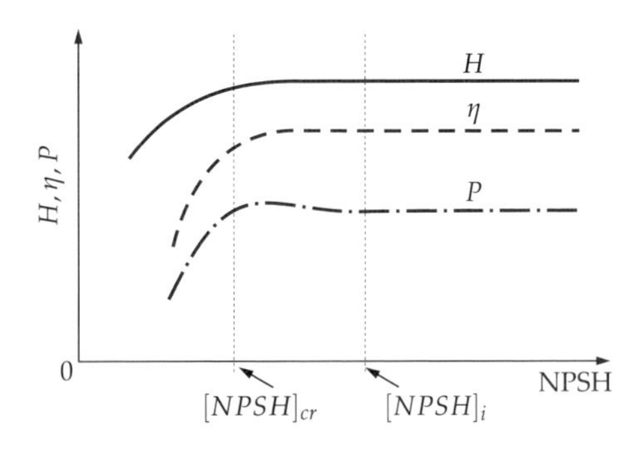

図 6.7 初生 NPSH，必要 NPSH の決定方法

あり，水中振動や騒音，水中衝撃波の計測などによって初生点を確定しようという試みが数多く行われている．実用レベルでは，必要 NPSH の値として，揚程 H が 3%低下するときの NPSH 値 $[NPSH]_{cr}$ を用いる方法が広く使われている．

6.1.3 キャビテーション係数と NPSH

前項において述べたように，$[NPSH]_i$ を知ることが，キャビテーション現象の発生を防ぐためには必要である．$[NPSH]_i$ を知るために

$$\sigma = \frac{[NPSH]_i}{H} \tag{6.13}$$

で定義される σ を考える．この σ を**トーマのキャビテーション係数** (Thoma's cavitation number) と呼ぶ．ただし，ここで H はポンプ揚程である．

σ の値は特別な設計でない限り比速度 N_s の関数として表すことができる．米国の Hydraulic Institute の発表によると，σ と N_s の関係は次のように表すことができる．

$$\sigma = \frac{78.8}{10^6} N_s^{4/3} \quad \text{（片側吸込み）} \tag{6.14a}$$

$$\sigma = \frac{50}{10^6} N_s^{4/3} \quad \text{（両側吸込み）} \tag{6.15a}$$

ただしこれらの式における比速度 N_s は，(m，m^3/min，1/min) 単位を用いてい

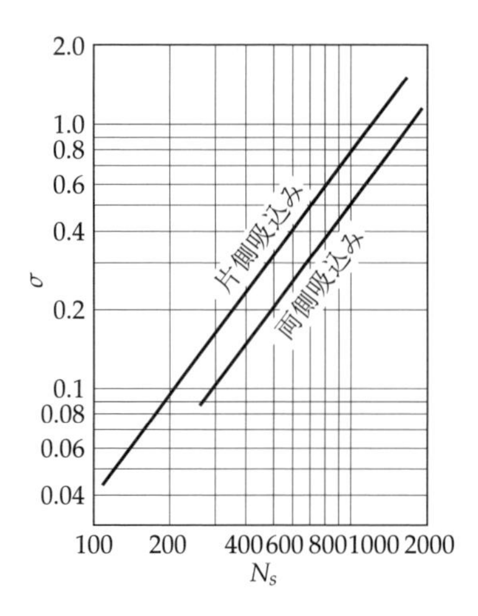

図 6.8 キャビテーション係数と比速度の関係

る．図 6.8 はこれらの関係を図示したものである．N_s に (ft，gal/min，1/min) 単位を用いた場合には，それぞれ

$$\sigma = \frac{6.3}{10^6} N_s^{4/3} \quad \text{（片側吸込み）} \tag{6.14b}$$

$$\sigma = \frac{4.0}{10^6} N_s^{4/3} \quad \text{（両側吸込み）} \tag{6.15b}$$

となる．

また，**吸込み比速度** (suction specific speed) S を次式で定義する．

$$S = N \frac{Q^{1/2}}{[NPSH]_i^{3/4}} \quad [1/\text{min}, \text{m}^3/\text{min}, \text{m}] \tag{6.16}$$

この吸込み比速度は，比速度 N_s と同様にバッキンガムの Π 定理と次元解析によって導出される無次元量が基になっており，相似な流体機械のキャビテーション特性を規定する重要なパラメータとなる．

$$S = N \frac{Q^{1/2}}{[NPSH]_i^{3/4}} = N \frac{Q^{1/2}}{H^{3/4}} \cdot \left(\frac{H}{[NPSH]_i} \right)^{3/4} = N_s \cdot \sigma^{4/3} \tag{6.17}$$

と変形できるので，吸込み比速度 S とトーマのキャビテーション係数 σ，および比速度 N_s との間には

$$S^{4/3} = \frac{N_s^{4/3}}{\sigma} \tag{6.18}$$

の関係がある．

ところが，式 (6.14)，(6.15) で σ が N_s の関数として与えられているので，これらを式 (6.18) に代入すると

$$S^{4/3} = \frac{1}{7.88} \times 10^5 \quad \text{（片側吸込み）} \tag{6.19}$$

$$S^{4/3} = \frac{1}{5} \times 10^5 \quad \text{（両側吸込み）} \tag{6.20}$$

を得る．これらの値を使用すると，式（6.16）から必要 NPSH 値 $[NPSH]_i$ を知ることができる．すなわち

$$[NPSH]_i = S^{3/4} \cdot N^{4/3} \cdot Q^{2/3} \tag{6.21}$$

となるから，式 (6.19)，(6.20) の S の値を代入すると

$$[NPSH]_i = 7.88 \times 10^{-5} \cdot N^{4/3} \cdot Q^{2/3} \quad \text{（片側吸込み）} \tag{6.22}$$

$$[NPSH]_i = 5 \times 10^{-5} \cdot N^{4/3} \cdot Q^{2/3} \quad \text{（両側吸込み）} \tag{6.23}$$

を得る．ただし，回転数 N および流量 Q の単位は，それぞれ [1/min]，[m^3/min] である．

以上より，式 (6.22)，(6.23) によって与えられたポンプの $[NPSH]_i$ を計算して，式 (6.11) または式 (6.12) に代入すれば，ポンプの吸込み高さ H_s を求めることができる．

6.2 サージング

6.2.1 サージングとは

サージングとは，液体を取り扱うポンプにも気体を扱う送風機や圧縮機にも起こる現象であって，これらの流体機械を運転している際に流量が大きく変動したり，入口や出口において大振幅の圧力変動が誘起されることがある．送風機や圧縮機などの空気機械の場合には，流量や圧力の変動のみならず，著しく高いレベルの騒音や振動が発生し，このままの状態で長時間の運転を続けると羽根車や回転軸系の損傷を伴うなど，系の運転に支障をきたすような場合も存在する．これを**サージング** (surging) **現象**と呼んでいる．

いま，特定のポンプや送風機に，ある運転状態においてサージングが起こったとすると，これらの変動の周期は規則正しく，ほぼ一定に定まる．サージングがいったん発生すると，たとえば，吐出し弁の開度を変化させるなどして，人為的に運転状態を変更しない限り，その状態は続くのである．

図 6.9 はサージング発生時のポンプ作動点の挙動を模式的に示したものである．ポンプが性能曲線上の右上がり部分で運転された際には，図のようにポンプ作動点が閉ループを描くように左回りに移動して，また元の位置に戻るという挙動を繰り返す．この間隔がサージングの周期に相当するが，それは比較的長く，周波数で言えば 0.1 から数ヘルツ程度である．ポンプのサージングの場

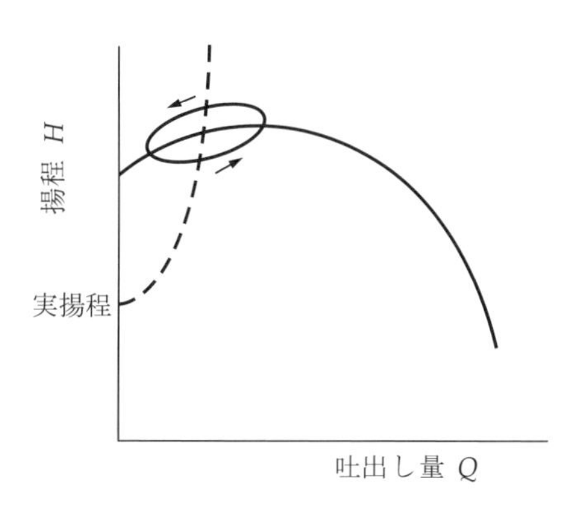

図 6.9 サージング発生中のポンプ作動点の軌跡

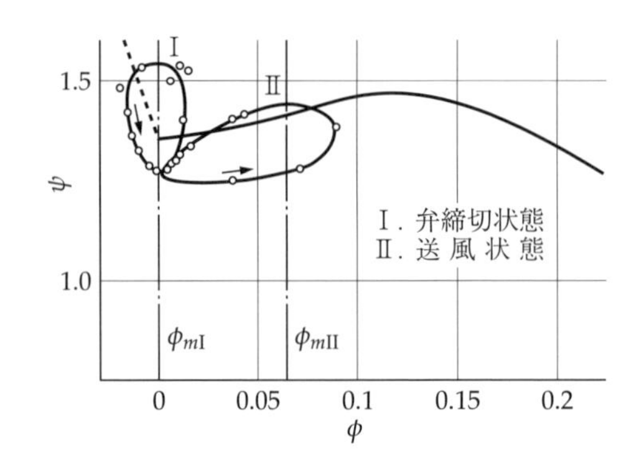

図 6.10　サージング発生中の送風機の作動点の軌跡

合では，この周波数はポンプを含む系全体の固有振動数によって決定される．

また，送風機のような空気機械の場合でも，瞬時圧力と瞬時流量を計測して作動点の動きを調査すると，サージング発生時にはたとえば図 6.10 のような挙動を示す．この場合も作動点の軌跡は図に示すように反時計回りの閉曲線となる．ここで興味あることは，ポンプでは締切状態ではどんな条件であってもサージングは絶対に発生しないのに対して，送風機の場合には図 6.10 の作動点の軌跡 I の場合は締切状態であっても，軌跡は正および負の吐出し量にまたがっている．このことは，ポンプでは取り扱う流体が非圧縮性であるのに対し，送風機の場合には圧縮性であることに起因している．しかし，サージング周期に関しては，ポンプの場合と大差はなく，0.1 から数ヘルツ程度となる．

図 6.9 および図 6.10 に示したポンプと送風機の性能曲線を見ると，いずれも低流量側に右上がり勾配の特性を有しており，しかも右上がり勾配の範囲内にある吐出し流量のところでサージングが発生している．この右上がり勾配の特性曲線とサージング現象との関係は古くから指摘されてきたが，右上がり特性を持つポンプならば常に発生するわけでもない．ここでは，サージングはどのようにして発生するのか，あるいはサージングをどのようにして阻止するのかを中心に考察することにする．

6.2.2　ポンプ系におけるサージング

(a) 容量要素を持たないポンプ系

はじめにポンプ系に発生するサージングについて考えてみる．最も簡単な例として，系内にタンクなどの容量要素がない場合をまず取り上げる．図 6.11 は，その中でも実揚程がない場合である．この場合，ポンプの入口圧力と出口圧力は一定に保たれ，各部を流れる水の流量は同一となる．ポンプの性能曲線に局所的な右上がり領域が存在しても，点 A，B，C のように，

$$[\text{ポンプ性能}\ (H\text{-}Q)\ \text{曲線の傾き}] < [\text{抵抗曲線の傾き}]$$

である場合にはその動作点は安定である．つまり，流量が微小変化（増大）した際，ポンプが供給するパワーの増大に対して，系の総抵抗の増大のほうが大きいので，動作点は元の点へ戻るように移動する．流量の微小減少に対しても

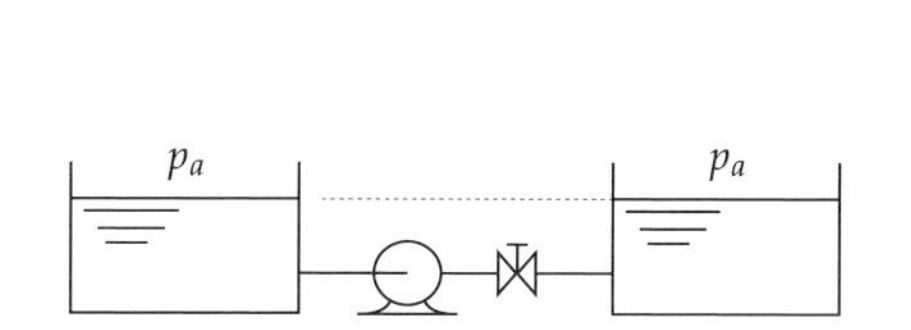

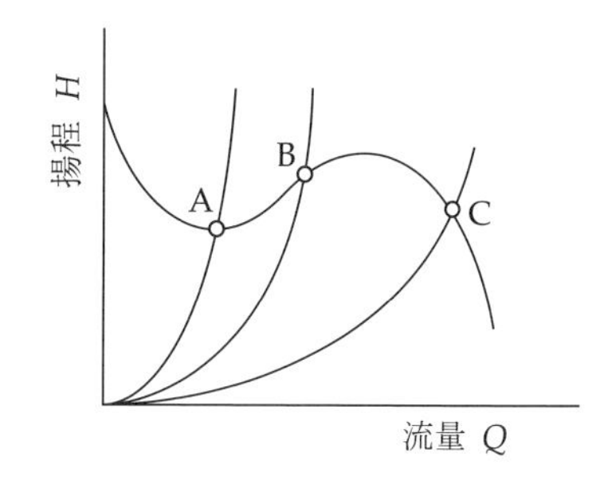

図 6.11 容量要素がないポンプ系のサージング（実揚程がない場合）

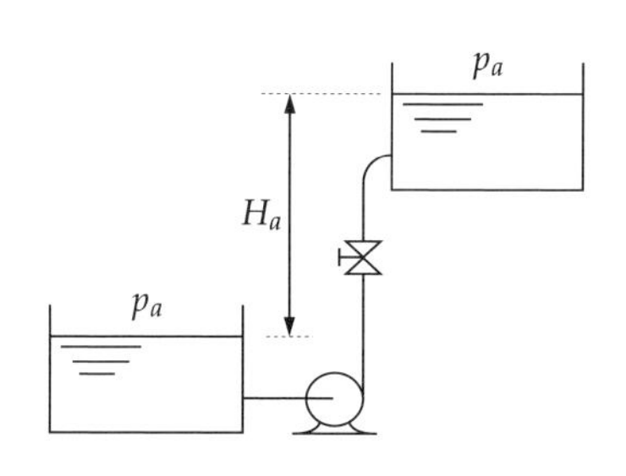

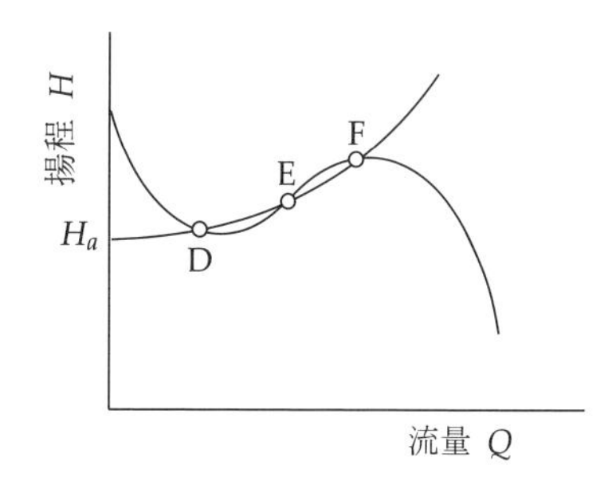

図 6.12 容量要素がないポンプ系のサージング（実揚程がある場合）

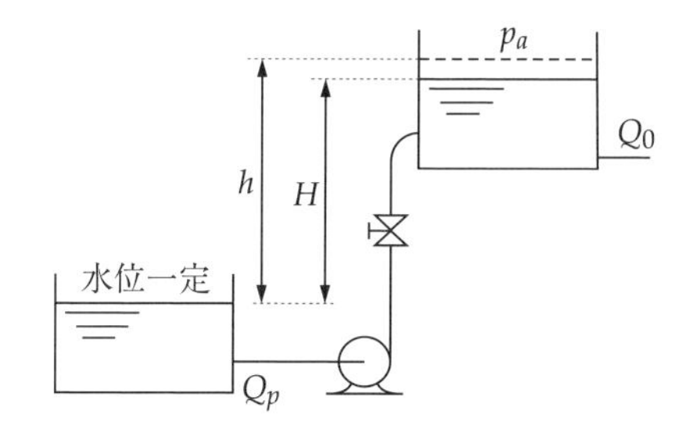

図 6.13 サージングの発生原理

同様の傾向があることがわかる．つまり，これらの動作点はすべて安定であり，動的な不安定は発生しない．一方，実揚程を持つ図 6.12 の場合には，点 E において

$$[\text{ポンプ性能}\ (H\text{-}Q)\ \text{曲線の傾き}] > [\text{抵抗曲線の傾き}]$$

となり，流量が微小増大した際に，ポンプが供給するパワーの増大が系の総抵抗の増大を上回るために，動作点は元の点へ戻らず不安定となる．しかし，低流量側および高流量側の点 D，F がそれぞれ安定な動作点であるから，これらの点に落ち着き，動的な不安定は生じない．このように系内に容量要素を持たないポンプ系では，原則として不安定現象が発生しないことがわかる．

ここで，ポンプ性能曲線の右上がり領域に動作点を設定した場合に，系が不安定となる可能性があることを振動学的に考察しておこう．図 6.13 に示すようなポンプ系を対象とする．吸込み水槽は水位一定，吐出し水槽からの流量 Q_0 も一定であると仮定する．定常状態ではポンプの吐出し流量 Q_p と吐出し水槽

からの流量 Q_0 が等しく，吐出し水槽の水位は一定に保たれているとする．この状態から，ポンプの吐出し流量に微小変動 q が加わったと仮定すると，ポンプ吐出し量およびポンプ揚程はそれぞれ

$$Q_p = Q_0 + q \tag{6.24}$$

$$h = h(Q_p) = h(Q_0 + q) \approx h(Q_0) + \frac{d}{dQ}\{h(Q_0)\} \cdot q + \cdots \tag{6.25}$$

となる．ここで吐出し水槽に関して連続の式を考えると，次のようになる．

$$A_t \frac{dH}{dt} = Q_p - Q_0 = q \tag{6.26}$$

ただし，A_t は吐出し水槽の断面積である．

一方，管路内の流体（管路長さを L，断面積を A とする）には，ポンプ流量の増加によって吐出し水槽の水位が H から h まで上昇したことによる圧力が作用するので，運動方程式は損失を無視して次のように表せる．

$$A(\rho g h - \rho g H) = \rho L A \frac{d}{dt}\left(\frac{q}{A}\right) \tag{6.27}$$

上式を整理して時間 t で微分すると

$$\frac{dh}{dt} - \frac{dH}{dt} = \frac{L}{gA}\frac{d^2 q}{dt^2} \tag{6.28}$$

となり，式 (6.25) および式 (6.26) より求めた dh/dt，dH/dt を代入して整理すると

$$\frac{L}{gA}\frac{d^2 q}{dt^2} - \frac{dh(Q_0)}{dQ}\frac{dq}{dt} + \frac{1}{A_t} q = 0 \tag{6.29}$$

となり，q に関する 2 階の微分方程式が得られる．

上式は $dh(Q_0)/dQ < 0$，つまり性能曲線上の右下がり領域内の流量では安定であるが，$dh(Q_0)/dQ > 0$ となる右上がり領域内の流量においては不安定となり，振動は減衰せずに成長することとなる．

この簡単な解析により，サージングは性能曲線の右上がり部分が負性抵抗として働く自励振動であることがわかった．また式 (6.29) より，サージング振動が発生するためには，系内に慣性要素と容量要素が必要であることもわかる．このため，容量要素を持たない図 6.11，図 6.12 の系では，サージングと呼ばれる動的不安定は発生しないのである．

(b) 容量要素を持つポンプ系

次にポンプとバルブの中間に容量要素（タンク）がある場合を考えよう（図 6.14）．この場合は一般に，ポンプの吐出し流量 Q_p とバルブの通過流量 Q_v が等しいとは限らない．タンク水頭をポンプ吐出し流量の関数として $H_T(Q_p)$ で表すことにすると，流体の慣性が無視できる場合には

$$H_T(Q_p) = H_p(Q_p) = H_v(Q_v) \tag{6.30}$$

によって，タンク水頭 $H_T(Q_p)$ が与えられればポンプ吐出し流量 Q_p とバルブの通過流量 Q_v が決定される．ここで，H_p はポンプ揚程，H_v はバルブおよび

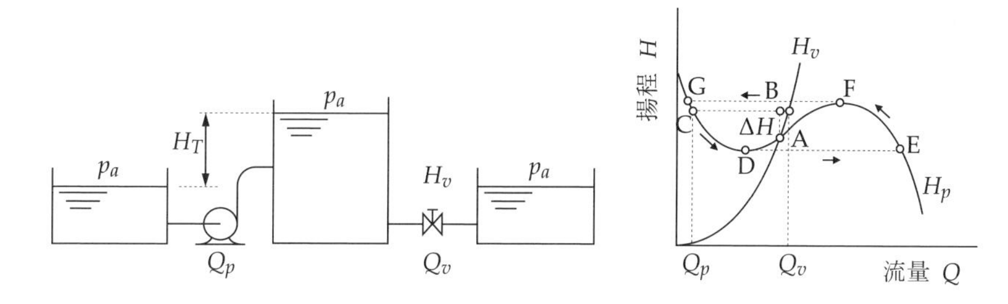

図 6.14 容量要素があるポンプ系のサージング

管路系の損失水頭である．いま，動作点 A での運転中に，タンク水頭 H_T に ΔH なる微小変動が発生した場合を考える．このとき，$H_T > H_p$ よりポンプ吐出し流量は急激に減少し，動作点は点 B から点 C へと移動する．一方，バルブを通過する流量 Q_v は増加するので，単位時間当たり $Q_v - Q_p$ がタンクから流出する．この結果，タンク水頭は徐々に減少し，ポンプ揚程曲線に沿って点 C から点 D へと移動する．タンク水頭が点 D より減少すると，ポンプ吐出し流量は $H_p > H_T$ によって急激に増大し，動作点は図中の点 E へと移動する．ポンプ揚程曲線の EF 上では，ポンプ吐出し流量 Q_p のほうがバルブの通過流量 Q_v より大きいので，タンク水頭は再び徐々に上昇し，動作点は点 F に達する．点 F に達した動作点は瞬間的に点 G へと移動し，これ以降は反時計回りのループ上を移動することとなる．これがサージングの挙動である．この例のように，タンクを持つポンプ系では，流量の増減によってタンク水頭が変化するためにサージングが発生し，タンク水面が上昇，下降する時間の周期によってサージングの発生周波数が決定される．この場合もサージングの発生条件は，ポンプの揚程曲線と抵抗曲線の交点で

$$\frac{dH_v}{dQ_v} > \frac{dH_p}{dQ_p} > 0 \tag{6.31}$$

が成立することである．

6.2.3 送風機・圧縮機系におけるサージング

ポンプ系と送風機系・圧縮機系に発生するサージングについての共通点は，共に性能曲線上の右上がり領域で発生することである．取り扱う流体の圧縮性についての相違はあるものの，サージングの発生機構については本質的には同じと考えてよい．実際には，圧縮性の大きい気体を対象とする送風機系や圧縮機系のサージングのほうが問題となる場合が多い．

前節では，容量要素を持つポンプ系において，性能曲線の右上がり領域で運転した際にサージングが発生する場合があることを示した．ここでは，送風機や圧縮機などの空気機械を対象として，サージングの発生機構を集中定数モデルを用いて考えてみる．

図 6.15 に示すような吐出し弁，タンク，管路および圧縮機から構成される単純な系を対象に，圧縮機が定常に運転されている状態で管路内流体の運動方程式と，吐出し側タンクに出入する流体の連続条件より，次式が得られる．

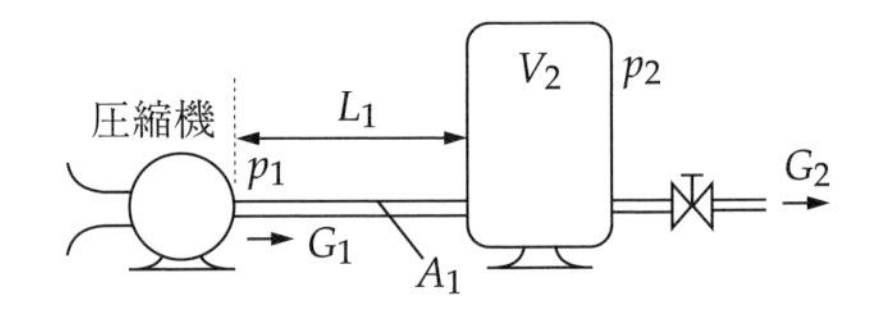

図 6.15　圧縮機系のサージング

$$A_1(p_1 - p_2) = L_1 \frac{dG_1}{dt} \tag{6.32}$$

$$G_1 - G_2 = \frac{V_2}{a^2} \frac{dp_2}{dt} \tag{6.33}$$

ただし，A_1 は管路断面積，p_1 は圧縮機出口圧力，p_2 はタンク内圧力，L_1 は管路長さ，G_1 は圧縮機出口（管路内）質量流量，G_2 は吐出し弁出口質量流量，V_2 は吐出しタンク容積，a は音速である．

式 (6.32) および式 (6.33) において，圧縮機特性 $p_1(G_1)$ と吐出し弁特性 $G_2(p_2)$ が与えられれば，管路内流量 $G_1(t)$ とタンク内圧力 $p_2(t)$ は決定される．圧縮機の動作点（添字*）は，この圧縮機特性と吐出し弁特性

$$p_2^* = p_1(G_1^*), \quad G_1^* = G_2(p_2^*) \tag{6.34}$$

の交点として，あるいは

$$\frac{dG_1}{dt} = \frac{dp_2}{dt} = 0 \tag{6.35}$$

から系の平衡点 $(G_1^*,\ p_2^*)$ として求めることができる．

サージングの発生は，この平衡点の安定性に依存し，平衡点が安定の場合にはサージングは発生しない．そこで式 (6.32) および式 (6.33) を平衡点近傍で線形化して平衡点の安定性を調べてみる．

いま，系内の質量流量や圧力に微小変動が加わり，圧縮機の動作点が平衡点 $(G_1^*,\ p_2^*)$ からわずかにずれた場合を想定する．平衡点からの微小なずれを

$$\Delta G = G_1 - G_1^*, \quad \Delta p = p_2 - p_2^* \tag{6.36}$$

とおくと，式 (6.32) および式 (6.33) は次のように表せる．

$$P_1 \frac{d(\Delta G)}{dt} = A_1 \left\{ \left(\frac{dp_1}{dG_1} \right)^* \Delta G - \Delta p \right\} \tag{6.37}$$

$$\frac{d(\Delta p)}{dt} = \frac{a^2}{V_2} \left\{ \Delta G - \frac{\Delta p}{\left(\dfrac{dp_2}{dG_2} \right)^*} \right\} \tag{6.38}$$

この平衡点の安定性は，次に示す特性方程式の根の実部の符号によって判断することができる．

$$\lambda^2 + \left\{ \frac{a^2}{V_2} \frac{1}{\left(\dfrac{dp_2}{dG_2} \right)^*} - \frac{A_1}{L_1} \left(\frac{dp_1}{dG_1} \right)^* \right\} \lambda + \frac{a^2 A_1}{V_2 L_1} \left\{ 1 - \frac{\left(\dfrac{dp_1}{dG_1} \right)^*}{\left(\dfrac{dp_2}{dG_2} \right)^*} \right\} = 0 \tag{6.39}$$

つまり，根の実部が正であれば，系内に生じた微小変動は時間とともに成長することになり平衡点は不安定となる．よって吐出し弁特性が正の傾きを持つ $(dp_2/dG_2)^* > 0$ において平衡点 $(G_1^*,\ p_2^*)$ の安定性は次のように分類される．

(1) $\left(\dfrac{dp_1}{dG_1}\right)^* \leq 0,\ \dfrac{a^2L_1}{A_1V_2} > 0$ のとき，平衡点は安定．

(2) $0 < \left(\dfrac{dp_1}{dG_1}\right)^* \leq \left(\dfrac{dp_2}{dG_2}\right)^*,\ \dfrac{a^2L_1}{A_1V_2} > \left(\dfrac{dp_1}{dG_1}\right)^* \left(\dfrac{dp_2}{dG_2}\right)^*$ のとき，
平衡点は安定．

(3) $0 < \left(\dfrac{dp_1}{dG_1}\right)^* \leq \left(\dfrac{dp_2}{dG_2}\right)^*,\ 0 < \dfrac{a^2L_1}{A_1V_2} < \left(\dfrac{dp_1}{dG_1}\right)^* \left(\dfrac{dp_2}{dG_2}\right)^*$ のとき，
平衡点は不安定．

(4) $\left(\dfrac{dp_2}{dG_2}\right)^* < \left(\dfrac{dp_1}{dG_1}\right)^*,\ \dfrac{a^2P_1}{A_1V_2} > 0$ のとき，平衡点は不安定．

これよりサージングが発生するのは，必ず圧縮機特性が右上がり $(dp_1/dG_1)^* > 0$ の領域であることがわかる．これは先に述べたポンプ系の場合と同様である．しかし，$(dp_1/dG_1)^* > 0$ であっても a^2L_1/A_1V_2 の値が十分大きい (2) の場合には平衡点は安定になる．つまり，管路長さ L_1 を大きく設定する，管路断面積 A_1 を小さく設定する，あるいは吐出しタンク容積 V_2 を十分に小さくすればサージングを回避することができるのである．圧縮機特性の勾配 $(dp_1/dG_1)^*$ が吐出し弁特性の勾配 $(dp_2/dG_2)^*$ よりも大きくなる (4) の場合には，管路長さや管路断面積，吐出しタンク容積の大きさにかかわらず平衡点は不安定となりサージングが発生する．

このモデルは実際の圧縮システムを簡潔に表現した集中定数モデルであるから，サージングの発生原理を定性的に説明することはできるが，このモデルの解析結果から系の振る舞いや挙動を定量的に評価することは困難である．しかし，実際の空気機械で発生するサージングは，通常，大振幅の圧力・流量変動を伴うもので，線形理論では限界がある．このような大規模変動はサージサイクルとも呼ばれ，その振る舞いを調査するには非線形解析に頼らざるを得ない．

圧縮機および管路系を集中要素でモデル化し，圧縮機の圧力応答に時間遅れという非線形現象を考慮したモデルによると，大振幅のサージングに影響を及ぼす幾何パラメータとして，次の B, G の 2 つが提案されている．

$$B = \frac{U}{2\omega L_c} = \frac{U}{2a}\sqrt{\frac{V_p}{A_cL_c}} \tag{6.40}$$

$$G = \frac{A_cL_t}{A_tL_c} \tag{6.41}$$

ここで，U は圧縮機（動翼）平均周速度，a は音速，V_p はプレナム容積，L_c は圧縮機管路長さ，L_t は吐出し弁管路長さ，A_c は圧縮機管路断面積，A_t は吐出し弁管路断面積，ω はヘルムホルツ (Helmholtz) 共鳴周波数（$= a\sqrt{A_c/L_cV_p}$）（図 6.16 参照）．

特に式 (6.40) に示した B パラメータは，圧縮機のサージングのみならず旋回失速をも含めた非定常現象に大きく影響するパラメータである．たとえば，軸

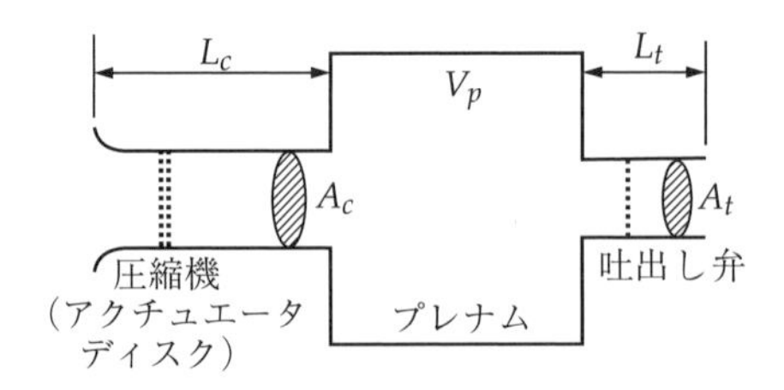

図 6.16　圧縮機－管路系の非線形モデル

流圧縮機の場合では，$B \geq 0.8$ ではサージング，$B < 0.8$ では旋回失速が発生しやすいことが知られている．

実際の圧縮機系ではサージングが発生しないための必要条件として，特性曲線の右下がり領域 $(dp_1/dG_1)^* < 0$ で運転する方法が採用される．各運転回転数における圧縮機特性曲線上の最大圧力点を結んだ線を**サージ線**（surge line）と呼び，その線よりも低流量側では運転しないようにしている．

6.2.4　サージングの防止

ポンプや圧縮機において特性曲線が右上がり勾配を持つ場合にサージングが発生することはよく知られているが，これは発生のための必要条件であって十分条件ではない．管路系をも含めた系の動作点が不安定となることが十分条件となって実際のサージングは発生する．そこで，サージングの発生を防止するためには，以下のような方法が採られる．

(1) 低流量域で性能曲線の右上がり領域が狭くなるような羽根車を設計・選択する．たとえば，遠心式の羽根車の場合，性能曲線の傾きは羽根出口角の大きさに依存するため，羽根出口角が大きい後向き羽根を採用することで，右上がり特性は生じにくくなる．

(2) 羽根車になるべく近い箇所で流れを絞り，系の抵抗を増大させる．ただし，むやみな抵抗の増大は流体性能の劣化を招く場合があるし，ポンプの場合に吸込み側で絞ることはキャビテーションを発生させる原因にもなり避けなければならない．

(3) サージングの発生には吐出し側の容量要素（水槽やタンク）が大きく関係するので，容積をできるだけ小さくして動作点の安定化を図る．管路長さの増大や管路断面積の縮小も同様に動作点の安定化に繋がる．圧縮性流体を扱う場合には，容量要素が小さい場合でも流体の圧縮性によってサージングが発生する場合があるので，サージ線より低流量側での運転を避ける．

6.3　旋回失速

6.3.1　旋回失速とは

圧縮機や送風機において，設計運転状態から徐々に流量を低下させていくと，翼に対する迎え角が相対的に大きくなるため，羽根車あるいは動翼の一部の領域に局所的な**失速**（stall）が発生する．この失速とは迎え角の増大に伴い，翼負

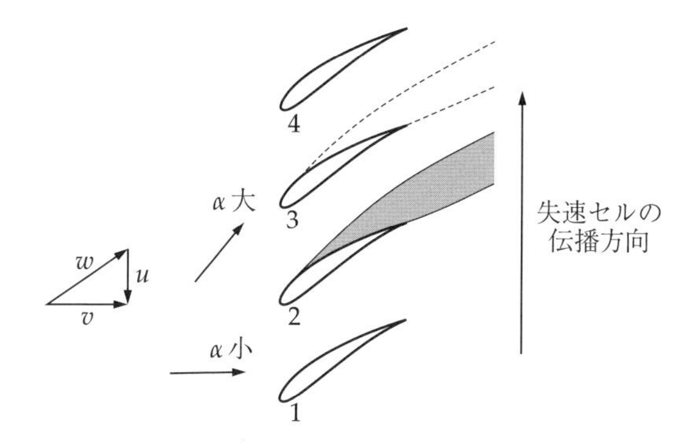

図 6.17 旋回失速の発生機構

圧面上で流れが剥離を起こして翼表面に沿って流れなくなるために，適切な揚力が得られなくなる現象である．この失速領域は，流量の低下とともに徐々に拡大し，最終的には全面的な失速状態へと突入するが，その過程で**失速セル** (stall cell) と呼ばれる失速領域が羽根車あるいは動翼内を旋回する現象が発生する．これを**旋回失速** (rotating stall) という．この旋回失速は圧縮機性能曲線上の安定な右下がり領域でも発生することが知られており，翼に発生する静的な失速に先立って発生する場合が多い．しかも，その初生は外部から判断することが困難であり，知らない間に動翼や静翼に対して振動を励起し，最終的には共振によってそれらの破壊を引き起こすこともある．

図 6.17 に軸流圧縮機の動翼に流入する流れに対して，旋回失速が発生するメカニズムを簡単に示してある．まず，何らかの原因により一部の翼（翼 2）に局所的な流れの剥離による失速領域が生じると，翼 2, 3 間の流路が狭くなり流れがせき止められるため，翼 3 に対する迎え角は増大し，反対に翼 1 に対する迎え角は減少することになる．この結果，新たに翼 3 が失速する一方，これまで失速状態にあった翼 2 に対する迎え角は減少するので，翼 2 は失速から回復することになる．このように失速領域は 1 つの翼に留まらず，相対的に動翼の回転方向とは逆方向（慣性系では動翼回転方向と同方向）に旋回する．失速セルの旋回速度は，セルの大きさと強さにもよるが，おおむね動翼回転速度の 40〜60％程度である．しかし，ほとんど静止に近い低旋回速度の場合や動翼の 80％にも及ぶ高旋回速度の場合も報告されている．

6.3.2 旋回失速の成長過程

旋回失速を伴う圧縮機や送風機の失速現象は，翼列や翼端隙間などの幾何形状，あるいは運転状態や翼列の負荷状態，速度三角形などの運転条件，非定常流れ場など種々の影響を受け，機差によるばらつきが大きいのが特徴である．しかし，さまざまな設計パラメータを持つ圧縮機に対して，典型的な成長過程が明らかにされている．

図 6.18 に軸流圧縮機を対象に，代表的な 2 種類の失速成長過程を図示しておく．(a) は**漸次拡大失速** (progressive stall) と呼ばれる成長過程である．流量の低下とともに流れの剥離などの影響で翼端側に失速セルを生じ，その失速セルが個数を増やしながら，翼端から翼付根方向に向かって成長する過程である．

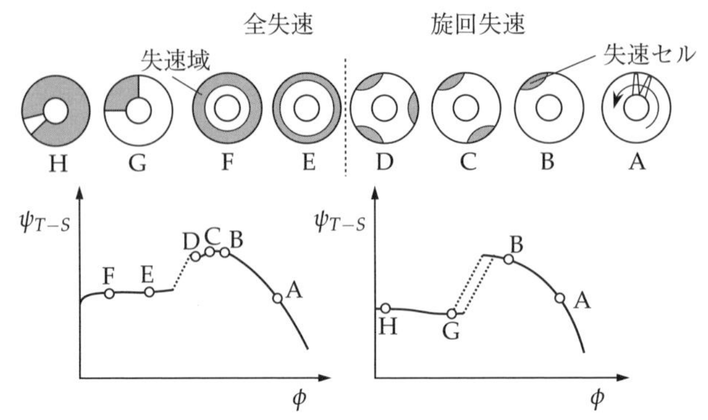

図 6.18　旋回失速の成長過程

圧縮機特性はある地点で不連続的に低下し，失速形態は旋回失速から全失速へと移行する．一方，(b) は圧力上昇が不連続的に低下し，瞬間的に全幅失速状態へと突入する**急失速** (abrupt stall) と呼ばれる形態である．これらのいずれの形態が選択されるかは，単に圧縮機の特性のみならず管路系や絞り弁特性にも依存する難しい問題である．

旋回失速は流れの局所的な剥離やうずなどが原因となって発生する不安定性であるから，圧縮機や送風機などの運転において，この旋回失速を避けて運転することは非常に困難である．たとえば，高圧の圧縮機では起動中あるいは停止中に必ず旋回失速領域を通過することになる．また，性能曲線上の安定な右下がり領域内でも発生するため，現在は，圧縮機の試運転時に内部圧力を実測して旋回失速が発生していない領域を確認して，その範囲内で運転するというような方策が採られている．

演習問題

6.1　揚程 42 [m] のうず巻きポンプがある．吸込み液面が大気圧（101.3 [kPa]），ポンプ入口部圧力が −60 [kPa]，流速が 3.6 [m/s] であるとして，有効吸込み水頭 NPSH を計算せよ．ただし，飽和蒸気圧を 7.4 [kPa](40 ℃)，重力加速度を 9.8[m/s^2]，水の密度を 1000 [kg/m^3] とする．

6.2　揚程 50 [m]，流量 1.5 [m^3/min]，回転数 2900 [1/min] で運転されている片吸込み形うず巻きポンプにおいて，キャビテーションを発生させることがない許容最大吸込み高さ H_s を求めてみる．

ただし，水の密度を 1000 [kg/m^3]，飽和蒸気圧を 19.9 [kPa](60 ℃)，吸込み液面の圧力は大気圧（101.3 [kPa]），吸込み管路における損失ヘッドを 1.5 [m]，重力加速度を 9.8 [m/s^2] とする．

(1)　トーマのキャビテーション係数 σ を求めよ．

(2)　必要 NPSH を求めよ．

(3)　キャビテーションを発生することなく運転できる許容最大吸込み高さを計算せよ．

第II部

応用編

応用編では，代表的な流体機械の実際について説明する．

流体機械の分類について改めて下表にまとめる（第I編 1.1 節も参照のこと）．本編では，液体を扱う**水力機械**の**被動機**として**ポンプ**，**原動機**として水車について説明し，さらに**原動機**と**被動機**を組み合わせたものとしてトルクコンバータにふれる．

また，空気をはじめとする気体を扱う**空気機械**では，**被動機**として**送風機**，**圧縮機**について，**原動機**として**蒸気タービン**，**風車**について説明し，**原動機**と**被動機**を組み合わせた機械として**ガスタービン**および**ターボチャージャ**について説明する．

表　流体機械の分類

流体	液体	気体	
密度・圧縮性	大	小	
	密度一定（非圧縮性）		圧縮性
原動機	水車	風車	タービン
被動機	ポンプ	送風機	圧縮機
原動機＋被動機	トルクコンバータ	—	ガスタービン ターボチャージャ

7

CHAPTER SEVEN

ポンプ

7.1 分類と概要

表 7.1 にポンプの分類を示す．第 I 編で述べたようにターボ形のポンプとしては比速度，すなわち揚程と流量の関係によって遠心ポンプ，斜流ポンプ，軸流ポンプが使い分けられている．図 7.1 にターボポンプの適用範囲を示す (50Hz)．また，容積形のポンプは，小流量・高吐出し圧力の目的に適しており，油圧用や燃料ポンプなどに活用されている．

7.2 遠心ポンプ（うず巻きポンプ）

遠心ポンプは特に水ポンプとしてターボポンプのうちで最も一般的に使用されるものであり，最も基本的な構造を有している．このため，まず遠心ポンプを代表として説明し，他の形式のポンプについてはその特徴や差異を述べていくことにする．

表 7.1 ポンプの分類

ポンプ	ターボ形ポンプ	遠心ポンプ	うず巻きポンプ
			ディフューザポンプ
		斜流ポンプ	うず巻きポンプ
			ディフューザポンプ
		軸流ポンプ	
	容積形ポンプ	往復動ポンプ	ピストンポンプ
			プランジャポンプ
			ダイヤフラムポンプ
		回転ポンプ	歯車ポンプ
			スクリューポンプ
			ベーンポンプ
	特殊形ポンプ		

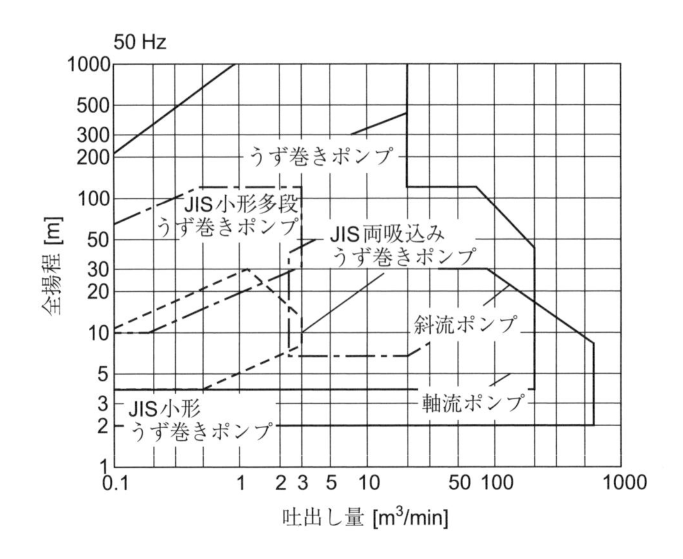

図 7.1　ターボポンプの標準形式 (50 Hz)（参考文献 A2）

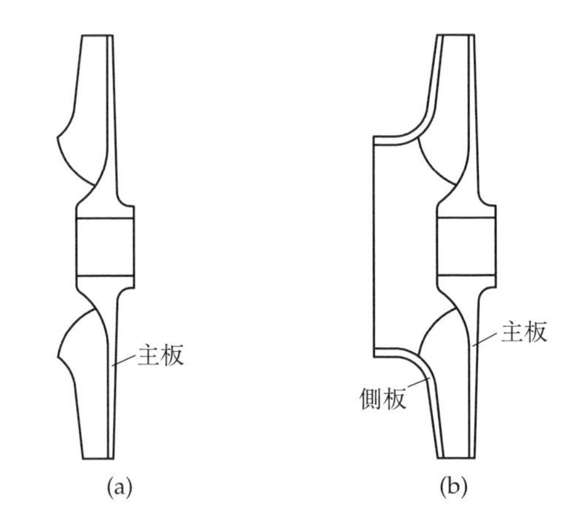

図 7.2　オープン羽根車 (a) とクローズド羽根車 (b)

7.2.1　遠心ポンプ（うず巻きポンプ）の分類

遠心ポンプはさらに以下のようにいくつかの方法で分類することができ，使用目的・条件などによって使い分けられる．

(1)　羽根の形状による分類

(a)　**オープン（開放）形羽根車** (open impeller)：羽根車が側板（前面シュラウド）を持たないもの．主板が羽根外周まであるものをセミオープン形羽根車 (semi-open impeller) と呼ぶ（図 7.2(a)）．

(b)　**クローズド（密閉）形羽根車** (closed impeller)：羽根車が側板（前面シュラウド）を持つもの（図 7.2(b)）．

(2)　ディフューザの有無による分類

(a)　**ボリュートポンプ** (volute pump)：羽根車 I の外周に接して直接うず巻き

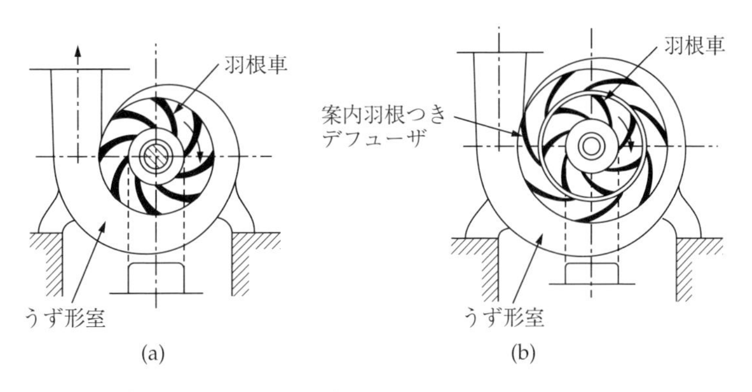

図 7.3　ボリュートポンプ (a) とディフューザポンプ (b)

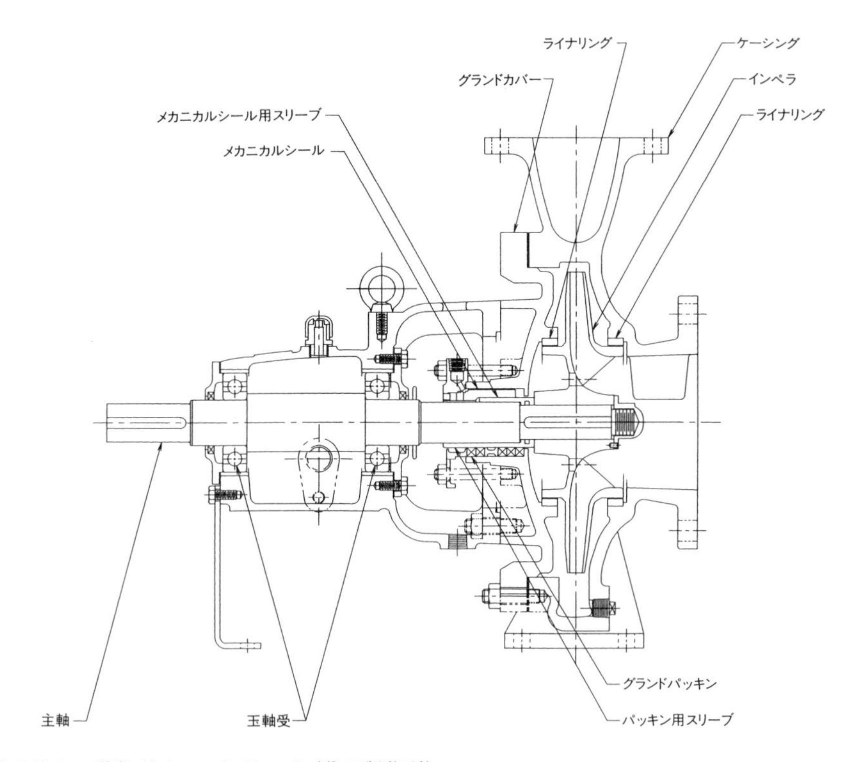

図 7.4　片吸込みの単段ボリュートポンプ（荏原製作所）

形の**ボリュート** (volute) があるもの．一般に羽根車 1 段当たりの揚程が低いものに使用される（図 7.3(a)）．

(b)　**ディフューザポンプ** (centrifugal pump with diffuser vane)：羽根車の外周に速度ヘッドを静圧に変換するためのディフューザ (diffuser)，案内羽根 (guide vane) を有するもの．1 段当たりの揚程が高い場合に用いられる．（図 7.3(b)）．

(3)　吸込みによる分類

(a)　**片吸込み** (single suction)：羽根車の一方側のみから吸い込むもので，最も一般的に用いられる（図 7.4）．

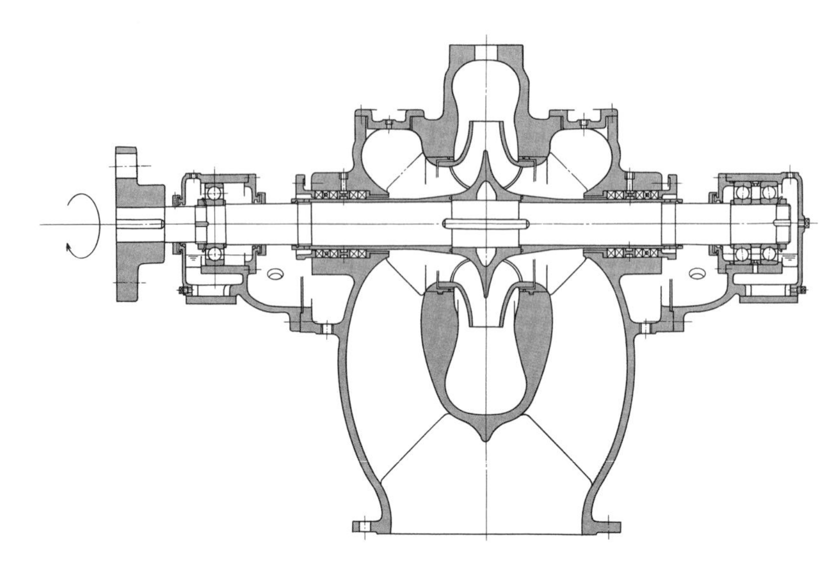

図 7.5　両吸込み単段ボリュートポンプ（上下分割形）（電業社機械製作所）

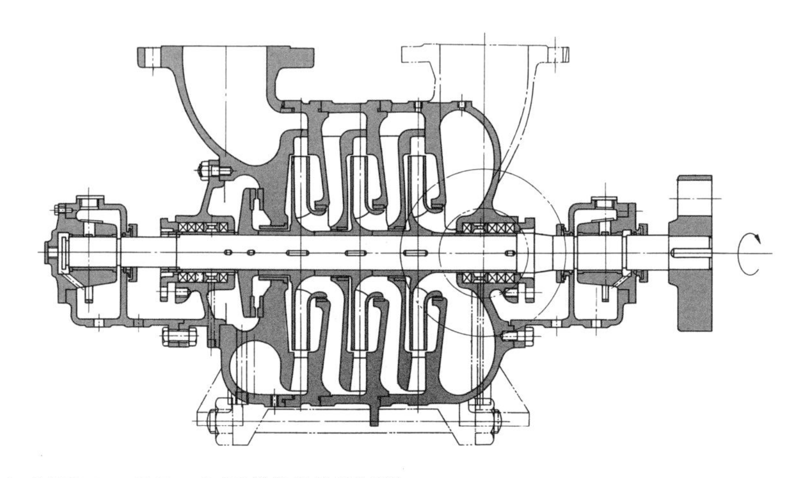

図 7.6　輪切り形多段ターボポンプ（電業社機械製作所）

(b)　**両吸込み** (double suction)：羽根車の両側から吸い込むもので，要求される吐出し量が多いもの，すなわち比速度が大きい場合に用いられる．2 個の羽根車が背中合わせに一体になっているような形で，軸は片吸込みポンプの片持ち形に対して両持ち形となり，スラスト力が相殺される利点もある．（図 7.5）

(4)　段数による分類

(a)　**単段** (single stage)：ポンプ 1 台に羽根車 1 個を持つもの（図 7.4，図 7.5）．

(b)　**多段** (multi-stage)：複数の羽根車数個を用い，第 1 段から出た液体は第 2 段に吸い込まれ，以下順次つぎの段に連なるもの（図 7.6，図 7.7）．求められる揚程に応じて段落数が異なり，高揚程のポンプでは 20 段に達するものもある．

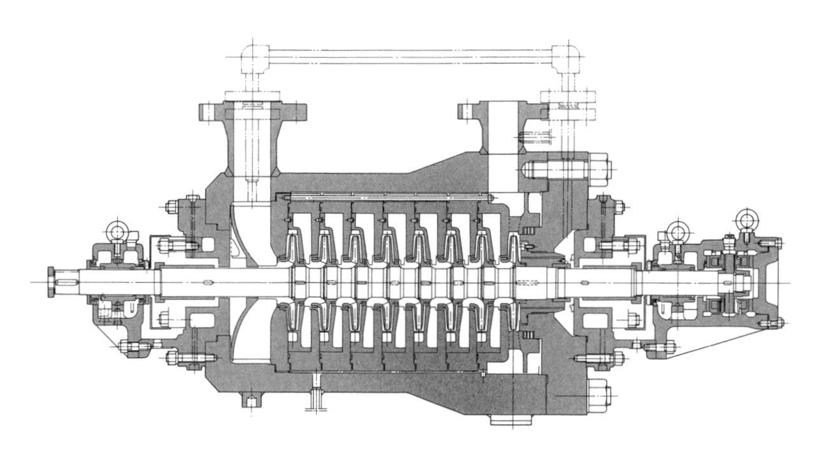

図 7.7　二重ケーシング形（バレル形）ターボポンプ（電業社機械製作所）

(5)　ケーシングによる分類

(a)　**軸垂直割り形** (vertical split type)：小・中形汎用の単段ポンプで多く採用される．ケーシングを固定したまま羽根車を引き抜くことができる．（図7.4）．

(b)　**輪切り形** (sectional type)：汎用の多段ポンプに見られるもので，戻り流路を付加した単段ポンプを軸方向に順次並べたような構造（図 7.6）．段落数を変更して所望の揚程を得ることができる．

(c)　**円筒形** (cylindrical casing type)：円筒状の外部ケーシングの中に多段のポンプを収めた二重ケーシング構造のもの（図 7.7），バレル形 (barrel type) とも呼ばれる．ボイラ給水ポンプなどの高圧ポンプで用いられる．

(d)　**上下分割形** (horizontal split type)：水平面でケーシングを上下 2 つ割りにしたもの．例えば（図 7.5）．製作に手間はかかるが，分解・点検が容易であり，大形ポンプに多く採用される．

(6)　軸配置による分類

(a)　**横軸形** (horizontal shaft type)：主軸が水平に配置されているポンプ．主要部分が水面上にあるため分解・組立や保守，原動機との結合が容易であり，一般的に汎用ポンプで多く用いられる（図 7.7～図 7.8，図 7.12，図 7.14）．

(b)　**立軸形** (vertical shaft type)：主軸が垂直に配置されているポンプ．小さいスペースで設置でき，また羽根車を水中に配置できるためにキャビテーションの点で有利であり，呼び水も不要となる．図 7.15 は斜流形の例である．

(c)　**チューブラ形** (tubular type)：軸受・原動機・羽根車を一体化して流路中に納めたもの．横軸形・立軸形双方があるが，いずれも水路損失を小さくすることが可能であり，羽根が水面下にあるためにキャビテーションの心配がない．一方，原動機を水面下に設置するために配慮が必要となる．低揚程の軸流・斜流ポンプで用いられる．（図 7.8）

7.2.2　遠心ポンプの構造

最も基本となる図 7.4 に示した片吸込みの単段ボリュートポンプ，片吸込み

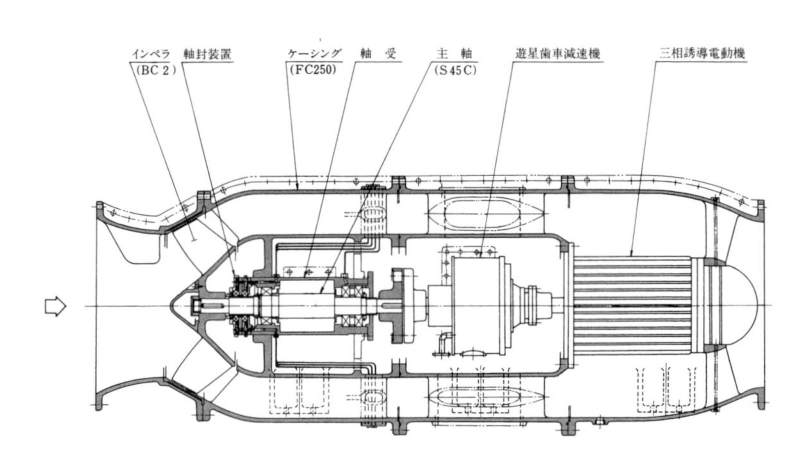

図 7.8　チューブラ形（電業社機械製作所）

遠心ポンプを例にとって構造を見よう．

(1)　羽根車 (impeller)

7.2.1(1) 項で述べたように羽根車には大きく分けてオープン形とクローズド形があり，高揚程すわわち低比速度のポンプではクローズド形が採用される．一方，大容量のポンプ（斜流を含む）や下水用など若干異物を含む場合にはオープン形が多く採用される．

(2)　ディフューザ，案内羽根 (diffuser, guide vane)

遠心ポンプ羽根車出口では，液体は大きな絶対速度を有している．したがって，この絶対速度による運動エネルギーを圧力ヘッドに変換することが機械の性能を高めるために重要となる．このため，とくに比速度 N_S の小さな場合では，羽根車の外側に接して案内羽根を有するディフューザが設けられる（ディフューザについては 15.3.2 項を参照のこと）．このように案内羽根を備えたものをディフューザポンプ（タービンポンプ）と呼んでいる．

一方，上記案内羽根を取り除いて側壁をそのまま残した空間を羽根なしデフューザという（図 7.9 参照）．これは案内羽根を設けたディフューザを持つポンプでは規定吐出し量の付近の運転状態をはずれると効率が急激に低下するが，羽根なしデフューザをもつポンプでは比較的広い範囲で効率の低下が小さい．また，うず形室の設計の進歩により高い効率が得られるようになったため，かなり比速度の低いポンプでも羽根なしデフューザが採用される．

(3)　うず形室 (ボリュート，volute casing, spiral casing)

単段ポンプおよび多くの多段ポンプにおいて最終段の羽根車を出た液体は，直接あるいは案内羽根または羽根なしデフューザを経てうず形室に全周から流入する．普通のうず形室では水切り (cut water) から始まり羽根車の全周をめぐり，その断面積は漸次拡大している（図 7.10）．

うず形室の役割は，羽根車から流出した液体をできるだけ小さい損失で集め，吐出しノズルに送り出すことである．従来の経験から，各断面において平均流速が一定となるように断面積を変化させることが1つの目安となる．

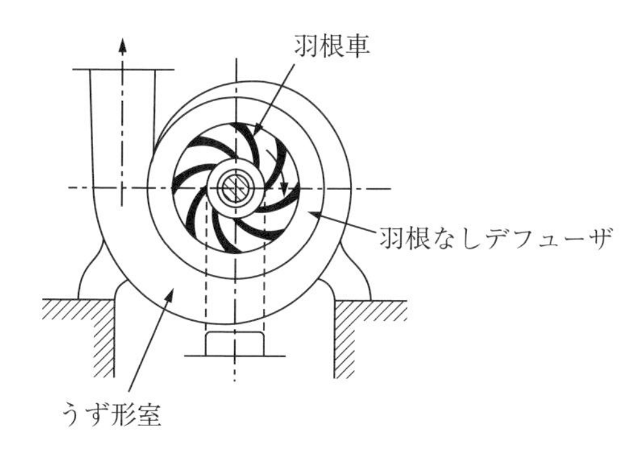

図 7.9　羽根なしデフューザを有するうず巻ポンプ

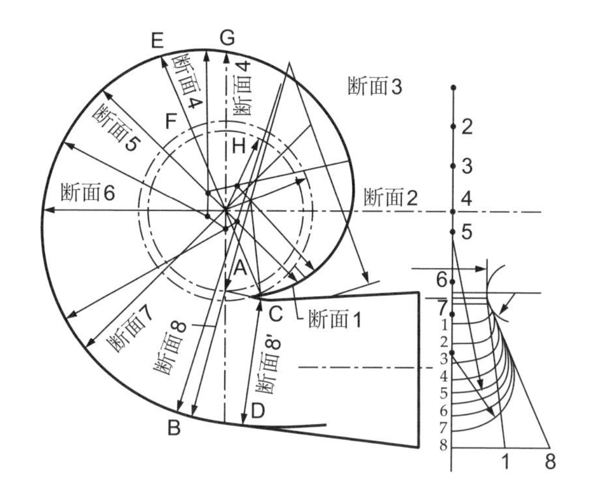

図 7.10　うず形室

(4)　戻り流路 (return channel)

図 7.6 や図 7.7 に示すような軸方向に遠心段落を複数配置した多段ポンプでは，ディフューザから出た外向き流れを内向きに転向して次段落入口に導く必要がある．このための流路を戻り流路と呼ぶが，この部分における損失は無視できるものではなく，設計には注意が必要である（10.3.4 項参照）．

(5)　つり合い孔 (balancing hole)

一般にターボ機械では，羽根車や軸に軸方向，および半径方向に流体力が働く．特に軸方向の力は**スラスト力** (thrust force) と呼ばれ，設計上の重要な要素となる．スラスト力についてはターボ形機械に共通する問題であるので，15.1 節で説明する．図 7.4 に示す遠心ポンプでは，羽根車背板につり合い孔を設けて差圧をなくすことによってスラスト力を減じている．

(6)　ライナリング (linerring)

7.6.3 項で述べるようにポンプには隙間が存在し，そこからの漏れ流れはポンプの体積効率を低下させ，ひいてはポンプの効率を悪くする．ライナリング（ウェアリングリング）は回転する羽根車と固定されているケーシングとの間に設備され，羽根車を出た高圧水がここを通って吸込み側に戻るのを阻止する役目をもつ．一般的には製作，分解，組立ての点から，すきまをできるだけ狭くした単純な形のものが多く用いられる．

多段ポンプなどでは軸間距離が長くなるので，軸のたわみがかなり大きくなる．しかも多段ポンプは一般に揚程が高いためライナリングのすきまを小さくしなければならないので，固体接触を起こし焼けつきを起こしやすい．そのためケーシング側のケーシングリングとインペラリングのそれぞれの材料の組合せを考慮しなければならない．その組合せの例は，青銅と異種の青銅，鋳鉄と青銅，鋼と青銅，モネルメタルと青銅，鋳鉄と鋳鉄などがある．しかしいずれの組合せにおいても，両材料の硬度差を幾分もつようにすることが経験的によいといわれている．

(7) 軸封装置 (sealing)

ターボ機械では必ず回転部と静止部が存在し，この間での漏洩を防止することは共通した問題である．シール技術については 15.1.2 項で説明するが，うず巻きポンプでもケーシング内で羽根車を支えるため，両持ちの軸受の場合は2か所，片持ちでも1か所，軸がケーシングを貫通しなければならない．このうちで吸込み部を貫くところでは外気がポンプ内部に侵入しやすく，吐出し側ではポンプ内部の圧力水が漏れる．

ポンプの軸封では，グランドパッキンが用いられてきたが，グランドパッキンは抵抗が大きく，漏洩防止も完全ではないことから**メカニカルシール** (mechanical seal) が採用されるケースも多くなっている（図 7.4）．グランドパッキンを用いる場合には，パッキンの中間にポンプ吐出し側からの圧力の高い液を通じさせ外気の侵入を防ぐための**封水リング** (lantern ring) を備える場合もあり，これを**水封** (water sealing) という．

7.3 ポンプ形式による特性の相違

図 7.11 はポンプ形式によって特性曲線がいかに異なるかを，それぞれの形式の特徴を代表する典型例で比較したものである．同図の特性曲線は，効率最高の点の揚程，吐出し量および動力を基準としたパーセンテージで示されている．

ディフューザポンプとボリュートポンプとの大きな構造的差異は案内羽根の有無だけであるが，この両者の特性上の差異は揚程曲線に明瞭に現われている．一般にボリュートポンプは下降特性となり，右上がり特性をもつものは少ない．これに対してディフューザポンプでは，特別な設計上の配慮をしない限り右上がり特性を有する．これについては図 7.18 に示す揚程曲線と水力効率曲線から定性的な説明を与えることができる．すなわち，H-Q 曲線は H_{th}-Q 曲線からポンプ内の摩擦損失ヘッド h_{fd} および衝突損失ヘッド h_s を引いたものとして得られるが，ディフューザポンプとボリュートポンプとの特徴を明瞭にするものは衝突損失である．ディフューザポンプでは無衝突吐出し量 Q_s があって，それよりも吐出し量が多くなっても少なくなっても衝突損失は増加する．これに対してボリュートポンプでは吐出し量の変化に対する衝突損失の増減は前者ほど顕著でない．このことは案内羽根の有無と関連して容易に理解できる．したがって，ディフューザポンプの場合は右上がり特性を持つが，ボリュートポン

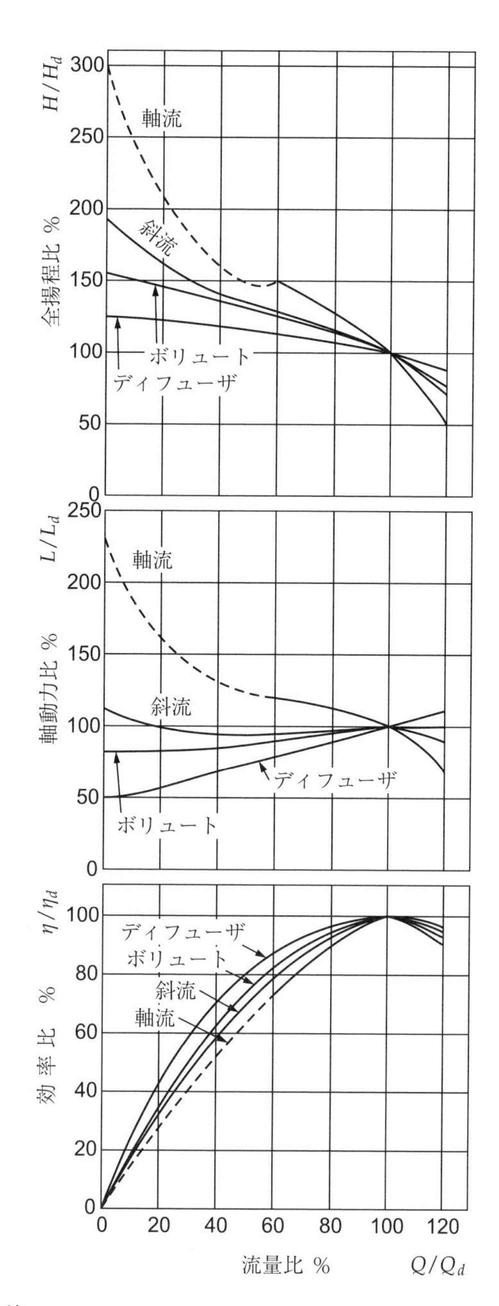

図 7.11　ポンプ形式と特性曲線

プでは，非常に低い吐出し量のときの衝突損失は前者の場合より小さく，H-Q 曲線は右下がり特性となる傾向を持つ．

軸流ポンプがうず巻きポンプと特性上最も異なる点は，揚程，動力が締切り点で非常に高いことである．また，最高効率の吐出し量の約 50%のところで，羽根に対する水の流入角の増大によって失速を起こし，揚程曲線に不連続点を生ずる．さらに，締切りに近い低吐出し量では揚程曲線，軸動力曲線ともに急に増大していくとともに，キャビテーションが発生する．このため，固定翼の軸流ポンプは，常用の運転範囲は最高効率の吐出し量の約 60%以上であって，

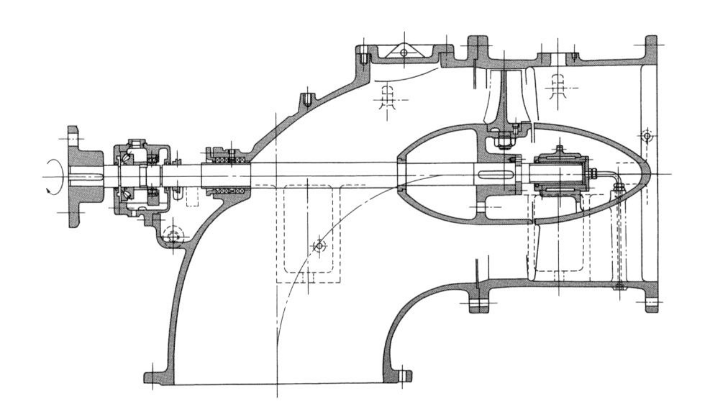

図 7.12　軸流ポンプ（電業社機械製作所）

低吐出し量側の運転には限界がある.

斜流ポンプは遠心ポンプと軸流ポンプの中間の特性を持つ. 軸流ポンプと比較すると効率の高い範囲が広く, 軸動力が吐出し量の全領域にわたって一定である. また, 軸流ポンプでは締切り運転が不可能であるため始動が容易でないのに対し, 斜流ポンプでは締切り点で動力が大きくないので始動も簡単で, しかも広い吐出し量の領域で運転できる点で有利である. また, 広い比速度範囲のものが設計可能なため, 広く利用されている.

7.4　軸流ポンプ

軸流ポンプは吐出し流量が非常に大きく, 揚程が低い場合（横軸では6〜7m以下, 立軸で10〜12m以下）に使用されるもので, 農業用の揚水, 排水ポンプ, 蒸気タービンの復水器(codenser), 循環水ポンプ, 上下水道用ポンプ, また洪水対策用としての雨水排水ポンプなどに使用されている. 比速度 N_s [m^3/min, m, 1/min] では1300〜1800の範囲にあるが, 1100〜2200ぐらいのものもある.

軸流ポンプは図7.12に示すように, 軸, 羽根車, 案内羽根, 胴体, （ケーシング）, および軸受（普通は一方が水中軸受）から成り立っている.

図7.13は立軸軸流ポンプの据付け断面図である. 一般に横軸の軸流ポンプは吸込み高さ H_s が正の値であるが, 立軸の場合は吸込み高さは負となり, むしろ押込みの状態となるから, キャビテーション発生を防ぐ見地から非常に有利である. このため, 立軸の場合は横軸の場合より回転数を高くとることができ, したがって揚程も大きくすることができる. 軸流ポンプでは吐出し管出口に逆流防止弁を設け, 吐出し圧力が一定値になると弁が開いて送水が始まり, 締め切り運転とならないようになっている.

7.5　斜流ポンプ

斜流ポンプは適用範囲が比速度 N_s [m^3/min, m, 1/min] が600〜1300の範囲にあって, うず巻きポンプと軸流ポンプとの中間に位置する. したがって, 性能もこれら両者の中間であって, 吐出し量は軸流ポンプほどではないが, 軸流ポンプでは出しにくい揚程が要求される場合に適し, 両吸込みのうず巻きポ

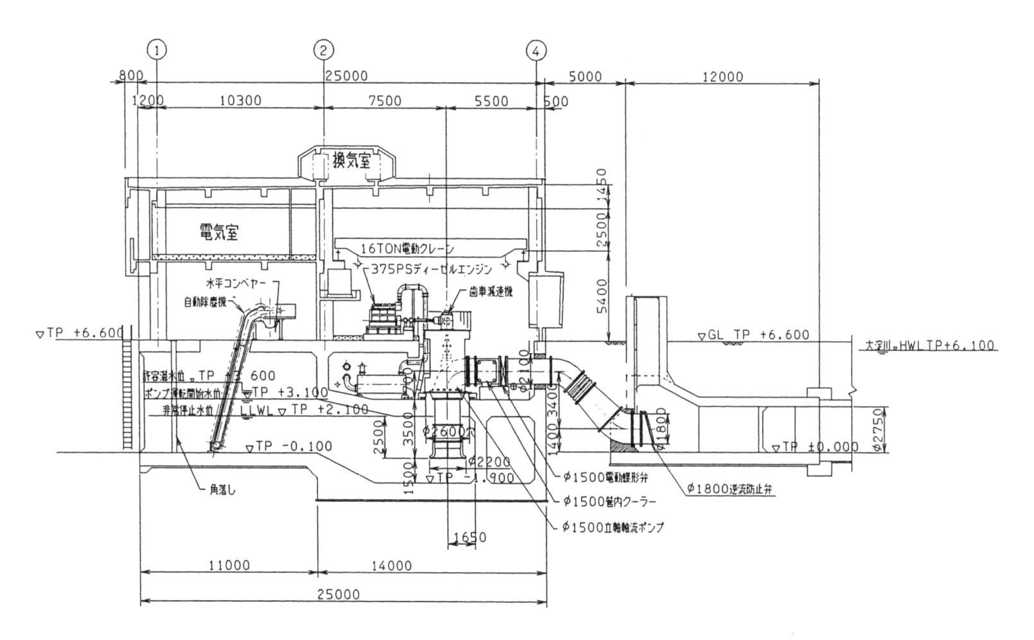

図 7.13　ポンプ場（立軸軸流ポンプ）（荏原製作所）

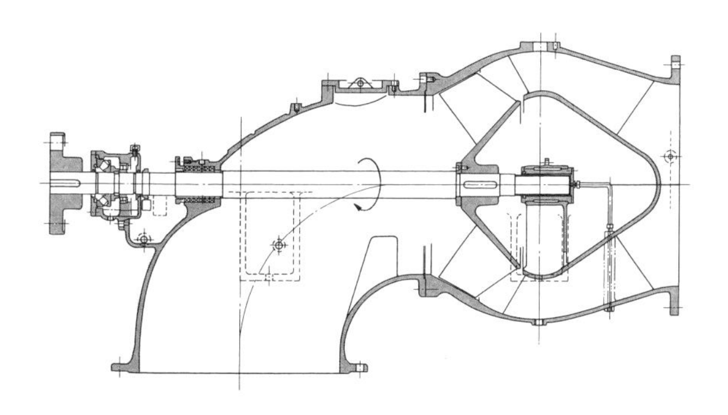

図 7.14　横軸斜流ポンプ（電業社機械製作所）

ンプの適用範囲も斜流ポンプでまかなうことができる．

斜流ポンプ内の流れはうず巻きポンプや軸流ポンプよりも 3 次元性が強く，良い設計をするのは難しいが，近年では数値解析技術の発達もあって高い性能のものが製作されている．図 7.14 に横軸の斜流ポンプの構造を示す．全体の配置からすれば，前述の横軸の軸流ポンプと大差ないが，軸流ポンプと相違する主な点は，羽根のところを通過するときの流体の流れが軸流ポンプでは軸を中心とする円筒面上にあるようにしているのに対し，斜流ポンプでは円錐面上の流れになっている．すなわち，軸方向流れと半径方向流れとの合成されたものになる．この軸心に対する傾きは比速度 N_s が大になるほど小となり，軸流形に近づく．したがって，斜流ポンプの設計はその比速度によってうず巻きポンプの設計法を斜流に拡張する方法と，軸流ポンプの設計法を適用する方法が使い分けられる．

図 7.15 に立軸斜流ポンプの例を示す．

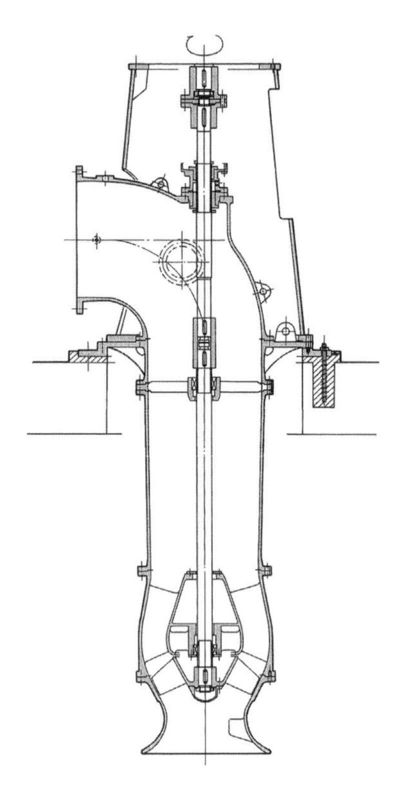

図 7.15　立軸斜流ポンプ（電業社機械製作所）

7.6　ポンプにおける損失と効率

7.6.1　ポンプの動力と性能

第I編で学んだように，ポンプ装置における揚程 H は，入口と出口における単位質量当たりの有効エネルギーの差であり，ポンプが液体に与えた全エネルギー，すなわち圧力ヘッドと速度ヘッドの和から損失を差し引いた値となる．ヘッドは通常，圧力の単位を ρg で除した長さの単位で示される．図 7.16 を例に考えれば，

$$H = \frac{p_d - p_s}{\rho g} + y + \frac{{v_d}^2 - {v_s}^2}{2g} \tag{7.1}$$

ただし，ここで p_d，p_s はそれぞれポンプ前後に設置された圧力計で計測された吐出し圧力および吸込み圧力であり，$p_d/\rho g$，$p_s/\rho g$ を揚液柱 [m] で測られるものとする．y は両圧力計の間の垂直距離，また v_d，v_s は吐出し管および吸込み管内の平均流速 [m/s] を示す．

吐出し側，吸込み側の流速 v_d および v_s が等しいときは式 (7.1) の右辺第 3 項は 0 である．そのときは，両圧力計の読みの差または和に両圧力計の垂直距離を加えれば揚程 H が得られる．一般にはこのような場合が多いので，式 (7.1) で表される揚程 H のことを圧力計ヘッドまたは**マノメトリック・ヘッド** (manometric head) とも呼ぶ．

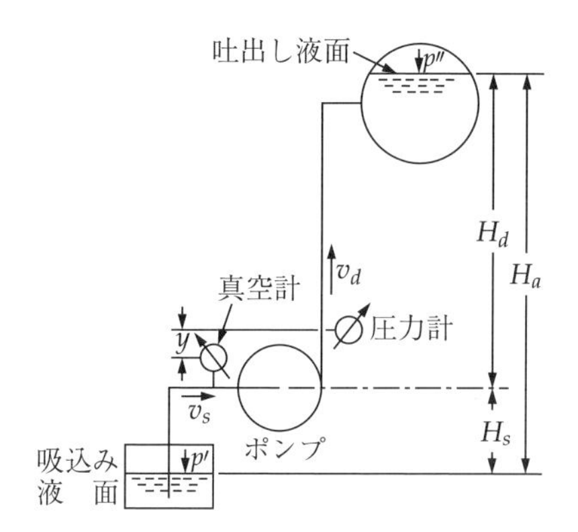

図 7.16　ポンプ装置

ポンプの出す揚程 H は以上のように求めることができるが，別な見方から考えてみる．吸込み，吐出し両液面に働く圧力をそれぞれ p'，p''，また吐出し管端における平均流速を v'' とする．さらに h_l を管路の総損失ヘッドとすると，この揚水装置の流動をまかなうに必要な全ヘッドは，

$$H = \frac{p'' - p'}{\rho g} + H_a + h_l + \frac{v''^2}{2g} \tag{7.2}$$

で与えられ，これが前述のポンプの揚程 H と同一でなければならない．揚水装置を計画する場合にポンプの揚程 H を決めるのには，式 (7.2) を用いればよい．

ボイラに給水するような高圧ポンプの場合は p'' が非常に大きく，したがって式 (7.2) 右辺の第 1 項が H の内の大部分を占める．一般には $p'' = p' = p_a$（大気圧）の場合が最も多く，ゆえに第 1 項が 0 であるときが多い．高所に揚水するときは H_a が大になり，非常に長い管路で送水するときは管路損失 h_l が大となる．

ポンプによって揚液に与えられた動力を**水動力** (water horse power) といい，P_w [W] で表す．吐出し量 Q [l/s] 揚程 H [m]，ρ を揚液の密度 [kg/m^3]，g を重力加速度 [m/s^2] とすると，P_w は次式で与えられる．

$$P_w = \rho g Q H \quad [\mathrm{W}] \tag{7.3}$$

原動機によってポンプを運転するに要する動力を**軸動力** (shaft horse power) P とすると，ポンプの全効率 (total efficiency)（または単に効率ともいう）η は次の式で示される．

$$\eta = \frac{P_w}{P} \tag{7.4}$$

ポンプの全効率 η は，

$$\eta = \eta_v \cdot \eta_m \cdot \eta_h \tag{7.5}$$

で示される．式 (7.5) の右辺の内容を以下に説明する．

η_v はポンプの**体積効率** (volumetric efficiency) である．ポンプが実際に吐出し管に圧送する流量が Q であったとしても，ポンプ内部で漏れ流量 q がある

と，真に羽根車が取り扱う流量は $Q+q$ である．このことから，η_v は，

$$\eta_v = \frac{Q}{Q+q} \tag{7.6}$$

次に，**機械効率** (mechanical efficiency) η_m は軸受および軸封装置における機械損失による動力損失 P_m，さらに円板摩擦による動力損失を P_f とすると，次のように表される．

$$\eta_m = \frac{P-(P_m+P_f)}{P} \tag{7.7}$$

ポンプが出す揚程と“羽根数有限”の場合の理論揚程との比を**水力効率** (hydraulic efficiency) η_h という．ポンプ内での流動による損失を h_ℓ とすると，

$$\eta_h = \frac{H}{H_{th}} = \frac{H_{th}-h_\ell}{H_{th}} \tag{7.8}$$

これら η_v，η_m および η_h の積が式 (7.5) のようになることは，以下の関係からも明らかである．

$$P-(P_m+P_f) = \rho g(Q+q)H_{th} \qquad [\mathrm{W}] \tag{7.9}$$

$$\eta = \frac{P_w}{P} = \frac{\rho gQH}{P} = \underbrace{\frac{\rho g(Q+q)H_{th}}{P}}_{\eta_m} \times \underbrace{\frac{H}{H_{th}}}_{\eta_h} \times \underbrace{\frac{Q}{Q+q}}_{\eta_v} \tag{7.10}$$

$$\eta_m = \frac{P-(P_m+P_f)}{P} = \frac{\gamma(Q+q)H_{th}}{P} \tag{7.11}$$

7.6.2　ポンプにおける損失：水力効率

先に式 (7.5) に示したようにポンプの効率 η は，体積効率 η_v，水力効率 η_h，機械効率 η_m の積である．以下 7.6.2〜7.6.4 項で遠心ポンプにおけるこれらの効率について具体的に説明する．

すでに第 3 章において遠心ポンプの羽根数無限の場合の理論揚程 $H_{th\infty}$，また羽根数有限の場合の理論揚程 H_{th} を求めることを詳しく述べている．また，式 (7.8) で水力効率 η_h によって，ポンプの出す揚程 H と H_{th} との関係を与えている．式 (7.8) を改めて書けば，

$$\eta_h = \frac{H}{H_{th}} = \frac{H_{th}-h_\ell}{H_{th}}$$

である．式中の h_ℓ はポンプ内における流動による損失ヘッドであって，ポンプ羽根車から H_{th} なるヘッドを与えられたけれども，ポンプ内の損失ヘッド h_ℓ のため，それを差し引いた H だけが実際に作動流体に与えられるわけである．

h_l は以下の 3 つに分解して考えることができる．

(1)　ポンプ吸込みノズルから吐出しノズルに至る流路全体にわたる摩擦損失

(2)　羽根車，案内羽根，うず形室，吐出しノズルを流れる際の広がり損失

(3)　羽根車の羽根入口，出口における衝突損失

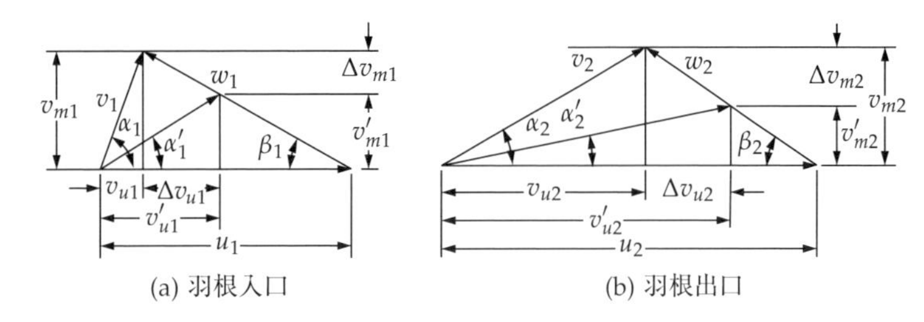

図 7.17 羽根入口・出口における速度三角形（衝突成分）

(1) の摩擦損失について考えると，固定水路と羽根車内における摩擦損失を分けられるから，それぞれを h_f，$h_{f'}$ とすると

$$h_f = f\frac{\ell}{b}\frac{v^2}{2g} \tag{7.12}$$

$$h_f{}' = f'\frac{\ell'}{b'}\frac{w^2}{2g} \tag{7.13}$$

ただし f, f' = 摩擦係数，ℓ, ℓ' = 流路の長さ，b, b' = 流路断面の流体平均深さ，v = 平均流速，w = 羽根車 に対する相対速度である．

(2) の広がり損失に対しては

$$h_d = \zeta_1\frac{v^2}{2g} \tag{7.14}$$

ただし，ζ_1 = 羽根，案内羽根，吐出しノズルにおける広がりのための損失係数を示す．

以上の (1)，(2) における h_f，$h_{f'}$，h_d のいずれも吐出し量 Q の 2 乗に比例するから，これらの和 h_{fd} は次式で示される．

$$h_{fd} = h_f + h_f{}' + h_d = K_1 Q^2 \tag{7.15}$$

(3) の衝突損失は羽根入口および出口においてそれぞれ h_{s1}，h_{s2} とすれば，

$$h_{s1} = \zeta_2\frac{\Delta v_{u1}{}^2}{2g} \tag{7.16}$$

$$h_{s2} = \zeta_3\frac{\Delta v_{u2}{}^2}{2g} \tag{7.17}$$

と書ける．ただし，$\Delta v_{u1} = v_{u1}{}' - v_{u1}$，$\Delta v_{u2} = v_{u2}{}' - v_{u2}$ である（図 7.17 参照）．

式 (7.18) は，吐出し量がある特定な値 Q_s であるときは流れの方向が羽根の方向と一致して衝突損失はないが，吐出し量が Q_s より大きいか，小さいかによって速度ならびに方向が変わって衝突成分ができることを示している．入口の場合，図 7.17(a) に示すように吐出し量 Q_s であるときは，羽根入口におけるメリディアン速度は v_{m1}（羽根入口径 D_1，入口幅 b_1 とすると $Q_s = \pi D_1 b_1 v_{m1}$）であり，吐出し量が減じて Q となってメリディアン速度が $v_{m1}{}'$ となった場合，$v_{m1} > v_{m1}{}'$ となる．

この場合，入口角 β_1 の羽根に液体が流入するためには，周方向の速度成分が $v_{u1}{}'$ にならなければならない．したがって，$v_{u1}{}' - v_{u1} = \Delta v_{u1}$ が衝突を起こ

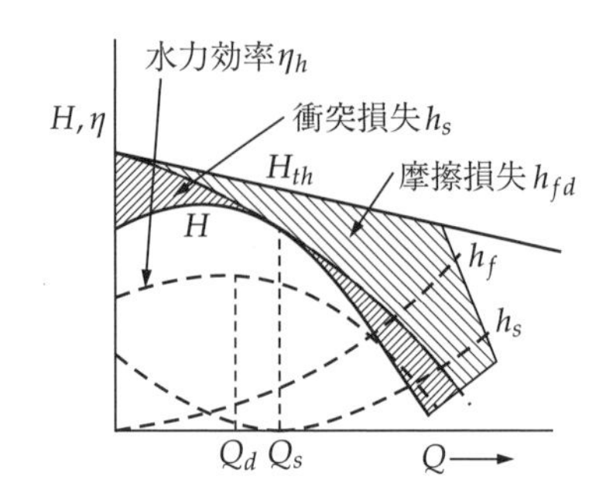

図 7.18　揚程曲線と水力効率曲線

す原因となる．出口についても同様のことが言える．h_{s1} と h_{s2} とを合わせると次のようになる．

$$h_s = h_{s1} + h_{s2} = K(Q - Q_s)^2 \tag{7.18}$$

上述の h_{fd} と h_s を図示すると図 7.18 のようになる．h_{fd} と h_s とを H_{th} から引くと揚程 H の曲線が得られ，さらに $\eta_h(= H/H_{th})$ から水力効率曲線を求めることができる．水力効率曲線は無衝突の吐出し量 Q_s のところよりもいくぶん低い吐出し量のところが最大になっており，そこがほぼ最高効率の点であると言われている．

以上，ポンプ内に起こる水力損失 h_l を考え，水力効率 η_h の意味あいについて説明した．次にポンプ効率 η を決定する要因の 1 つであるポンプ内で起こる漏れ損失を考えよう．

7.6.3　ポンプにおける損失：漏れ損失

ターボ機械では回転部分と静止部分との間に間隙が必要となり，これは遠心ポンプでも同様である．これらの間隙を通して液体が漏れてポンプ内で循環するが，この漏れ流量 q のため体積効率を低下させる．この漏れの起こる間隙はポンプ形式によっても異なるが，主なものをあげると以下となる．

(1)　ライナリング
(2)　多段ポンプの各段の隔板のブシュと軸との間隙
(3)　つり合い円板
(4)　軸封装置

これらが環状の間隙を形成している場合には，間隙の通過流量 q は

$$q = Ka\sqrt{2g\Delta H}$$

ただし

$$K = \frac{1}{\sqrt{\lambda\dfrac{\ell}{2b} + 1.5 + z}} \tag{7.19}$$

から求めることができる．ただし，a は間隙の断面積，λ は摩擦損失係数，ℓ は間隙の長さ，b は間隙の幅，ΔH は間隙前後の圧力差をヘッドで表したもの，z

は溝（ラビリンス溝）の数である．式 (7.19) の詳細については，15.2 節を参照されたい．

ここで，(1) のライナリングにおける漏れ量を計算するには ΔH をいかに取るかが問題となるが，Stepanoff は次式でこれを与えている．

$$\Delta H = H(1 - K_3{}^2) - \frac{1}{4}\frac{u_2{}^2 - u_r{}^2}{2g} \tag{7.20}$$

ここで v_3 をうず形室内の平均流速とすると，$v_3 = K_3\sqrt{2gH}$ なる関係がある（K_3 については（うず形室の項）参照．式 (7.20) の第 1 項は揚程 H から羽根車を出た水の有する速度ヘッドを引いたものであるから，その場所の圧力ヘッドを表すことになる）．また，u_r はライナリングにおける周速である．すなわち，式 (7.20) の第 1 項は羽根車を出たところの圧力ヘッド，第 2 項は羽根車とケーシングとの間にある水が羽根車によって旋回が与えられる影響である．

以上のように各所の漏れ量を求めれば，$\eta_v = Q/(Q+q)$ から η_v を得る．遠心ポンプの η_v は一般に 0.90〜0.95 の範囲にある．

以上で，η_h，η_v について述べたが，ポンプ効率を決める要素として残る η_m について次に述べる．

7.6.4 ポンプにおける損失：機械損失

ポンプにおける機械損失としては，円盤摩擦損失と軸受損失を考慮する必要がある．円板摩擦損失は回転面を有する機械では必ず発生する損失であるが，一般的な説明を 16.4 節にまとめるので参照されたい．

円盤摩擦損失は回転円板と静止壁までの距離や表面粗さによって影響を受ける．実際のポンプの場合は羽根車の外側の形状，表面の粗さならびに羽根車を入れているケーシング (casing) 内部の形状が複雑で，これらを全部計算に含めることは不可能であり，摩擦損失係数を実験式から与えるなどによって円盤摩擦損失の実際的な値を簡便に予測する方法がとられる．円板摩擦による損失は比速度の低いポンプほど大きい．

軸受および軸封装置における機械損失の全損失動力に対する比は，円板摩擦損失と異なり比速度によってあまり変わらない．この損失は，一般的な高速ポンプの軸受およびパッキン箱において 1%程度といわれるが，軸受や軸封装置の形式によっても相違する．

7.7 ポンプの運転

7.7.1 回転数制御

図 7.19 は 1 つのポンプを異なる回転数で運転した場合の揚程曲線群（太線）と等効率曲線群（細線）を表している．ただし同図は，設計点における H および Q を用いて無次元化した値を縦軸および横軸に用いて表示されている．また，回転数も設計回転数 N に対する比で示されている．これらの曲線は第 5 章で述べたように

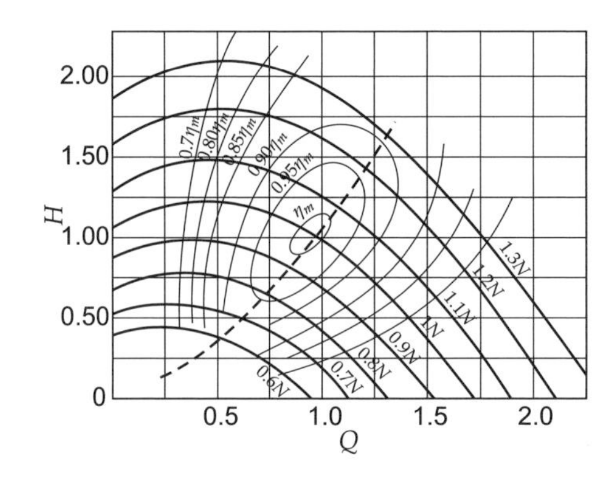

図 7.19　回転数を変えた場合のポンプ特性（揚程曲線群）

$$\frac{Q'}{Q} = \frac{N'}{N}, \qquad \frac{H'}{H} = \left(\frac{N'}{N}\right)^2 \tag{7.21}$$

を用いて計算によっても近い値が得られる．実際に，回転数制御を行うには駆動側のコストがかかるケースが多いが，式 (7.21) からわかるように回転数制御を行うことによって低流量側での動力を小さくすることができ，流量に対して動力が大きく変化しない吐出し弁制御（図 7.11 参照）に対して有利である．図中破線は各回転数における最高効率点を結んだ線を示すが，一般のうず巻ポンプでは，この図の例の傾向が認められる．

7.7.2　可動翼制御

軸流ポンプや斜流ポンプでは広い運転範囲で良好な特性を得るため，運転中でも羽根車の翼の角度を調整しうる装置を設けたポンプは可動翼ポンプと呼ばれる．

駆動装置には油圧式と機械式が用いられるが，図 7.20 に例を示す．また，図 7.21 には特性曲線を示す．翼の取付け角度 β を順次変えた場合のそれぞれの揚程曲線，動力曲線および効率曲線を表している．図に示すように翼の取付け角度 β を増すに従って吐出し量は増加するが，各取付け角度にそれぞれ効率の最高点がある．したがって，各吐出し量に対して効率の最高を出す取付け角になるように翼を動かせば，吐出し量の広範囲にわたって効率よく運転することができ，回転数制御よりもさらに低流量側での動力低減が可能である．

7.7.3　揚水装置の抵抗曲線

一般に揚水装置の流動をまかなうに必要な揚程 H は次式 (7.22) によって表される．

$$H = \frac{p'' - p'}{\rho g} + H_a + h_\ell + \frac{v''^2}{2g} \tag{7.22}$$

この式の右辺第 1 項および第 2 項は吐出し量 Q の関数ではなく，普通，揚水装置特有の値をとるもので，揚水装置が決まればこれらの値は一定である．図 7.22 の例では吸水面および揚水面にかかる圧力 p' および p'' は $p'' = p' = p_a$（大気圧）であって，この場合は式 (7.22) の右辺第 1 項の値は 0 である．以下

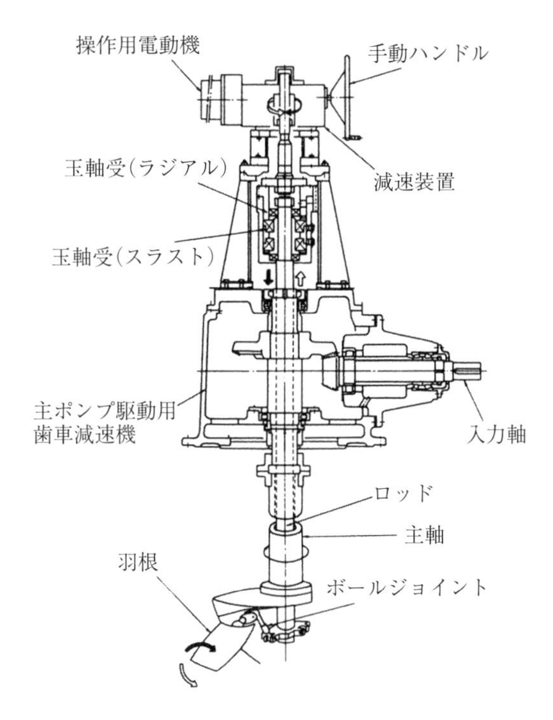

図 7.20 可変動翼軸流ポンプ（電業社機械製作所）

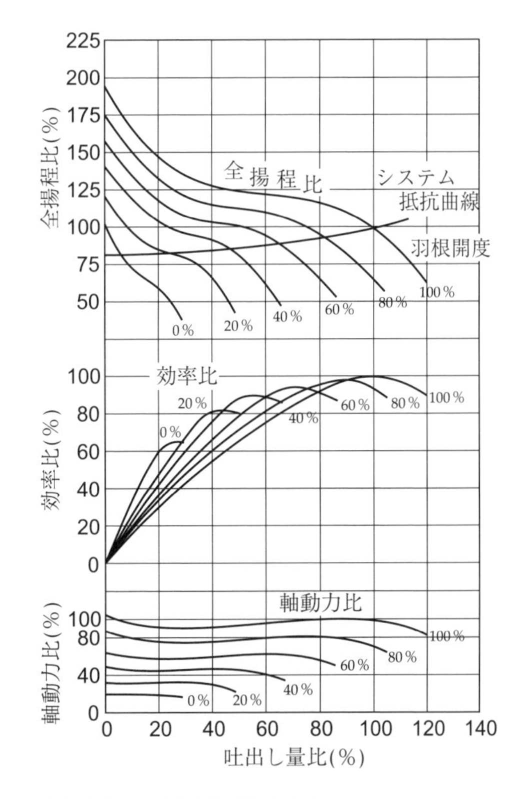

図 7.21 可変動翼斜流ポンプの運転特性（電業社機械製作所）

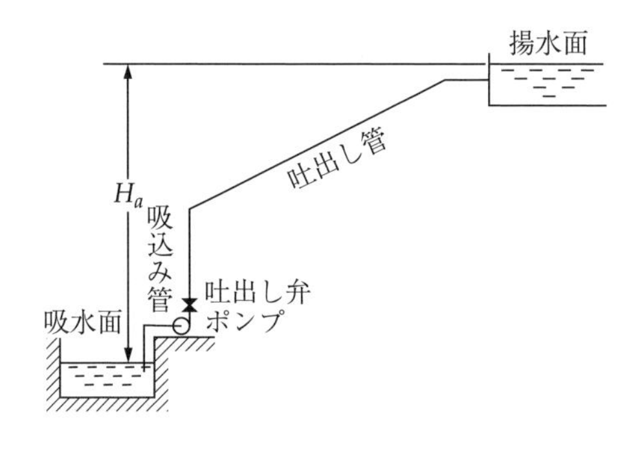

図 7.22　揚水装置の一例

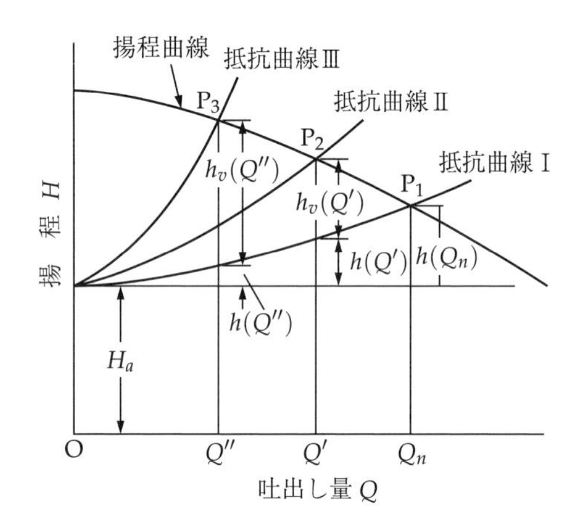

図 7.23　揚程曲線と抵抗曲線

の考察は図 7.22 に示す揚水装置の例に行うが，もし $p'' > p'$ 第 1 項がある値をもった場合であっても，これを第 2 項の実揚程 H_a に含めて考えてさしつかえない．それは前述のように，第 1 項，第 2 項がともに Q の関数ではないからである．また，式 (7.22) の右辺第 4 項は一般に他の項に比して小であるので，以下の考察には無視すると，式 (7.22) は，

$$H = H_a + h_\ell \tag{7.23}$$

と書ける．

図 7.23 は図 7.22 に示すような揚水装置について，ポンプの揚程曲線と揚水装置に対する 3 本の抵抗曲線を描いている．いま，揚程曲線と P_1 点で交叉する抵抗曲線 I の場合について説明すると，この曲線は縦軸上に実揚程 H_a をとって，これを原点として，揚水系を流動するために起こる損失ヘッド h と吐出し量 Q との関係曲線を描いたものである．したがって，P_1 点は揚水系に $Q = Q_n$ の流動をさせるために必要なヘッドであり，また一方，ポンプの系から考えると $Q = Q_n$ のとき出しうる揚程 H を示す点であるから，式 (7.23) の関係を満足し，P_1 点はポンプの作動状態を示す点，すなわち作動点と言える．上述の縦軸上の H_a の高さから引いた h-Q の曲線のことを，その揚水装置の抵抗曲線という．

次に，ポンプの吐出し弁を絞って流動抵抗を大きくした場合を考えてみる．このときの抵抗曲線 II が揚程曲線と交わる点を P_2 点とする．この P_2 点が，上のように吐出し弁を絞ったときのポンプの作動点であって，吐出し量は Q' であり，式 (7.23) の右辺の損失ヘッド h_ℓ は

$$h_\ell(Q') = h(Q') + h_v(Q') \tag{7.24}$$

となる．この式の右辺第 1 項は Q' の流量に対する揚水装置の損失ヘッドで，第 2 項は弁の絞りによる損失ヘッドである．

以上のように，吐出し弁を全開にした場合は吐出し量は Q_n であったが，吐出し弁を絞ることによって抵抗曲線を変えて吐出し量を Q'，さらに吐出し弁を絞って抵抗曲線 III として，吐出し量は Q'' とすることができる．弁をさらに絞って，全閉にしたときが締切り運転の場合である．

7.7.4　ポンプ運転上の注意

一般にうず巻きポンプを起動する場合は，まず弁を全閉にしておいて始動し，漸次弁を開いていく方法をとる．これは図 7.11 に示すようにボリュート，ディフューザポンプのいずれも締切りの際の動力が最小であるから，駆動用の原動機に対して最小の動力で始動できるからである．これに対して，軸流ポンプでは同図でわかるように，締切りの際の動力は非常に大きく，うず巻きポンプのような始動はできない．

いずれのポンプも始動の際にはポンプケーシング内に液体が充満して，必ずポンプ羽根が液中になければポンプ作用を発揮することができない．これは空気に対して羽根車がエネルギーを付与しても，液体を吸い上げるのに必要な圧力を生じないからである．したがって，ポンプ始動時に液が充満していない場合にはこれを充満させる**呼水**（priming）と呼ばれる操作をする必要がある．呼水は主配管と別の系統から液を入れるか，また大形のポンプでは真空ポンプを設備しておき，これを運転して水を充満させる場合もある（**自吸式ポンプ**）．一度運転してから停止した場合は普通吸込み管の入口に設けたフート弁が逆止弁の作用をして，吸込み管ならびにポンプケーシング内の液を漏らないようにすることができるから，長時間の停止でない限りそのまま始動することが可能である．

ポンプ運転において，軸受，軸接手，軸などに対する注意を払うべきことは他の回転機械とまったく同様であるが，留意すべきことは軸封装置（主としてパッキン箱）の作動状態，吸込み管，ポンプケーシングなどの漏れなどであり，吸込み管ならびに軸封装置（吸込み側の）における空気の侵入の有無に注意することは特に重要である．ポンプ作用を害する一番大きな原因はこの点にある．また，吸込み管入口付近につまるごみの類にも気をつけるべきであることはもちろんであるが，さらに吸込み管を吸水槽に入れている場合，吸込み口の位置が水面から少なくとも $1.5d$ 以上（ただし d は吸込み管口径）なければ，吸込み管付近に吸込みうずが発生し，空気が吸い込まれるおそれがある．

うず巻きポンプでは，弁を全閉にした締切り状態で始動することが大きな特徴であるが，締切り運転またはごく小量の吐出し量の運転が長時間にわたるときは，ポンプケーシング内の液体が過熱されるので，これも避けなければならない．

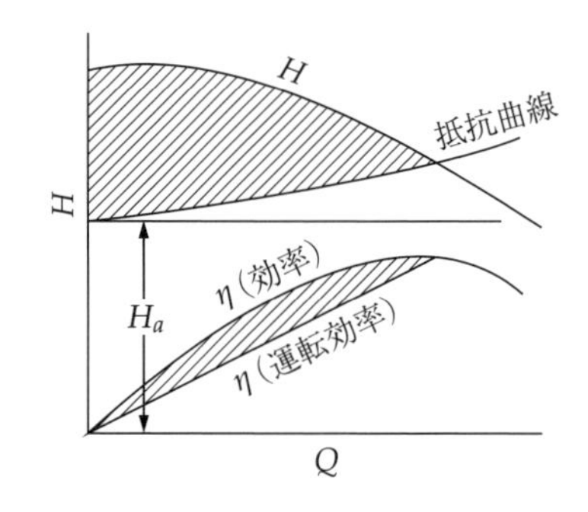

図 7.24　運転効率

7.7.5　うず巻ポンプの運転効率

前項においてうず巻ポンプの吐出し量を調節するのには弁の絞りの方法を用いることを述べたが，図 7.23 において，吐出し弁全開のときの抵抗曲線 I と揚程曲線との交点 P_1 がポンプの作動点であるときは，ポンプがその際に出している揚程 H は実揚程 H_a と Q_n の流量を流すために必要な $h(Q_n)$ に消費されるわけで，H が全部有効に使われている．ところが，弁絞りを行ってポンプの作動点が P_2，P_3 である場合は，絞られた弁のところで無駄に消費されるヘッドがそれぞれ $h_v(Q')$，$h_v(Q'')$ になる．したがって，図 7.24 でハッチングを施した部分（揚程曲線と弁全開のときの抵抗曲線にはさまれる部分）は有効な働きをしない．そこで無効部分を除いて，有効に使用された揚程を用いて効率を求めたものを運転効率といい，これによって得られる運転効率曲線は図に示すように定格の吐出し量以外の運転に際してかなり低下する．

一般にポンプ運転は，常に定格吐出し量のみで運転するのではなく，かなりの定格以下の吐出し量の運転も行われるから，定格以外のところの運転効率も考慮する必要があり，最高効率の値のみがポンプの良否を決める尺度ではない．

7.7.6　ポンプの連合運転

単一の揚水管路に 2 台以上のポンプを設けることがあるが，その結合方法によって直列 (series) および並列 (parallel) とに分けることができる．

ポンプを直列に結合した場合は，原理的には多段ポンプによって揚程を大きくするのと同様と考えられる．3 段のポンプを 2 台直列に結合したとすれば，6 段のポンプと考えてもさしつかえないが，ポンプ間の管路抵抗が増す分を考慮する必要がある．直列の場合は前に据え付けられたポンプで圧力ヘッドを高められ，さらに後続のポンプに入るのであるから，原則的に同一口径のものを用いる．

図 7.25 は同一性能のポンプを 2 台直列に結合したもので，この場合の合成揚程曲線は同一吐出し量のところで 2 倍の揚程を出すとして求めることができる．揚程の異なるポンプを直列に結合した場合も，同一吐出し量のところでおのおののポンプの揚程の和をとって合成揚程曲線を得ることができる．

並列を採用するのは，吐出し量が広範囲に変化するような揚水装置の場合，または別個の給水源から同一管路で送水する場合などであって，必ずしもポン

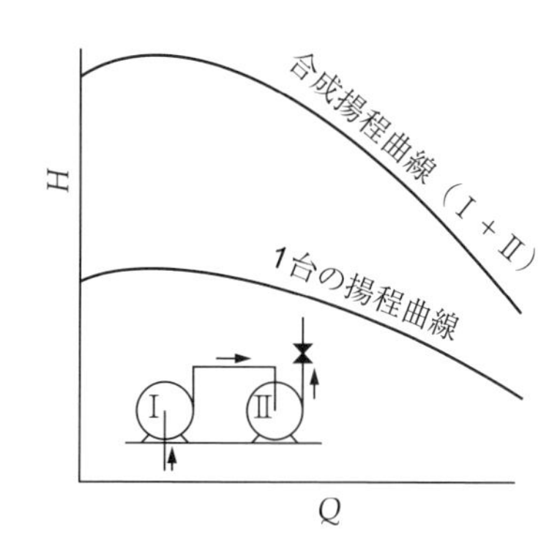

図 7.25　ポンプの直列運転

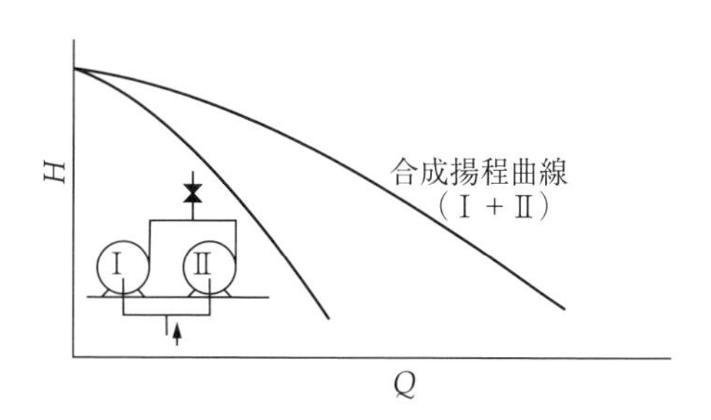

図 7.26　ポンプの並列運転

プ口径が同じでなくてもよい．これは直列の場合のように同一の液体が全部のポンプを通過するのではなく，並列では合流点まではまったく分離されているからである．

図 7.26 は同一性能をもつ 2 台のポンプを並列に結合した場合の合成揚程曲線を示す．この場合は同一の揚程のところの吐出し量が 2 倍となるのであるから，横軸方向に揚程曲線を 2 倍に引き延ばすことによって求めることができる．

図 7.27 は異種の性能のポンプを並列に運転した場合である．各ポンプはチェック弁またはフート弁を設けてあり，合流後にある吐出し弁で合成吐出し量を加減する場合を考える．この場合は上述の場合より複雑である．このような場合は，縦軸には各ポンプの吐出し圧をヘッドで表した H' をとるほうが便利である（合流点までの損失ヘッドが大きいときは，それに相当するものを減じる）．図において a 点で I および II の吐出しヘッド曲線が交わっているとすると，締切り点から a 点までの運転では II のポンプは吐出しできない（もしこの場合，チェック弁またはフート弁がないときは，ポンプ II は逆流を起こし，ポンプ II の逆流特性線上の a 点に相当するヘッドのところで運転されることになる）．a 点において始めてポンプ II も吐出しが可能となるわけで，このときの合成吐出し量は a' 点に相当するものとなる ($\overline{a_0a} = \overline{aa'}$)．

それより吐出し量を増すときは，ポンプ I の吐出し圧 b_1 点に相当するまでの合成吐出し量は $a'b$ の曲線上を移動する作動点によって示される．ただしこの $a'b$ の曲線上の移動は II のポンプが ab_2 曲線に沿って移動する場合であって，同一吐出しヘッドを満足する点は ab_0 曲線上にもあるから点線のような経路をたどる場合もある．このような現象があるため，異種のポンプの並列運転は不

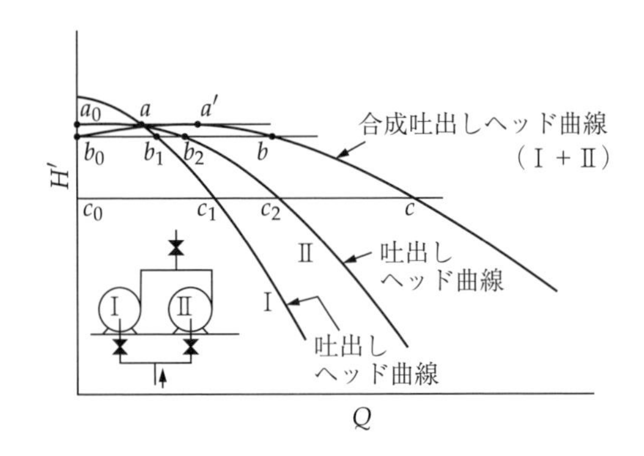

図 7.27　ポンプの並列運転（性能が異なる場合）

安定であるといわれている．しかしこのような現象はⅡのポンプが右上がり特性をもっているからで，ポンプⅠ，Ⅱがともに右下がり特性である場合には生じない．合成吐出しヘッド曲線上の b 点は $\overline{b_0 b} = \overline{b_0 b_1} = \overline{b_0 b_2}$ の条件から，また同様に任意の点 c は $\overline{c_0 c} = \overline{c_0 c_1} = \overline{c_0 c_2}$ によって定まる．

7.8　容積式ポンプ

容積式のポンプは大きく**往復ポンプ** (reciprocating pump) と**回転ポンプ** (rotary pump) に分類される．古くから用いられてきたポンプではあるが，現在では油圧ポンプや燃料ポンプなどの目的で利用される例が多い．

高圧を出す油圧ポンプと油圧アクチュエータとの組合せの上に，諸種の制御弁などを加えた油圧回路は各種の工作機械や作業機械などに盛んに利用されている．油圧制御は確実性があり，高圧油を使用して小形のアクチュエータで大きな操作力を発生できる．油圧回路用の高圧ポンプは高圧・小流量であり，往復形ポンプが適している．

ここでは往復ポンプとして**プランジャポンプ** (plunger pump)，回転ポンプとして**歯車ポンプ** (gear pump) と**ベーンポンプ** (vane pump) について簡単に説明する．

7.8.1　往復ポンプ（プランジャポンプ）

油圧ポンプとして最も高い圧力を出しうるものである．プランジャポンプを大きく分けると，アキシャルプランジャポンプとラジアルプランジャポンプがある．

アキシャルプランジャポンプはラジアルプランジャポンプに比して，ポンプとしての容積も重量も小であって許容回転度も高くとれる．吐出し圧力はアキシャル形では 70〜350 kgf/cm^2（68.6〜343 × 105 N/m^2），ラジアル形では 50〜250 kgf/cm^2（49〜245 × 155 N/m^2）程度である．

(1)　アキシャルプランジャポンプ

図 7.28 はアキシャルプランジャポンプの作動を説明するためのものである．アキシャルプランジャポンプはシリンダブロック内に多数（普通 5，7，9 個）

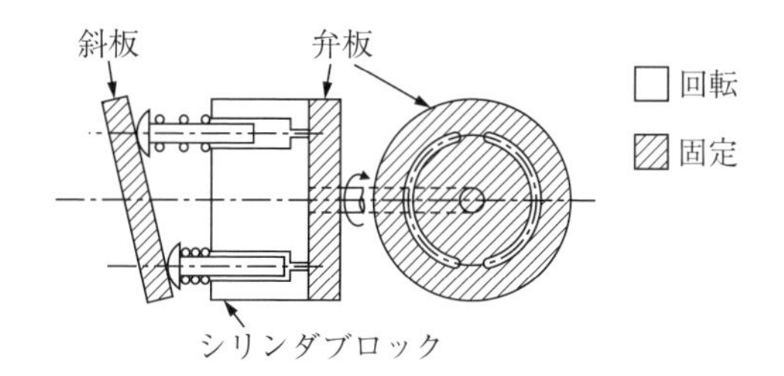

図 7.28　アキシャルプランジャポンプ

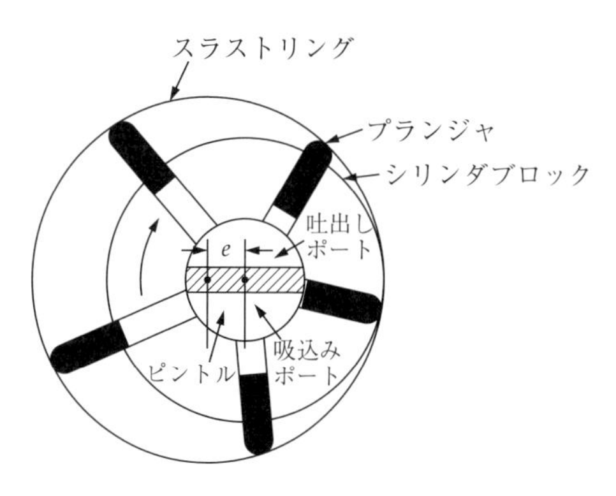

図 7.29　ラジアルプランジャポンプ

のシリンダを備え，それぞれのシリンダにプランジャがはまっている．図の中で斜線の部分は固定され，斜線を補していない部分は軸を中心に回転する．すなわちこの形式では，シリンダブロックが回転すると，静止している斜板のためプランジャが往復するのでポンプ作用をするが，シリンダ端は静止している弁板の面に油通路が通じている．弁坂には図に示すように弓型の溝があって，この溝の位置は前述のシリンダ端面からの油通路出口と軸心からの距離が一致しているので，たとえば図の右側の弓型溝が吸込み口に通じているとすれば，シリンダブロックが回転するとき，プランジャが図において左方に動く間は油通路と弓型溝とが通じシリンダ内に油を吸い込むことができる．左側の弓側溝は吐出し管に通じていて，シリンダブロックの続く半回転で圧油がシリンダから送り出される．

アキシャルプランジャポンプには，このほかに傾斜した駆動軸とともにシリンダブロックが回転するもの，斜板のみが回転するものなどがある．

(2)　ラジアルプランジャポンプ

前述のアキシャルプランジャポンプではプランジャが駆動軸と平行な方向の運動をしたので，そのように名づけられたのであるが，ラジアルプランジャポンプは駆動軸に対して放射方向の往復動をするものである．

図 7.29 にラジアルプランジャポンプの作動原理を示す．シリンダブロックにはプランジャが挿入されていて，固定されているピントルの回りを回転する．同じく固定されているスラストリングの中心とピントルの中心とは e の偏心があるため，シリンダブロックの回転によってプランジャは往復動を行う．

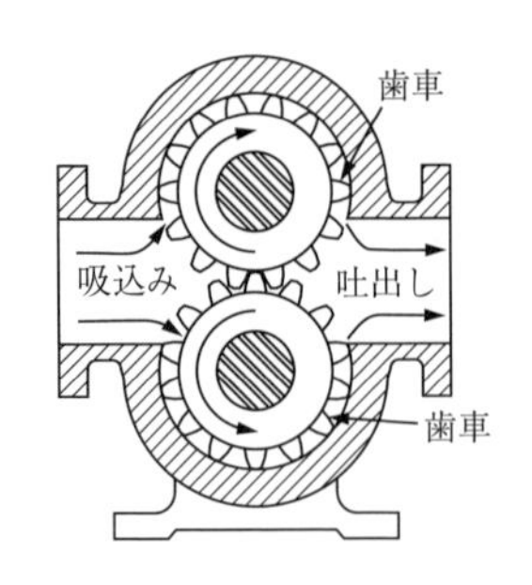

図 7.30　歯車ポンプ

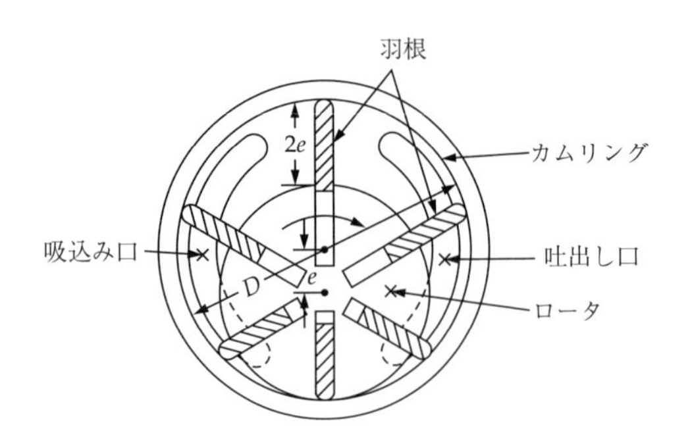

図 7.31　ベーンポンプ

7.8.2　回転ポンプ

回転ポンプ (rotary pump) は原理的には往復ポンプとともに**容積式機械** (positive-displacement machinery) に包含される．回転ポンプは往復ポンプのピストン（またはプランジャ）に代わって回転運動をする**回転子** (rotor) が用いられ，往復ポンプで不可欠であった弁の必要がない．一般に回転ポンプは水以外の油であるとか，ゴム液，人絹ビスコースのような粘度の高い液体を送るのに適しており，往復ポンプと違って弁はないが，固体接触する部分ができるのが最も難点である．したがって，取り扱う液体が油のように潤滑性をもつものでは，接触部分において送られる油自体が潤滑の役目をするから支障はないが，使用液体が潤滑性を有さない場合は接触部分の選択に考慮を要する．以下は油ポンプとして多く使用される**歯車ポンプ** (gear pump) と**ベーンポンプ** (vane pump) について述べる．

(1)　歯車ポンプ

図 7.30 に歯車ポンプを示す．これは駆動歯車と従属歯車がケーシング内で回転し，歯先空間またはねじのかみあい間の空間に満たされた液体を送り出すものである．歯車には平歯車，はすば歯車，やまば歯車，またその他の特殊歯車が用いられる．歯車ポンプは構造が簡単で価格が他の高圧用ポンプに比して安価であるので，油圧用として最も広く使用されている．

(2)　ベーンポンプ

図 7.31 はベーンポンプの作動原理を示す図であるが，これはすべり羽根形に属する．回転する回転子には放射状に多数の溝が切ってあり，この溝の中には

め込まれた羽根（ベーン）の背後には圧力が作用しているので，常に羽根はカムリングの内面に接して回転する．ロータの回転に伴って羽根の間の体積が大きくなる部分には吸込み口，羽根間の体積が小になる部分には吐出し口を設けてあるので，回転子の１回転で１回の吸込み，吐出しが行われる．

8

CHAPTER EIGHT

水車

8.1 分類と概要

水車においても，7章のポンプと同様に適用される比速度に応じて，半径流式，斜流式，軸流式の各形式が用いられるが，これらは基本的に**反動形** (reaction type) の水車である．これに対し，**衝動形** (impulse type) の水車があり，反動形よりさらに高落差の条件に適用される．図 8.1 および表 8.1 には水車の分類と適用範囲を示すが，水車の形式は開発者の名前などから衝動形はペルトン水車，半径流式はフランシス水車，軸流式はカプラン水車などと表すのが普通である．

さらに，近年では発電需給バランスを調整できる揚水発電所が多く建設されてきた．電力の需要は昼夜で大きく変動する．しかしながら大容量の原子力発電所や通常の火力発電所は一定出力の運転に適していて即応性に欠ける．揚水発電所は図 8.2 に示すように上池と下池を有し，電力需要がある場合には通常の水力発電所として働き，原子力発電や風力，太陽光などの再生可能エネルギーの余剰電力が利用できる場合には下池から上池に揚水して次回の発電に備える．一般に，揚水発電所の水車はポンプとしての機能を併せ持つことが要求され，**可逆式ポンプ水車** (reversible pump turbine) と呼ばれる．

水車 (water turbine, hydraulic turbine, hydroturbine) は図 8.3 に示すように，上池から下池に落ちる水の位置ヘッド差を軸出力に変換するものである．水車

表 8.1 水車の分類と適用範囲（主に参考文献 E15 による）

形式		名称	適用範囲例	
			有効落差 H [m]	比速度 N_s [1/min, kW, m]
衝動形		ペルトン水車	100～800	8～30
反動形	半径流式	フランシス水車	20～500	50～350
	斜流式	デリア水車	40～180	130～300
	軸流式	カプラン水車	5～80	150～1000
		バルブ(チューブラ)水車	～20	500～

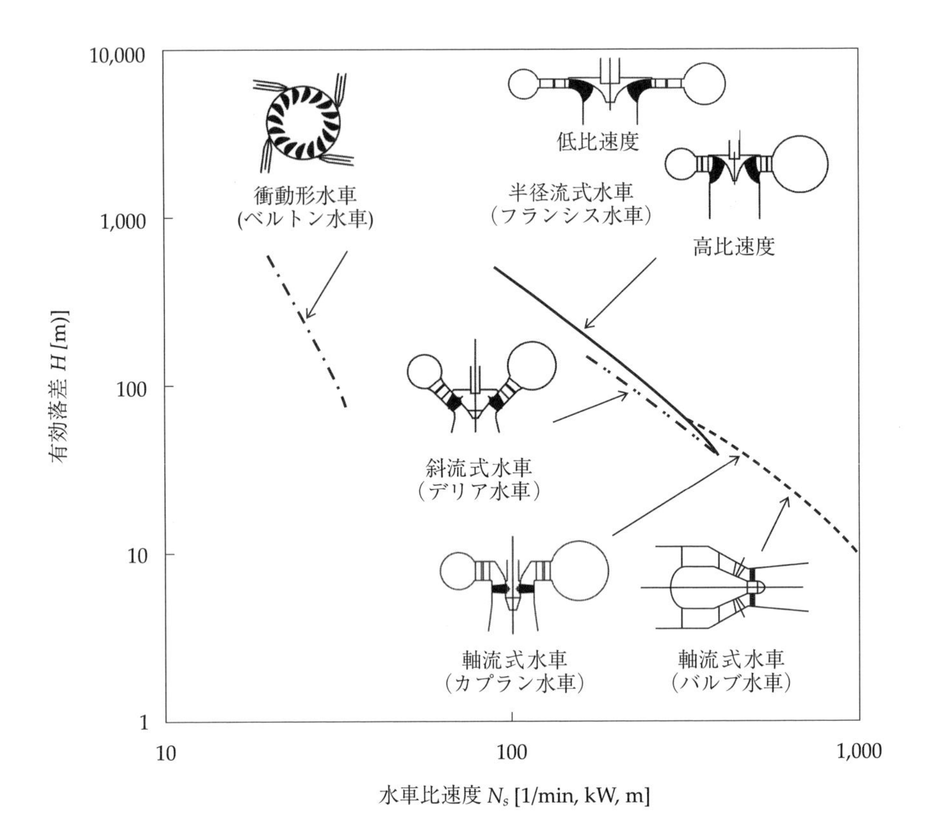

図 8.1　水車の分類

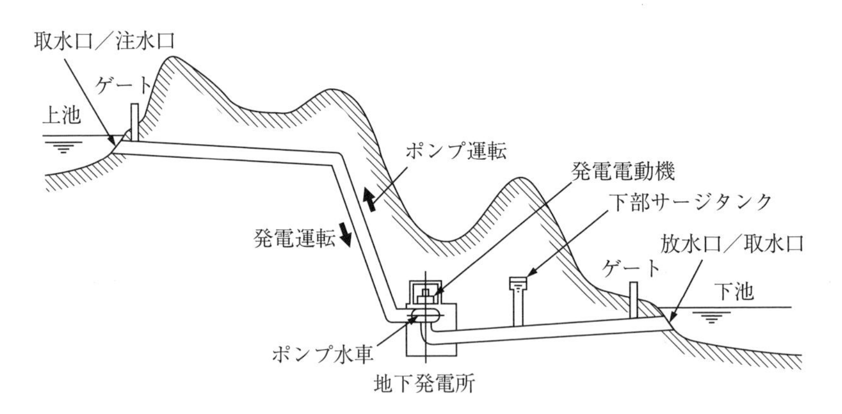

図 8.2　揚水発電所の概要

の有効落差（ヘッド）H は次式で示される．

$$H = H_a - (h_1 + h_2) - \frac{{v_2}^2}{2g} \quad [\mathrm{m}] \tag{8.1}$$

水車効率を η_T とすれば，水車の出力 P は次式で与えられる．

$$P = \eta_T \rho g Q H \times 10^{-3} \quad [\mathrm{kW}] \tag{8.2}$$

ここに，H ：有効落差 [m]

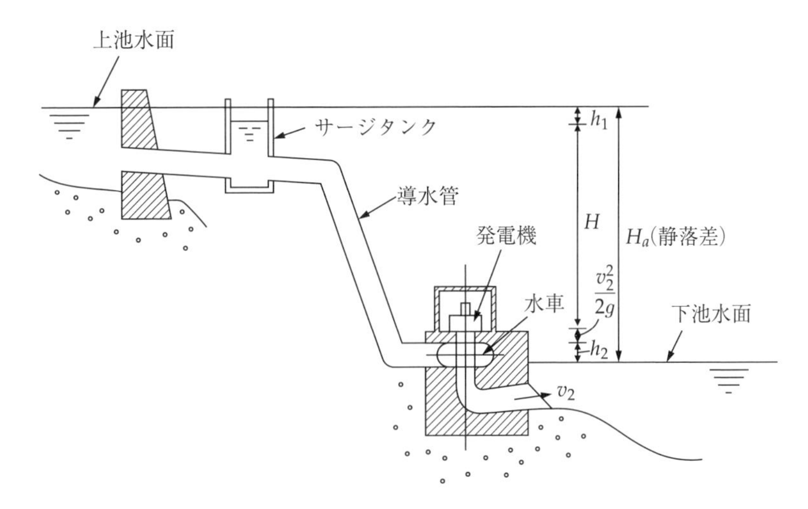

図 8.3　水力発電所（水車とヘッド）

H_a：静落差（取水口水面と放水口水面との高低差）[m]
h_1：取水口水面から水車入口 1 までの損失ヘッド [m]
h_2：水車出口 2 から放水口水面までの損失ヘッド [m]
v_2：水車からの流出速度 [m/s]
Q：流量 [m^3/s]
ρ：密度 [kg/m^3]
g：重力加速度 [m/s^2]

水車の比速度（出力比速度）は回転数 N，有効落差 H と出力 P を用いて，次式で示すのが一般的である．

$$N_s = \frac{NP^{\frac{1}{2}}}{H^{\frac{5}{4}}} \quad [1/\mathrm{min}, \mathrm{kW}, \mathrm{m}] \tag{8.3}$$

ポンプ水車では，5.1 節で述べたポンプと同様に次式の比速度（流量比速度）が用いられる．

$$N_s = \frac{NQ^{\frac{1}{2}}}{H^{\frac{3}{4}}} \quad [1/\mathrm{min}, \mathrm{m}^3/\mathrm{s}, \mathrm{m}] \tag{8.4}$$

8.2　水車の構造と特徴

8.2.1　フランシス水車

半径流式の水車は**フランシス水車** (Francis turbine) と呼ばれる．遠心ポンプと類似した形状であるが，流れは外周側からうず巻きケーシングを通って案内羽根（ガイドベーン；guide vane）によって増速，旋回成分を与えられたあとランナに流入し，ランナ内部で角運動量を失ってほぼ無旋回の状態で中心部分から吸出し管 (draft tube) を通って放水口に排出される．したがって，案内羽根出口における流体が持つ角運動量によって駆動トルクが発生する．図 1.1(e),

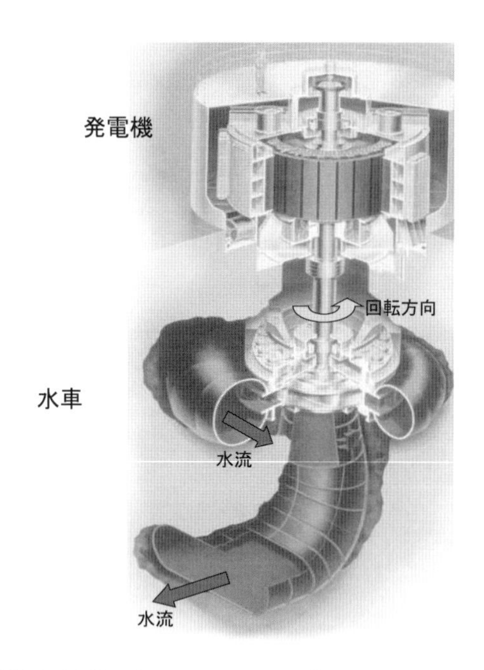

図 8.4　フランシス水車の全体構造（東芝エネルギーシステムズ）

図 8.10 にはフランシス水車の翼配置と内部流れを示すが，案内羽根は可動式となっており，この角度を変えることによって流量，出力調整を行う．

図 8.4 は立軸フランシス水車および発電機の全体レイアウトを示す．

フランシス水車のランナは一体型の単純な構造であって強度上も有利であり，また，ランナ形状（羽根高さと外径の比）を変化させることによって低比速度から斜流式に近い高比速度のものまで幅広い作動領域に対応することができる．このため，フランシス水車は最も広く採用されている．図 8.5 には低比速度フランシス水車および高比速度フランシス水車の例を示す．横軸形のものと立軸形の双方が用いられるが，前者は比較的小容量の場合に適用される．

8.2.2　ペルトン水車

ペルトン水車 (Pelton turbine) は図 8.6 に示すように，ニードル弁状の**ノズル** (nozzle) によって加速された水流がランナに設けられた**バケット** (bucket) に衝突する際の運動量変化によって仕事を得る衝動形の水車である．横軸形と立軸形があり，前者は主に小容量機に採用される．

ペルトン水車では，ノズルからのジェットは大気圧条件で作動するランナに対して噴出される．水車では送電事故などで負荷が急になくなった場合，過回転を防止するためには流量を急速に絞ることが望ましい．しかしながら，急激に入口弁を閉止することは深刻な水撃を発生させる危険がある．ペルトン水車では，緊急時にはデフレクタと呼ばれる偏流板をノズル出口に移動させて流れをバケットからそらすことによって水撃を回避しながら駆動トルクをゼロとする．

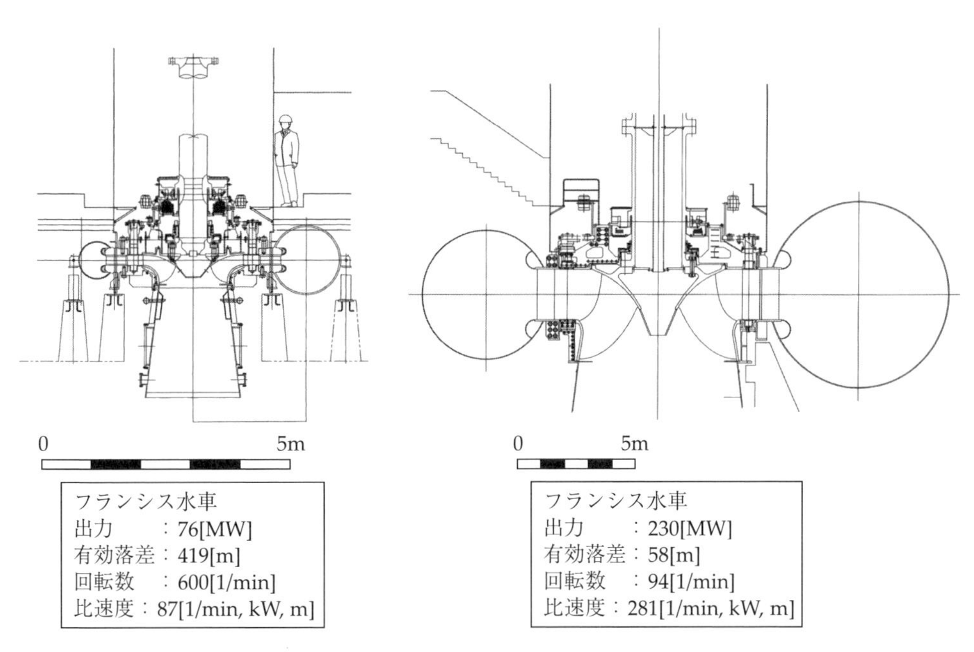

図 8.5　フランシス水車の例．左：低比速度機，右：高比速度比（東芝エネルギーシステムズ）

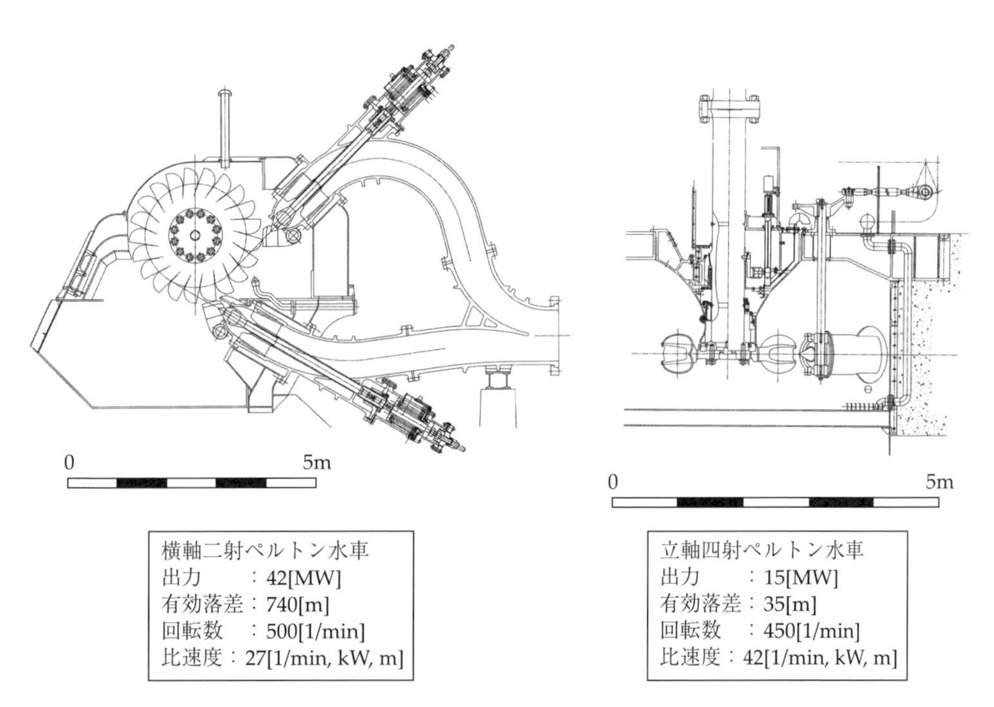

図 8.6　ペルトン水車の例（東芝エネルギーシステムズ）

8.2.3　斜流水車・デリア水車

斜流水車 (diagonal-flow turbine) は比較的新しい形式であり，全体的な構造はフランシス水車によく似ている．斜流水車のうち，特に可動ランナ羽根を持つものは**デリア水車** (Deriaz turbine) と呼ばれる．斜流水車はフランシス水車と軸流水車の中間的な特性を有し，両者の境界領域で採用される．

8.2.4　軸流（プロペラ）水車・カプラン水車

軸流式の水車は**プロペラ水車** (propeller turbine) と呼ばれる．図 8.7 に示したように，立軸で大容量のプロペラ水車では全体的な構造は前出のフランシス水車や斜流水車とよく似ている．また，デリア水車と同様に可動ランナ羽根を持つ場合が多く，**カプラン水車** (Kaplan turbine) とも呼ばれる．

8.2.5　バルブ水車

カプラン水車に比して，横軸形のプロペラ水車は比較的小流量・低落差の条件で用いられる．横軸型で円筒ケーシングを用いたものは**チューブラ水車** (tubular turbine)，この中で軸受部と発電機を一体化して流路内に設けたものは**バルブ水車** (bulb turbine) と呼ばれる (図 8.8).

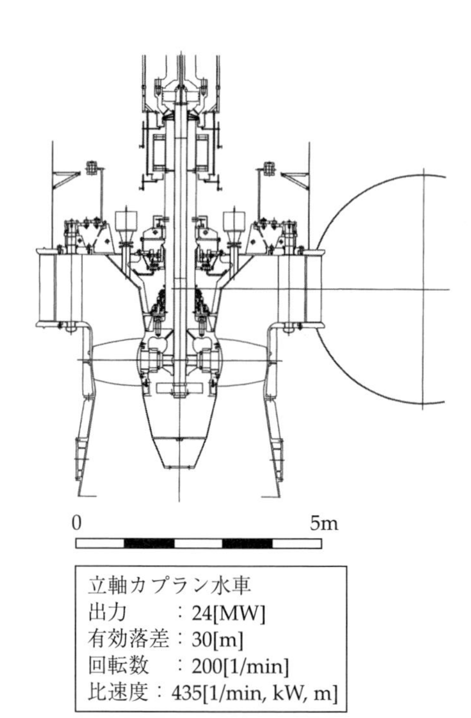

図 8.7　カプラン水車の例（東芝エネルギーシステムズ）

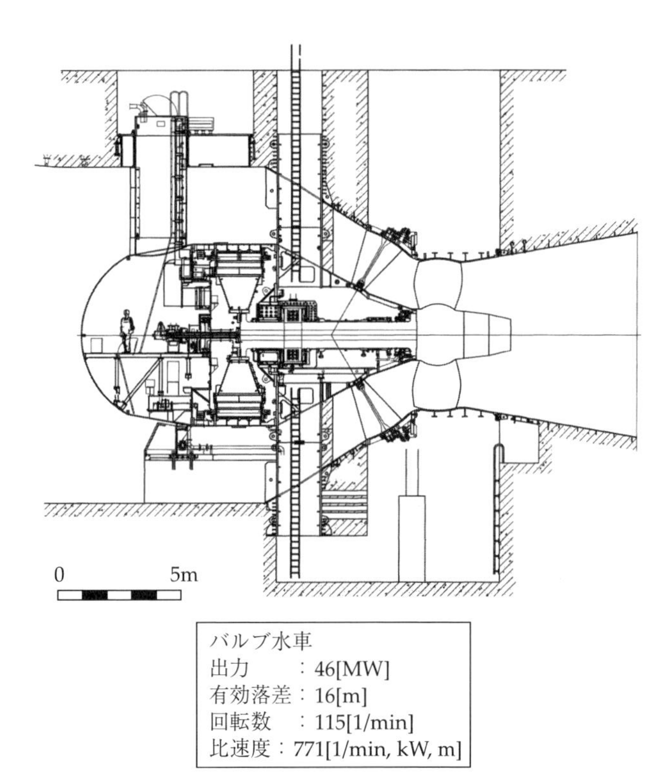

図 8.8　バルブ水車の例（東芝エネルギーシステムズ）

8.2.6　ポンプ水車

先に述べたように，揚水発電所で用いられる水車はポンプの機能を併せ持ち，**可逆式ポンプ水車** (reversible pump turbine) と呼ばれる．水車と同様に，比速度に応じて軸流式，斜流式，半径流式が用いられている．また，落差が大きい場合には水車と多段ポンプを別々に用いる場合もあるが，現在用いられている大容量ポンプ水車は図 8.9 のような可逆式で半径流式（フランシス形）が多い．

8.2.7　マイクロ水車

再生可能エネルギーの有効活用の観点から，大規模なダムを有する大容量の水力発電地点だけでなく渓流や小河川など小流量・低落差の資源を活用するために小容量の水力発電が開発されているが，とくに出力 1000 kW 以下のものを**小水力発電** (small hydropower)，さらに 100 kW 以下のものは**マイクロ水力発電** (micro hydropower) と呼ばれる．

これらに対しては，大容量の水車と同様のフランシス水車，ペルトン水車，プロペラ水車などを小型化したもの，ペルトン水車と似た構造を持つ衝動水車である**ターゴインパルス水車** (turgo impulse turbine)，クロスフローファンと同様の構造であり，古くからの実績がある**クロスフロー水車** (cross flow turbine) などさまざまな形式のものが提案されている．

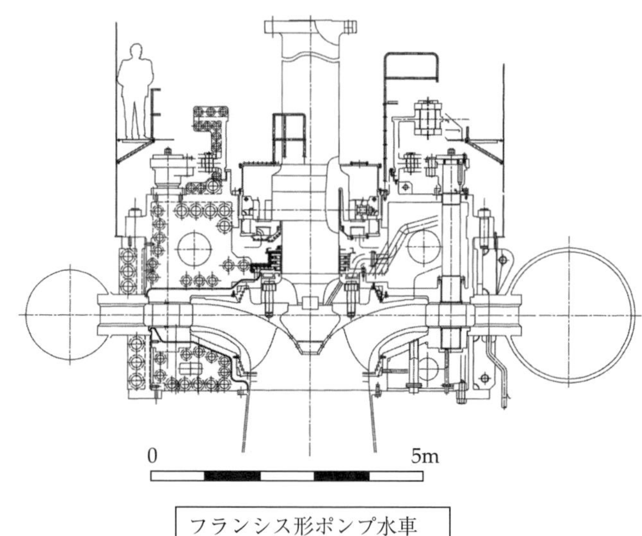

図 8.9　フランシス形ポンプ水車の例（東芝エネルギーシステムズ）

8.3　水車の理論

8.3.1　反動水車の理論

遠心式の反動水車を例に取り，羽根車理論と性能の関係を示す．流量 Q が通過することによるガイドベーン出口で与えられる絶対速度の周方向成分 v_{u_1} は，羽根車（水車，ポンプ水車ではランナという場合が多く，以下ランナを用いる）入口での角運動量を与えるが，ランナの発生するトルク T は，ランナ出口での放出する角運動量の差分であり，3.2 節に示すオイラーの式に準ずる．図 8.10 にフランシス水車のベーン配置を，図 8.11 にランナ入口・出口の速度三角形を示す．

ここで，流れはステーベーン，ガイドベーン，ランナの順に流れ，ランナの入口を添え字 1 で，出口を 2 で示す．ゆえに，ランナを回転するために使われるトルク T は，式 (3.3) と同様に

$$T = \rho Q(r_1 v_1 \cos\alpha_1 - r_2 v_2 \cos\alpha_2) \tag{8.5}$$

と表せる．3.2 節に準じてオイラーヘッド（理論落差）を求めると，式 (3.5) から，

$$H_{th} = \frac{1}{g}(u_1 v_{u_1} - u_2 v_{u_2}) \tag{8.6}$$

となる．被動機と同様に，羽根車出口でのスリップを考える必要があるが，タービンの場合には，スリップがランナのベーン枚数や出口角度だけではなく，負荷や曲率などにもよるため，経験式としても確立されていない．また，一般に水車の場合には，羽根枚数がポンプに比べて多く，またランナ内が増速翼列に

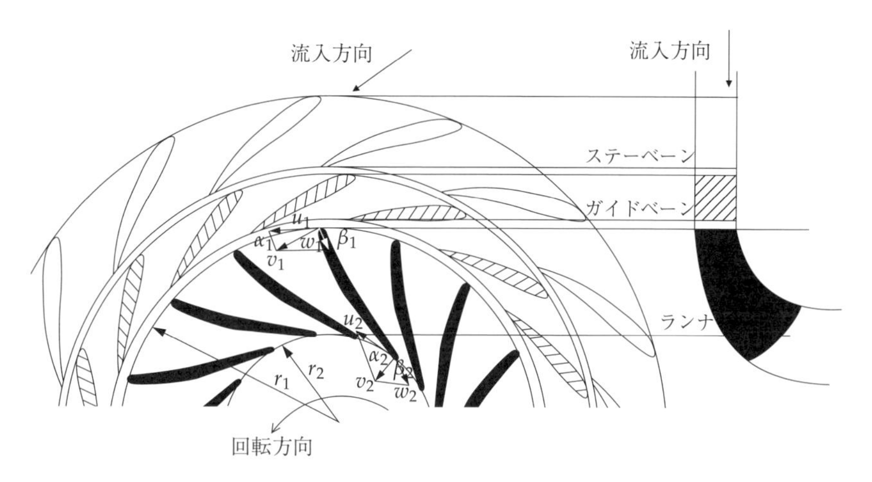

図 8.10　フランシス水車のベーン配置と内部流れ

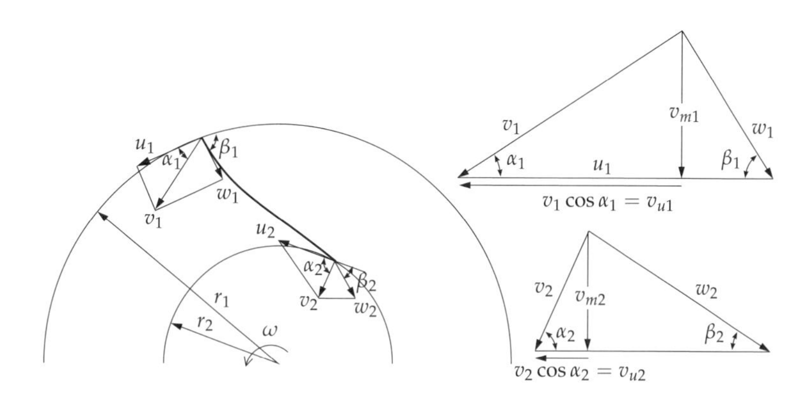

図 8.11　速度三角形

なっているため，スリップはポンプに比べて小さい．ポンプ水車のランナは，遠心ポンプと同様な設計手法がとられランナのベーン枚数が少ないため，相対的にスリップは水車のランナよりも大きくなる．

ランナはランナを通過する流量 Q_m と，有効落差 H およびランナの角速度 ω，回転軸出力トルク T から，次の式を得ることができる．ここで，ランナを通過する流量 Q_m は，水車流量 Q よりもクラウン，バンド側のランナと静止壁とのすき間を流れる漏れ流量 q の分だけ少ないことに注意する．

$$T\omega = \rho g Q_m H \tag{8.7}$$

水車では，水車に与えられる有効落差 H から，ランナを除く固定水車構成要素（ケーシング，ステーベーン，ガイドベーン，吸出し管）の損失ヘッド h_ℓ を引いたものがランナに与えられる理論ヘッドであり

$$H_{th} = H - h_\ell \tag{8.8}$$

となる．ランナ内部でも 7.6 節に示すポンプ諸損失と同様に，摩擦損失 h_f，衝突損失 h_s，広がり損失 h_d，不均一な流れが均一化するときに混合損失 h_m などが発生することから，実際にランナが水から得られるランナヘッド H_R は，H_{th}

よりも低下し，以下の式を得ることができる．

$$H_R = H_{th} - h_f - h_s - h_d - h_m \tag{8.9}$$

有効落差 H とランナヘッド H_R との比は比エネルギー効率 η_E (specific energy efficiency) といい，以下式で示される．

$$\eta_E = \frac{H_R}{H} \tag{8.10}$$

16.4 節に示すように，ランナには，回転円板であるランナクラウン，バンドが静止側とのすき間内で発生する円板摩擦損失 P_{LD} および軸受，軸シール部での損失 P_{LM} が発生するため，水車軸から外部に取り出すことができる水車出力 P は，ランナ出力 P_R よりも小さくなり，

$$P = P_R - P_{LD} - P_{LM} \tag{8.11}$$

となる．ランナ出力 P_R はランナヘッド H_R を用いて，

$$P_R = \rho g H_R (Q - q) \tag{8.12}$$

となる．ランナ出力 P_R と回転軸出力 $P_R - P_{LD}$ $(= P + P_{LM})$ は，動力効率 η_R (power efficiency) と呼び，以下の式で定義される．

$$\eta_R = \frac{P_R - P_{LD}}{P_R} = \frac{P + P_{LM}}{P_R} \tag{8.13}$$

この回転軸出力に対する水車出力の比を機械効率 (mechanical efficiency) η_m と呼び，

$$\eta_m = \frac{P}{P_R - P_{LD}} = \frac{P}{P + P_{LM}} \tag{8.14}$$

で示される．次に，クラウン，バンドの外周から漏れる流量を q とすると，ランナ流量 Q_m と漏れ流量 q との関係より流量効率 η_Q (discharge efficiency) は以下のように示される．

$$\eta_Q = \frac{Q - q}{Q} = \frac{Q_m}{Q} \tag{8.15}$$

水車の水力効率 ηh (hydraulic efficiency) は，水車に与えられる全エネルギー $\rho g Q H$ とランナからの回転軸出力 $P_R - P_{LD}$ $(= P + P_{LM})$ の比により与えられる．

$$\begin{aligned}\eta_h &= \frac{P_R - P_{LD}}{\rho g Q H} = \frac{P + P_{LM}}{\rho g Q H} = \frac{\eta_R \cdot P_R}{\rho g Q H} = \eta_R \cdot \frac{\rho g H_R (Q - q)}{\rho g Q H} \\ &= \eta_R \cdot \eta_E \cdot \eta_Q\end{aligned} \tag{8.16}$$

また，水車効率（全効率）η(efficiency) は，以下のように示される．

$$\begin{aligned}\eta &= \frac{P}{\rho g Q H} = \eta_m \cdot \frac{P + P_{LM}}{\rho g Q H} \\ &= \eta_m \cdot \eta_h = \eta_m \cdot \eta_R \cdot \eta_E \cdot \eta_Q\end{aligned} \tag{8.17}$$

一方，ポンプ水車のポンプ運転では，ランナを通る流量 Q_m は $Q + q_\ell$，ポンプ入力 P は，ランナ入力 P_R と円板摩擦損失 P_{LD} に費やされるため，

比エネルギー効率

$$\eta_E = \frac{H}{H_R} \tag{8.18}$$

流量効率

$$\eta_Q = \frac{Q}{Q+q} \tag{8.19}$$

動力効率

$$\eta_R = \frac{P_R}{P_R + P_{LD}} = \frac{P_R}{P - P_{LM}} \tag{8.20}$$

水力効率

$$\begin{aligned}\eta_h &= \frac{\rho g H Q}{P - P_{LM}} = \frac{\rho q H Q}{P_R/\eta_R} = \eta_R \cdot \frac{g\rho H Q}{g\rho H_R(Q+q)} \\ &= \eta_R \cdot \eta_E \cdot \eta_Q\end{aligned} \tag{8.21}$$

機械効率

$$\eta_m = \frac{P - P_{LM}}{P} = \frac{P_R + P_{LD}}{P} \tag{8.22}$$

全効率

$$\begin{aligned}\eta &= \frac{\rho g H Q}{P} = \eta_m \cdot \frac{\rho g H Q}{P - P_{LM}} \\ &= \eta_m \cdot \eta_h = \eta_m \cdot \eta_R \cdot \eta_H \cdot \eta_Q\end{aligned} \tag{8.23}$$

となる．これらの詳細は参考文献 C2 を参照のこと．

8.3.2 衝動水車の理論

衝動水車の代表としてペルトン水車を用いて理論を説明する．

ペルトン水車の出力は，相対速度 $w_1 = v_1 - u$ の流れが $180° - \beta_2^\circ$ 転向し，相対速度 w_2 で流出した場合の運動量変化によって得られる．いま，減速比 k を用いて $w_2 = kw_1$ とすれば，水車の出力 P は

$$P = \rho Q u(v_1 - u)(1 + k\cos\beta_2) \times 10^{-3} \quad [\mathrm{kW}] \tag{8.24}$$

ただし，

P : 水車出力 [kW]
ρ : 水の密度 [kg/m^3]
Q : 流量 [m^3/s]
u : バケットの周速度 [m/s]
v_1 : 噴流の速度 [m/s]
k : バケット出入口の相対速度比 [$= w_2/w_1$]
β_2 : 噴流方向から測ったバケットの出口角度

式 (8.24) から，Q および v_1 が与えられた場合，P は $u = 1/2u$ のとき最大となることがわかる．

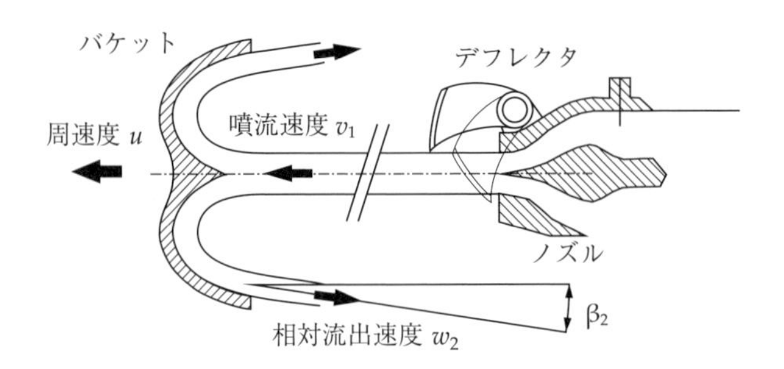

図 8.12　ペルトン水車における流れ

ペルトン水車は設計条件の効率においては後述する反動形の水車に及ばないが，図 8.12 からもわかるように運転条件が変化してノズル流量が小さくなっても反動形水車のように速度三角形はほとんど変化しないため，広い出力範囲で設計点に近い効率を得ることができる．さらに，負荷に応じてノズル数を制御することにより，最大出力の 10% 程度までほぼ効率を一定とすることができる．ノズルの数は，横軸の場合はレイアウトの関係から 2 ノズルまで，立軸の場合は最大 6 ノズルの間で選定されている．図 8.6 には横軸二射と立軸四射ペルトン水車の例を示す．ペルトン水車では，ノズルのジェットは大気圧中で作動するランナに対して噴出される．このため，反動形水車と異なり，水車下流側のヘッド H_2 は水車出力に寄与しない．

8.4　水車の性能表示

8.4.1　ランナの型式とエネルギーの利用

式 (3.6) によりランナのオイラーヘッドは，相対速度，絶対速度，周速度で表すことができ

$$H_{th} = \frac{v_1^2 - v_2^2}{2g} + \frac{u_1^2 - u_2^2}{2g} + \frac{w_2^2 - w_1^2}{2g} \tag{8.25}$$

となる．このうち右辺はランナ入口・出口について，第 1 項は運動エネルギーの変化を，第 2 項，第 3 項は静圧力の変化であり，特に第 2 項は，ランナの周速度（遠心作用）によるヘッド変化，第 3 項は減速（ディフューザ），増速（ノズル）効果によるヘッド変化を示している．

ペルトン水車やターゴインパルス水車などの衝動形ランナ (impulse turbine) は，運動エネルギーの変化のみによって流体のエネルギーを変換し，また，フランシス水車，デリア水車，カプラン水車，バルブ水車は，運動エネルギーの変化に加えて，静圧力の変化も利用して，流体のエネルギーを変換する．

図 8.13 に反動形水車のランナ形状を示す．比速度が小さいほど，第 2 項の変化を用い，比速度が大きくなると第 3 項の変化を主に用いる．

水車の場合には落差を基準として，図 8.14(a) に示すように横軸に回転速度，縦軸に効率，出力，トルク，流量をとって特性を表記する．さらに，水車性能は模型試験で確認されることが多いため，単位寸法・落差に換算された下記無

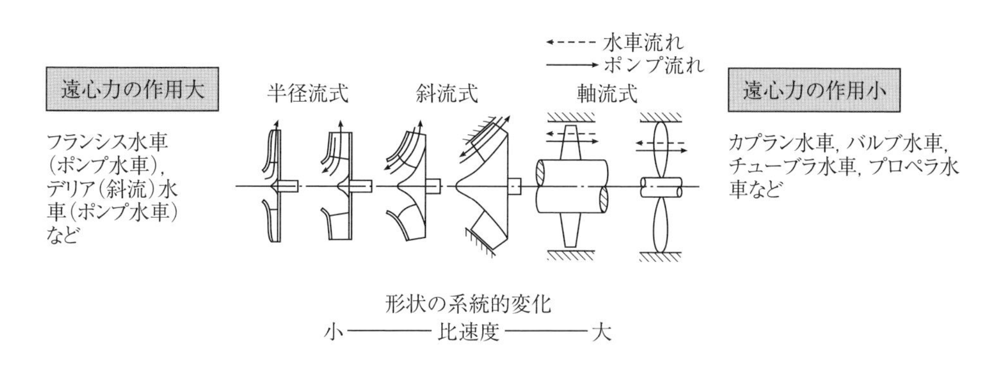

図 8.13 反動形水車のランナ形状

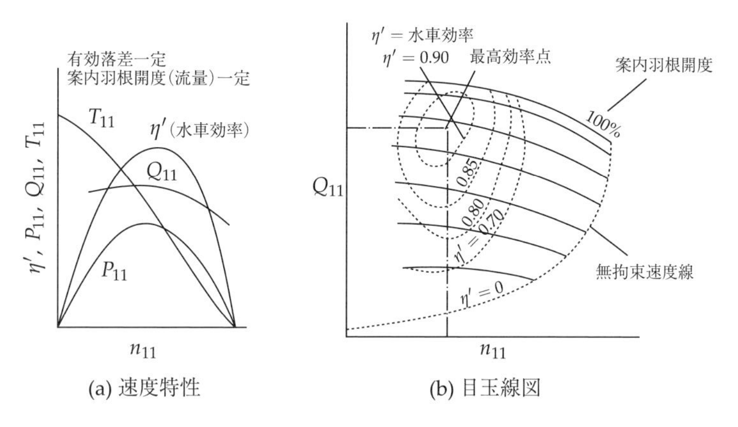

図 8.14 水車の特性

次元値を用いて表示される.

単位回転速度 (unit rotational speed)：$n_{11} = \dfrac{ND}{H^{\frac{1}{2}}}$

単位流量 (unit discharge)：$Q_{11} = \dfrac{Q}{D^2 H^{\frac{1}{2}}}$

単位トルク (unit torque)：$T_{11} = \dfrac{T}{D^3 H}$

単位出力 (unit output)：$P_{11} = \dfrac{P}{D^2 H^{\frac{3}{2}}}$

同図に示すように，原動機である水車ではトルク T が減少すれば回転数は増加する．無負荷運転状態となってトルクがゼロとなったときの回転数を**無拘束速度** (runaway speed) と呼ぶ．実際に無拘束速度までは達しないまでも系統事故などによって負荷が急激に失われることは考えられるので，設計上の配慮が必要である．また，図 8.14(b) は横軸に回転速度，縦軸に流量をとり，さらに案内羽根開度と効率の関係を示したもので，目玉線図と呼ばれる．

8.4.2 水車の性能と流動不安定

通常，水車の設計においては，ランナ出口で旋回がないように設計する．すなわち，設計点では，式 (8.6) での v_{u_2} は 0 となり，ガイドベーンからの旋回流

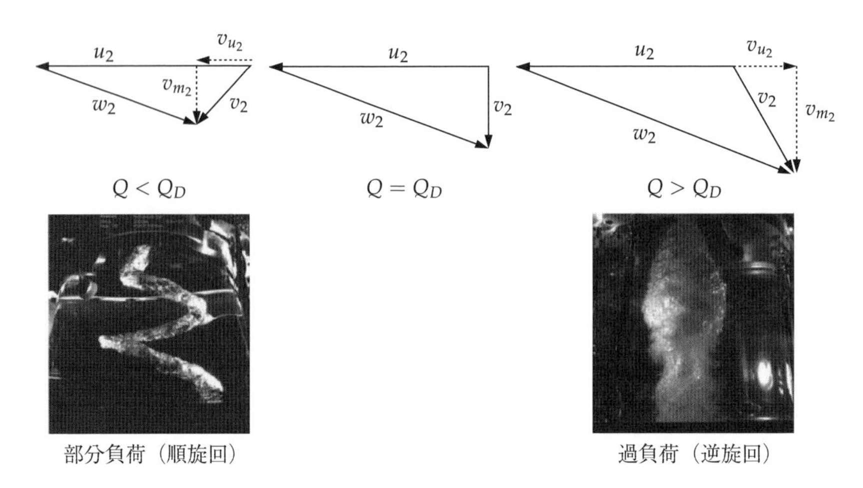

図 8.15　ランナ出口速度三角形とドラットチューブ内のうず芯形状（ローザンヌ工科大学）

れ v_{u_1} だけで角運動量が決まり，通常はこの点を最高効率点とする．

一方，設計点流量 Q_D よりも流量が大きい場合，あるいは小さい場合には，ランナ出口で絶対速度の旋回速度が残り，小流量（部分負荷）では，ランナの回転方向と同じ方向の旋回が残り，また，大流量（過負荷）では，ランナの回転方向とは逆方向の旋回が残る．すなわち，式 (8.6) よりわかるとおり，ランナ出口の流れにより部分負荷では，ランナの角運動量が減少し，過負荷では，ランナの角運動量が増大する．このランナ出口の順旋回，逆旋回流れにより，吸出し管内には，図 8.15 に示すように大きな旋回が残り，吸出し管の圧力により，キャビテーションが生じる．このキャビテーションは小流量時の順旋回時にはおよそ 1/2 から 1/4 位の旋回速度で回転（うず芯ふれ回り）し，大きな圧力変動を誘起する．この圧力変動は，水車の大きな振動や騒音を誘起するため，水車の出力は下限が設定されている．一方，大流量時には，キャビテーションの体積が大きく変動し，水車のみならず管路系にも大きな流量変動，圧力変動をもたらすキャビテーションサージという現象を引き起こす場合がある．

うず芯のふれ回りは強制振動であるが，キャビテーションサージは自励振動現象であり，その安定性は圧力，体積の変動に対するキャビテーション体積の変動の値に大きく作用される．次式に示すように圧力変動に対するキャビテーション体積の変動をキャビテーションコンプライアンス，圧力変動に対するキャビテーション体積の変動をマスフローゲインファクタといい，前者は後者に比べてキャビテーションサージ発生時のシステムの安定性に大きく影響する．

キャビテーションコンプライアンス C

$$C = -\frac{\partial V_{cav}}{\partial p} \tag{8.26}$$

マスフローゲインファクタ M

$$M = -\frac{\partial V_{cav}}{\partial Q} \tag{8.27}$$

吸出し管内でのうず芯ふれ回りやキャビテーションサージによる不安定流動

現象は，設計時ではランナ出口の流動コントロールにより，また，運転時には吸出し管内への空気吹き込みによって不安定性が軽減する．

また，式 (8.25)，(8.26) を用いて吸出し管内の流量変動は以下の式で表すことができる．

$$\frac{d^2\tilde{Q}}{dt^2} - \frac{1}{L}\left(\frac{M}{C} - R\right)\frac{d\tilde{Q}}{dt} + \frac{\tilde{Q}}{LC} = 0 \tag{8.28}$$

ただし　V_{cav}：キャビテーション体積，p：圧力，Q：流量，L：管路長さ，R：流体抵抗，$\tilde{Q}$：流量変動

この式中の左辺第2項はこのシステムの減衰を表していて，L は正であるから，$M/C - R$ が正のときにこの系は自励振動になり得る．

9

CHAPTER NINE

流体継手・トルクコンバータ

9.1 分類と概要

液体を作動流体として被動機と原動機を組み合わせた流体機械には**流体継手** (fluid coupling) と**トルクコンバータ** (hydraulic torque converter) がある．両者とも基本的にはターボ形のポンプとタービンを作動油が充填された密閉容器内に向かい合わせに配置し，外部動力でポンプを駆動して機械的動力を流体エネルギーに変換し，この流体エネルギーをタービンによって再び機械的動力として外部に取り出す流体機械である．この流体伝導装置は，1905 年にドイツの Herman によって発明された．

9.2 流体継手

(1) 構造

流体継手の概念図を図 9.1 に示す．入力軸と出力軸は同一軸上に配置され，入力軸にポンプ羽根車を，出力軸にタービン羽根車が取りつけられている．内部に充てんする流体は，一般には鉱物油が使われる．ポンプとタービン羽根車は互いに向き合って結合され，羽根車には 30〜40 枚程度の径向き羽根が使われる．入力軸の回転によってポンプ羽根車内の流体は外径側に押し出され，タービン羽根車内は，角運動量を受けて出力軸の回転エネルギーを生み出す．

(2) 性能と内部流れ

流体継手は回転動力を伝達する機械であり，機械式の継手に対して以下の特徴を持つ．

- 起動抵抗の低減
- 衝撃的な入出力変化の影響緩和
- ねじり振動の吸収

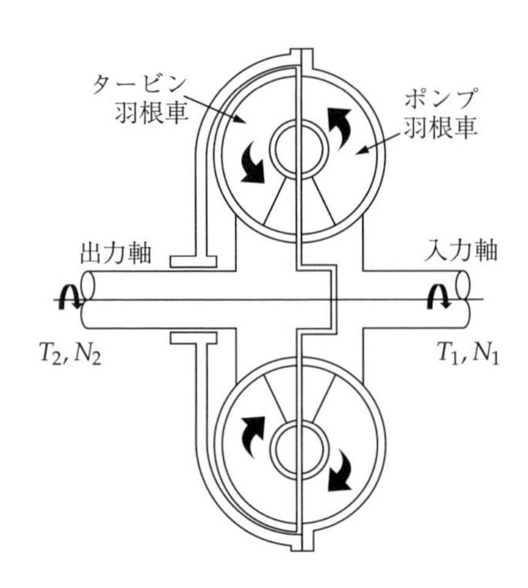

図 9.1　流体継手の概念図

さらに流体継手にはクラッチ機能を持つものや出力軸回転数を入力軸回転数に対してなめらかに変更できるようにしたものもあり，たとえば歯車変速機と組み合わせて内燃機関や原動機とポンプとの結合などに適用されている．流体継手ではケーシング内に入力軸に結合されたポンプ羽根車と出力軸に結合されたタービン羽根車が向かい合わせに配置されている．外部からの動力によってポンプ羽根車が駆動されると，作動流体は遠心力によって内側から外側に向かう流れを生じ，これがタービンに流入して矢印のような循環流が生じて出力軸に動力が伝達される．

定常の状態ではポンプ羽根車とタービン羽根車の関係だけであるので，ポンプ羽根車が流体に与えるトルク T_1 とタービンが流体から受けるトルク T_2 は等しくなり，流体の受けるトルクの総和はゼロとなる．実際には摩擦などによる損失トルク T_m があるため，

$$T_2 = T_1 - T_m \tag{9.1}$$

となる．流体継手の伝達効率 η は，入力動力を P_1，出力動力を P_2，入力軸回転数を N_1，入力軸回転数を N_2 とすれば，

$$\eta = \frac{P_2}{P_1} = \frac{T_2 N_2}{T_1 N_1} = \frac{(T_1 - T_m)N_2}{T_1 N_1} \approx \frac{N_2}{N_1} = 1 - \frac{S}{100} \tag{9.2}$$

となる．入力軸回転数 N_1 と出力軸回転数 N_2 の比 $e = N_2/N_1$ を速度比，トルク T_1 と T_2 との比をトルク比 $t = T_2/T_1$ と呼ぶが，式からわかるように，損失トルク T_m が十分小さい範囲では η は速度比 e に一致する．流体機械の相似則（5.1.2 項）によると，同一速度比 ($e = 1$, $N = N_1 = N_2$) では，羽根外径 D，流量係数 K_Q，トルク係数 K_T とすると，循環流量 Q，トルク T $(= T_1 = T_2)$ は，回転速度の 1 乗および 2 乗に比例し，

$$Q \cong KQND^3 \tag{9.3}$$

$$T \cong K_T N^2 D^5 \tag{9.4}$$

で表される．K_Q，K_T は羽根・流路形状，作動油の密度，粘度，充てん量により変化する．図 9.2 に速度比 e と η の関係を示すが，速度比 e が 1 に近づくと，

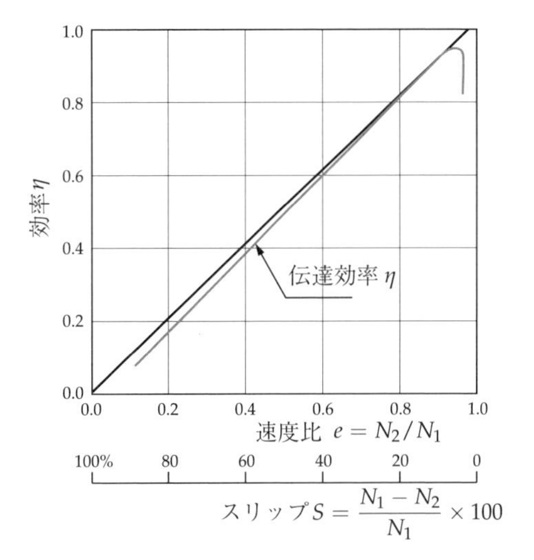

図 9.2 流体継手の伝達効率

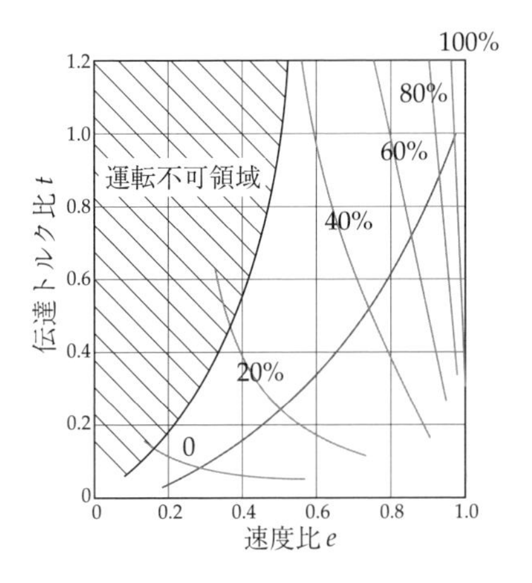

図 9.3 可変速形流体継手の特性

入・出力軸はほぼ一体となって回転するために作動流体が循環しなくなってηは急激に低下する．したがって，流体継手はηがピークとなる$e = 0.95$〜0.98程度付近で常用される．流体継手にはポンプ羽根車，タービン羽根車とも比較的単純なラジアル向きの羽根形状が採用される場合が多い．

一定量の作動油がケーシング内に封じ込められている最も単純な構造のものを一定充填式（一定油量式，一定速形）と呼ぶが，さらに油タンクを持たせ作動油量を充填・排出することでクラッチ機能を持たせ，原動機の無負荷運転を可能とした充排油形や，作動油の充填量を変化させることで回転数制御を可能とした可変速形があり，広く用いられている．

図 9.3 は後者の特性を示したもので，作動油量が異なる場合の速度比と伝達トルクの関係を示している．また実線は 2 乗特性を持つ一般的なポンプの負荷特性を示したもので，各交点が運転点となる．このような流体継手では外部から作動油量を変化できるように工夫されており，無段階の回転数制御を可能としている．

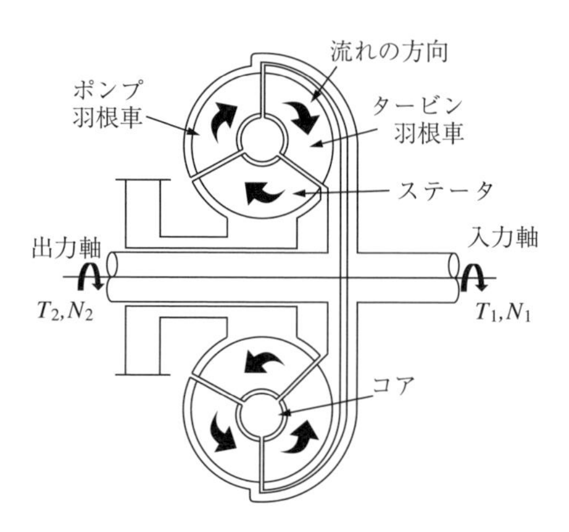

図 9.4　トルクコンバータの概念図

9.3　流体トルクコンバータ

(1)　構造

流体トルクコンバータは流体継手と同様に流体のエネルギーを利用してトルクの変換を行うもので，入力軸に結合されたポンプ羽根車，出力軸に結合されたタービン羽根車とケースに固定されたステータ（案内羽根）で構成され，内部に作動流体としての油が充満されている．図 9.4 にトルクコンバータの概念図を示す．流体継手との違いは，タービンとポンプの間にステータが備えられ，一方向クラッチによって固定ケースに取り付けられていること，3 次元羽根形状が適用されていることである．

(2)　性能と内部流れ

トルクコンバータは流体継手のタービン羽根とポンプ羽根の間に静止翼を置いたものが基本であり，この作用によって速度・トルク変換ができる．

流体継手と同様に，この場合のトルクコンバータはポンプ，タービン，ステータの 3 つの羽根車および羽根で構成されているので，それぞれの受けるトルク T_1，T_2，T_3 の総和はゼロとなり，

$$T_2 = T_1 + T_3 \tag{9.5}$$

となる．すなわち，タービンに伝達されるトルクはポンプとステータのトルクの和となる．

図 9.5 にトルクコンバータ内の流れを展開して模式的に示す．タービンが低速で速度比 e が小さい場合には，ポンプとステータのトルク T_1 および T_3 は同方向のトルクがかかり，タービンには逆方向に $T_1 + T_3$ のトルクを受ける．タービンの速度がゼロのときにステータでの転向が最も大きくなり，ステータトルク T_3，タービントルク T_2 とも最大となる．速度比 e が大きくなるに従ってステータへの流入角は小さくなり，ステータのトルクは小さくなる．これによって，タービンの受けるトルクも小さくなっていく．さらに速度比 e が大きくなるとステータに対する流れは背打ちとなって，$T_3 < 0$ となるため，$|T_2| < |T_1|$

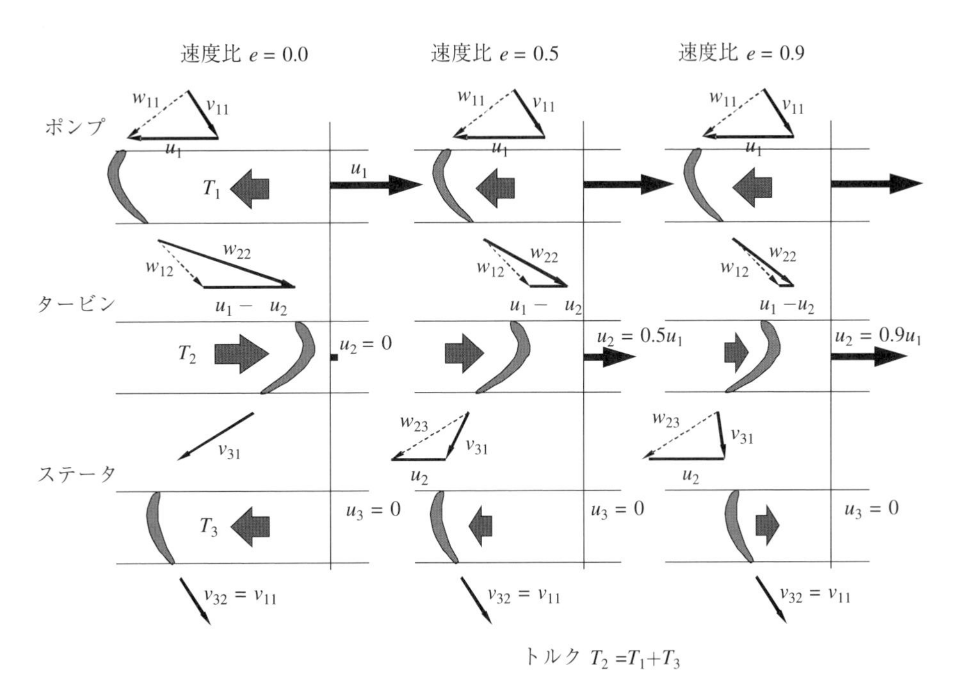

図 9.5　トルクコンバータの内部流れ

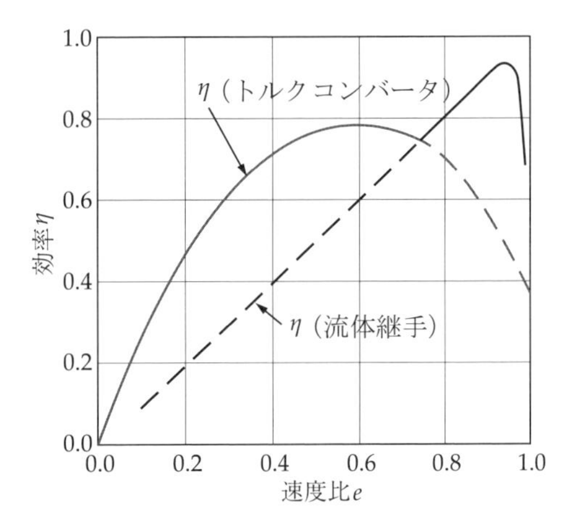

図 9.6　トルクコンバータ（3 要素 1 段 2 相）の特性

となってトルク比 $t = T_2/T_1$ は 1 を下回ってしまう．

この問題を避けるために，タービンと同方向への回転を許す一方向クラッチをステータに設けることで，負のトルクが発生した場合にはステータが空転することでステータトルクをゼロ，すなわち流体継手と同様に作用させることが可能である．

流体継手の場合と同様に，入力軸回転数 N_1 に対する出力軸回転数 N_2 の比 e を横軸に，効率 η およびトルク比 t を縦軸にとったトルクコンバータの特性を図 9.6 に示す．破線はステータが固定されている場合であるが，上述の機構を設けることで速度比が大きい領域でトルク比，効率とも大きく改善されることがわかる．

トルクコンバータはその特性を改善するためにさまざまな改良がほどこされている．ここで説明したのは最も簡単な例であるが，ポンプ・タービン・ステータなどの羽根の数を要素，ポンプ＋タービンの組合せを段，異なる特性の数を相と呼ぶ．上述のトルクコンバータでは，ステータにクラッチを設けることで１つの異なる特性を加えているので２相なる．したがって，このトルクコンバータは３要素１段２相形となる．

10

CHAPTER TEN

送風機・圧縮機

10.1 分類と概要

送風機は圧力上昇が 10 kPa 未満**ファン** (fan)，10 以上 100 kPa 未満の**ブロワ** (blower) に区別され，圧力上昇がそれ以上のものは**圧縮機** (compressor) と呼ばれる†.

送風機，圧縮機の圧力上昇と作動原理による分類を表 10.1 に示す.

次に作動原理でみると，**ターボ形** (turbo-) と**容積形** (displacement) に大別される．ターボ形にはポンプと同様に**軸流式** (axial-)，**遠心式** (centrifugal-, radial-)，**斜流式** (mixed flow-) があり，遠心ファンは羽根の向きによってさらに**多翼ファン（シロッコファン）** (torward curved bladed fan, multi blade fan, sirrocco fan)，**ラジアルファン** (radial (bladed) fan)，**後向き羽根ファン** (airfoil bladed fan) がある．また，**横流ファン**（**貫流ファン**，**クロスフローファン**，cross flow fan）も多用されるファンの 1 つである.

容積形の形式も多岐にわたるが，**回転式** (rotaly compressor) と**往復式**（**レシプロ式**）(reciprocating compressor) に大別され，前者では**ルーツ形**二葉（三葉）圧縮機，roots compressor, roots blower，two (three) lobe retory compressor，**スクリュー形** (screw-)，**可動翼形** (movable blade-) などが代表的なものとしてあげられる.

各種送風機，圧縮機の適用範囲（圧力上昇および流量）を図 10.1 に，比速度と効率の関係を図 10.2 に示す．機種の選択に際しては，これらを参照するとともに使用条件も考慮する必要がある．たとえば軸動力が大きく，長時間一定条件で運転するような機械においては，運転に際して動力費の占める割合が大きいために設計点における効率が高いことが要求され，使用する機械の流量が一定していないような場合には，流量の広い範囲にわたって圧力特性のよいものを選ぶ必要がある．また，設置する場所の制限から機械の大きさや振動，騒音

† 機械工学便覧 (参考文献 A2) による．JIS B0132 (参考文献 E5) ではこれらの境界はやや異なる.

表 10.1 送風機・圧縮機の分類 (参考文献 A2)

名称			送風機		圧縮機
			ファン	ブロワ	
種別＼圧力			10 kPa未満	10以上100 kPa未満	100 kPa以上
ターボ形	軸流式	軸流			
	遠心式	多翼			
		ラジアル			
		ターボ			
	斜流式	斜流			
	横流式	横流			
容積形	回転式	ルーツ形			
		可動翼			
		ねじ			
	往復式	往復			

などが問題となる場合には効率を度外視してもこれらの要求を満たす機種を選択せねばならない.

10.2 送風機，圧縮機の理論動力および効率

理論動力とは，ある状態変化を想定した際に流体に与えられる動力をいう．送風機，圧縮機においては，その想定する状態変化の過程により種々の理論動力が考えられる．圧力上昇が小さく，気体の密度変化を無視できるファンなどの場合にはポンプの場合の水動力と同様な空気動力が理論動力として考えられる．また，圧力上昇が大きい場合には，その想定する状態変化によって等温空気動力，断熱空気動力などが理論動力となる.

ここでは送風機，圧縮機の理論動力および効率について述べるが，第I部の2.3節も参照されたい.

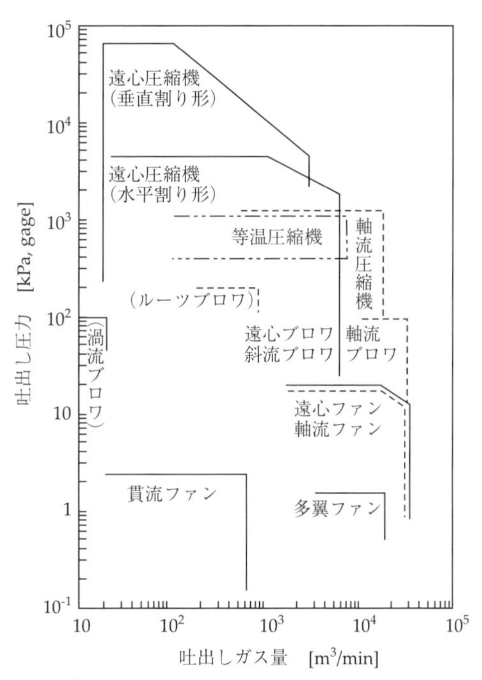

図 10.1 送風機・圧縮機の適用範囲 (参考文献 A2)

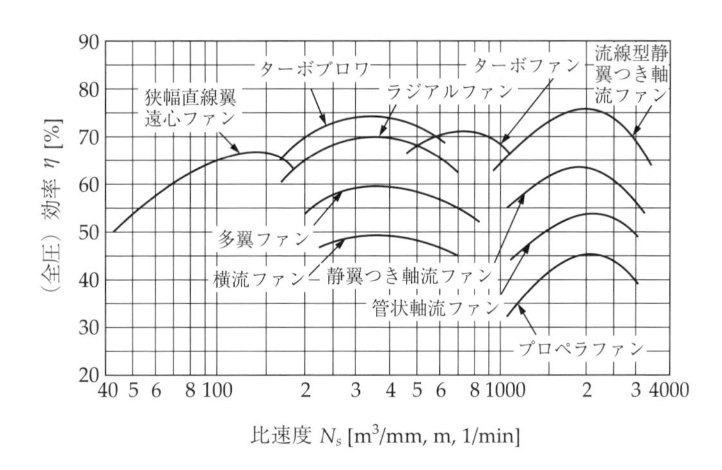

図 10.2 各種圧縮機・送風機の比速度と効率の関係 (参考文献 B10)

10.2.1 密度変化を無視できる場合の空気動力および効率

圧力上昇が小さく，密度変化が無視できる場合の送風機あるいはファンの全圧空気動力 P_{at} [kW] は，Q を体積流量，p を圧力，v を速度，ρ を密度として添字の 1 を入口，3 を出口，t をよどみ点の状態とすれば，

$$\underset{[\mathrm{kW}]}{P_{at}} = 10^{-3} \underset{[\mathrm{m^3/s}]}{Q_1} \left[\underset{[\mathrm{N/m^2}]}{(p_3 - p_1)} + \underset{[\mathrm{kg/m^3}]}{\frac{\rho}{2}} \underset{[\mathrm{m^2/s^2}]}{(v_3{}^2 - v_1{}^2)} \right] = \frac{Q_1}{10^3}(p_{t3} - p_{t1}) \quad (10.1)$$

によって与えられる．

送風機全圧 ($p_t = p_{t3} - p_{t1}$) から送風機出口における動圧を差し引いたものを

送風機静圧という．送風機の静圧空気動力 P_{as} [kW] は，

$$\underset{[\mathrm{kW}]}{P_{as}} = 10^{-3} \underset{[\mathrm{m^3/s}]}{Q_1} \left[\underset{[\mathrm{N/m^2}]}{(p_3 - p_1)} + \underset{[\mathrm{kg/m^3}]}{\frac{\rho}{2}} \underset{[\mathrm{m^2/s^2}]}{v_1{}^2} \right] = \frac{Q_1}{10^3}(p_3 - p_{t1}) \tag{10.2}$$

で表される．

送風機の軸動力を P [kW] とすれば**全圧効率** (total pressure efficiency) η_t および**静圧効率** (static pressure efficiency) η_s は式 (10.1) および式 (10.2) の全圧空気動力および静圧空気動力を用いて，

$$\eta_t = \frac{P_{at}}{P}, \quad \eta_s = \frac{P_{as}}{P} \qquad (10.3), (10.4)$$

で表される．

10.2.2　密度変化を無視できない場合の理論動力および効率

空気の温度を一定に保ちながら圧縮する場合，気体が受け取る仕事率すなわち等温圧縮動力 L_{iso} は流量を G [kg/s] とすれば第I部の式 (2.68) を参照して，

$$\underset{[\mathrm{kW}]}{P_{iso}} = 10^{-3} \underset{[\mathrm{kg/s}]}{G} \underset{[\mathrm{N/m^2}]}{p_{t1}} \underset{[\mathrm{m^3/kg}]}{\frac{1}{\rho_1}} \ln\left(\frac{p_3}{p_1}\right)_t \tag{10.5}$$

となる．

断熱圧縮する場合，気体が受け取る仕事率あるいは断熱圧縮動力 P_{ad} は第I部の式 (2.81) から，

$$\underset{[\mathrm{kW}]}{P_{ad}} = 10^{-3} \underset{[\mathrm{kg/s}]}{G} \underset{[\mathrm{N/m^2}]}{p_{t1}} \underset{[\mathrm{m^3/kg}]}{\frac{1}{\rho_1}} \frac{\kappa}{\kappa - 1} \left\{ \left(\frac{p_3}{p_1}\right)_t^{(\kappa-1)/\kappa} - 1 \right\} \tag{10.6}$$

ただし，入口出口における運動エネルギーが小さい場合には p_{t1} の代わりに静圧力 p_1，全圧力比 $(p_3/p_1)_t$ の代わりに静圧力比 (p_3/p_1) を用いてもさしつかえない．

ポリトロープ圧縮の際のポリトロープ圧縮動力 P_{pol} は，同様にして第I部の式 (2.93) より

$$P_{pol} = 10^{-3} G p_{t1} \frac{1}{\rho_1} \frac{n}{n-1} \left\{ \left(\frac{p_3}{p_1}\right)_t^{(n-1)/n} - 1 \right\} \quad [\mathrm{kW}] \tag{10.7}$$

で表される．

また，圧縮に際して気体に与えられた全エネルギーを内部動力という．気体に与えられたエネルギーは圧縮機入口，出口における気体の全エンタルピーの差であり，圧縮機内における流体摩擦損失は内部動力に含まれる．したがって，内部動力 P_i は，

$$\underset{[\mathrm{kW}]}{P_i} = \underset{[\mathrm{kg/s}]}{G} \underset{[\mathrm{kJ/kg}]}{(I_3 - I_1)}$$

$$= \underset{[\mathrm{kg/s}]}{G} \; \underset{[\mathrm{kJ/(kg \cdot K)}]}{C_p} \; \underset{[\mathrm{K}]}{(T_{t3} - T_{t1})}$$

$$= \underset{[\mathrm{kg/s}]}{G} \; \frac{\kappa}{\kappa - 1} \; \underset{[\mathrm{kJ/(kg \cdot K)}]}{R} \; \underset{[\mathrm{K}]}{(T_{t3} - T_{t1})}$$

$$= G \frac{\kappa}{\kappa - 1} R T_{t1} \left[\left(\frac{p_3}{p_1} \right)_t^{(n-1)/n} - 1 \right]$$

$$= 10^{-3} \; \underset{[\mathrm{kg/s}]}{G} \; \frac{\kappa}{\kappa - 1} \; \underset{[\mathrm{N/m^2}]}{p_{t1}} \; \underset{[\mathrm{m^3/kg}]}{\frac{1}{\rho_1}} \left[\left(\frac{p_3}{p_1} \right)_t^{(n-1)/n} - 1 \right] \tag{10.8}$$

で表される．ここで，空気のガス定数は，$R = 287.0\,[\mathrm{kJ/kg \cdot K}]$ である．

等温圧縮動力と内部動力の比を等温効率，断熱圧縮効率と内部動力との比を**断熱効率**という．すなわち，等温効率 η_{iso} および断熱効率 η_{ad} は，

$$\eta_{iso} = \frac{P_{iso}}{P_i} = \frac{p_{t1} \dfrac{1}{\rho_1} \ln \left(\dfrac{p_3}{p_1} \right)_t}{\dfrac{\kappa}{\kappa - 1} p_{t1} \dfrac{1}{\rho_1} \left[\left(\dfrac{p_3}{p_1} \right)_t^{(n-1)/n} - 1 \right]} = \frac{\ln \left(\dfrac{p_3}{p_1} \right)_t}{\dfrac{\kappa}{\kappa - 1} \left[\left(\dfrac{p_3}{p_1} \right)_t^{(n-1)/n} - 1 \right]}$$

$$\eta_{ad} = \frac{P_{ad}}{P_i} = \frac{\dfrac{\kappa}{\kappa - 1} p_{t1} \dfrac{1}{\rho_1} \left[\left(\dfrac{p_3}{p_1} \right)_t^{(\kappa-1)/\kappa} - 1 \right]}{\dfrac{\kappa}{\kappa - 1} p_{t1} \dfrac{1}{\rho_1} \left[\left(\dfrac{p_3}{p_1} \right)_t^{(n-1)/n} - 1 \right]} = \frac{\left(\dfrac{p_3}{p_1} \right)_t^{(\kappa-1)/\kappa} - 1}{\left(\dfrac{p_3}{p_1} \right)_t^{(n-1)/n} - 1} \tag{10.9}$$

となる．また，ポリトロープ圧縮動力と内部動力との比を**ポリトロープ効率**という．すなわち，ポリトロープ効率 η_{pol} は，

$$\eta_{pol} = \frac{\dfrac{n}{n - 1} p_{t1} \dfrac{1}{\rho_1} \left[\left(\dfrac{p_3}{p_1} \right)_t^{(n-1)/n} - 1 \right]}{\dfrac{\kappa}{\kappa - 1} p_{t1} \dfrac{1}{\rho_1} \left[\left(\dfrac{p_3}{p_1} \right)_t^{(n-1)/n} - 1 \right]} = \frac{n(\kappa - 1)}{\kappa(n - 1)} \tag{10.10}$$

で表されるが，これは強制冷却がない場合（すなわち冷却率 $\alpha = 0$）の式 (2.96) である．

機械に周囲から熱の出入りがない場合でも摩擦により機械の入口における気体の全温度 T_{t1} は機械の出口においては，

$$T_{t3} = T_{t1} \left(\frac{p_3}{p_1} \right)_t^{(n-1)/n} \tag{10.11}$$

となる．また，等エントロピ圧縮が行われたとすれば，出口における温度 T_{t3th} は

$$T_{t3th} = T_{t1} \left(\frac{p_3}{p_1} \right)_t^{(\kappa-1)/\kappa} \tag{10.12}$$

である．このため機械の周囲から熱の出入りのない場合の等エントロピー温度上昇と実際の温度上昇との比は式 (10.9) で示された断熱効率と等しくなる．この方法により機械の入口，出口における温度および圧力の測定から求めた断熱効率を**断熱温度効率** (adiabatic temperature efficiency) と呼ぶ．すなわち，断熱温度効率 η_θ は，

$$\eta_\theta = \frac{T_{t3th} - T_{t1}}{T_{t3} - T_{t1}} \tag{10.13}$$

となる．実際に機械の軸動力の測定が困難な大形機械の場合などにはこの断熱温度効率が用いられる．

実際に機械を駆動する軸動力 P [kW] は，機械からの漏れ損失がない場合には

$$P = P_i + P_m \quad [\mathrm{kW}] \tag{10.14}$$

ここで，L_m [kW] は軸受などにおける機械損失である．内部動力 P_i と軸動力 P の比を**機械効率**という．すなわち，機械効率 η_m は

$$\eta_m = \frac{P_i}{P} \tag{10.15}$$

等温圧縮動力と軸動力の比を**全等温効率**，断熱圧縮動力と軸動力の比を**全断熱効率**という．すなわち，全等温効率 $\eta_{t,iso}$ および全断熱効率 $\eta_{t,ad}$ は，

$$\eta_{t,iso} = \frac{P_{is}}{P} = \eta_m \eta_{iso} \tag{10.16}$$

$$\eta_{t,ad} = \frac{P_{ad}}{P} = \eta_m \eta_{ad} \tag{10.17}$$

10.2.3　中間冷却を伴った多段圧縮

圧縮機の圧力比が高くなると，断熱圧縮の場合気体の温度上昇が大となり，それに伴って気体の密度は等温圧縮の場合に比べ小さくなる．しかし，多段圧縮機の中間段において中間冷却を行うことができれば気体の体積は減少し，後続の段の圧縮動力を軽減させることができる．

図 10.3 は中間冷却を行った 2 段圧縮の場合の p-v 線図である．中間冷却を行わない場合には状態 1 から状態 3 までのポリトロープ変化となるが，中間冷却を行った場合，密度 v は 2 から 2′ に増加するために 122′3′ の状態変化となる．この際の圧縮機のする仕事は 1″122′3′3″ で囲まれる面積で表すことができるから，22′3′3 で囲まれた面積で表される仕事が軽減されたことになり，圧縮動力を減少させることができる．

この場合，圧縮仕事を最小にするためには p_2/p_1 および p_3/p_2 をどのように選んだらよいかを考えてみる．状態 2′ では状態 1 と等しい温度 T_1 まで冷却できたものと考えると，単位流量当たりのポリトロープ圧縮仕事は，

$$\underset{[\mathrm{kJ/kg}]}{P_{pol}} = \frac{n}{n-1} \underset{[\mathrm{kJ/(kg \cdot K)}][\mathrm{K}]}{R \quad T_1} \left\{ \left(\frac{p_2}{p_1} \right)^{(n-1)/n} - 1 \right\} + \frac{n}{n-1} \underset{[\mathrm{kJ/(kg \cdot K)}][\mathrm{K}]}{R \quad T_1} \left\{ \left(\frac{p_3}{p_2} \right)^{(n-1)/n} - 1 \right\} \tag{10.18}$$

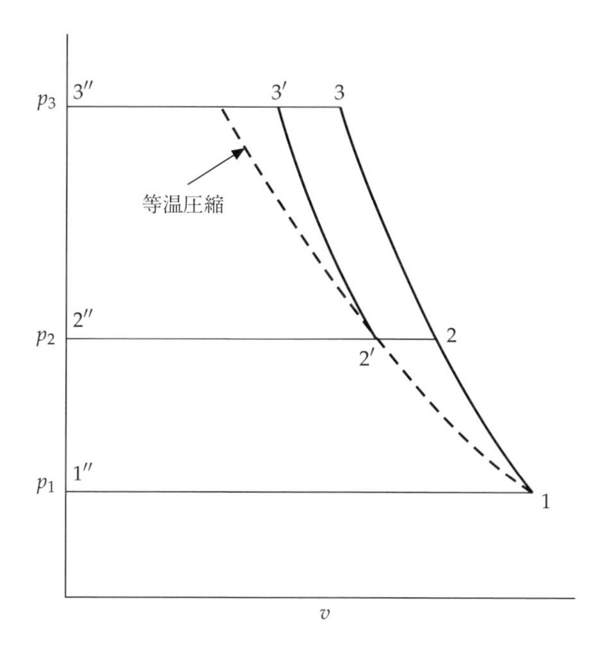

図 10.3 中間冷却を伴った 2 段圧縮

で表される．$dP_{pol}/dp_2 = 0$ において P_{pol} を極小とする p_1，p_2 および p_3 の関係を求めると，

$$\frac{dP_{pol}}{dp_2} = RT_1 \left(\frac{p_2}{p_1}\right)^{-(1/n)} \frac{1}{p_1} - RT_1 \left(\frac{p_3}{p_2}\right)^{-(1/n)} \frac{p_3}{{p_2}^2} = 0$$

より，

$${p_1}^{(1-n)/n} {p_3}^{(1-n)/n} = {p_2}^{(2-2n)/n}$$

あるいは，

$$p_1 p_3 = {p_2}^2$$

すなわち，

$$\frac{p_2}{p_1} = \frac{p_3}{p_2} \tag{10.19}$$

となり，格段の圧力比を等しくとった場合に圧縮動力は最小となることがわかる．z-1 段圧縮の場合も同様に，

$$\frac{p_2}{p_1} = \frac{p_3}{p_2} = \frac{p_4}{p_3} = \cdots\cdots = \frac{p_z}{p_{z-1}}$$

となり，各段の圧力比 π は

$$\pi = \left(\frac{p_z}{p_1}\right)^{1/z} \tag{10.20}$$

に選べばよいことがわかる．

10.3 遠心送風機（ファン）・圧縮機

第 3 章で述べたように，遠心送風機（ファン）は，前向き羽根車を持つ多翼ファン，半径方向羽根車を持つラジアルファン，後向き羽根車を持つ後向き羽根ファンに分類することができる．図 10.4 に形状の特徴と合わせて，それぞれの運転特性を示す．縦軸の圧力係数 ψ，横軸の流量係数 ϕ，動力係数 λ の定義は以下のとおりである．

$$\psi = \frac{p_{t3} - p_{t1}}{\frac{1}{2}\rho {u_2}^2} \tag{10.21}$$

$$\phi = \frac{Q/(\pi d_2 b_2)}{u_2} \tag{10.22}$$

$$\lambda = \frac{\psi\phi}{\eta} \tag{10.23}$$

これらは，第 5 章の式 (5.39)～(5.41) と同じ意味合いを持つが，p_{t1} および p_{t3} はファンの入口および出口の全圧力，d_2 は羽根車の外径，b_2 は羽根車出口の羽根高さ，u_2 は羽根車出口の周速，Q は体積流量（たとえば [$\mathrm{m^3/s}$]），η は効率を表す．

10.3.1　多翼ファン（シロッコファン）

前向き羽根車を用いたファンは多翼ファンまたはシロッコファンと呼ばれる．第 I 編で述べたように前向き羽根車 ($\beta_2 > 90°$) を用いれば，同じ周速でも高い圧力上昇を得ることができるが，内部流れとしては厳しい条件となるため，剥離を抑えるために翼枚数を多くして翼ピッチを小さくする必要がある．一方，翼ピッチが小さいために翼の長さを大きくとることができるため，大流量を得ることができる．このような特性とともにプレスなどを用いて容易に製作できる形状であることから，低い回転数（すなわち低騒音）で大容量が求められる換気用などとして幅広く応用されているが，前向き羽根車であるために翼出口の絶対速度が大きく，静圧回復が難しいことから高い効率は得難い傾向にある（図 10.5）．

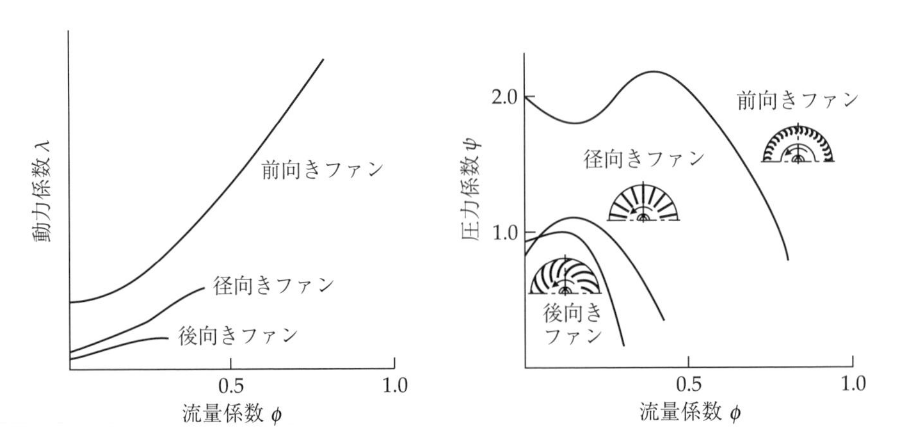

図 10.4　各種遠心ファンの特性の相違

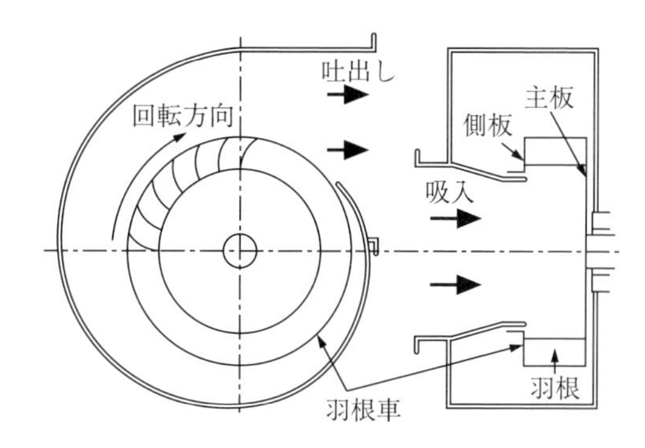

図 10.5　多翼ファン（前向き羽根）

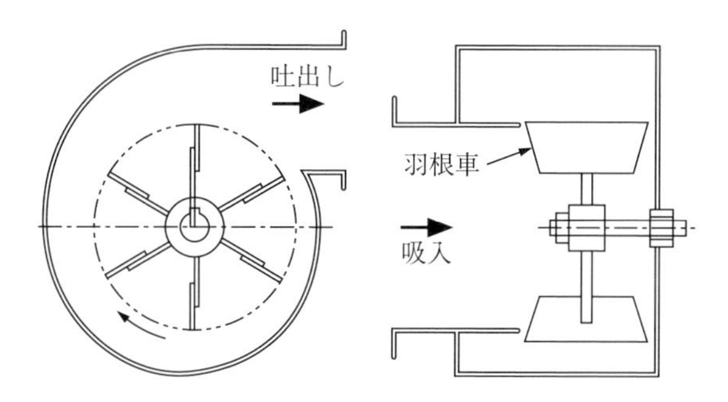

図 10.6　ラジアルファン（径向き羽根）

10.3.2　ラジアルファン・圧縮機

径向き羽根車 ($\beta_2 = 90°$) を持ち，構造も簡単になる．強度的にも有利であるが，高効率を狙うためには後ろ向き羽根車のほうが有利である．ダストが多く混在して付着や摩耗のおそれがある場合や，構造を極力単純化したい場合などにも適用される．（図 10.6）．

10.3.3　後向き羽根ファン・圧縮機

後向き羽根車 ($\beta_2 < 90°$) は，羽根車の理論圧力上昇は小さいが羽根車における損失を小さくすることができる．また，絶対流出速度も小さいために，動圧として失われる損失も小さく，全体効率を高くすることができる．このため，より圧力比の高いブロワ・圧縮機ではこの形式が採用される（図 10.7）．

材料および工作技術の進歩および空力設計技術の発展により，近年遠心圧縮機の羽根車の回転速度は高速化し，このため小形で高圧力比のものが得られるようになってきている．

遠心圧縮機の羽根車には側板を持つクローズド形と持たないオープン形がある．一軸多段形圧縮機（図 10.8）ではクローズド形が用いられるが，単段圧縮機や図 10.9 のように羽根車が独立して配置される多段圧縮機では強度的に有利なオープン形が採用される．

羽根車入口部の損失を少なくするためにインデューサと呼ばれる軸流部分が設けられる場合も多い．羽根車内の相対速度はインデューサの外周部付近で

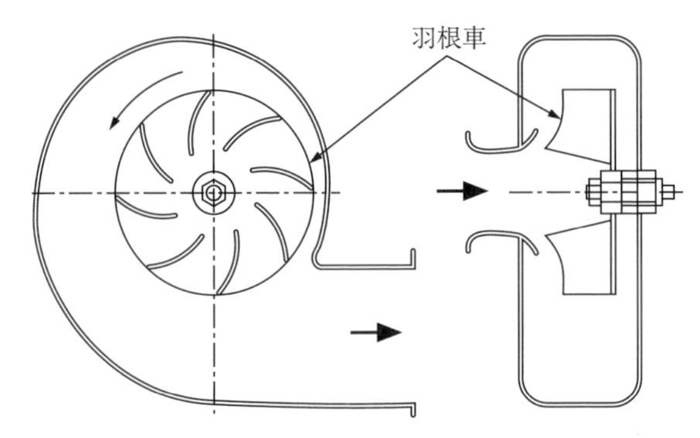

図 10.7　後向き羽根ファン（後向き羽根）

図 10.8　多段遠心圧縮機（一軸多段形）（川崎重工業）

特に大きくなり，音速に近くなることもあるので，衝撃波による損失や**チョーク**†に注意しなければならない．このため，インデューサ外周における相対速度のマッハ数を1に近づけないことが好ましいとされている．

また，高い周速度の羽根車を用いた場合，羽根車出口の絶対速度も大きくなるので，速度エネルギーを有効な圧力に変換するディフューザの役割が非常に大きくなる．

遠心送風機，圧縮機の理論断熱仕事は羽根形状，流量およびすべり係数が与えられれば1次元的な計算から求めることができるが，実際の遠心機械の羽根車内の流れは複雑な3次元流れであり，はく離や逆流を生ずる場合もあって流れ場や性能を正確に予測することは簡単ではない．したがって，より複雑な性能予測法や設計手法を導入する必要があるが，近年では数値流体解析技術の著しい発展により，高い精度で流れ場や性能を評価することが可能となっている．

† チョーク，チョーキング (choke, choking)：衝撃波の影響により流入マッハ数を増しても流量が増加しなくなる現象．

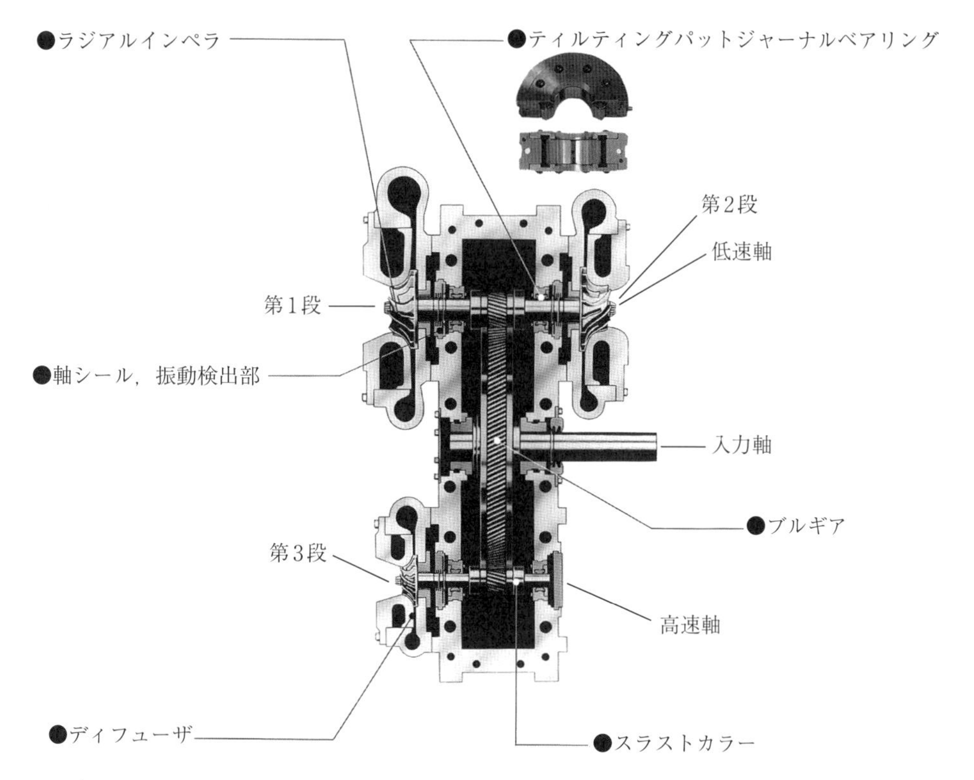

図 10.9 多段遠心圧縮機の例（ギアード）(IHI)

10.3.4 遠心送風機・圧縮機の構造と特徴

遠心圧縮機は後述する軸流圧縮機に比べると構造的に丈夫であり，運転特性も比較的緩やかであるため産業用として広く利用されている．特に，近年では流体設計技術とともに羽根車をはじめとする加工技術が進歩したため，大容量・高圧力比・高性能のものが得られている．

図 10.8 には一軸多段形圧縮機を，図 10.9 にはギアード 3 段遠心圧縮機を示す．後者では体積流量の大きい第 1・2 段は低速軸，体積流量の小さい第 3 段は高速軸とすることで適正な流体設計を得ている．また，段落間に**インタークーラー** (inter cooler) を設けて等温圧縮に近づけることで動力の低減がはかられる．圧縮された気体は高温となるため，**アフタークーラー** (after cooler) を設けて低温化し，吐出し気体の密度を小さくすることが行われる．

(1) 羽根車

遠心機械の内部流れについては，第 3 章，効率については同じく第 2 章で詳しく述べたが，もう一度復習しよう．

m_0 [kg] の流体に対する遠心羽根車の入口と出口における運動量モーメントの変化は図 10.10 に示した羽根車入口出口の速度から，

$$m_0 v_{u_2} \cdot r_2 - m_0 v_{u_1} \cdot r_1 \quad [\mathrm{kg \cdot m^2/s}]$$

となる．羽根車の回転角速度を ω，流量を G [kg/s] とすると，単位時間当たり羽根車のする仕事すなわち理論動力および理論全圧ヘッドは羽根数無限の場合

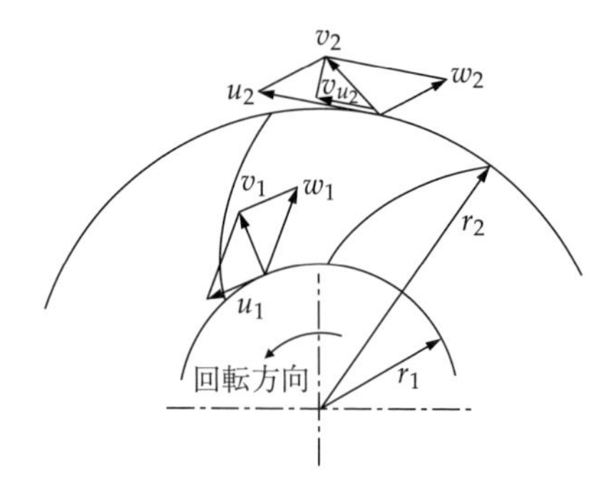

図 10.10　羽根車内の流れ

（あるいはまったく羽根に沿って流れる場合）には，

$$P_{th\infty} = 10^{-3} \cdot G \quad \omega\ (v_{u_2} r_2 - v_{u_1} r_1) = 10^{-3} \cdot G(v_{u_2} u_2 - v_{u_1} u_1) \tag{10.24}$$

[kW]　　[kg/s][1/s]　[m/s]·[m]

および

$$H_{th\infty} = \frac{1}{g} \quad (v_{u_2} u_2 - v_{u_1} u_1) \tag{10.25}$$

[m]　[s²/m]　[m/s]·[m/s]

で表される．式 (10.25) は，図 10.10 の速度関係を用いて，

$$H_{th\infty} = \frac{1}{2g}[({v_2}^2 - {v_1}^2) + ({u_2}^2 - {u_1}^2) + ({w_1}^2 - {w_2}^2)] \quad [\mathrm{m}] \tag{10.26}$$

と書くこともできる．この羽根数無限の場合のオイラーヘッド $H_{th\infty}$ は，羽根数無限のオイラーヘッドと呼ばれる．

さらにすべり係数 μ の概念を導入することにより，羽根数有限の場合のオイラーヘッド H_{th} は次式で与えられる．

$$H_{th} = \frac{\mu}{g}(v_{u_2} u_2 - v_{u_1} u_1) \quad [\mathrm{m}] \tag{10.27}$$

等エントロピー圧縮が行われたとすれば，式 (10.27) に示された羽根数有限のオイラーヘッド H_{th}は 式 (7.7) から導かれる断熱圧縮ヘッドと等しくなるから，

$$H_{th} = \frac{\mu}{g} \quad (v_{u_2} u_2 - v_{u_1} u_1)$$

[m]　[s²/m]　[m/s]·[m/s]

$$= \frac{1}{g} \quad \frac{\kappa}{\kappa - 1} \quad p_{t_1} \quad \frac{1}{\rho_1} \quad \left\{ \left(\frac{p_2}{p_1}\right)_t^{(\kappa-1)/\kappa} - 1 \right\}$$

[s²/m]　[N/m²][m³/kg]

$$= \frac{1}{g} \quad \left[\frac{\kappa}{\kappa - 1} \quad p_1 \quad \frac{1}{\rho_1} \quad \left\{ \left(\frac{p_2}{p_1}\right)_t^{(\kappa-1)/\kappa} - 1 \right\} + \frac{{v_2}^2 - {v_1}^2}{2} \right]$$

[s²/m]　[N/m²][m³/kg]　[m²/s²]

$$= \frac{1}{g} \quad \frac{\kappa}{\kappa - 1} \quad R \quad T_{t_1} \left\{ \left(\frac{p_2}{p_1}\right)_t^{(\kappa-1)/\kappa} - 1 \right\} \tag{10.28}$$

[s²/m]　[J/(kg·K)][K]

となる．また，一般に遠心機械においては，$v_{u_1}=0$（軸方向流入）となるように設計されるが，この場合のオイラーヘッド H_{th} は次式のように簡単化される．

$$H_{th}=\frac{\mu}{g}v_{u_2}u_2 \quad [\mathrm{m}] \tag{10.29}$$

実際の羽根車内の流れには流体摩擦が存在するために，羽根車を駆動する動力 P_i（内部動力）は断熱圧縮動力よりも大きくなり，次式で表すことができる．

$$\begin{aligned}
\underset{[\mathrm{kW}]}{P_i} &= 10^{-3}\underset{[\mathrm{kg/s}]}{G}\ \frac{\kappa}{\kappa-1}\ \underset{[\mathrm{N/m^2}]}{p_{t_1}}\ \underset{[\mathrm{m^3/kg}]}{\frac{1}{\rho_1}}\left\{\left(\frac{p_2}{p_1}\right)_t^{(\kappa-1)/\kappa}-1\right\}+\underset{[\mathrm{kW}]}{P_f}\\
&= 10^{-3}\underset{[\mathrm{kg/s}]}{G}\ \frac{\kappa}{\kappa-1}\ \underset{[\mathrm{N/m^2}]}{p_{t_1}}\ \underset{[\mathrm{m^2/kg}]}{\frac{1}{\rho_1}}\left\{\left(\frac{p_2}{p_1}\right)_t^{(n-1)/n}-1\right\}\\
&= 10^{-3}\underset{[\mathrm{kg/s}]}{G}\ \frac{\kappa}{\kappa-1}\ \underset{[\mathrm{J/(kg\cdot K)}]}{R}\ \underset{[\mathrm{K}]}{T_{t_1}}\left\{\left(\frac{p_2}{p_1}\right)^{(n-1)/n}-1\right\}\\
&= 10^{-3}\underset{[\mathrm{kg/s}]}{G}\ \frac{\kappa}{\kappa-1}\ \underset{[\mathrm{J/(kg\cdot K)}]}{R}\ \underset{[\mathrm{K}]}{[T_{t_2}-T_{t_1}]}
\end{aligned} \tag{10.30}$$

ここで，P_f [kW] は流体摩擦による損失動力，T_{t_1} および T_{t_2} は羽根車入口出口における空気の全温度を表す．羽根車の断熱圧縮動力 P_{ad} と内部動力 P_i の比，すなわち羽根車の断熱効率 (adiabatic efficiency) η_{ad} は，

$$\eta_{ad}=\frac{P_{ad}}{P_i}=\frac{T_{t_1}\left\{\left(\frac{p_2}{p_1}\right)_t^{(\kappa-1)/\kappa}-1\right\}}{T_{t_1}\left\{\left(\frac{p_2}{p_1}\right)_t^{(n-1)/n}-1\right\}}=\frac{T_{t_1}\left\{\left(\frac{p_2}{p_1}\right)_t^{(\kappa-1)/\kappa}-1\right\}}{T_{t_2}-T_{t_1}} \tag{10.31}$$

で表され，機械が周囲から完全に断熱されているとすれば，羽根車内の全温度の上昇および羽根車内の全圧力比から羽根車の断熱温度効率を求めることができる．

(2) ディフューザ

羽根車出口における気体の絶対速度の大きな遠心機械においては，運動エネルギーを静圧力に変換させる目的から**ディフューザ** (diffuser) を用いる．とくに，反動度（第 3 章参照）の小さな羽根車の場合にはディフューザが機械の静圧力上昇に寄与する割合が大きく，ディフューザの性能が機械全体の性能に大きな影響を及ぼす．

ディフューザにおいては外部からエネルギーは与えられず，単に運動エネルギーが静圧力に変換されるのみであるから，理論的には広がり流路の流れと同等である．遠心機械のディフューザの形状として図 10.11 に示したように平行壁あるいはこれに近い子午断面形状で案内羽根のない (a) 羽根なしディフューザ，案内羽根を持つ (b) 羽根つきディフューザ，(c) チャンネル流れ形ディフューザ

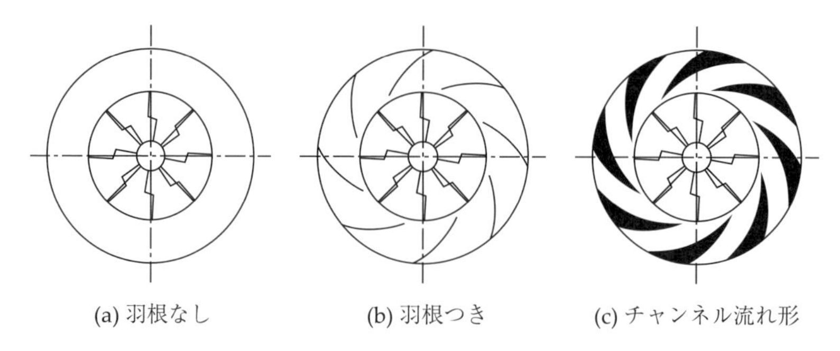

図 10.11　遠心ディフューザ

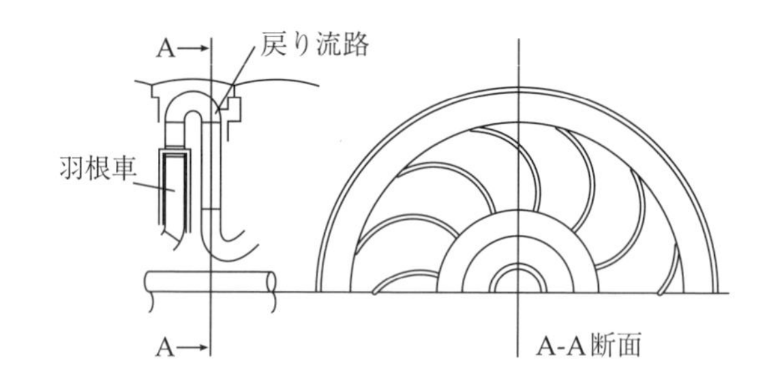

図 10.12　戻り流路

がある．(b)，(c) に示すような羽根つきあるいはチャンネル流れ形のディフューザをもった機械は，羽根のないものに比べて設計点における性能はすぐれているが，設計点を外れた流量域においては性能の劣化が著しい．このため，広い作動領域ですぐれた性能を得る目的から，羽根の取付け角度を変えられるように設計した可変羽根つきのディフューザもある．

(b)，(c) は広がり管路における流れとまったく同等に考えることができる．また，(a) の案内羽根のない遠心ディフューザ内の流れについては16.3節に詳しく述べる．

(3)　うず巻き室（スクロール）

遠心送風機・圧縮機のディフューザ外周には，流れを集合させて管路と接続するための**うず巻き室** (scroll) を有する．基本的な考え方はポンプの場合（7.2.2項参照）と同様である．

(4)　戻り流路

図 10.8 の例のように図 7.6，図 7.7 に示す多段ポンプと同じく，複数の遠心段落を軸方向に連続して配置した多段圧縮機も多い．この場合には，ポンプの場合と同様に圧縮機ディフューザ出口と次段羽根車入口を接続するために戻り流路 (return channel) が必要となる．これも基本的な考え方はポンプの場合（7.2.2 項）と同様である．戻り流路は図 10.12 に示すように，A：外向き旋回流れを内向き流れに替える部分と，B：内向き流路，さらにC：内向き流れを軸方向に転向させる部分で形成されている．A 部では流れは旋回成分と転向のために外側に偏る傾向があるため，ディフューザで十分減速する，旋回成分を極力小さくする，転向部分の曲率半径を大きくする，などの配慮が必要である．

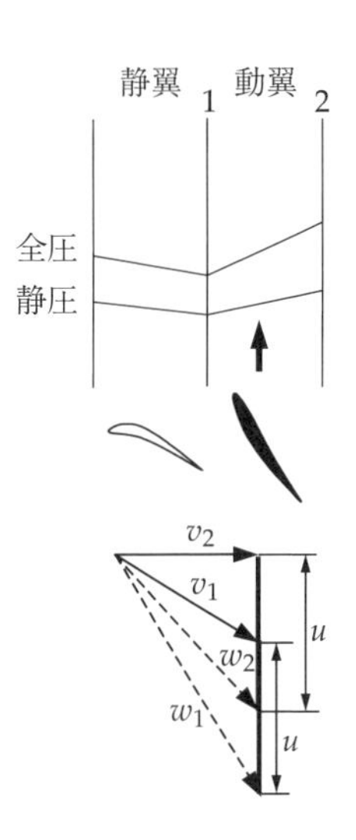

図 10.13 前置静翼形

また B 部では旋回速度成分があると摩擦損失が大きくなるため案内羽根を設ける．ディフューザと異なり減速流ではないので流れが極端にはく離するおそれはないが，逆に加速を避けるためには，流路幅を拡大する必要がある．

10.4 軸流送風機・圧縮機

10.4.1 動翼および静翼の配置

(1) 前置静翼形

図 10.13 に示したように単段の機械で，動翼の上流側に静翼を配置したものを前置静翼形と呼ぶ．前置静翼では軸方向速度成分 v_a 一定のまま反回転方向の速度成分を与えるため速度は増し，静圧力は降下する．一方，全圧力は静翼では損失分だけ減少する．すなわち，前置静翼は増速翼列である．反動度 R は 1 よりも大きい．また，動翼入口の相対速度 w_1 も大きくなる．

(2) 後置静翼形

前置静翼形の場合と同様に単段の軸流機械で軸方向から動翼に流入し，静翼から軸方向に流出する場合を後置静翼形と呼ぶ（図 10.14）．動翼の下流側に静翼を配置することによって，動翼出口の速度成分が静翼によって減速されるため，静翼において静圧力は上昇し，反動度 R は 1 より小である．多段圧縮機の段落単位と考えることができる．この形式は 1 段の軸流送風機においてもよく利用されている．

(3) 多段軸流圧縮機の翼配列

図 10.15 に反動度 $R = 0.5$（50%反動度）の多段軸流機械の翼配列の例を示す．後置静翼形の動・静翼を 1 つの段落とし，これを多段落組み合わせているが，図 10.13 の場合と異なり，各段落，すなわち動翼の入口においては軸方向ではなく旋回速度成分をもって流入する．これは，後述の式 (10.33) からもわか

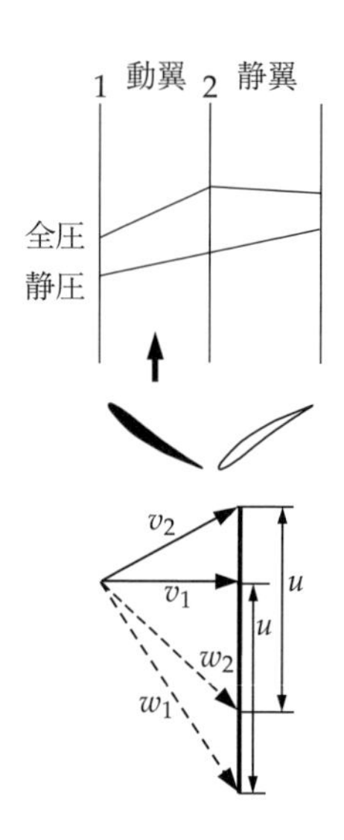

図 10.14　後置静翼形

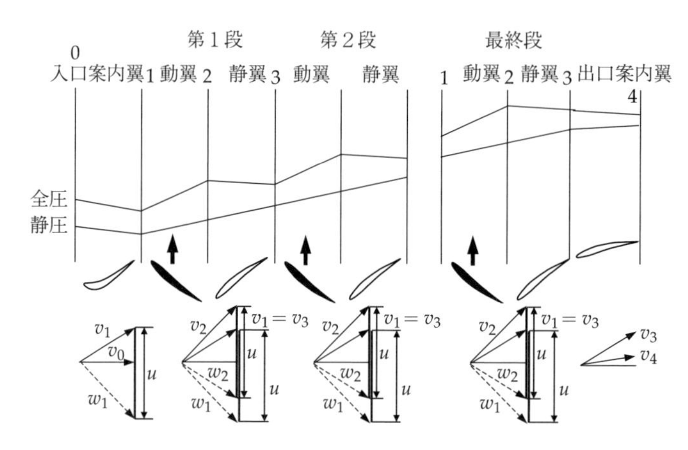

図 10.15　多段圧縮機の翼配置

るように，反動度 $R = 0.5$ の翼配列が理論的に翼効率が最大となるためであり，多段圧縮機においてはこの方式がよく用いられている．反動度が 0.5 の場合には，動翼・静翼はそれぞれ相対系・絶対系で同様の働きをすることになり，その速度三角形は図 10.15 に示すように相対系と絶対系で対称の形状となり，静圧上昇は静翼と動翼で同等となる．

多段の圧縮機でも入口においては，**入口案内翼** (IGV: Inlet Guide Vane) を設けることによって，最初の段落の動翼に対しても後方の段落と同様の流れが与えられる．このように，入口案内翼で予旋回を与えることで相対流入速度が過大になることを防ぐことができ，また入口案内翼を可変翼とすることで運転範囲を制御することも行われる．

このような段落では静翼出口においても流れは旋回成分が残る．このため，最終段落の下流にはさらに**出口案内翼** (OGV: Outlet Guide Vane, EGV: Exit Guide Vane) を設けて流れを軸方向に転向，減速することによって圧力回復を行う．一列の出口案内翼で流れの転向が不十分な場合には，2 列設置される場合もあ

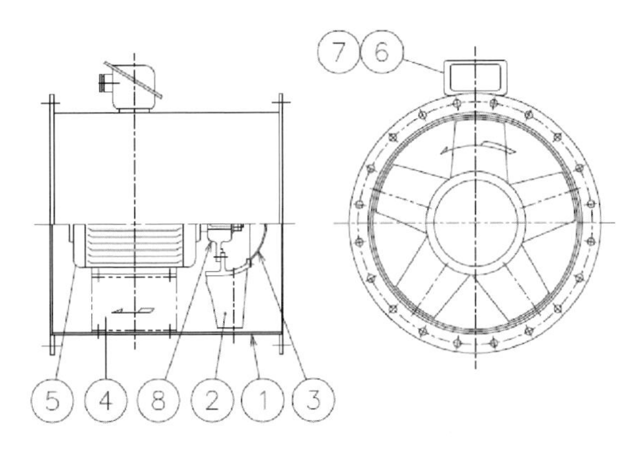

NO.	部品名
1	ケーシング
2	羽根車
3	カバー
4	取付板
5	電動機
6	端子箱
7	グランド
8	ボス

図 10.16 軸流送風機（西芝電機）

る．さらに速度エネルギーを極力圧力エネルギーに転換するため下流にはディフューザが配置される．

10.4.2 軸流送風機の構造と特徴

軸流式の送風機あるいはファンは遠心式に比べて小型で大きな風量を得ることができるため，低圧で大風量が要求される場合に多く使用される．

図 10.16 は軸流送風機の一例であるが，ダクト内に電動機を内装しているため設置が容易であり，空気による電動機の冷却も同時に期待できる．電動機支持を兼ねた静翼を配置電動機がダクト内に装着できない場合には，羽根車のハブ部に軸受を設け，外部から駆動する．

図 10.17 に前置静翼式，後置静翼式および静翼なしの軸流ファンの圧力・流量特性の一例を示す．図の縦軸は圧力係数 ψ および動力係数 λ で，横軸は流量係数 ϕ である．ψ，ϕ および λ は式 (10.21)〜(10.23) と同様に，

$$\psi = \frac{p_{td} - p_{ts}}{\dfrac{1}{2}\rho u^2}, \quad \phi = \frac{Q}{\dfrac{\pi d^2}{4} u}, \quad \lambda = \frac{\psi\phi}{\eta} \tag{10.32}$$

であり，p_{t1} および p_{t2} はファンの入口および出口における全圧力，d は羽根車の外径，u は外周における周速，Q は体積流量である．

ただし，送風機・圧縮機の場合には流量係数として $\phi = v_\alpha/u$（v_α は軸流速度）が用いられる場合もある．また，u を平均径における周速度にとる場合もあるので注意が必要である．

10.4.3 軸流圧縮機の構造と特徴

軸流圧縮機は遠心圧縮機と比較して正面面積が小さいため，航空用ジェットエンジンの進歩とともにその特性が著しく向上し，大流量で圧力比も高いものが得られるようになったが，圧縮機単体としての利用は比較的限られており，

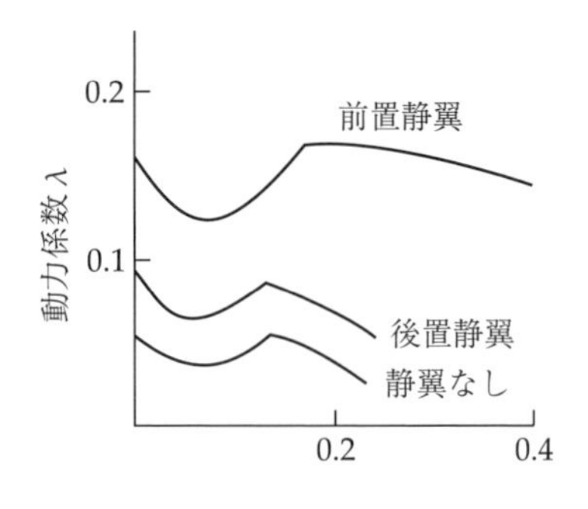

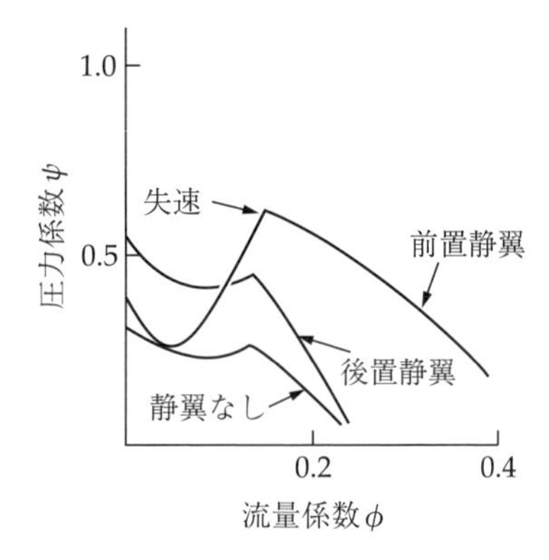

図 10.17　軸流送風機の特性例

航空用および陸用ガスタービンに適用される例が圧倒的に多い．軸流圧縮機は遠心圧縮機のような軸方向から半径方向への流れの急激な曲がりがなく，しかもすでに確立された翼の理論的研究の応用が容易であって，高い圧力比でも90％以上の高い効率を得ることができる．しかし，軸流式機械はその作動原理から，1段当たりの圧力比を遠心式機械のように大きくとることは困難である．このため，圧縮機として高い圧力比を得るためには10段以上の多段とする場合が多いが，航空機用では重量軽減の要求が厳しいため，1段での圧力上昇をできる限り大きくとって，段落を少なくするためにさまざまな努力がなされている．

段落の圧力上昇，すなわち負荷を高めるためには，翼の周速度を高くとることが有利であるが，その結果動翼における相対マッハ数ならびに静翼における絶対マッハ数が大となることに起因する損失が増大するため，注意が必要である．

図10.18は高炉用の軸流送風機の断面を示したものであるが，軸流速度v_aを一定と考えれば，後段にいくほど気体の密度は大きくなるから，流路断面積も前段に比べ後段では小さくなる．このため図に示したように翼の外径を一定とすれば後段のハブ部の径は大きくなり，ハブ部の径を一定とすれば後段の翼の外径は小さくなる．

第4章の図4.6に示されたように，軸流機械の翼においては迎え角がある限度を越えると急激に揚抗比C_L/C_Dが低下する．このため設計点より小流量域で軸流圧縮機を運転した場合，翼は正迎え角失速状態となり，さらには**サージング**に入る．また，設計点より大流量域で運転した場合は，翼は負迎え角失速

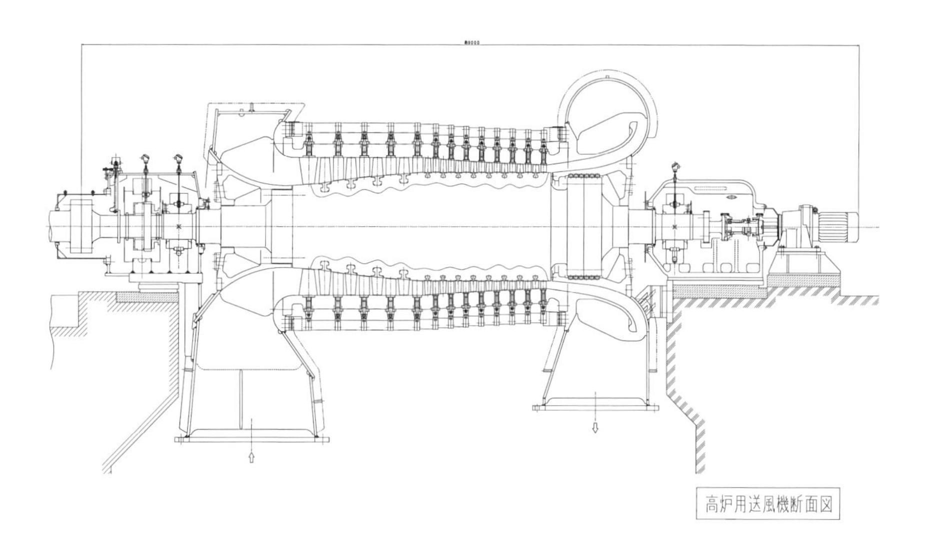

図 10.18 軸流圧縮機（三井 E&S）

状態となって効率が低下するため，ある限度以上流量を増すことはできなくなる．このため軸流圧縮機は設計点における効率は高いが，サージング領域から最大流量までの間の安定作動範囲が狭い．また，安定作動領域内においても流量変化に対する圧力変化は遠心式に比べて大きい．多段の軸流圧縮機においては，各段の流れは前段の影響を受けるため，各段ができる限りの広い安定作動範囲をもつことが望ましい．このため，多段の圧縮機では次のような施策が単独，もしくは複数組み合わされて採用されている．

(1)　多軸構造 (multi spool type)

圧縮機の回転数が低い場合には，吸込み流量が小さく軸流速度が遅くなるため，翼に対するインシデンス角が大となり段落圧力比が過大となって失速に至る可能性がある．逆に後方段落では，前方段落で十分な圧縮が行われないときには設計点に対して相対的に密度が小さく，軸流速度は過大となり，段落圧力比は小さくなって効率も低い．この傾向は回転数の上昇とともに逆転し，高速回転域では前方段の圧力比は後方段落に比して相対的に低くなり，中間段落は比較的回転数の影響を受けない．圧縮機設計にあたっては，想定される運転範囲で失速条件とならないように，設計圧力比に余裕をとる必要があるが，圧縮機を高圧部と低圧部に分離して各々の回転数を適正化することで，設計圧力比をより失速条件に近づけて設定することが可能となる．このような構造を多軸構造と呼ぶ．ガスタービン用圧縮機では，中空軸を用いて低圧圧縮機と低圧タービン，高圧圧縮機と高圧タービンを組み合わせてこのような構造を実現しており，特に運転中の回転数変化が著しい航空用ガスタービンではこのような構造の採用例が多い．図 13.2 の例では 3 軸の多軸構造が採用されている．

(2)　可変翼 (variable vanes)

起動時や部分負荷運転では各段落の速度三角形は設計条件から異なったもの

となる．このような条件における特性改善や流量制御のために，静翼の取付け角を 1 段～数段にわたって可変とすることが多い．場合によっては全静翼を可変取付け角とする場合もある．可変静翼は各翼をリンク機構で連結し，油圧で駆動する例が多い．

図 10.18 に示した例では全段可変静翼を採用し，定格点に対して約 60%～125%の風量可変範囲を有している．

なお，ファンにおいては，より良好な部分負荷特性を得る方法として，動翼の取付け角を可変とすることも行われる．この場合は，遠心力の作用する回転体内部に可変翼機構を設ける必要があるが，回転数制御や台数制御，静翼可変取付け角に比して，より高い効率で広い範囲の風量・圧力調整が可能となる．

(3)　放風・抽気 (bleed)

前述のように低速回転時には後方段落に対して前方段落の体積流量が過小となる傾向がある．多段圧縮機の途中段落に**放風弁（抽気弁：bleed valve）**を設け，低速回転時これを操作することによって空気を系外に抽出すると，弁より前方の段落ではその分だけ流量を増すことができるため，翼に対するインシデンス角が小さくなって失速を回避することができる．放風弁は複数個所に設置される場合もある．

10.4.4　翼列に関するパラメータ

軸流式流体機械の作動原理は第 I 部第 4 章で述べたが，ここで実際の機械に即した説明を加えたい．まず，送風機・圧縮機翼列に関するパラメータを図 10.19 および以下に示す（圧縮機・送風機翼では角度は軸方向から定義されることが多いが，タービン翼などでは接線方向から定義されるので注意が必要である）．翼には幾何的な流入・流出角と流れの流入・流出角があるため，これらの関係を表現するため多くのパラメータが必要となる．スタガ角は翼弦が軸方向となす角であり，翼の取り付け角を示す．翼の幾何学的な流入角 β_{m1} は翼の設計流入角を示す角度であり，前縁におけるそり線の角度などで示される場合もあるが，翼型固有のものであり画一的な定義はない．流体の流入角とスタガ角の差 β_1-ζ を迎え角 α，翼の幾何学的な流入角と流体の流入角の差 β_1-β_{m1} をインシデンス i と呼ぶが，これらいずれも翼と流れの関係，すなわち翼の作動状態を示す．幾何学的な流出角と流れの流出角の差を示すデビエーション角は，翼面の流れや性能と密接に結びつくパラメータである．

ℓ　：翼弦長 (chord length)
t　：ピッチ (pitch)
ζ　：くい違い角・スタガ角 (stagger angle)
β_{m1}　：翼の入口角（幾何流入角, inlet blade angle）
β_{m2}　：翼の出口角（幾何流出角, exit blade angle）
θ　：そり角・キャンバ角 (camber angle)
σ　：弦節比・ソリディティ (solidity=l/t)　→　節弦比 (t/l)
β_1　：流入角（流体流入角）
β_2　：流入角（流体流出角）

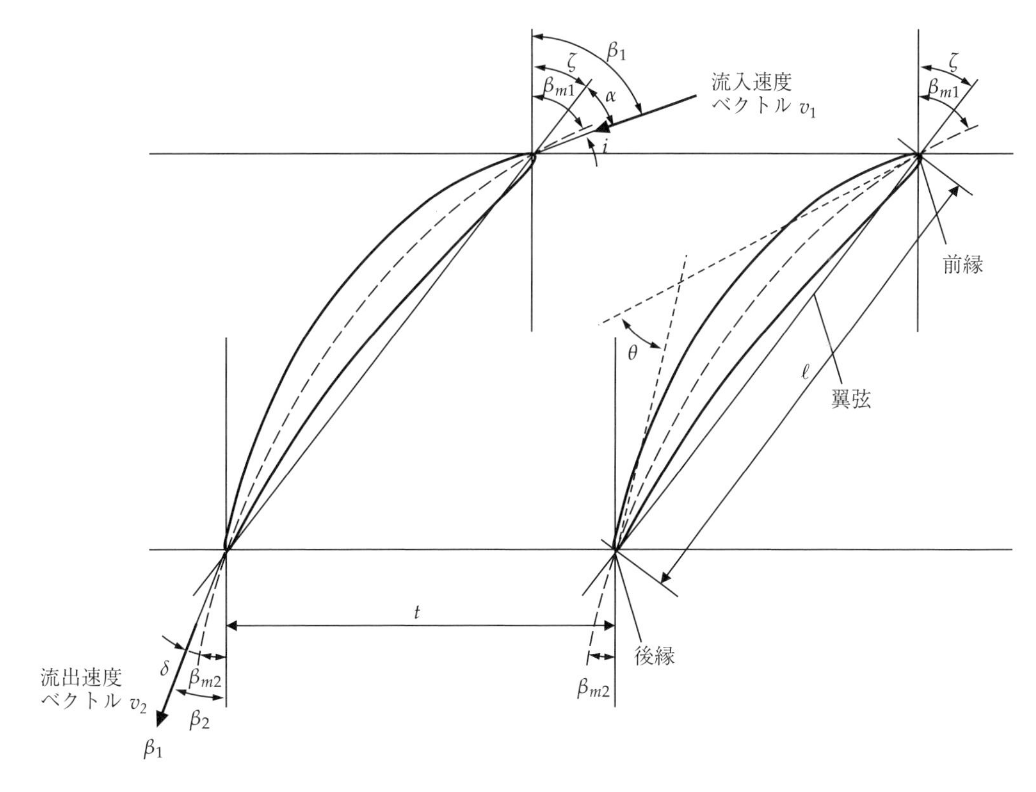

図 10.19 翼列に関するパラメータ

$\Delta\beta$ ：転向角（turning angle $= \beta_1 - \beta_2$）
α ：迎え角（attack angle$= \beta_1 - \zeta$）
i ：入射角・インシデンス角（incidence angle$= \beta_1 - \beta_{m1}$）
δ ：偏差角・デビエーション角（deviation angle$= \beta_2 - \beta_{m1}$）

定義から明らかなように，迎え角 α，インシデンス i はそれぞれ流入角 β_1 と翼の代表角度との関係を示すため，翼列の特性を示す場合のパラメータとして選ばれることが多い．図 10.20 にはインシデンス i と全圧損失係数 ω と転向角 $\Delta\beta$ の関係の一例を示す．インシデンスがゼロのときには流れはほぼ翼の設計条件にあるので損失は小さい．流入角 β_1 が大きくなるとインシデンス角も大きくなりいわゆる腹打ちの状態となる．流入角が大きくなる分転向角 $\Delta\beta$ も大きくなるが，やがて翼の背側で流れが剥離し，損失が急増し転向角も急減する正の失速状態となる．逆に流入角 β_1 が小さくなるとインシデンスはマイナスの値をとなり，背打ちの状態となって転向角は小さくなる．この場合も β_1 をさらに小さくしていくとやがて翼の腹側で剥離を生じ，デビエーション角・損失が急増する負の失速状態となる．

このような翼列の特性は，4.1 節で述べられているように翼型（基本翼型，キャンバ，翼厚さなど），スタガ角，ソリディティなどのパラメータによって変化するため，設計においてパラメータサーベイを実施するためにはこれらの影響を知る必要がある．系統的な実験をベースとして整備されたデータがが利用

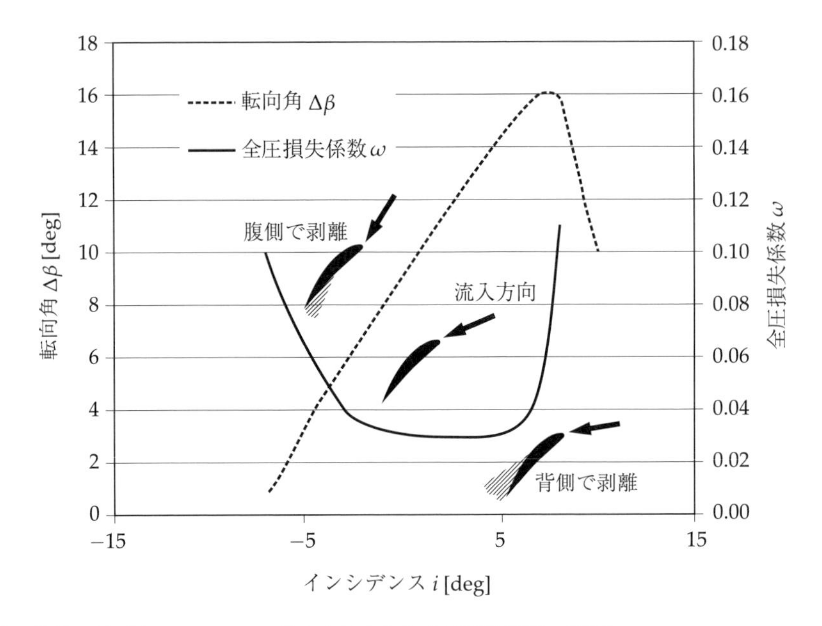

図 10.20　翼列特性の例（インシデンスに対する転向角と全圧損失係数の関係）

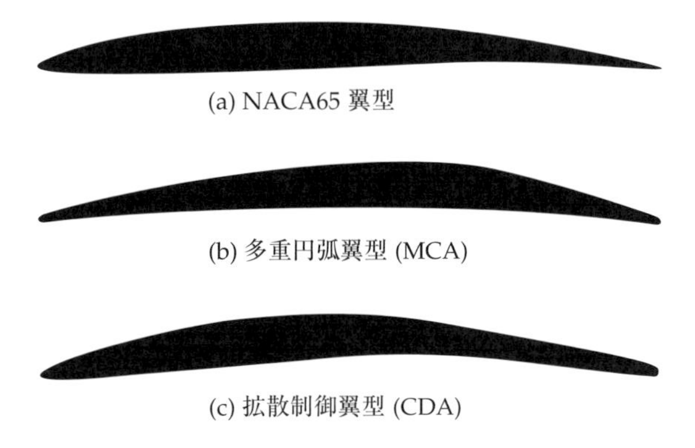

図 10.21　圧縮機翼型の例

できる翼型もあり，代表的なものとしてNACAのものがあげられる．4.1節では4字系列が紹介されているが，6系列は層流翼の概念を取り入れ高亜音速(流入マッハ数〜0.8程度)までの広い範囲で優れた性能を示す翼型であり，なかでも図10.21(a)，表10.2に示した**NACA65系列**は詳細な設計手法が開示されていて(参考文献D6)パラメトリックな検討が可能であるため，これを設計ツールに組み込むことによって軸流圧縮機の基本設計などに利用されている．なお表10.2に示した基本翼型では後縁側が極端に薄くなり，強度や製造の点で問題となるので，若干の厚み補正がほどしたものも並記されている．

さらに，近年では数値解析や最適化手法を活用して個々の条件に特化して設計されたいわゆるカスタムメイド翼型も実用化されており，代表的なものとしては高いマッハ数領域で作動できる**多重円弧翼型**（MCA：Multiple Circular Arc Airfoil，図10.21(b)）や，高亜音速領域で高い性能が得られる**拡散制御翼型**（CDA：Controlled Diffusion Airfoil，図10.21(c)）がある．

表 10.2 NACA65 翼型の基本翼厚分布の基本そり線（参考文献 D1）

	基本翼厚分布 $\pm y_{t0}$ [%]		基本反り線 $C_{l0}=1.0, \alpha=1.0$	
x/ℓ [%]	NACA 65–010（NACA 2-016 より誘導）	NACA 65 (216)010 $+0.001\,5(x/\ell)$	y_{c0}/ℓ〔%〕	dy_{c0}/dx
0.0	0.000	0.000	0.000	——
0.5	0.772	0.752	0.251	0.421 23
0.75	0.932	0.890	0.351	0.388 76
1.25	1.169	1.124	0.535	0.347 71
2.50	1.574	1.571	0.930	0.291 54
5.00	2.177	2.222	1.580	0.234 31
7.50	2.647	2.709	2.120	0.199 92
10.00	3.040	3.111	2.587	0.174 85
15.00	3.666	3.746	3.364	0.138 04
20.00	4.143	4.218	3.982	0.110 32
25.00	4.503	4.570	4.475	0.087 42
30.00	4.760	4.824	4.861	0.067 43
35.00	4.924	4.982	5.152	0.049 26
40.00	4.996	5.057	5.357	0.032 27
45.00	4.963	5.029	5.476	0.015 97
50.00	4.812	4.870	5.516	0.000 00
55.00	4.530	4.570	5.476	−0.015 97
60.00	4.146	4.151	5.357	−0.032 27
65.00	3.682	3.627	5.152	−0.049 26
70.00	3.156	3.038	4.861	−0.067 43
75.00	2.584	2.451	4.475	−0.087 42
80.00	1.987	1.847	3.982	−0.110 32
85.00	1.385	1.251	3.364	−0.138 04
90.00	0.810	0.749	2.587	−0.174 85
95.00	0.306	0.354	1.580	−0.234 31
100.00	0.000	0.150	0.000	——
前縁半径	0.687	0.666		

10.4.5 軸流送風機・圧縮機の理論

軸流式流体機械の作動原理については第 4 章で説明したが，気体が回転翼列に軸方向に流入する場合には，流量 G [kg/s] の気体に対する理論動力 P_{th} あるいは理論全圧ヘッド H_{th} は図 10.22(a) に示された速度関係において

$$\underset{[\mathrm{kW}]}{P_{th}} = 10^{-3} \underset{[\mathrm{kg/s}]}{G}\ \underset{[\mathrm{m/s}]}{u}\ \underset{[\mathrm{m/s}]}{v_{u_2}} \tag{10.33}$$

および

$$\underset{[\mathrm{m}]}{H_{th}} = \underset{[\mathrm{s^2/m}]}{\frac{1}{g}}\ \underset{[\mathrm{m/s}]}{u}\ \underset{[\mathrm{m/s}]}{v_{u_2}} \tag{10.34}$$

となる．

回転方向成分をもって流入する場合には，図 10.22(b) より

$$P_{th} = 10^{-3} \cdot Gu(v_{u_2} - v_{u_1}) \quad [\mathrm{kW}] \tag{10.35}$$

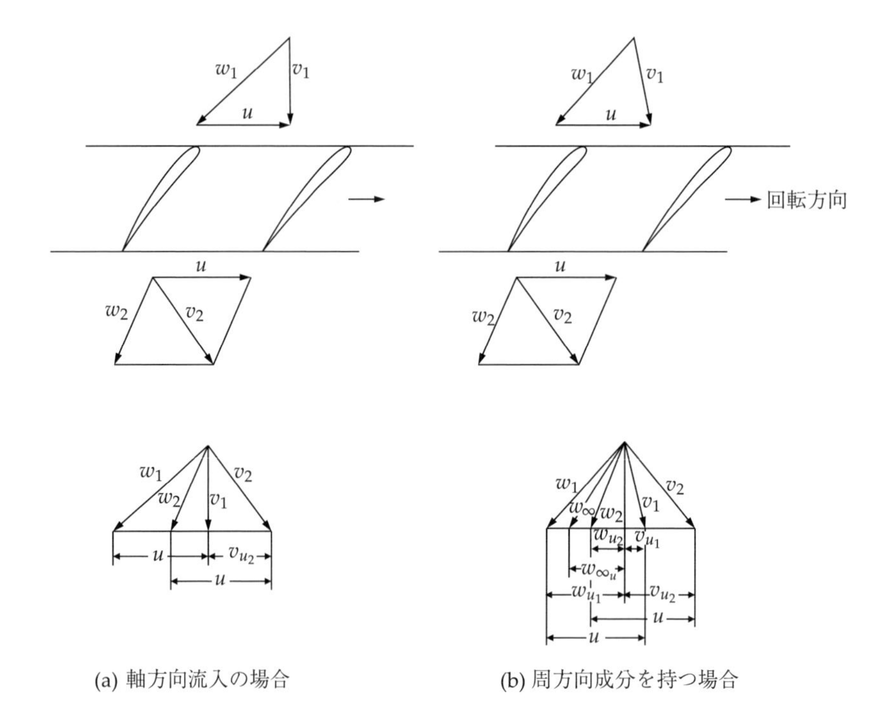

(a) 軸方向流入の場合　　(b) 周方向成分を持つ場合

図 10.22　軸流圧縮機動翼入口・出口の速度三角形

および

$$H_{th} = \frac{1}{g}u(v_{u_2} - v_{u_1}) \quad [\mathrm{m}] \tag{10.36}$$

図 10.22(b) の速度関係を用いて上式を変形すると，

$$H_{th} = \frac{1}{2g}\{(v_2{}^2 - v_1{}^2) + (w_1{}^2 - w_2{}^2)\} \quad [\mathrm{m}] \tag{10.37}$$

となる．

式 (10.37) の右辺第 1 項は羽根車による運動エネルギーの増加，第 2 項は静圧力の上昇に対応する．ここで考えている翼列においては，入口・出口で半径は不変であり，$u_2 = u_1$ であるから，この式は遠心機械の式 (10.26) と同じ意味を持つことがわかる．

等エントロピー圧縮の場合は，

$$\begin{aligned} H_{th} &= \underset{[\mathrm{s^2/m}]}{\frac{1}{g}}\ \underset{[\mathrm{m/s}]}{u}\ \underset{[\mathrm{m/s}]}{(v_{u_2} - v_{u_1})} \quad (H_{th}\ [\mathrm{m}]) \\ &= \underset{[\mathrm{s^2/m}]}{\frac{1}{g}}\ \frac{\kappa}{\kappa-1}\ \underset{[\mathrm{N/m^2}]}{p_{t_1}}\ \underset{[\mathrm{m^3/kg}]}{\frac{1}{\rho_1}} \left[\left(\frac{p_2}{p_1}\right)_t^{(\kappa-1)/\kappa} - 1\right] \\ &= \underset{[\mathrm{s^2/m}]}{\frac{1}{g}}\ \frac{\kappa}{\kappa-1}\ \underset{[\mathrm{J/(kg\cdot K)}]}{R}\ \underset{[\mathrm{K}]}{T_{t_2}} \left[\left(\frac{p_2}{p_1}\right)_t^{(\kappa-1)/\kappa} - 1\right] \end{aligned} \tag{10.38}$$

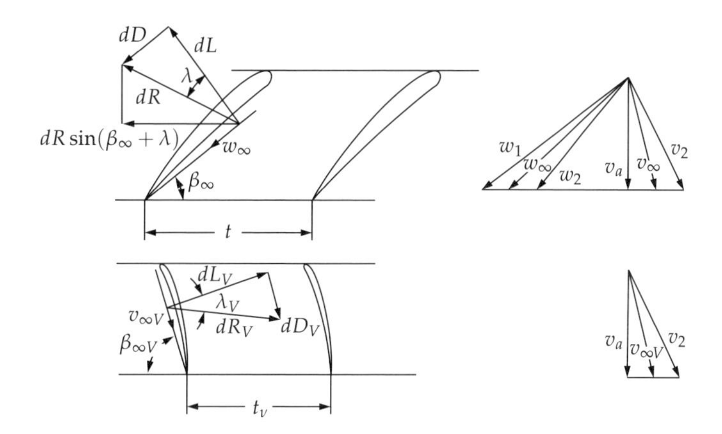

図 10.23 翼に働く力

軸流機械の反動度 R は羽根車の理論静圧ヘッドと理論全圧ヘッドとの比として，次式で与えられる．

$$R=\frac{\dfrac{1}{2g}({w_1}^2-{w_2}^2)}{\dfrac{1}{2g}[({v_2}^2-{v_1}^2)+({w_1}^2-{w_2}^2)]}=\frac{\dfrac{1}{2g}({w_1}^2-{w_2}^2)}{\dfrac{u}{g}(v_{u_2}-v_{u_1})} \tag{10.39}$$

図 10.22(b) の速度関係から

$$\frac{1}{2g}({w_1}^2-{w_2}^2)=\frac{1}{g}w_{\infty u}(w_{u_1}-w_{u_2})=\frac{1}{g}w_{\infty u}(v_{u_2}-v_{u_1}) \tag{10.40}$$

となるから，式 (10.20) は，

$$R=\frac{\dfrac{1}{g}w_{\infty u}(v_{u_2}-v_{u_1})}{\dfrac{u}{g}(v_{u_2}-v_{u_1})}=\frac{w_{\infty u}}{u} \tag{10.41}$$

と書くことができる．

10.4.6 段落効率

軸流機械の 1 組の動翼と静翼，すなわち 1 段の翼列の効率を 4.5.2 項に示された翼理論から考えてみる．式 (4.39)，(4.50) および図 10.23 から，動翼の損失ヘッド h および静翼の損失ヘッド h_V は以下のように示される．

$$h=\frac{dDw_\infty}{\gamma t v_a}=\frac{dDw_\infty}{\rho g t v_a} \quad [\mathrm{m}] \tag{10.42}$$

$$h_V=\frac{dD_V v_{\infty V}}{\gamma t_v v_a}=\frac{dD_V v\infty V}{\rho g t_v v_a} \quad [\mathrm{m}] \tag{10.43}$$

損失がない場合のヘッドすなわち理論ヘッドは，式 (4.38) より

$$H_{th}=\frac{udR\sin(\beta_\infty+\lambda)}{\gamma t v_a}=\frac{udR\sin(\beta_\infty+\lambda)}{\rho g t v_a} \quad [\mathrm{m}] \tag{10.44}$$

で与えられる[†]．動翼，静翼で構成される 1 段落の翼列の効率 η_b は

[†] dD，dR などは翼幅を単位長さにとっているため，次元は力を長さで割った [N/m] となっている．

$$\eta_b = \frac{H_{th} - (h + h_V)}{H_{th}} = 1 - \frac{h + h_V}{H_{th}} \tag{10.45}$$

で定義されるから，式(10.42)(10.43)(10.44)を考慮して，

$$\eta_b = 1 - \left[\frac{dDw_\infty}{dRu\sin(\beta_\infty + \lambda)} + \frac{t_V dD_V v_{\infty V}}{tdRu\sin(\beta_\infty + \lambda)}\right] \tag{10.46}$$

動翼で与えられた速度の回転方向成分が静翼ですべて回収されたとすれば，図10.23の $dR\sin(\beta+\lambda)$ と $dR_V\sin(\beta_V+\lambda_V)$ との関係は

$$tdR\sin(\beta + \lambda) = t_V dR_V \sin(\beta_V + \lambda_V) \tag{10.47}$$

となるから η_b は

$$\eta_b = 1 - \left[\frac{dDw_\infty}{dRu\sin(\beta_\infty + \lambda)} + \frac{dD_V v_{\infty V}}{dR_V u\sin(\beta_{\infty V} + \lambda_V)}\right] \tag{10.48}$$

さらに λ が小さい（揚力 dL と比べ抗力 dD が小さい）とし，λ と λ_V が等しいとすれば，

$$\begin{aligned}&\sin(\beta+\lambda) \fallingdotseq \sin\beta = \frac{v_a}{w_\infty} \qquad \sin(\beta_V+\lambda_V) \fallingdotseq \sin\beta_V = \frac{v_a}{v_\infty}\\ &\tan\lambda = \frac{dD}{dL} \fallingdotseq \frac{dD}{dR} \fallingdotseq \frac{dD_V}{dR_V} \fallingdotseq \lambda\end{aligned} \tag{10.49}$$

となり，式(10.48)は，

$$\eta_b = 1 - \frac{dD}{dL}\frac{{w_\infty}^2 + {v_\infty}^2}{uv_a} = 1 - \lambda\frac{{w_\infty}^2 + {v_\infty}^2}{uv_a} \tag{10.50}$$

となる．

次に，翼効率と反動度の関係を考えてみる．図10.23の速度関係から，${w_\infty}^2$ および ${v_\infty}^2$ は反動度 $R \fallingdotseq w_{\infty u}/u$ を使って，

$$\begin{aligned}{w_\infty}^2 &= {v_a}^2 + {w_{\infty u}}^2 = {v_a}^2 + (Ru)^2\\ {v_\infty}^2 &= {v_a}^2 + {v_{\infty u}}^2 = {v_a}^2 + \{(1-R)u\}^2\end{aligned} \tag{10.51}$$

と表すことができるから，式(10.50)の翼効率の式は，

$$\eta_b = 1 - \lambda\frac{2u^2(R^2 - R) + u^2 + 2{v_a}^2}{uv_a} \tag{10.52}$$

と書ける．上式を反動度 R で微分してゼロとおくと，

$$\frac{d\eta_b}{dR} = -\lambda\frac{2u^2(2R-1)}{uv_a} = 0 \tag{10.53}$$

式(10.53)を満足する反動度 $R = 0.5$ において翼効率 η_b が最大となる．

10.4.7　うず形式（半径平衡式と半径方向の翼配列）

いままで軸流機械内部の流れを代表半径で1次元的に扱ってきたが，実際には翼の高さ方向では速度三角形は異なり，その傾向は翼長が長いほど著しい．

[†] dD，dR などは翼幅を単位長さにとっているため，次元は力を長さで割った [kgf/m] あるいは [N/m] となっている．

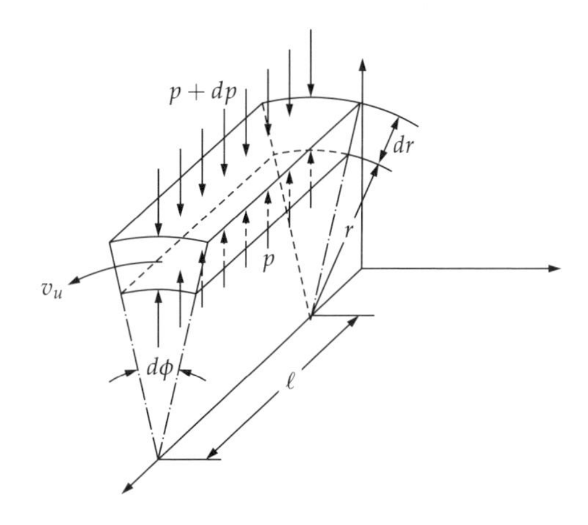

図 10.24 半径方向の力のつり合い

軸流機械において，半径方向の流れ分布（**うず形式**：vortex design，**フローパターン**：flow pattern）としては，いくつかの基本的な考え方がある．

軸流機械内において図 10.24 に示された質量 dm の微小要素の流体に働く遠心力 dF_r は

$$dF_r = dm\frac{{v_u}^2}{r} = \rho\ell r d\phi dr\frac{{v_u}^2}{r} \tag{10.54}$$

この遠心力は流体の半径方向の圧力差による力とつりあっているから，要素の内面に働く圧力を p，外面に働く圧力を $p+dp$ とすれば，これによる力 dF_p は 2 次以上の微小量を省略すれば，

$$dF_p = (p+dp)\ell(r+dr)d\phi - p\ell r d\phi \fallingdotseq dp\ell r d\phi \tag{10.55}$$

$dF_r = dF_p$ より

$$\frac{dp}{dr} = \rho\frac{{v_u}^2}{r} \tag{10.56}$$

式 (10.56) は式 (4.44) と同じであり，軸流機械の半径方向の静圧力こう配と遠心力のつり合いを表している．

次に，全圧力 p_t は

$$p_t = p + \frac{\rho}{2}v^2 = p + \frac{\rho}{2}({v_u}^2 + {v_a}^2 + {v_r}^2) \tag{10.57}$$

で与えられるので，これを r で微分すれば，

$$\frac{dp_t}{dr} = \frac{dp}{dr} + \rho\left(v_u\frac{dv_u}{dr} + v_a\frac{dv_a}{dr} + v_r\frac{dv_r}{dr}\right) \tag{10.58}$$

全圧力が半径方向に一定で，半径方向速度成分 $v_r = 0$ とすれば，式 (10.56) と式 (10.58) から，

$$v_a\frac{dv_a}{dr} = -\frac{v_u}{r}\frac{d}{dr}(rv_u) \tag{10.59}$$

を得る．式 (10.59) は**単純半径平衡式** (simple radial equivalium) と呼ばれるもので，軸流機械のうず形式を決定する基本的な式である．次に代表的なうず形式を紹介する．

(1)　自由うず形 (free vortex design)

式 (10.59) において，軸方向速度成分が半径方向に変わらないとすれば，

$$r v_u = \text{const.} \tag{10.60}$$

となる．これは自由うずの式である．すなわち，半径方向に全圧力 p_t および軸方向速度成分 v_a の変化のない軸流機械内の流れは，自由うず流れとなる．自由うず形の翼はかなりねじりが入ること，および動翼先端の相対速度が大きくなることのために，高速回転には適さないが，比較的低速の軸流送風機などに多く用いられる．また，半径方向に反動度が変わるため，平均半径における反動度を 50% として設計されることが多い．

(2)　定反動度形 (constant reaction design)

自由うず形では半径方向に反動度が変化するが，半径方向に反動度および全圧力を一定にしたものを定反動度形という．

入口・出口における周方向速度 v_{u_1}，v_{u_2} を次式で与える．

$$\begin{aligned} v_{u_1} &= \frac{ar - b}{r} \\ v_{u_2} &= \frac{ar + b}{r} \\ &\text{ただし，} a,\ b \text{ は定数} \end{aligned} \tag{10.61}$$

反動度 R は，式 (10.41) で与えられるから，

$$\begin{aligned} R &= \frac{\dfrac{1}{g} w_{\infty u} (v_{u_1} - v_{u_2})}{\dfrac{u}{g} (v_{u_2} - v_{u_1})} = \frac{w_{\infty u}}{u} \\ &= 1 - \frac{v_{\infty u}}{u} = 1 - \frac{v_{u_1} + v_{u_2}}{2u} = 1 - \frac{ar}{u} = 1 - \frac{a}{\omega} \end{aligned} \tag{10.62}$$

となる．ここで ω は角速度であって半径方向に一定であるから反動度 R も半径方向に一定となる．また，b/r は ar に比べて小さいので v_u はほぼ半径に比例し，剛体を回転させたように考えられるため，**剛体形** (solid body design) とも呼ばれる．

(3)　強制うず (forced vortex design)

$$\frac{v_u}{r} = \text{const.} \tag{10.63}$$

の形で与えられるうず形式を強制うずと呼び，$V_u \cdot r = \text{const.}$ で与えられる自由うず形式と強制うず形式の中間的なうず形式を**半強制うず形** (half vortex design) と呼ぶ．

$$\begin{aligned} v_{u_1} &= \frac{a_1 r^n - b_1}{r} \\ v_{u_2} &= \frac{a_2 r^n + b_2}{r} \end{aligned} \tag{10.64}$$

したがって，定反動度形は半強制うず形において，$n = 1$，$a_1 = a_2$，$b_1 = b_2$ とした場合と考えることができる．

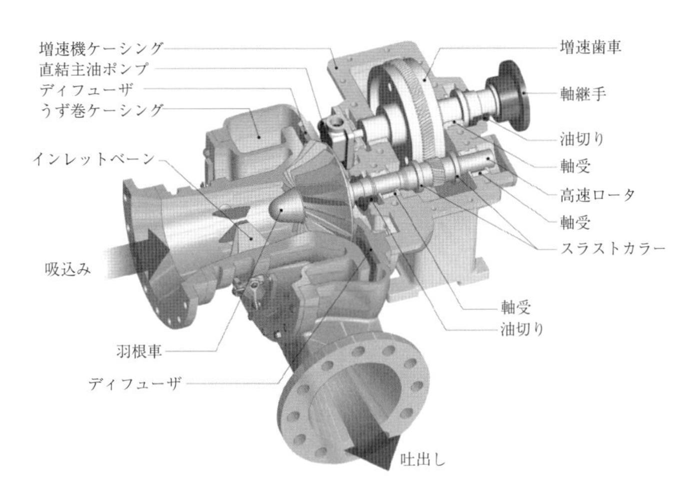

図 10.25 斜流ブロワ（川崎重工業）

(4) 静翼流出角一定形 (constant α_2)

翼の形状はできるだけ単純なほうが実際の製作にあたって有利である．動翼入口において，

$$v_{u_1} = \tan\alpha \cdot v_{a_1} (\tan\alpha = \text{const.}) \tag{10.65}$$

とすれば，前方の静翼の流出角は半径方向に一定となり，近似的に 2 次元的なねじりなしの静翼を用いることができる．

10.5 斜流送風機・圧縮機

遠心式と軸流式の中間的な位置づけである．羽根車は形状に無理がなく，高い効率を得ることができる．反面，羽根車からの流出流れは軸方向に傾きを持つ 3 次元的な旋回流であり，このような流れが流入するディフューザで流れが剥離しやすくなる傾向がある．したがって，高性能を得るためには設計に工夫が必要であり，送風機やブロワとしての適用例はあるが，斜流圧縮機として実用化されているものは比較的少ない．図 10.25 に斜流ブロアの例を示す．

10.6 横流ファン

クロスフローファン (cross flow fan)・貫流ファン (transverse fan) とも呼ばれる．図 10.26 に示すように，多翼ファンに似た羽根車を有するが，まったく異なる作動原理による機械である．

多翼ファンでは軸方向から流れが流入するのに対し，横流ファンの流れは羽根車を貫通する．羽根車内の流れは軸対称ではなく，ケーシングの拘束作用によって固定された位置にうずが発生し，吸込み側から吐出し側への流れが生じる．横流ファンによる圧力上昇は小さく，流体へはもっぱら動圧成分としてエネルギーが与えられる．

横流ファンは吸込み・吐出し面積ともにファンの口径ではなくファンの軸方

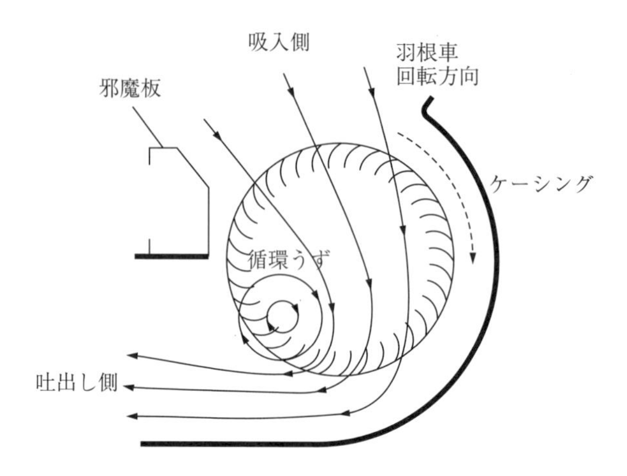

図 10.26　横流ファン

向長さに依存するため，大面積・大風量の処理が可能で，換気や空調用の通風ファン，エアカーテンなどの用途に広く利用されている．

10.7 容積形圧縮機

容積式のポンプについては7.8節で一部を説明した．ここでは圧縮機について説明するが，ポンプと同様に往復式と回転式に大別され，表10.1に示すような種類のものがある．ターボ形の圧縮機に比して処理流量は小さいが，高圧力比を得やすく構造が比較的簡単であること，堅牢で運転範囲が広いなどの特徴がある．容積式圧縮機の特徴は，流量が回転数によって決まり，吐出し圧力とほとんど関係がないことである．

10.7.1　レシプロ式圧縮機

基本的な構造は7.8.1項で述べた往復ポンプ，もしくはレシプロ式の内燃機関と類似している．古くから用いられている形式であるが，10以上の高圧力比が容易に得られることから小型の空気源やさまざまな流体を対象としたプロセス用の圧縮機としても重要な位置を占める．高圧力比のものは多段とすることで所望の圧力を得るが，V形，W形，並列形，対向形などさまざまなシリンダの配置のものがある．また，シリンダの冷却方式により空冷式と水冷式がある．

図10.27には損失や漏れもない理想的な圧縮性流体を扱う往復式圧縮機の作動原理とインジケータ線図を示す．**インジケータ線図** (indicator diagram) は横軸にシリンダ容積をとってシリンダ内の圧力変化を示したものである．往復圧縮機では A → B → C → D → A の変化を繰り返す．すなわち**上死点** (top dead center) A で吸気弁が開き，A からシリンダが**下死点** (bottom dead center) B に向かって移動して低圧流体を吸気する．B で吸気弁が閉じ，シリンダが B から上死点 A に向かって移動することで圧力が上昇し容積も減少する．点 C に至ると吐出し弁が開き高圧流体が吐出され上死点 D に至る．D 点で吐出し弁が閉じるとともに吸気弁が開き，点 A の状態に戻る．この過程が繰り返されることで高圧空気が得られる．

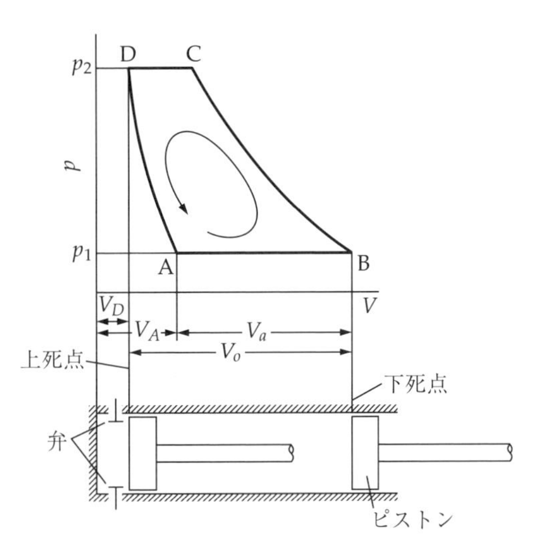

図 10.27　往復圧縮機の原理とインジケータ線図

最大容積と最小容積の差，すなわち下死点における容積と上死点における容積の差 V_o は**行程容積** (swept volume) と呼ばれる．インジケータ線図（P-V 線図）において，上述の作動線に囲まれた面積が 1 周期当たりの理想的な仕事となる．したがって回転数を N とすれば，理想的な体積流量 Q_{th} と動力 P_{th} はそれぞれ次式で表される．

$$Q_{th} = NV_o$$

$$P_{th} = N(p_2 - p_1)Q_{th}$$

有効吸入容積 V_h は流体縮性による体積変化や実在の機械における弁の開閉の遅れなどによって行程容積 V_o より小さい．往復圧縮機の理論上の**体積効率** η_v (volumetric efficiency) は，

$$\eta_v = \frac{V_h}{V_o}$$

D → A の行程をポリトロープ変化とすれば，

$$p_D {V_D}^n = p_A {V_A}^n$$

が成り立つから

$$\eta_v = \frac{V_h}{V_o} = 1 - \frac{V_A - V_o}{V_o} = 1 - \frac{V_D}{V_o}\left\{\left(\frac{p_D}{p_A}\right)^{1/n} - 1\right\}$$

実際には吸入行程の終わりにおける圧力および温度は吸入弁の抵抗などにより入口状態（大気状態）とは変わってくるために真の体積効率 η_v' は，

$$\eta_v{}' = \eta_v \frac{p_A}{p_a}\frac{T_a}{T_A}$$

となる．ここで p_a および T_a は入口状態における圧力および温度を表す．

また，実際の圧縮においては，ピストンとシリンダの隙間や弁からの漏れなどのために吸込み体積流量 Q_s と吸入状態に換算した吐出し体積流量 Q_d は一

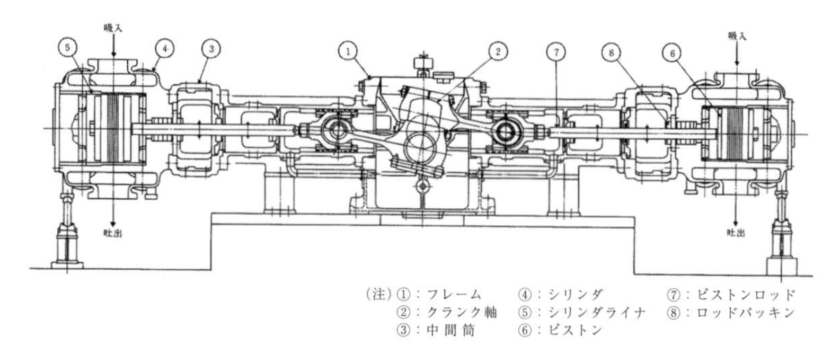

図 10.28　往復圧縮機の例（IHI）

致しない．これらの比

$$\eta_d = \frac{Q_d}{Q_s}$$

を**吐出し効率** (discharge efficiency) と呼ぶ．さらに体積効率 $\eta v'$ と吐出し効率 ηd の積を**利用効率** (utilization efficiency) η_u と呼ぶ．すなわち，

$$\eta_u = \eta_v{}' \eta_d$$

容積形の機械の特徴は回転数一定では流量が一定であるため，流量制御が問題となる．小型の圧縮機などでは圧縮機自体を起動停止させる場合もあるが，吸込み弁を拘束するなどによって圧縮を中断する**アンローダ** (unloader) と呼ばれる機構を持つ場合も多い．さらに往復圧縮機の場合には，締め切り運転をすると圧力が際限なく上昇してしまうためリリーフ弁が必須である．

図 10.28 には LNG（液化天然ガス）基地のタンクから蒸発する −162 ℃のガスを圧縮するための水平対向形の往復圧縮機の例を示す．

10.7.2　回転式圧縮機の構造と特徴

回転式の容積形圧縮機（送風機）の種類は多岐にわたるため，代表的なものを取り上げて説明する．

(1)　ルーツ形 (roots compressor, roots blower)

図 10.29(a) にはルーツ形送風機の断面図を示す．微小な隙間を持つ一対のまゆ形断面の回転子がケーシング内に配置され，これらの回転子は原動機からギアでそれぞれ逆方向に駆動されることによって流体を送り出す．ケーシングと回転子の間の空間容積は回転中に変化しないので，気体の圧力はこの空間が吐出し側と通じた瞬間に上昇することになる．回転子には図示した 2 葉圧縮機 (two lobe rotary compressor) だけでなく，3 葉圧縮機もある (three lobe rotary compressor)．図 10.29(b) にはルーツ形送風機の特性を示す．回転数一定において流量はほぼ一定であり，容積形機械の特徴を示している．圧力比の増大とともに流量が若干減少しているのは回転子とケーシングの間の漏れ流量の増大によるところが大きい．ルーツ形ではターボ形に見られるような低流量域でのサージング減少がなく安定した特性を持つことが特徴であるが，上述のように急激な圧力変化を伴うために運転時の騒音は他の形式に比して大きい．大気吸

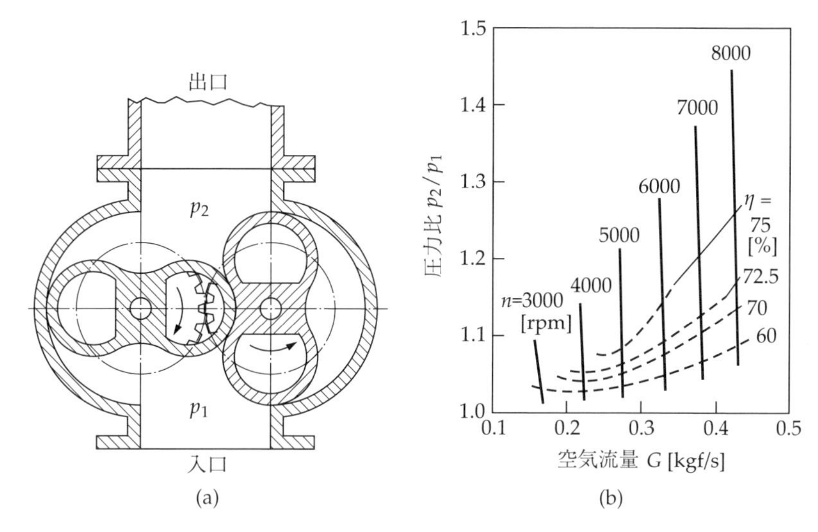

図 10.29　ルーツ形ブロア

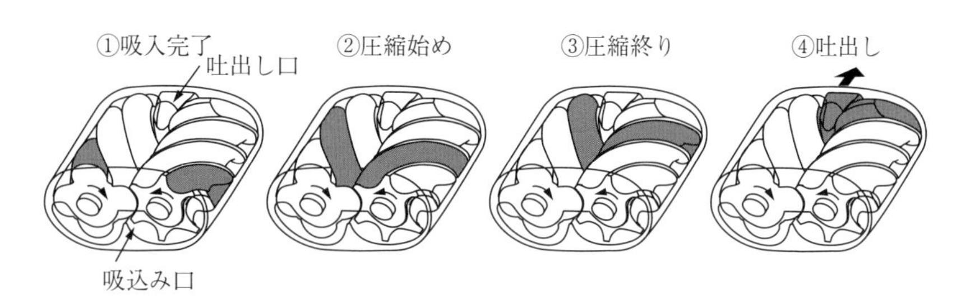

図 10.30　ねじ圧縮機

込みの場合，単段で 100kPa 程度の吐出し圧力を得ることができ，2 段式として圧力を高める場合もある．流量は 850 [m^3/min] 程度のものまでが製作されており，往復式と遠心式の間の領域をカバーすることができる．

(2)　ねじ圧縮機 (screw compressor)

発明者の名をとって**リショルム圧縮機** (Lysholm compressor) とも呼ばれるねじ圧縮機（スクリュー圧縮機）は，図 10.30 に示すように雄雌一対の回転子とケーシングによって形成される．2 つの回転子はそれぞれ逆方向に回転し，これら 2 つの回転子の隙間に形成された空間は同図①～④に示すように吸込み口から回転しながら軸方向に移動するにつれて次第に体積が変化しながら吐出し口に到達し，これによって気体が圧縮される．圧縮室に潤滑油を用いないオイルフリー式と潤滑油を用いる油冷式があり，前者は両回転子がギアで駆動され，わずかな隙間をもって回転する．後者は，一方の回転子が他方を駆動するため構造が簡単化できるメリットがある．ターボ圧縮機に比べて広い範囲で安定して運転できること，ミストなどの異物の混入に強いことなどの利点がある．加工技術の進歩によって急速に高性能化・普及した圧縮機であり，単段で 10 程度の圧力比を得ることができ，非常に小型のものから 1000 [m^3/min] 程度の大型のものまでが製作されている．

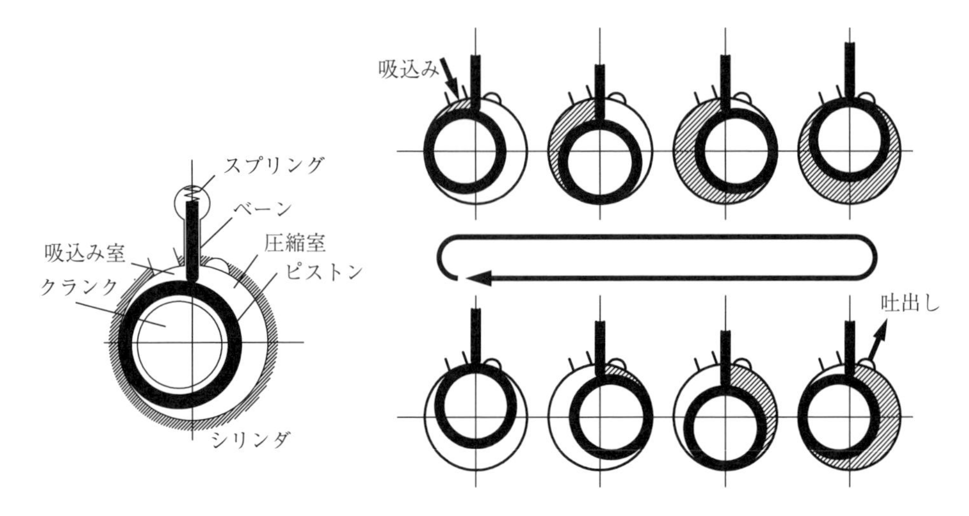

図 10.31　ロータリ圧縮機

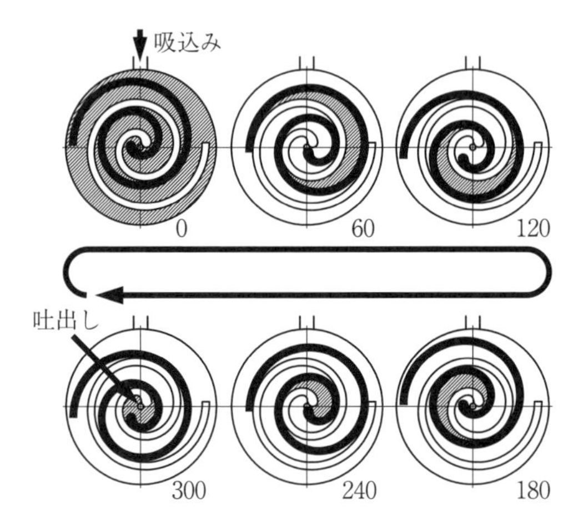

図 10.32　スクロール圧縮機

(3)　ベーン圧縮機 (vane compressor)

7.8 節で述べたベーン式のポンプに類似の構造を持つものである．冷媒用圧縮機など小容量のものとして利用される．

(4)　ロータリ圧縮機 (rotary compressor)

図 10.31 に示すように，円筒状のシリンダ内を偏心したクランクに回転自在に取り付けられた円筒状のピストンが回転する．ピストン，シリンダ，ベーンで形成された空間はピストンの回転によって容積が小さくなり，ベーン下流の吸入口から導入された気体はこれに伴って圧縮されて吐出し口から吐き出される．位相の異なるピストンを 2 段に重ねたものは振動特性の面でも有利である．単純な構造で部品点数も少ないにもかかわらず高い性能と信頼性を持つため，冷凍・空調の冷媒用小型圧縮機として広く利用されている．

(5)　スクロール圧縮機 (scroll compressor)

図 10.32 に示すように，一対のうず巻き状の固定スクロールと旋回スクロー

ルを有し，旋回スクロールが偏心しながら公転運動をする（旋回スクロールは自転しない）．この間，固定・旋回両スクロール間に形成された三日月型の空間は中心に向かって移動しながら容積が小さくなり，これによって気体が圧縮され，最後は中心に設けられた吐出し口から排出される．効率，振動・騒音特性にも優れていて，部品点数も少ないが，形状は複雑であって，精密加工技術の進歩によって発展した．冷媒ガス圧縮機など比較的小型の圧縮機として，数 kW～10kW 程度のものが多く用いられている．

11

CHAPTER ELEVEN

風車

風は古くから船の動力として用いられていたが，風力エネルギーを機械エネルギーに変換するターボ機械である風車の歴史も紀元前にさかのぼるといわれている．これらの風車は，いまなお見られるオランダ風車や多翼風車のように，灌漑・排水や穀物を挽くことが主な目的であった．その後，発電用としてもさまざまな風車が試行錯誤されてきたが，1980 年代以降，CO_2 削減，自然エネルギーの活用の最右翼として単機出力が増大するとともに，設置台数，総出力も飛躍的に増大している．

11.1 風車の分類と概要

風車 (wind turbine) は回転翼によって風の持つエネルギーを機械エネルギーに変換する装置であるが，その作動原理から**抗力形**と**揚力形**に大きく分類される．また，軸の向きによって**水平軸風車** (horizontal axis wind turbine) と**垂直軸風車** (vertical axis wind turbine) がある．垂直軸風車は風の方向に関係なく同等の性能が発揮できることが最大の特徴であり，発電機を地面近くに設置できるために出力の取出しが容易であるなど有利な点も有するが，構造的な制約から大型化には不利である．逆に水平軸風車は発電機などを収めたナセルをプロペラ軸が位置する高所に配置する必要があり，さらに回転翼面を風向に追尾して旋回させる機構も必要となるが効率が高く，近年の大型風車はほとんどがプロペラ形である．表 11.1 に風車の分類を示す．

11.1.1　抗力形

風の力を抗力として利用するものであり，一般に低風速から起動が可能である特徴を持つが，後述する揚力形に比して効率が劣るため大型風車への適用は見られず，もっぱら小型風車や特殊な用途への適用に限られている．抗力形の風車で高い効率を得るために，受風体が風の方向に移動する部分では高い抗力係数を，逆に風に向かって回転する部分では低い抗力係数とする工夫がされて

表 11.1 風車の分類

型	軸	形式	
抗力型	垂直軸	パドル形	
		カップ形	
		サボニウス形	
揚力型	水平軸	オランダ形	
		セイルウィング形	
		プロペラ形	上流型
			下流型
		多翼形	
	垂直軸	ダリウス形	
		直線翼ダリウス形	
		ジャイロミル形	

a) サボニウス形
b) プロペラ形（上流型）
c) プロペラ形（下流型）
d) 多翼形
e) ダリウス形
f) 直線翼ダリウス形

いる．代表的な抗力形の風車としては，パドル形風車，カップ形風車，サボニウス形風車などがある．

(1) パドル形風車 (puddle-type wind turbine)

パドル形の受風体を用いた風車であり，古代中近東で利用されていたといわれる．受風体が風に向かって回転する部分に遮風スクリーンを設けるなどの手段によって反回転側に働く抗力トルクを小さくしている．最近での実用例は少ない．

(2) カップ形風車 (cup-type wind turbine)

受風体がカップ形として反回転側の抗力係数を小さくするもので，ロビンソン形の風速計と類似した形状を有している．

(3) サボニウス形風車 (Sovonius-type wind turbine)

半円筒状の受風体を向かい合わせて配置した垂直形の抗力風車であり，1929年にフィンランド人のS.J. サボニウスによって発明された．表 11.1 に示すように，受風体は重なり合うように取り付けられており，クロスフロー形のファンに類似した内部流れとなる．形状が簡単であるため小容量の風車に用いられ，また，起動特性に優れているために他の形式の風車と組み合わせて用いられる例もある．効率は 15% 程度である．

11.1.2 揚力形

回転部分に翼を配し，その揚力を用いて回転トルクを得る風車であり，水平

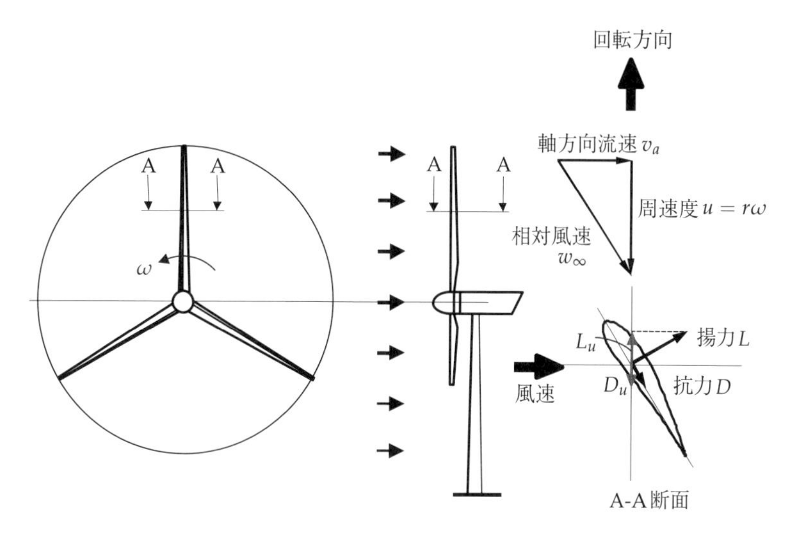

図 11.1 プロペラ形風車の作動原理

軸形のプロペラ形風車，垂直軸形のダリウス形風車に大別される．古典的な風車である**オランダ風車** (Dutch type wind mill) やアメリカなどで見られる**多翼形風車**も揚力形風車である．揚力形風車は抗力形に比して高効率であり，45〜50%に達する効率が得られる．また，抗力形風車に比して受風面積を大きくとれ，大容量化できる特徴がある．抗力形に比して高い周速比で大きな出力係数が得られる．すなわち，より高回転・低トルク形の風車である．

(1) プロペラ形風車 (propeller type wind turbine)

最も高い効率が得られるため，現用の発電用風車の大部分はプロペラ形である．表 11.1 に示すように，プロペラを下流側に設ける場合もある．

図 11.1 にはプロペラ形風車における流れを示す．翼では相対流れに対し，揚力 L と抗力 D が発生する．これらの周方向成分 L_u と D_u の差 $L_u - D_u$ が回転トルクとなる．また同様に，軸方向成分に扱えばスラスト力が得られる．翼形と迎え角が与えられれば揚力係数 C_D と抗力係数 C_L は風洞試験結果などから与えられる．したがって，ある微小なロータブレード長さ dr で得られるトルク dT は，

$$\begin{aligned} dT &= z(L_u - D_u)dr \\ &= z\frac{1}{2}\rho\ell^2 w_\infty(C_L \sin\beta - C_D \cos\beta)dr \end{aligned} \tag{11.1}$$

と書ける．ただし，z : ブレード枚数，w_∞ : 相対風速，β : 相対流れ角，ρ : 密度，ℓ : 翼弦長．

図 11.2 にはプロペラ形風車の外観と構造を示す．2 枚翼や 1 枚翼のものも製作されているが，後述するように，低ソリディティとなって高回転形となるために騒音の点で不利であり，現在稼動している大型プロペラ形風車は 3 枚翼のものが多い．同図は 2 MW 機を示すが，このクラスでロータ直径は 90 m 前後と巨大なものとなる一方，回転数は〜20 [1/min] 程度（可変速）と低いため，この例では増速ギアを介して誘導発電機を駆動しているが，永久磁石同期発電

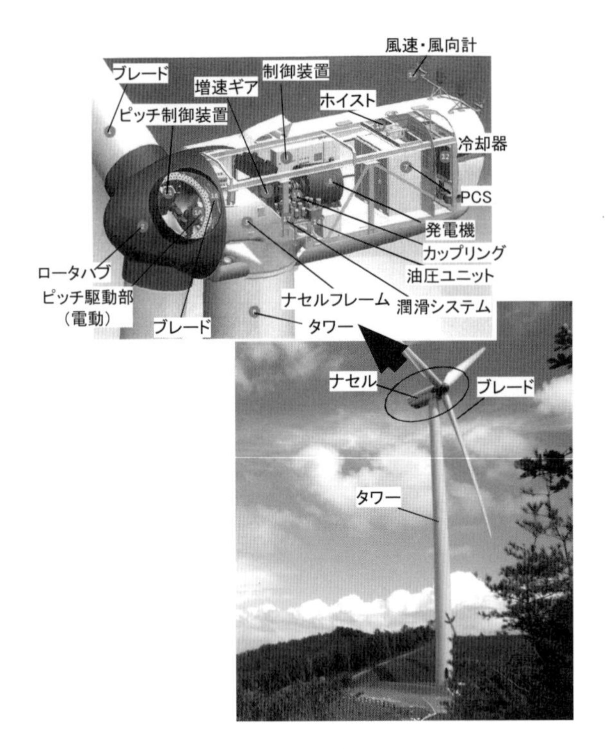

図 11.2　プロペラ形風車の構造（東芝エネルギーシステムズ）

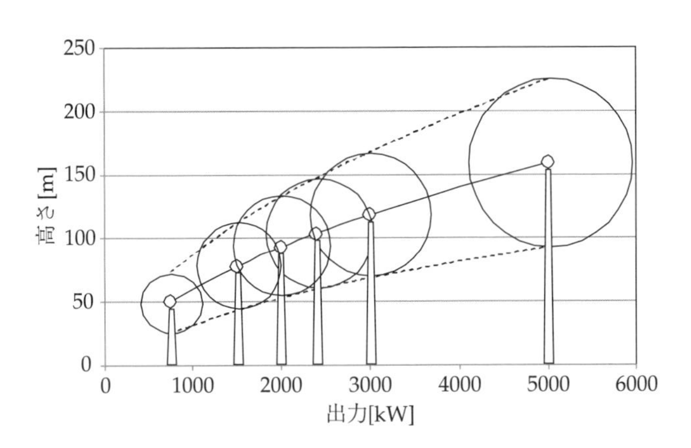

図 11.3　プロペラ形風車のロータ径と出力

機を直接接続する例もある．風速が同じであればプロペラ形風車の出力はロータ直径の2乗に比例するので，ロータ直径と出力は図11.3に示す関係にある．プロペラ形風車の単機容量は急速に増大しているが，陸上に設置されるものは輸送上の制限などもあって，3MW級程度が限界といわれている．一方，陸上では風車建設の適地に限りがあることから，洋上にウィンドファームを建設することも指向されており，このような洋上風車ではさらに5MW～10MWクラスの大型風車の適用が検討されている．

(2) 多翼形風車 (multi-blade wind mill)

19 世紀から用いられているが，アメリカの農場などで現在でも多数を目にすることができる．

翼枚数の非常に多いプロペラ風車と考えることができる．翼の密度はソリディティで表現される．風車のソリディティ σ は次式で定義される．

$$\sigma = \frac{\ell z}{\pi r} \tag{11.2}$$

ℓ : 翼弦長 [m]，r : 翼車半径 [m]，z : 翼枚数

最適ソリディティは，周速比の逆数の 2 乗に比例するといわれているので，発電用の高回転風車では小さいソリディティを選択することになる．逆に，多翼風車は小さい翼車半径で 20 枚程度の翼枚数をもつため高ソリディティであって，低回転に適する．さらにこのような低ソリディティの風車では起動トルクが大きいため，カットイン風速を小さくすることができポンプの駆動源などとして利用するのに適している．

(3) ダリウス形風車 (Darrieus wind turbine)

垂直形の風車であり，フランス人のダリウスによって発明された．垂直方向に延びた翼が周方向に複数枚取り付けられていて，風速と周速の合成速度によって得られる揚力により回転力を得る．表 11.1 に示すように，遠心力による曲げモーメントを軽減するために弓なり形状（縄跳びの縄の形）となっている．プロペラ形に匹敵する効率が得られるが，起動特性に難があるといわれている．600 kW クラスのものまで製作されているが，プロペラ形に比べて大型化には問題があり，実用例は限られている．

ダリウス形風車の翼を直線翼とした表 11.1 に示す**直線翼ダリウス風車**は，比較的簡単な構造で高い性能が得られることから小型風車で多く採用されている．

11.2 風車の特性

11.2.1 風車の出力

風車が風のなかから取り出せるエネルギーについて考察する．

非圧縮・非粘性・定常な軸方向一様の流れの流管を考え，上流側の風速を v_0，下流側の風速を v_3，風車ロータ断面積を A とし，空気密度は ρ で一定とする．

図 11.4 に示すように，上流，風車入口・出口，下流の値にそれぞれ添え字 0，1，2，3 を与える．すなわち，風車の上流側で v_0 の速度を持つ風が $v_1 = v_2$ の速度で風車ロータを通過し，下流において v_3 となるものとする．

風車前後の運動量変化から，$A = A_1 = A_2$，$v = v_1 = v_2$ とすれば風車の受ける軸方向推力 F_a は，G を風車の通過流量として，

$$F_a = G(v_0 - v_3) = \rho A v(v_0 - v_3) \quad [\mathrm{N}] \tag{11.3}$$

と書ける．一方，風車前後の圧力の関係は上流側と下流側ではそれぞれ全圧一定であるから，

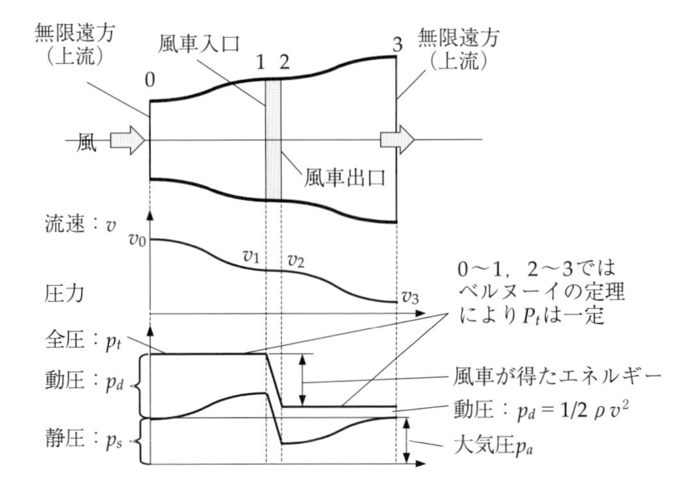

図 11.4 風車を通過する流れの簡易理論

$$p_0 + \frac{\rho A {v_0}^2}{2} = p_1 + \frac{\rho A {v_1}^2}{2}$$

$$p_2 + \frac{\rho A {v_2}^2}{2} = p_3 + \frac{\rho A {v_3}^2}{2}$$

したがって F_a は，

$$F_a = A(p_1 - p_2) = \rho A \left(\frac{{v_0}^2}{2} - \frac{{v_3}^2}{2} \right) = \frac{\rho A}{2}({v_0}^2 - {v_3}^2) \quad [\mathrm{N}] \tag{11.4}$$

したがって式 (11.3)，(11.4) から，

$$\rho A v(v_0 - v_3) = \frac{\rho A}{2}({v_0}^2 - {v_3}^2)$$

$$\therefore \quad v = \frac{(v_0 + v_3)}{2} \quad [\mathrm{m/s}]$$

風車前後のエネルギー変化 ΔE は，

$$\Delta E = \frac{1}{2}({v_0}^2 - {v_3}^2) \quad [\mathrm{J/kg}]$$

風車の通過流量 G は $G = \rho A v$ [kg] ゆえ，理論動力 P_{th}（仕事率）は

$$\begin{aligned} P_{th} &= \Delta E G \\ &= \frac{1}{2}({v_0}^2 - {v_3}^2)\rho A v \\ &= \frac{1}{4}\rho A(v_0 - v_3)(v_0 + v_3)^2 \\ &= \rho A(v_0 - v_3)v^2 \\ &= 2\rho A(v_0 - v)v^2 \quad [\mathrm{W}] \end{aligned} \tag{11.5}$$

一方，風車通過時まで上流側の風速 V_0 が減速しないと仮定した場合に風車が利用できうる全エネルギー P_w は，

$$\begin{aligned} P_w &= \frac{1}{2}{v_0}^2 \rho A v_0 \\ &= \frac{1}{2}\rho A {v_0}^3 \end{aligned} \tag{11.6}$$

上式から風車が利用可能な風の持つエネルギーは断面積に比例し，風速の 3 乗に比例することがわかる．

11.2.2 無次元表示

風車の特性は，動力，トルク，軸推力，周速度などで評価され，それぞれ以下にあげる**出力係数** C_P (power coefficient)，**トルク係数** C_Q (torque coefficient)，**スラスト係数** C_r (thrust coefficient)，**周速比** λ (power coefficient) が用いられる．

$$C_P = \frac{P}{\rho A {v_0}^3/2}$$

$$C_Q = \frac{T_q}{\rho A {v_0}^2 R/2}$$

$$C_r = \frac{F_a}{\rho A {v_0}^2/2}$$

$$\lambda = \frac{r\omega}{v_0}$$

A：風車翼車の受風面積 [m^2]　r：風車翼車の半径 [m]
v_0：風車上流での風速 [m/s]　ρ：空気密度 [kg/m^3]
T_q：軸トルク [N·m]　ω：回転角速度 [rad/s]

11.2.3 理論出力係数

上で定義された C_P において，P が理論動力 P_{th} であったとすると理論出力係数 $C_{P_{th}}$ は，

$$\begin{aligned} C_{P_{th}} &= \frac{P_{th}}{P_w} \\ &= \frac{2\rho A(v_0 - v)v^2}{\rho A {v_0}^3/2} \\ &= 4\frac{(v_0 - v)}{v_0}\frac{[v_0 - (v_0 - v)]^2}{{v_0}^2} \\ &= 4a(1-a)^2 \end{aligned} \tag{11.7}$$

ここで，$a = (v_0 - v)/v_0$ は**誘導係数** (induction factor) と呼ばれ，風車通過時の風速の減少量を無次元表示した値である．

式 (11.7) は a に関する 2 次式であり，これを図示すると図 11.5 のようになる．微分をとれば明らかなように $C_{P_{th}}$ は $a = 1/3$ のときに最大値 $C_{P_{th}} = 16/27 \fallingdotseq 0.593$ となる．この値は **Betz の限界値** (Betz's limit) と呼ばれ，風車の理想的な効率を示す．このように，風車の出力係数は理想的な状態でも 0.6 にも満たないが，実際の風車ではさまざまな損失や回収しきれない速度エネルギーがあるため，図 11.6 に示すように高効率のプロペラ形でも C_p の最大値は 0.45 程度であり，抗力形では 0.2 にも満たない．また，同図からプロペラ風車やダリウス風車が高速に適し，多翼風車やサボニウス風車が低速に適していることがわかる．

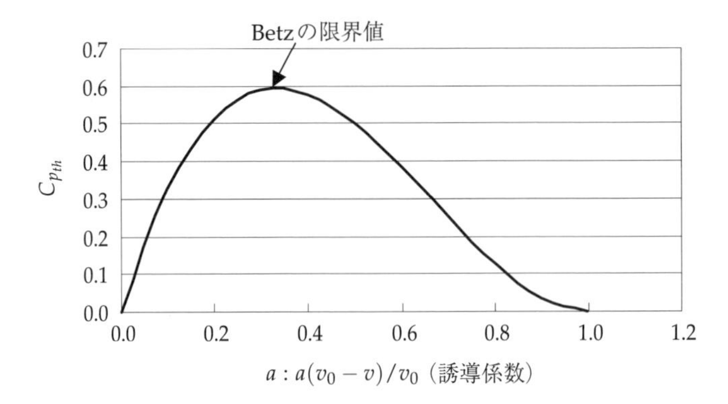

図 11.5　風車の理論出力

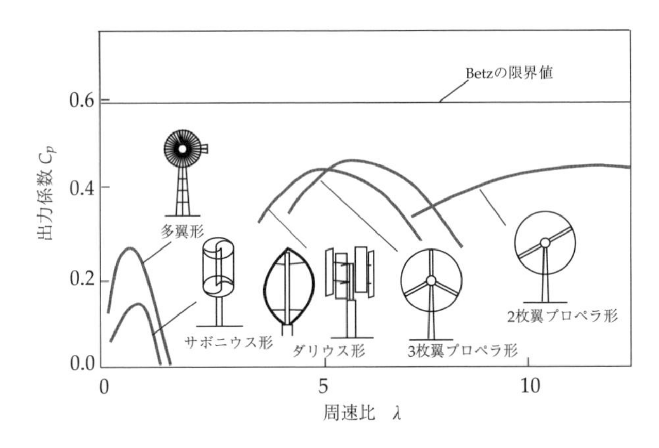

図 11.6　各種風車の出力特性

11.3 風車の運転

風車には定速式のものと可変速のものがある．前者は風速が変化しても回転数は一定であるが出力は変動する．後者は**定格出力** (rated power) においては出力一定であるが回転数が変化する．可変速制御風車の風速に対する出力特性例をモデル化して図 11.7 に示す．風車が回転を開始し，出力を得るためにはある程度の風速が必要となる．この風速を**カットイン風速** (cut in speed) と呼ぶ．カットイン風速は通常 3〜5 m/s 程度に設定される．風速が増すにつれて出力は式 (11.6) に従い風速の 3 乗に比例して増加する．破線は翼直径を 10% 増加した場合であり，式 (11.6) の関係によって出力は断面積の増加に比例して増加する．定格出力に達すると，翼の取付角度を変更するピッチ制御や翼の一部を失速させるストール制御などによって一定出力となるように制御される．さらに風速が増加すると風車を破壊から守るために停止されるが，この風速を**カットアウト風速** (cut out speed) と呼ぶ．このため風車にはブレーキが備えられるとともに，風の抵抗を最小化するために翼のピッチを完全に軸方向に向けるフルフェザリングが行われる．風車の特性としては，図 11.7 に矢印で示したように，カットイン風速はできるだけ小さく，カットアウト風速はできるだけ大きいほうがよく，さらに定格までの出力係数ができるだけ高く，定格回転後の出

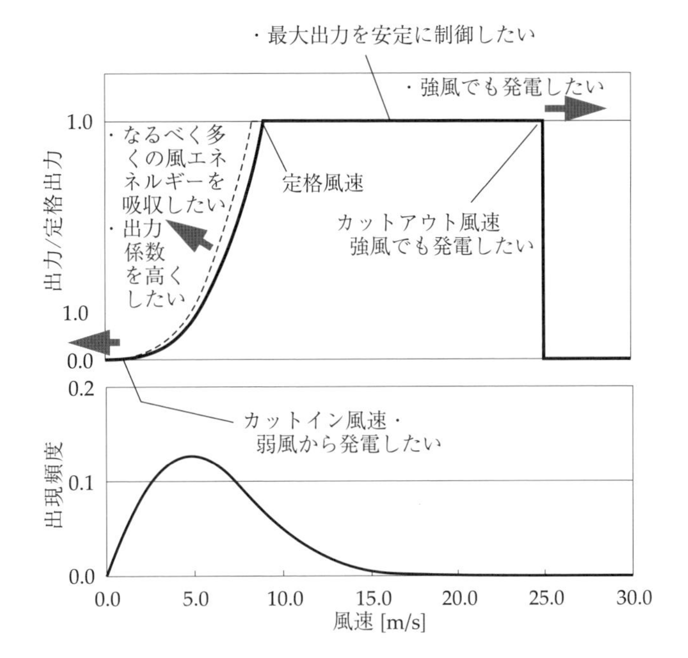

図 11.7 可変速風車の出力特性例

力は安定していることが望ましい．

同図の下側には風速の出現頻度の例を示す．風速の出現頻度はワイブル (Waibull) 分布で近似できることが知られており，ここでは日本における比較的良好な例としてワイブル係数 $k = 2$（L-L 分布），平均風速 6 [m/s] の場合を示した．風車の年間出力は，上の出力特性に下の風速出現頻度を考慮して求めることができる．

12

CHAPTER TWELVE

蒸気タービン

圧縮性気体を扱う原動機としては，蒸気タービンとガスタービンが代表的であるが，本章では蒸気タービンについて説明する．

12.1 蒸気タービンプラント

熱エネルギーを機械エネルギーに変換する機械として蒸気タービンは古くからの実績を持ち，とくに大容量を扱えるシステムとして，火力・原子力をはじめとする発電用として重要な位置を占めるほか，機械駆動用としても幅広く用いられている．

以前は，船舶用機関としても主用されていたが，現在は一部の例を除きこの用途には燃費に優れるディーゼル機関が用いられている．

図 12.1 には火力発電所用の大容量蒸気タービンの例を示す．石炭焚きボイラ用の大容量機では単機出力で 1,000 MW を超えるものも製作されており，原子力発電用の蒸気タービンではさらに出力の大きいものが製作されている．

図 12.2 には蒸気タービンを用いた火力発電所の構成例を示す．一般的な蒸気タービン発電プラントでは，ボイラで作られた高温・高圧の蒸気を最終的な

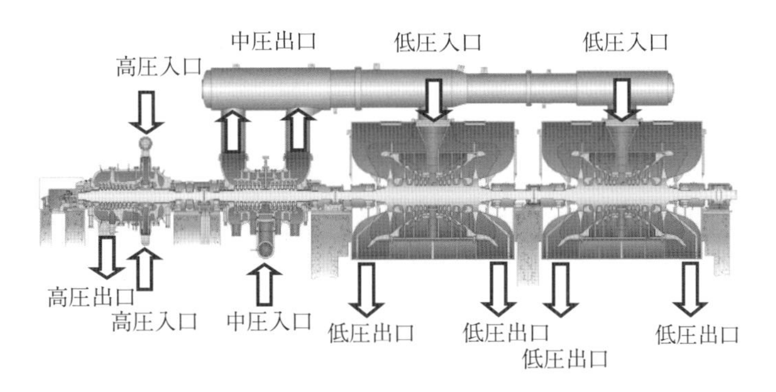

図 12.1 蒸気タービンの例（石炭焚き 1,000 MW 級蒸気タービン：TC4F）（東芝エネルギーシステムズ）

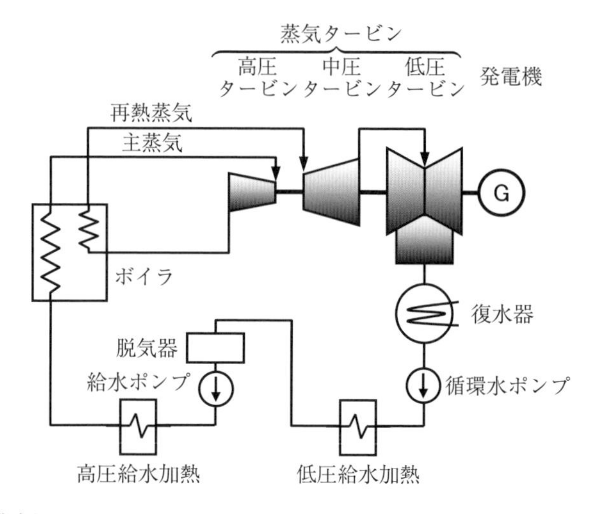

図 12.2 火力発電所の構成例

タービン排気を復水器で水に戻して高真空まで膨張させることで熱エネルギーを最大限に利用する．このようなタービンは**復水タービン** (condensing turbine) と呼ばれる．通常の発電プラントでは，さらに効率を高めるために復水タービンの中間段落から蒸気を抽気して，熱交換器で給水加熱を行ってボイラ給水温度を高めることによってプラント全体としての熱効率を高めている．このようなタービンを**再生タービン** (regenerative turbine) と呼ぶ．理論的には抽気段落数を多くとるほど効率は高くなるが，実際のプラントでは構造・コストの問題から最大でも 8 段程度が選ばれる．脱気器を出た後，**ボイラ給水ポンプ**でボイラ圧力まで昇圧されるが，このポンプは図 7.7 のような高圧ポンプとなる．

さらに，蒸気を途中でボイラに戻して再度加熱を行った上で膨張させることで，プラント効率の向上を図るタービンを**再熱タービン** (reheat turbine) と呼ぶ．図 12.3 には ***h-s* 線図**上で蒸気タービンにおける状態変化の例を示す．火力 1 段再熱の線に示すように，ランキンサイクルである蒸気原動所は，タービン入口温度が高いほど高い効率が得られるため，発電用の蒸気タービンでは蒸気の臨界条件（647 K，約 22 MPa）を大きく超える蒸気条件を採用した**超臨界圧 (USC) タービン**が採用される例も多い．本例では約 600 ℃，25 MPa の高温・高圧の入口条件でタービンに流入した蒸気は，高圧タービンを出たあとで再熱されて中圧タービンに入り，さらに復水器前の低圧タービン出口では真空に極めて近い条件となる．同図からもわかるように，最後の数段落では湿り蒸気条件となるが，湿り度が高いと，効率が大きく低下したり水滴のために翼が侵食されたりする．再熱を行って蒸気温度を高くすると以降の *h-s* 線図上の作動線が右上に移動するため，低圧段落での仕事が増加するとともに出口側の湿り度を低くすることができる．

図 12.3 には原子力発電所用タービンの例をあわせて示したが，原子力タービンの入口条件はほぼ飽和蒸気条件であり，高圧タービンでも湿り蒸気条件で運転される．本例では高圧タービンと低圧タービンの間で湿分分離と再熱されているが，低圧タービンは火力タービンの場合に比べて湿り度が高い条件となるため，その影響を軽減するために段落中途で湿分（水滴）を除去することが積

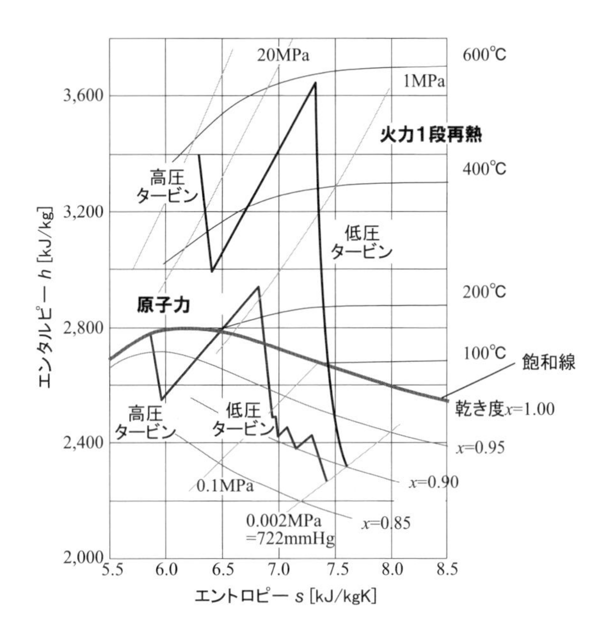

図 12.3　蒸気タービンにおける状態変化の例（h-s 線図）

極的に行われる．原子力低圧タービンの作動線が不連続となっているのはこのためである．

12.2 蒸気タービンの分類と概要

12.2.1　配列による分類

蒸気タービンにおいても小容量の場合には遠心式が選択される場合もあるが，他の機器に比して大容量である場合が多く，軸流タービンが採用される例が多い．蒸気タービンの入口側の段落では蒸気は高温・高圧であり，密度が高いため翼長は短いが，仕事をすると蒸気が膨張して密度は低下し，復水器に接続される低圧タービンではほとんど真空に近い圧力となり，翼長は著しく増大する．一般に蒸気タービンでは圧力比が大きいため多数の段落を必要とするが，ロータの長さには構造的な制約があるため，多くの場合複数のケーシングに分割される．低圧段落や，あるいは中圧の段落においても，体積流量が大きく単一の流路では断面積が不足する場合には複数の流路に分岐する**複流形** (double flow type) とされる．このように対向配置することによって軸推力も緩和することができる．

図 12.1 の例では高圧タービン，中圧タービン，低圧タービン × 2 の 4 つのケーシングで構成され，体積流量の大きい中圧タービンと低圧タービンは複流形となっているが，このようにすべての高圧から低圧など複数のセクションを 1 つの軸に配置するものを**タンデムコンパウンド** (TC) 形と呼ぶ．一方，軸を分けるものを**クロスコンパウンド** (CC) 形と呼び，さらに低圧段落の流路数を加えてタービンのレイアウトを示すことが多い．代表的な例を図 12.4 に示す．(a)

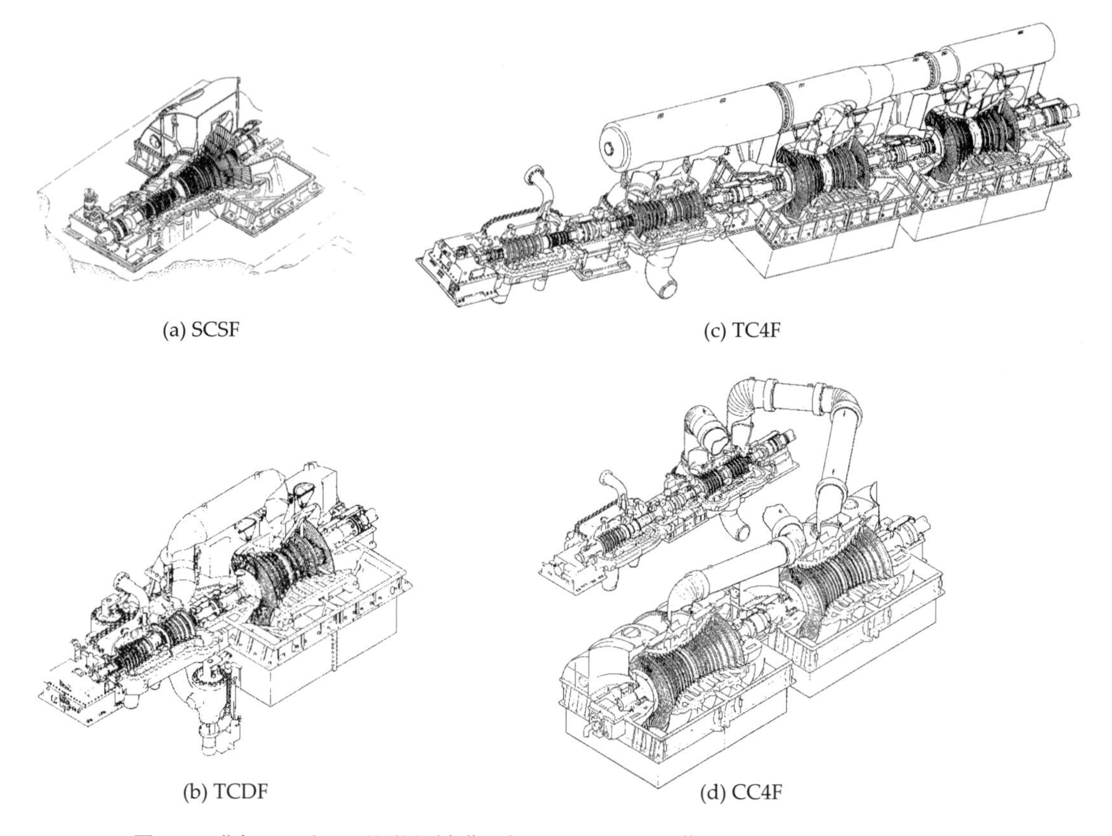

(a) SCSF

(c) TC4F

(b) TCDF

(d) CC4F

図 12.4 蒸気タービンの配列例（東芝エネルギーシステムズ）

は比較的小容量のものに適用されるもので，単一のケーシングで構成されている．SC は single casing，SF は single flow を意味する．(b)，(c) はタンデムコンパウンドの例であり，DF は double flow，4F は four flow を意味する．(d) はクロスコンパウンドの例である．原子力用の蒸気タービンでは大流量の蒸気を処理するため，回転数を半分とする（第5章相似則参照）設計が採用されるが，この例では高圧・中圧と低圧を別軸とし，低圧側を半速とすることで，同じ技術レベルでより大きい流路断面積を得て大流量を処理することを可能としている．しかしながら，近年では低圧段落の長翼化技術の進展に伴い，よりコンパクトで全体コストを低減することができるタンデムコンパウンドが選択されるようになってきている．

12.2.2 吸気・抽気・排気による分類

図 12.5 には吸気・抽気・排気による蒸気タービンの分類を示す．発電事業用蒸気タービンでは，入口温度・圧力を高めるとともに，最終段では真空に近い圧力まで膨張させて，ボイラーで生成された蒸気のエネルギーを可能な限り発電，すなわちタービン出力として活用する．このような蒸気タービンは (a) に示すように**単純復水タービン**と呼ばれるが，実際には図 12.2 で説明したように，再熱・再生が追加された (b) に示す再熱・再生サイクルタービンとして用いられることが多い．一方，工場などで用いられる蒸気タービンでは，ある程度減

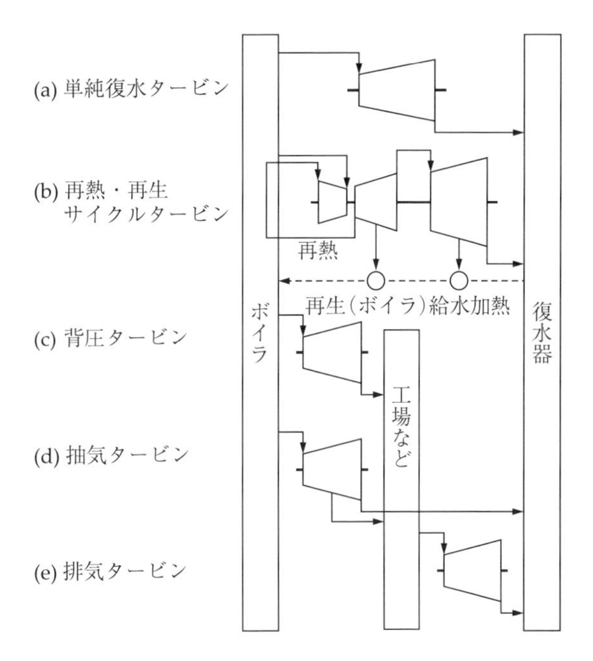

図 12.5 吸気，抽気，排気の相違による分類

圧したところで，蒸気を別用途で利用する (c) **背圧蒸気タービン**や，途中段落で蒸気を抽出して利用する (d) **抽気蒸気タービン**，高圧側の蒸気を別用途に用いたあとで蒸気タービンに供給する (e) **排気タービン**などが用いられている．

12.3 蒸気タービンの構造と特徴

12.3.1 タービン段落

ここで，軸流タービン段落について説明する．負荷限界の厳しい減速翼列を使用する軸流圧縮機においては，動翼と静翼をほぼ同等の条件で作動させるために**反動度** R を 0.5 近くにとることが多いのに対し，増速翼列であるタービン段落においては**衝動段落** ($R \fallingdotseq 0$) と**反動段落** ($R \fallingdotseq 0.5$) の双方が実用されている．

反動度については 3.3 節で述べたが，軸流機械の場合には $u_1 = u_2 = u$ と考えられるので，式 (3.9) は速度三角形の関係を用いて，

$$\begin{aligned} R &= \frac{(w_1^2 - w_2^2)/2g}{u(v_{u2} - v_{u1})/g} \\ &= \frac{(w_{u1}^2 - w_{u2}^2)}{2u(w_{u1} - w_{u2})} \\ &= \frac{w_{u1} + w_{u2}}{2u} \end{aligned} \tag{12.1}$$

と書ける．ここで $(w_{u1} + w_{u2})/2$ はベクトル平均速度と呼ばれる．

衝動段落 (impulse stage) では，図 12.6(a) に示すように**静翼**（ノズル，nozzle）のみで加速・膨張・減圧が行われ，**動翼**（バケット，blade,backet）では流れが転向

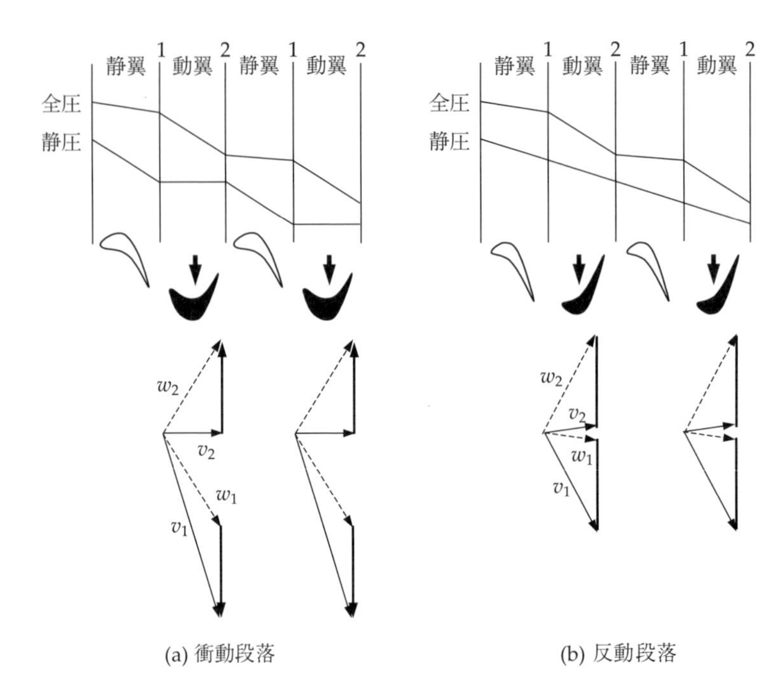

図 12.6　衝動段落 (a) と反動段落 (b)

するのみで速度変化はほとんどなく，圧力変化は小さい．このため，速度三角形も絶対系と相対系で大きく異なる．一方，**反動段落** (reaction stage) では図 12.6(b) に示すように静翼・動翼の双方で加速・膨張・減圧が行われる．式 (12.1) からも明らかなように，反動度 $R = 0.5$ の反動段落では $(w_{u1} + w_{u2}) = u = (v_{u1} + v_{u2})$ となり絶対系と相対系で速度三角形は対称となる．図 12.6 に示すように，衝動段落の静翼と動翼では速度三角形も翼形状も大きく異なるが，反動タービンでは静翼は絶対系，動翼は相対系で同等の作用をするため，両者の形状に大きな相違はない．

もちろん，実際のタービン段落では衝動形であっても通常反動度 R は完全ゼロとはならず数%～10 数%程度に選定され，また半径方向にも一定ではない．衝動形と反動形を比較すると翼素性能は反動形が優れるが，衝動形のほうが段落当たりの負荷を高くとることができるために同じ熱落差の機械でも段落数を少なくすることができる．このためコンパクトであることが要求されるロケットモータポンプ用のタービンなどでは衝動形が採用される．また，反動形では翼素効率は高いものの，漏れ流れを低減しにくい動翼で圧力差が大きいために漏れ損失が大きくなる傾向があるなど一長一短がある．衝動形と反動形の特徴を表 12.1 に比較して示す．

タービン段落設計の初期段階では，図 12.7 のように流量係数と負荷係数に対して効率をプロットした**スミスチャート** (Smith chart) が利用される．同図に示すように，等段落効率線は右上に凸の曲線で示され，仕事係数が一定の場合効率が最大となる流量係数が存在する．この点を結ぶと効率最大線を得ることができる．

表 12.1 衝動タービンと反動タービンの特徴

	衝動タービン		反動タービン
圧力降下	静翼が主		静翼と動翼
段落当たり熱落差	大	≫	小
静翼ハブ側漏洩	小	＜	大
動翼チップ漏洩	小	＜	大
ノズル（静翼）流出速度	大	＞	小
転向角	大	＞	小
翼素効率	小	＜	大

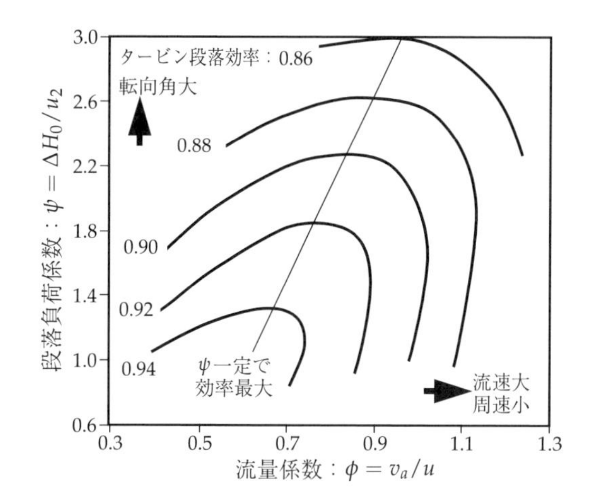

図 12.7 蒸気タービン段落の特性の事例（スミスチャート）

12.3.2 蒸気タービン段落の特徴

ターボ機械としての蒸気タービンの特徴は，蒸気という作動流体を高温・高圧の条件から真空に近い状態までの幅広い範囲で用いることにある．火力発電用の蒸気タービンでは図 12.3 にも示したように上流側の蒸気は過熱域であり，非常に高い温度・圧力条件となり密度も大きいために翼長も短い．そのため，翼素性能の向上とともに 2 次流れ損失の低減と漏洩損失の低減に努力が払われている．図 12.8 に蒸気タービンの一般的な段落の構造例を衝動段落と反動段落を比較して示す．(a) に示す衝動段落では静翼（ノズル）での圧力降下が大きいが，この部分ではローターが大きく掘り下げられ，半径が小さい所でシールされるため，漏洩面積が小さく漏れ流量を小さくすることができる．

一方，低圧タービンの最終段落近くの数段落では蒸気密度が小さいため非常に長い翼が必要となるとともに，湿り度が高く液滴が混在する領域で運転されるためにその対策が必要となり，他の段落と異なった設計がなされる．

低圧段落における液滴の挙動を図 12.9 に示す．湿り領域では液滴の発生や存在に起因する損失が発生するとともに，粗大液滴が高速で動翼に衝突することによって動翼が浸食される．このため，液滴を主流から除去したり（**スリットノズル**），液滴の衝突が予想される部分を強化するなどの対策（**エロージョンシールド**）がとられる．

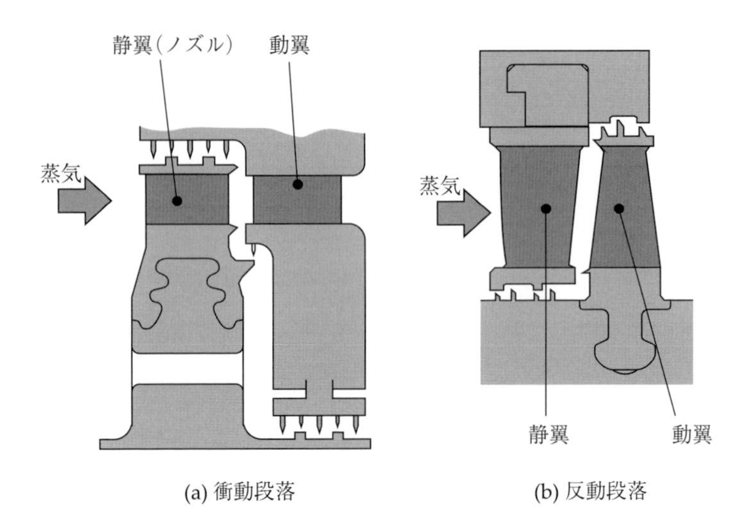

図 12.8　蒸気タービン翼列の構造例（一般段）

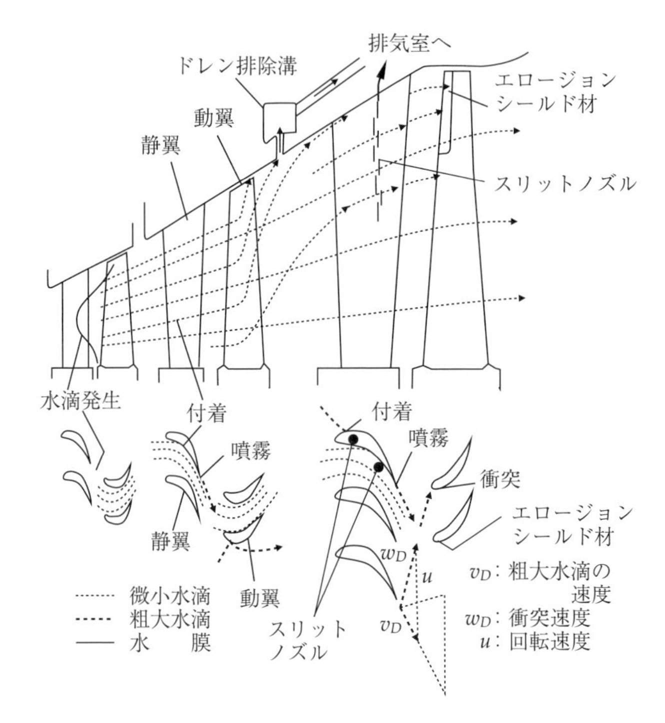

図 12.9　低圧タービンと湿りの影響

長翼では振動対策が大きな問題となるため，中間部分で隣りあう翼を何枚か連結した群翼構造が採用されていたが，近年では全周の翼を静止時はルーズな状態で連結し，回転時には遠心力によってこれらが一体となる全周一群翼と呼ばれる構造がとられている．図 12.10 には最終段の構造例を示す．蒸気タービンの容量と性能は最終段の環状面積，ひいては翼長に大きく依存するため，メーカーはその拡大に努力している．現在では 50 Hz (3000 [1/min]) 機で 48 インチ（約 1.2 [m]）クラスのもの（60 Hz 機用では 1/1.2 の相似設計で 40 インチ

図 12.10　蒸気タービン最終段の構造例（東芝エネルギーシステムズ）

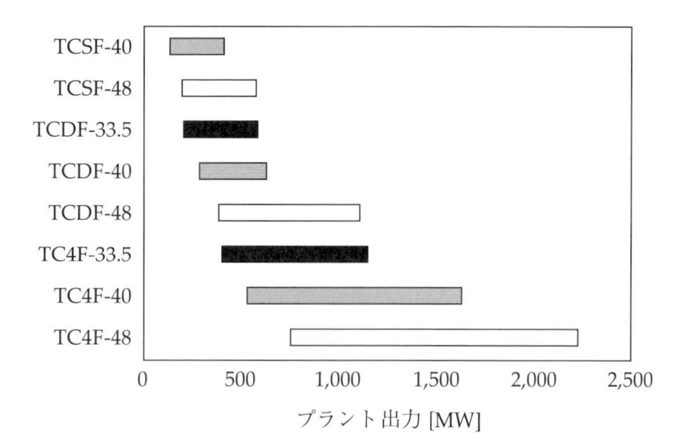

図 12.11　最終段落の組合せとプラント出力（東芝エネルギーシステムズ）

（約 1.0 m）が広く実用化されている．

最終段落は，翼長によって最も高い性能が得られる流量が決まるため，各メーカーでは互いに特性をカバーしあうように複数の長さの長翼を用意している．実際のプラントでは，図 12.11 に示すように，求められる性能とコストを満足する最終段と低圧段落のフロー数の組合せが選択される．

13

CHAPTER THIRTEEN

ガスタービン

ガスタービン (gas turbine) とターボチャージャは，高温ガスを作動媒体とするタービンと，このタービンによって駆動される圧縮機，すなわち圧縮性流体を作動媒体とする原動機と被動機を組み合わせた機械であることで共通している．双方とも第2次大戦前後の航空機用エンジン技術の発展と，高温冶金技術の進歩を裏づけに急激に発達した技術である．

ガスタービンは，圧縮機・燃焼器・タービンで構成されたブレイトンサイクルの内燃機関である．圧縮機，燃焼器によって生成された高温・高圧のガスによるタービンで圧縮機を駆動し，余剰のガスを出力として利用する．圧縮機，タービンとも，大容量のものは軸流式が用いられるが，小型のものでは遠心式が選定される．小型・軽量で大出力が実現できることなどの特徴を生かし，航空用，発電用，非常用などとして活用されている．サイクル上，高温化することで効率向上が達成できるので，ガスタービンの改良は燃焼ガス温度の高温化とこれに伴う高圧力比化，および大容量化を中心に進められている．構成要素である圧縮機，タービンについてはこれまでに述べられているので本章ではガスタービンの特徴について簡単に述べる．

13.1 ガスタービンの分類と概要

13.1.1 航空用ガスタービン

まず，航空用ガスタービンの概念図を図13.1に示す．(a) は**ターボジェットエンジン (turbojet engine, pure jet engine)** であり，最も初期に実用された単純に圧縮機と燃焼器で生成された高温ガスをそのまま推力として用いるものであるが，推進効率に劣るため，現在では (d) のターボファンエンジンが広く用いられている．(b) **ターボシャフトエンジン (turboshaft engine)** は回転翼機のロータ駆動に用いるものである．(a) の純ジェットエンジンではタービンで回収されたエネルギーは圧縮機を駆動するためだけに用いられ，残ったエネルギー

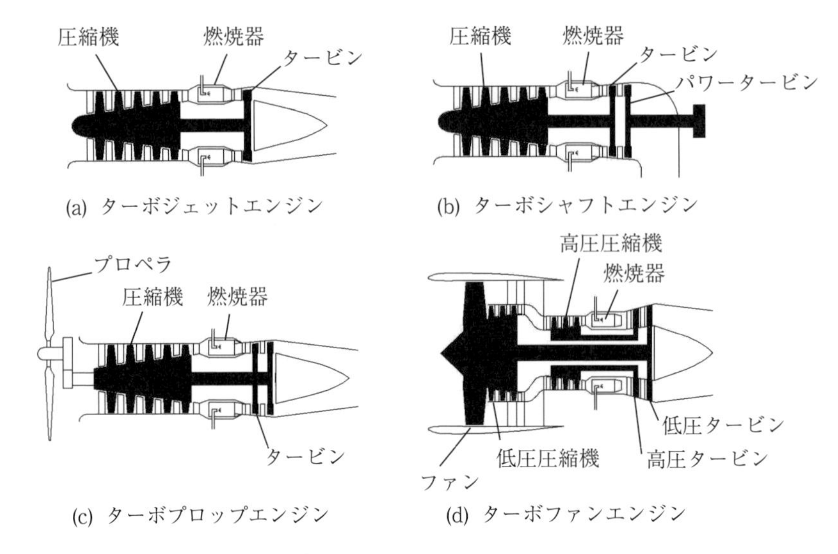

図 13.1　航空用ガスタービンエンジンの概念図

は推進力として利用されたが，(b) ではこれをタービンで回収して軸出力を得ている．(c) は (b) と似ているが，固定翼機用に出力軸でプロペラを駆動するものであり，**ターボプロップエンジン (turboprop engine)** と呼ばれる．(d) **ターボファンエンジン (turbofan engine)** は大径のダクト付きファンを駆動して推力を得るもので，固定翼機用として広く利用されている．単機出力の増大を図るため，制振構造や，遠心力に耐えるため比強度に優れる複合材やサンドイッチ構造をファンブレードに導入することにより，ファンの大径化が図られている．

圧縮機やタービンが高圧力比化すると，それぞれ低圧側と高圧側で最適な回転数が異なってくる．(d) に示すように，最近のターボファンエンジンでは高圧タービンで高圧圧縮機を駆動する高速軸を中空軸とし，内部に低圧タービンで低圧圧縮機とファンを駆動する低速軸を貫通させて設ける**マルチスプール** (多軸式，多重式，multi-spool) が採用されている．

航空用のガスタービンエンジンは航空機としての性能を確保し運航コストをミニマム化するために軽量・高出力であることに主眼が置かれており，比較的短いサイクルで整備・部品交換を受けることが前提とされている．このため，軽量な材料が用いられるほか，構造的にも**軽構造** (light duty) が採用される．図13.2 には 53,000〜75,000 ポンドの推力を持つ大型輸送機用のターボファンエンジンの例を示す．この例でもマルチスプールが採用されているが，3 軸式となっており，軸系はやや複雑になるものの少ない段落で高圧力比を実現するとともに少ない可変静翼で良好な運転特性を得る特徴的な設計となっている．

製作台数が多い航空用ターボファンエンジンのコア部分（推力発生のために設けられているファンを除外した部分）を活用し，これに**パワータービン** (power turbine)（圧縮機駆動用以外の動力を回収して軸出力を得るタービン）を追加したものは**航空転用型ガスタービン** (aeroderivative gas turbine) と呼ばれ，陸用や船舶の動力用として用いられている．

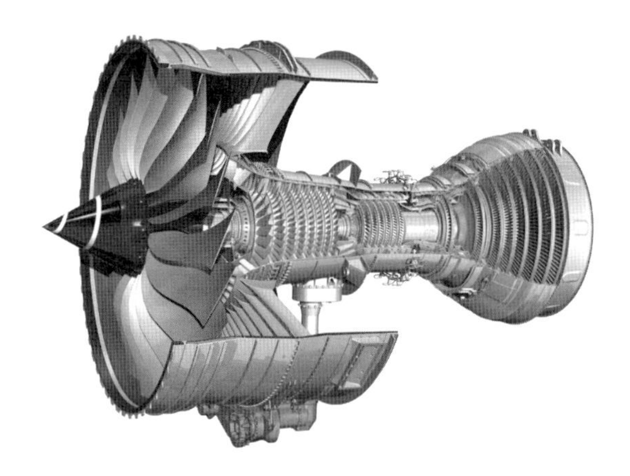

図 13.2 航空機用ターボファンエンジンの例
(Rolls-Royce, Trent 1000)

13.1.2 陸用ガスタービン

軽構造が用いられる航空用ガスタービンに対し，主に発電や機械駆動などに用いられる陸用のガスタービンでは**重構造** (heavy duty) が用いられる．これは比較的短いサイクルで高温部品などの交換が行われる航空用ガスタービンに対して，陸用のガスタービンでは長期にわたる定格出力での連続運転が求められる一方，重量や運転条件変化に対する制約が緩いためである．

通常の開放形のガスタービンでは排気温度が高くまだ利用できる熱を捨てている．したがって，ガスタービンによって直接発電機を駆動する**シンプルサイクル** (simple cycle) では高い効率を求めることは困難である．**ガスタービンコンバイドサイクル** (Gas Turbine Combined Cycle, GTCC) は，図 13.3 に示すようにガスタービンの排熱を利用した**排熱回収ボイラ** (Heat Recovery Steam Generator, HRSG) によって蒸気を発生させ、これを用いて蒸気タービンによる発電をも行うものである．すなわち，ガスタービンの**ブレイトンサイクル** (Brayton cycle) を**トッピングサイクル** (topping cycle)，蒸気タービンの**ランキンサイクル** (Rankine cycle) を**ボトミングサイクル** (bottoming cycle) として組み合わせることで高効率の発電を行うもので，今日のガス焚き火力発電はほとんどこの方式が採用されている．コンバインドサイクル用ガスタービンではサイクル全体としての効率を高めるため，ガスタービン単体での効率には目をつぶって排気温度を高めに設定する場合が多い．

コンバインドサイクル (combined cycle) などの発電で用いられるガスタービンは圧縮機，タービンのすべての段落が 1 つの軸にある **1 軸式**が用いられるが，機械駆動などでは圧縮機を駆動するタービンと，出力軸用のタービンが分離された **2 軸式** (two-shaft, twin-shaft, dual-shaft) のガスタービンが用いられる．2 軸式のガスタービンは**ガス発生器** (gasgenerator) に動力発生用の**パワータービ**

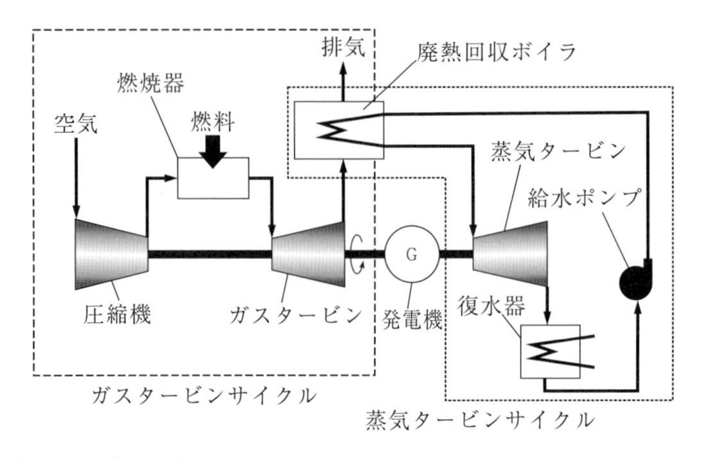

図 13.3　ガスタービンコンバインドサイクル

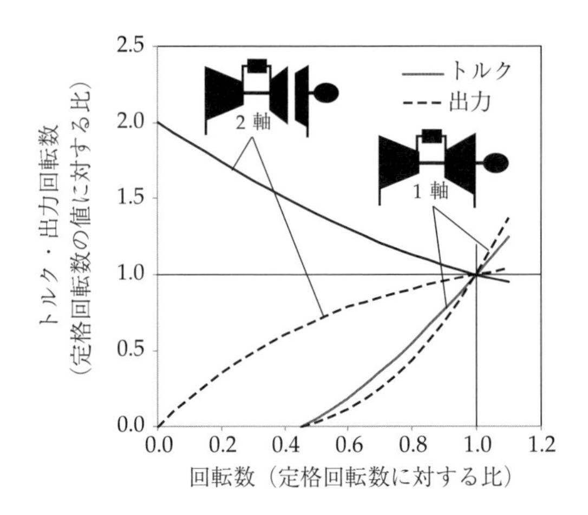

図 13.4　1 軸ガスタービンと 2 軸ガスタービンの特性

ン (power turbine) を組み合わせたものと考えればよい．1 軸式のガスタービンでは構造はシンプルとなるが，タービンと圧縮機が同一の回転数となるため，低回転数では出力を得にくい．図 13.4 には 1 軸式と 2 軸式のトルクと出力の特性を概念的に比較して示すが，2 軸式では出力軸回転数はガス発生器の回転数とは独立して回転数を選ぶことができ，低回転数でも高いトルクが得られ，機械駆動に適した特性を持つことがわかる．

発電用としては，ガスタービンの排熱で発生させた蒸気で蒸気タービンを駆動するコンバインドサイクルとすることで非常に高い効率を実現できるため，これに対応した大容量・高効率の機種が開発投入されている．また，コンパクトでメインテナンス性に優れるガスタービンの特徴を生かし，中・小容量のものは非常用電源駆動用としても広く用いられている．

図 13.5 には発電プラント用の 1600 ℃級大型ガスタービン（出力 370MW）の例を示す．高効率が追求された結果，ガスタービンとして 40%を超える効率を持つとともに，コンバインドサイクルとすることで 60%以上（いずれも LHV†換

† LHV（低位発熱量：Lower Heating Value）燃料中の水分および燃焼で生成された水分の持つ蒸発潜熱を含めない発熱量．含める場合は HHV（高位発熱量：Higher Heating Value）.

図 13.5 発電用 1600 ℃級大型ガスタービンの例
（M501J ガスタービン，三菱日立パワーシステムズ）

算）が実現されている．今後はさらなる高温化などによる高効率化が計画されているほか，**石炭ガス化複合発電** (Integrated coal Gasification Combined Cycle, IGCC) や水素利用など，燃料の多様化も図られている．図 13.6 には非常用発電装置などに用いられる小型ガスタービン（出力 1,800 kW）を示す．いずれも 1 軸式であるが，前者は大容量を処理するため 14 段の軸流圧縮機と 4 段の軸流タービンを用いるのに対し，後者では 2 段の遠心圧縮機と 3 段の軸流タービンを用いている．

13.2 ガスタービンの構造と特徴

13.2.1 圧縮機

図 13.2 や図 13.5 に示す大容量のガスタービンには軸流式が，図 13.6 のような小容量のものには遠心式が用いられる．軸流式の場合には，10〜20 段程度のものが用いられる．**入口案内翼** (Inlet Guide Vane, IGV) が設けられ，これによって流量制御が行われる．10.4.3 項で述べたように，可変静翼，放風（抽気），多軸式などを採用することによって，広い運転範囲で各段落での運転条件の適正化が図られている．図 13.5 の例では IGV と前方 4 段落の静翼がリンク機構による可変式となっている．また，図 13.2 の例で 3 軸式とすることで，低圧・中圧・高圧それぞれの圧縮機とタービンに対して回転数，すなわち速度三角形の適正化が図られている．

13.2.2 燃焼器

ガスタービン特有の要素として燃焼器がある．ここでは，燃焼器について詳しく説明することは避けるが，ガスタービンでは連続燃焼が行われ，比較的クリーンな燃料が用いられることが多い．このため，排気ガス中のすすや SOx などの発生よりも **NOx**（窒素酸化物）の発生が問題であり，NOx 発生を抑制した上で安定的な燃焼を得て高温化を達成することがガスタービンの高性能化を

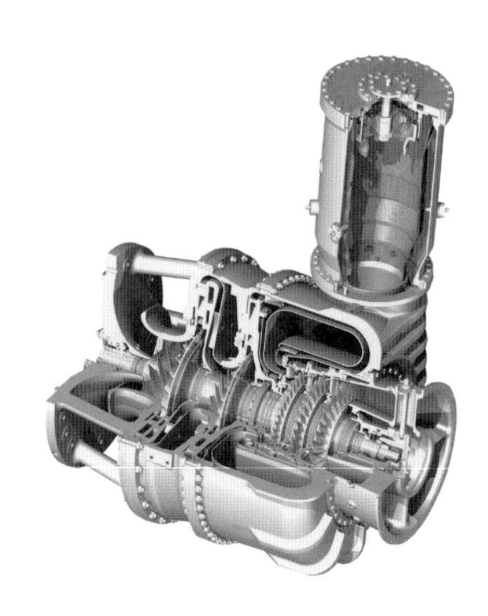

図 13.6　小型ガスタービンの例（川崎重工業）

図る上では重要である．一般的には，燃焼温度が高くなるに従って，NOx が発生しやすくなるため，局所的な高温部の発生を避けることが必要となる．水または蒸気を噴射する湿式法と用いない乾式法があるが，前者は十分に管理された水質の水を大量に必要とするため，乾式法の適用が難しい液体燃料などで用いられる．ガス燃料の場合には乾式法の開発，改良が進められている．

燃焼には燃料と空気を別々に供給する**拡散燃焼** (diffusion combustion) と，あらかじめ混合して燃焼させる**予混合燃焼** (premixed combustion) があるが，後者は燃料濃度が均一となり局所的な高温部が発生しないこと，希薄化によって全体の火炎温度を低減することができるため，現状の低 NOx 燃焼器の主流となっている．しかしながら，予混合燃焼ではあらかじめ燃料と空気が混合されているために逆火の危険があること，低 NOx と高い燃焼効率が得られる条件範囲が狭いことなどを解決する必要があり，メーカー毎に独自の工夫がなされている．

一方，ガスタービン用燃焼器の形態としては，全周が一体となった**環状燃焼器** (annular type combustor)，筒形の燃焼器を多数備えた**多缶燃焼器** (multi can type combustor)，筒形の燃焼器を 1 つだけ持つ**単缶燃焼器** (single combustion chamber, silo combustor) が主に用いられているが，それぞれの特徴を生かし図 13.2，図 13.5，図 13.6 の例に適用されている．

13.2.3　タービン冷却構造

ガスタービンで特徴的なことは，タービンの作動流体が高温の燃焼ガスであることである．高いサイクル効率を得るためにタービン入口温度は高温化が進められており，当初 1,000 ℃以下であった初段動翼入口ガス温度は，近年では 1,600 ℃を超えるものも実用化されてきている．このような高温度に耐えるため，ニッケル基合金などの特殊耐熱合金が用いられるとともに冷却が行われて

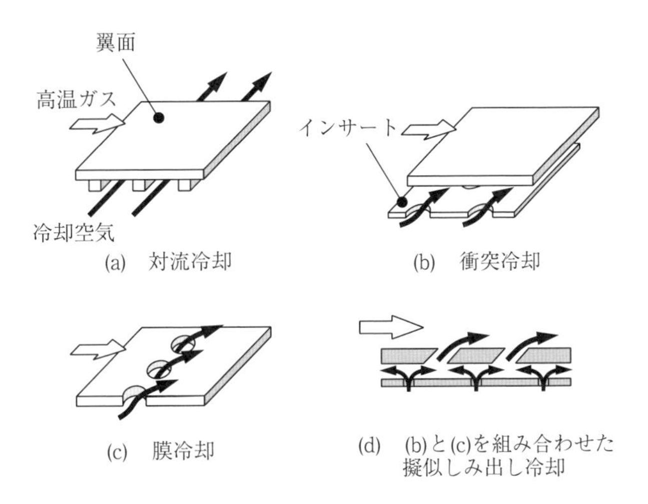

図 13.7 ガスタービンの冷却方法

いる．冷却には圧縮機から抽気された空気を用いることが一般的である．蒸気を冷却に用いる例もあるが，供給源が必要となるため，コンバインドサイクル用などに限られる．圧縮空気を冷却に用いることはガスタービン全体としての効率低下につながるため，その量を最小限にする必要がある．このため特に高温の燃焼ガスにさらされ，十分な冷却を行う必要がある第 1 段の静翼や動翼では，内部に複雑な冷却通路が設けられ冷却効率を高めている．またガスタービンのロータではディスク積層構造が適用され，ロータ内部に冷却通路が設けられる．ガスタービン翼の主な冷却方法を図 13.7 に概念的に示す．(a) **対流冷却** (convection cooling) は単純には翼内部に形成された流路に冷却空気を流すだけであるが，内部に凹凸を設けるなどして冷却効率を高める工夫がされている．(b) **衝突冷却** (impingement cooling) は冷却媒体の噴流を吹き付けることによって高い冷却効率を得る方式で，冷却翼ではインサートと呼ばれる薄板で形成され多数の小孔を持つ部材を内部に挿入することで噴流を発生させている．(c) **膜冷却** (film cooling) は多数の細孔から冷却空気を噴出させて翼表面に冷却媒体の膜を形成させる方法である．**しみ出し冷却** (transpiration cooling) は多孔質材料などを用いることで冷却空気を微細で複雑な流路を通過させながら高い冷却効果を得る方法であるが，(d) は (b) と (c) を組み合わせて擬似的にしみ出し冷却を実現するものである．

また，これらの冷却構造は**熱遮へいコーティング** (Thermal Barrier Coating: TBC) と組み合わせて用いられている．TBC は熱伝導率の低いジルコニア (ZnO_2) などの素材を冷却翼の金属表面にコーティングすることで，高温ガスに対して冷却翼の金属表面温度を低くする技術である．図 13.7 に TBC の効果を模式的に示す．ここでは翼金属表面温度を同じとしてコーティングの有無による相違を比較しているが，TBC を施工することによって同じ耐熱温度の母材金属を用

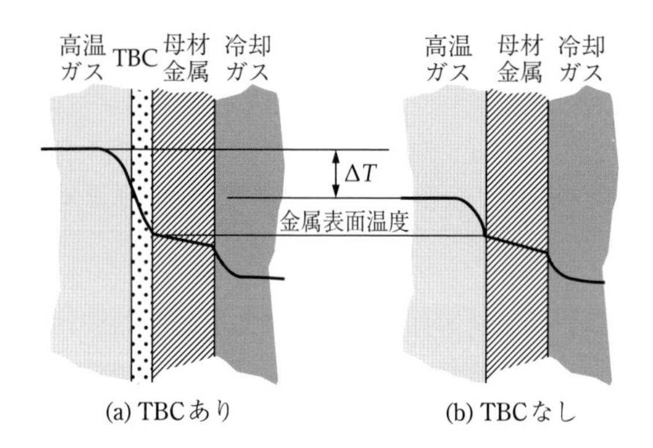

図 13.8　TBC（熱遮へいコーティング）の効果

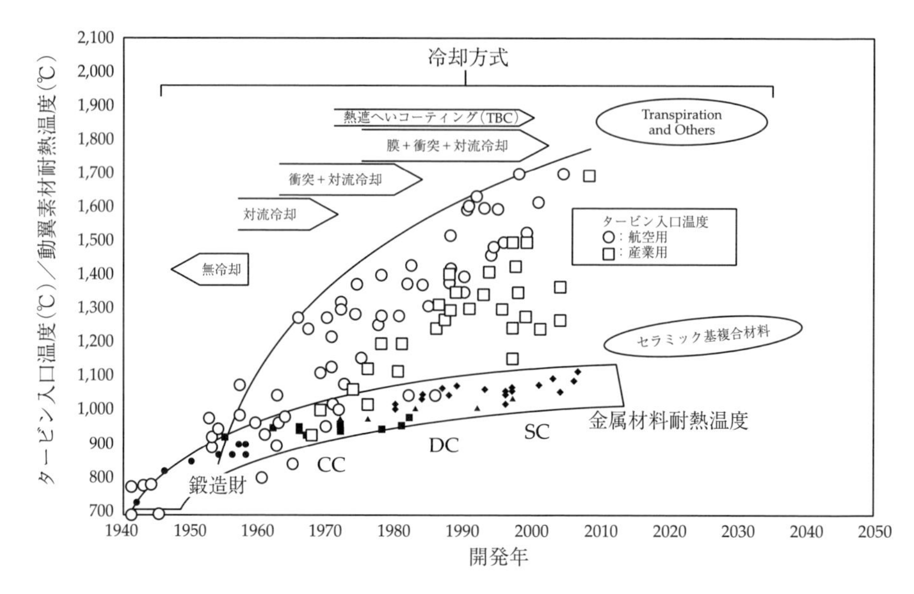

図 13.9　タービン入口温度の変遷と動翼材料耐熱温度および冷却方式（参考文献 D14，D15 を元に作成）

いても ΔT だけ高温ガス温度を高めることができることがわかる．

図 13.8 にはタービン入口温度と合わせて動翼金属材料の耐熱温度と冷却技術の変遷を示している．動翼にはニッケル基合金が耐熱合金として採用されることが多いが，材料組成の改良とともに鍛造材から**普通鋳造** (Conventional Casting, CC)，**一方向凝固** (Directional Solidification, DS)，**単結晶** (Single Crystal, SC) のように結晶制御技術が進歩することによって耐熱温度は数百℃向上している．しかしながら，タービン入口温度は極初期からは 1,000 ℃近く向上しており，これは冷却技術の採用と進歩によるところが大きい．

一方で，金属材料の耐熱温度の向上は限界に近づいており，耐熱温度が 1,000 ℃を大きく超え，軽量で強度に優れる**セラミック複合材** (Ceramic Matrix Composites, CMC) などの新素材の開発，導入が進められている．

14

CHAPTER FOURTEEN

ターボチャージャ

14.1 分類と概要

シリンダ内の容積変化によるピストンの往復運動により動力を取り出す往復式内燃機関の動力性能は，容積（ボア面積，ピストンストローク，シリンダ数の積）と回転数，単位時間当たりの投入燃料量により決まる．また，その着火方式によりディーゼルエンジン（圧縮着火式）とガソリンエンジン（火花点火式）に分類される．エンジンの出力を増加させる方法に関して，エンジン出力は燃料の量とサイクルの熱効率によって決まり，排気容積が一定の場合には，エンジンの回転速度を増加する方法，すなわち1サイクル当たりの投入燃料は増加させずに単位時間当たりの燃焼回数を増やす場合と，エンジン回転数は固定したまま1サイクル当たりの投入燃料の増加する方法がある．前者は，実燃焼時間の過小により燃料消費率の悪化を伴い，後者は，完全燃焼に必要な空気量から限界がある．一方，エンジンに供給する空気を圧縮して密度を高くすれば，その分だけ燃料の増加が可能であり，エンジンの出力を増加させることができる．この方式が過給であり，過給の概念は1885年にすでに特許として現れていた．

過給は特に空気の希薄な高空で使用される航空用エンジンの性能改善を目的に開発されてきたが，当初は圧縮機をエンジンと機械的に連結した機械駆動過給方式が主であった．エンジン排気を利用したタービンを圧縮機の駆動源として用いる排気タービン過給方式の概念は1905年頃の特許に現れているが，実用化は遅れ，本格的なターボ過給を実現したのは1938年のボーイングB17搭載のエンジンからである．現在では小さい排気量，すなわちコンパクトなエンジンで大出力を得るための自動車用エンジンや船舶用エンジンなどにも広く採用されており，身近な存在となっている．ターボ形圧縮機を用いた各種過給方式の概要を以下に示す．

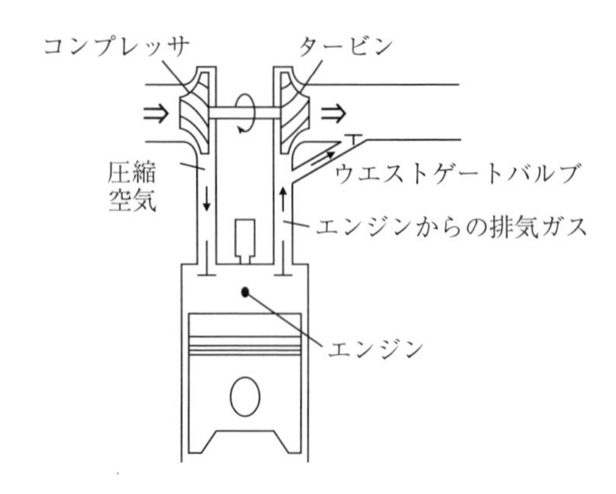

図 14.1　概念図

(1)　排気タービン過給方式 (turbocharging)

エンジンの排気エネルギーでタービンを駆動する方式でありターボチャージャ (turbocharger) と呼ばれる．エンジン速度により排気エネルギーの利用効率が変化し，たとえば，エンジン低速域では排気エネルギーが小さく，過給圧が不足する．タービンに関して，自動車用では半径流タービンが使われるが，船舶用などの大型機種では軸流タービンも使用されることがある．コンプレッサには遠心式が一般的に使用される．

(2)　機械駆動過給方式 (supercharging)

エンジンの動力によりコンプレッサを駆動する方式でスーパーチャージャ (supercharger) とも呼ばれる．エンジン出力軸で回転数を増速してルーツ形，スクロール形，スクリュー形コンプレッサを駆動する．エンジン低速域での過給効率が高い．

(3)　電動ターボ過給方式

モータなどの電機動力でコンプレッサを駆動する方式であり，排気タービンと併用すると過給圧が不足する場合でも十分な駆動力を得られる．発電の機能を備えたものもある．

14.2 原理と構造

図 14.1 にターボチャージャの概念図を示す．エンジン排気によってタービンを駆動し，同軸に配置されたコンプレッサを回転させてエンジンに高圧の空気を供給する．クーラにより冷却するとエンジン給気密度が大きくなりエンジンへの充填効率を高めることができる．ガソリン車用のターボチャージャの回転数は 120,000～300,000 [1/min] 以上にも達し，3 程度の圧力比を得ている．

図 14.2 に一般的な乗用車用ターボチャージャの構造図を示す．主な構成要素は，タービン，コンプレッサと軸受であるが，回転部を総称してロータともいう．タービンは，ハウジングと羽根車で構成され，高温のエンジン排気（ガソリンエンジンでは 1,000 ℃程度，ディーゼルエンジンは若干ガソリンエンジンより低い温度）で駆動されるためニッケル基などの耐熱合金が使用される．

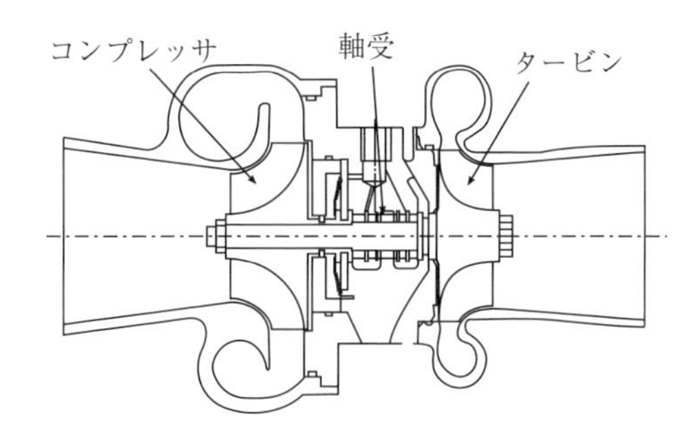

図 14.2 乗用車用ターボチャージャ

自動車用のタービンは，流量が小さいために一般的に遠心式が用いられるが，船舶用のディーゼルエンジンなどに用いられる大型のターボチャージャでは軸流式タービンが用いられる例もある．タービン側にエンジン高速域でエンジンへの過給圧力が過大にならないようにするためにウエストゲートバルブが設置されているものもあり，コンプレッサ出口圧でダイヤフラム式のアクチュエータを作動させて排気のタービンへの流入を制御している．羽根車に角運動量を与えるため，羽根車の上流にはスクロールあるいはノズル（案内翼）が設置される．より広い作動点を得るために可変ノズルが使われる場合もある．通常，エンジンの熱エネルギーを有効に用いるため，タービンはエンジンのすぐ近くに配置される．コンプレッサは，ハウジングと羽根車で構成されるが，温度はそれほど高くないため一般的にはアルミニウム合金が用いられる．コンプレッサからの速度エネルギーを圧力に変換し，仕事として取り出すために羽根つきディフューザ（ベーンドディフューザ）か羽根なしディフューザ（ベーンレスディフューザ）が用いられ，その下流にはタービン同様スクロールが設置される．軸受には，安定性の良いフローティング軸受がよく用いられるが，機械損失が大きい欠点がある．機械損失の少ない転がり軸受もよく使われるが，減衰が小さいため安定性に欠ける場合もある（15.1.1 項参照）．

14.3 ターボチャージャの性能

ターボチャージャでは，第 10 章に述べた特性の遠心式のコンプレッサが広く用いられる．自動車用のターボチャージャでは，運転範囲が広く，しかも頻繁に運転条件が変動するために，特性がマイルドで作動範囲の広い後向き羽根車が用いられる．一方，使用される回転数がほぼ一定の船舶用エンジンなどでは，設計点で高圧力比が得られる径向き羽根車が用いられる場合もある．

コンプレッサの軸動力 P_c は，次式で与えられる．

$$P_c = Gc \cdot H_{adc} / \eta_{adc} \tag{14.1}$$

ただし，H_{adc}：断熱ヘッド，η_{adc}：断熱効率，G_c：吸入空気重量流量

また，断熱ヘッド H_{adc} は，次式で与えられる．

$$H_{adc} = \frac{\kappa_c}{\kappa_c - 1} \frac{R_c T_{c1}}{g} (\pi_c^{\frac{\kappa_c - 1}{\kappa_c}} - 1) \tag{14.2}$$

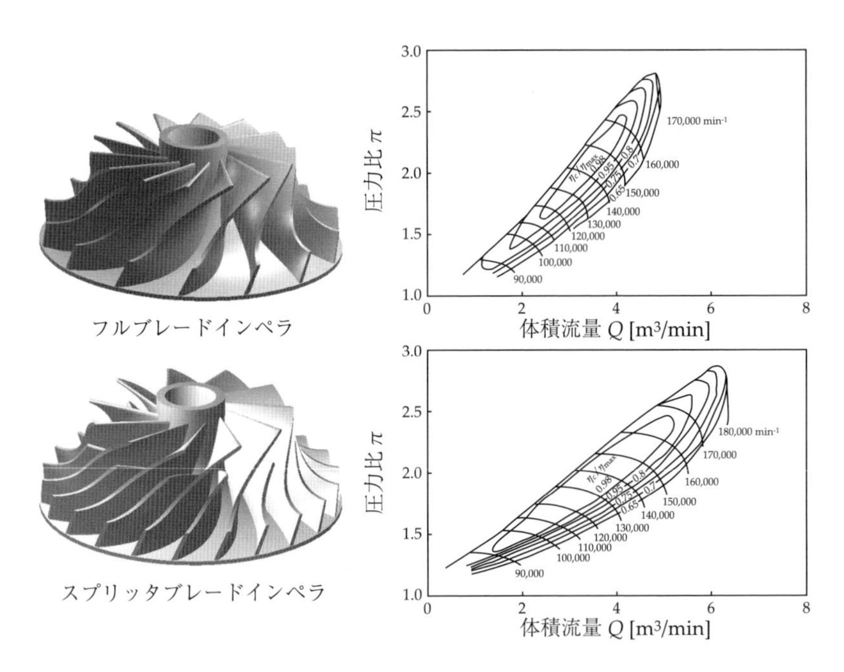

図 14.3　コンプレッサ翼形状と性能

ただし，R_c：ガス定数，κ_c：比熱比，T_{c1}：コンプレッサ入口温度，π_c：圧力比

エンジンの運転域の広いターボチャージャ用コンプレッサには，広い作動範囲が求められる．コンプレッサの作動範囲は，サージラインと，入口翼間流路面積で決まる最大流量点との間となり，作動範囲を広げるためにサージラインの低流量化や最大流量点の高流量化のためのスプリッタ翼の適用が行われている．図 14.3 には通常のインペラと 1 枚おきに短い翼を配置するスプリッタを適用したインペラの翼形状と性能を示すが，大流量側に作動領域が広がっていることがわかる．

ターボチャージャのタービンは遠心式が用いられることが多い．第 13 章で説明した軸流タービンの場合と同様に，羽根車上流側での膨張が支配的なものを衝動タービン，羽根車内でも膨張を行うものは反動タービンと呼ばれる．外周側にノズル（案内翼）を配置して加速し，羽根車に適正な旋回速度成分を与える場合もあるが，ターボチャージャのようなコンパクトな機械ではスクロールハウジングで旋回流を与えて構造を簡単化する例が多い．

図 14.4 には，遠心式タービンのスクロールと羽根における流れを示す．入口部分の断面積を a_0，速度を v_0，半径を r_0 とし，圧縮性を無視すれば質量保存則と角運動量保存則から次式が得られる．

$$v_0 \cdot a_0 = v_m \cdot 2\pi rb \tag{14.3}$$

$$v_0 \cdot r_0 = v_u \cdot r \tag{14.4}$$

ただし，r：羽根車外周半径，b：羽根車外周流路幅，v_m：羽根車流入速度の半径方向成分，v_u：羽根車流入速度の周方向成分

これらを用いれば羽根車に対する絶対流入角 α は

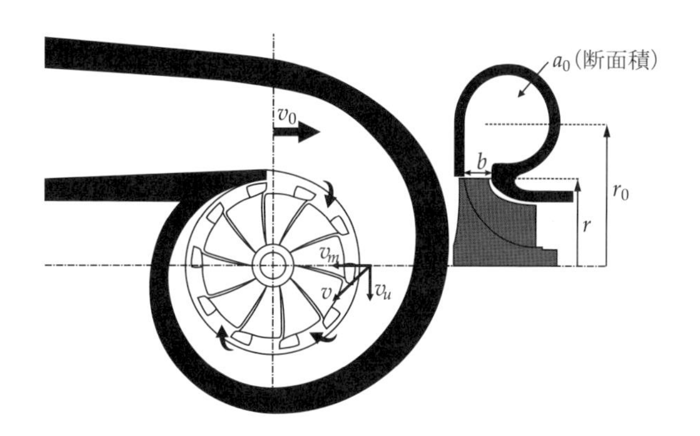

図 14.4 タービンのスクロール形状と流れ

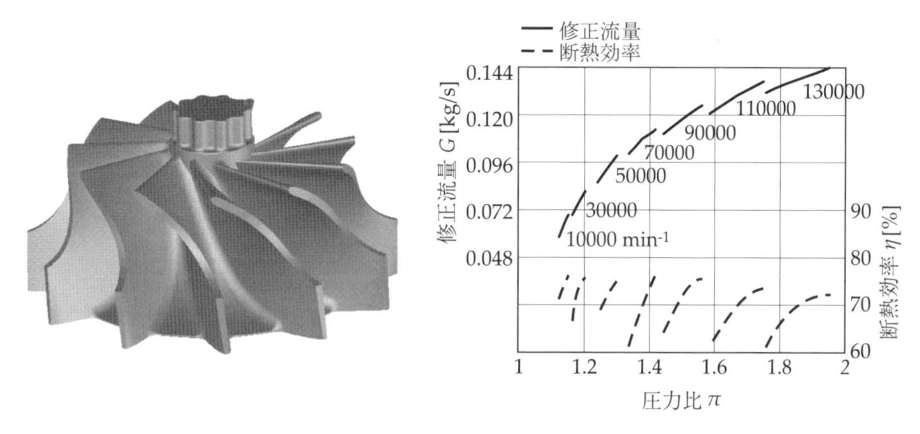

図 14.5 タービン翼形状と性能

$$\alpha = \tan^{-1}\left(\frac{v_m}{v_u}\right) = \tan^{-1}\left(\frac{1}{2\pi b}\cdot\frac{a_0}{r_0}\right) \tag{14.5}$$

このように α は入口面積と半径の比 a_0/r_0 に依存する．このように a_0/r_0 は，羽根車への角運動量を決める重要な量となり，羽根車性能にも大きく影響する．

タービン翼形状とタービン性能の例を図 14.5 に示す．タービンの出力 P_t は，

$$P_t = G_t \cdot H_{adt} \cdot \eta_{adt} \tag{14.6}$$

ただし H_{adt}：断熱ヘッド，η_{adt}：断熱効率，G_t：排気ガス重量流量

上記の式よりタービン出力を増加させてコンプレッサの過給圧を上げるには，効率，重量流量，断熱ヘッドが大きいことが必要であることがわかる．タービンの断熱ヘッド H_{adt} は以下で表される．

$$H_{adt} = \frac{\kappa_t}{\kappa_t - 1}\frac{R_t T_{t1}}{g}\left\{1 - \left(\frac{1}{\pi_t}\right)^{\frac{\kappa_t - 1}{\kappa_t}}\right\} \tag{14.7}$$

ただし，R_t：ガス定数，κ_t：比熱比，T_{t1}：排気ガス温度（タービン入口），π_t：タービン膨張比

式 (14.7) より，断熱ヘッドを大きく取るためには，膨張比を大きくすることが重要であることがわかる．タービンでの膨張は羽根車上流部と羽根車内部に

分けられ，自動車用の半径流タービンでは上流部と内部の膨張は同程度である．羽根車内での膨張は羽根車出口流れの反動による回転トルクを利用する．タービンの流量特性は過給特性に大きな影響を与えるが，その特性は角運動量と損失により決定される．

ターボチャージャの効率は入口と出口の状態量の取り扱い方により，式 (10.3)，式 (10.4) で述べた全圧効率，静圧効率，および有効効率で示される．これらの式は非圧縮性を仮定したものであり，ターボチャージャの効率には第2章で示した断熱効率を用いる．式 (2.83)，式 (2.84) を参照すると，

（圧縮機の場合）

・全圧効率（Total to Total）

$$\eta_{c.t} = \frac{(p_{t2}/p_{t1})^{\frac{\kappa-1}{\kappa}} - 1}{T_{t2}/T_{t1} - 1} \tag{14.8}$$

・有効効率 (Total to Static)

$$\eta_{c.e} = \frac{(p_2/p_{t1})^{\frac{\kappa-1}{\kappa}} - 1}{T_{t2}/T_{t1} - 1} \tag{14.9}$$

・静圧効率（Static to Static）

$$\eta_{c.s} = \frac{(p_2/p_{t1})^{\frac{\kappa-1}{\kappa}} - 1}{T_2/T_{t1} - 1} \tag{14.10}$$

（タービンの場合）

・全圧効率（Total to Total）

$$\eta_{t.t} = \frac{1 - T_{t2}/T_{t1}}{1 - (p_{t2}/p_{t1})^{\frac{\kappa-1}{\kappa}}} \tag{14.11}$$

・有効効率 (Total to Static)

$$\eta_{t.e} = \frac{1 - T_{t2}/T_{t1}}{1 - (p_2/p_{t1})^{\frac{\kappa-1}{\kappa}}} \tag{14.12}$$

・静圧効率（Static to Static）

$$\eta_{t.s} = \frac{1 - T_2/T_{t1}}{1 - (p_2/p_{t1})^{\frac{\kappa-1}{\kappa}}} \tag{14.13}$$

ただし式 (14.8)〜式 (14.13) で，p_{t1}：入口全圧，p_{t2}：出口全圧，p_2：出口静圧，T_{t1}：入口全温，T_{t2}：出口全温，T_2：出口静温

となる．一般に，圧縮機には全圧効率が，タービンには有効効率が使われることが多い．

14.4 エンジンとのマッチング

エンジンの運転状況に応じてターボチャージャも最適な運転ができるとエンジン性能への寄与は大きくなる．たとえば，タービンの流量特性を変えることができれば広範囲で過給特性を向上できる．タービン容量はスクロール面積ま

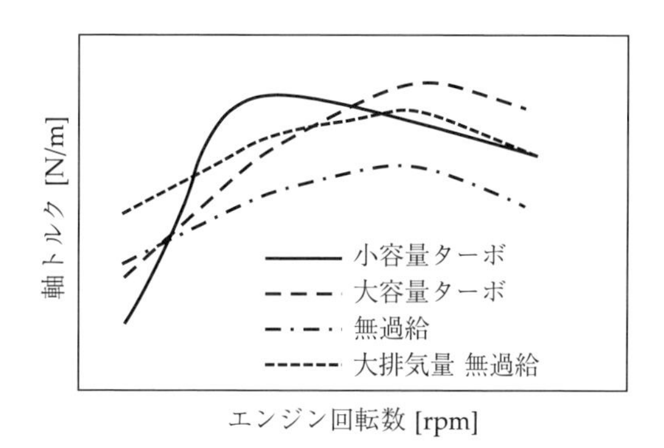

図 14.6　過給エンジントルク

たは羽根車入口のノズル面積で変えることが可能であり，スクロール入口面積を可動式フラップで連続可変にしたり，スクロールを 2 分割にして排気ガスを片側・両側に切り替える流路切り替え方式，羽根車入口のノズル（案内翼）を回転させてノズル面積と流れ方向を変える可変ノズル方式などがある．

ターボチャージャの作動点は，

$$P_t = P_c + P_m \tag{14.14}$$

$$P_m = P_t - \eta_m \cdot P_t \tag{14.15}$$

ただし，P_t：タービン出力，P_c：コンプレッサ動力，P_m：軸受損失動力，η_m：軸受効率

で表すことができる．式 (14.1)，式 (14.6) を用いると，ターボチャージャの総合効率 η_a は，

$$\eta_a = \eta_{adc} \cdot \eta_{adt} \cdot \eta_m = \frac{G_c \cdot H_{adc}}{G_t \cdot H_{adt}} \tag{14.16}$$

と表すことができ，燃料流量 G_f は

$$G_t = G_c + G_f \tag{14.17}$$

の関係が得られる．

総合効率が高ければエンジン性能は向上する．タービン容量の大小に対するエンジンでの各部圧力とエンジン軸トルクを図 14.6 に示す．エンジン性能はタービン容量とは背反する関係にあるため，エンジンとターボチャージャとのマッチングは解析や試験で繰り返し検討される．

またターボチャージャは，エンジンシリンダの吸排気の脈動下で動作されるため，定常性能の特性曲線とは異なる動作点を取る．図 14.7，図 14.8 にタービン，コンプレッサの脈動下での動作点を示す．ターボチャージャはエンジンの燃焼の改善に有効であり，総合的な燃費の改善により，エンジンの高出力化と小型化に貢献している．単体性能の向上とエンジンシステム全体を含めたマッチングの向上が今後も必要であり，エンジン，ターボチャージャをモデル化した非定常 1 次元解析などでの検討が行われている．

ターボチャージャの損失を低減することでエンジンの熱効率を向上すること

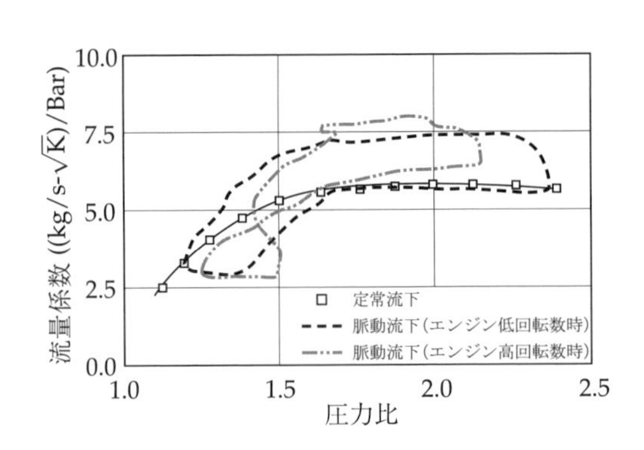

図 14.7　タービン脈動流下動作点

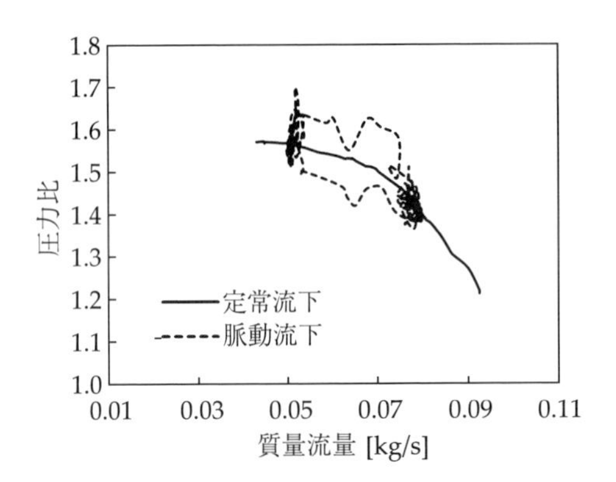

図 14.8　コンプレッサ脈動流下動作点

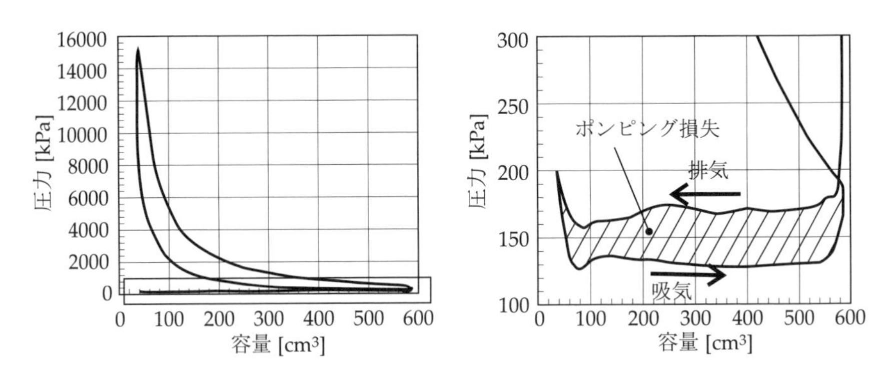

図 14.9　エンジンの P-V 線図とポンピング損失

ができる．エンジンシステムにおけるターボチャージャの損失はエンジンの P-V 線図のポンピング損失 (pumping loss) に関係している．ポンピング損失はエンジンの吸気行程及び排気行程にて発生するエネルギー損失である．

図 14.9 にエンジンの P-V 線図の排気，吸気行程を拡大した図を示す．排気圧力が吸気圧力よりも高くなっているため，吸気，排気行程において損失となっている．この排気行程と吸気行程によって囲まれる面積は負の仕事を示しており，これがポンピング損失となる．

ポンピング損失はターボチャージャとエンジンシステムの全体のつり合いか

ら求められる値であり，損失量を確認するためにはターボチャージャを含んだエンジンシステム全体の一次元解析，もしくは実験を行う必要がある．

異なる効率のターボチャージャを用いた場合，効率の良いターボチャージャを用いたほうが同様の仕事をするための入力エネルギーは小さくなるためにエンジンの排気エネルギーは小さくなる．よって排気行程と吸気行程で囲まれる面積が減少し，エンジンの熱効率が向上する．

吸気の圧力が排気の圧力よりも大きくなる場合も存在する．その場合は損失ではなく正の仕事となる．

ターボチャージャを用いたエンジンの排気の利用の仕方には動圧過給 (pulse turbocharging) と静圧過給 (constant pressure turbocharging) の 2 つがある．静圧過給はエンジンから排気され，タービンに流入するまでに通る排気管の容積が大きいため，排気流は排気管内で膨張し，ほぼ一定の圧力でタービンに供給される．よってタービンには定常流に近い流れが流入するためにターボチャージャは高い効率を保つことができる．しかしながら，排気管の容積が大きいために過渡特性は悪くなる．

動圧過給はエンジンからタービンまでの排気管の容積が小さいため．排気流は膨張せず，脈動流がタービンに流入することによりターボチャージャの効率は静圧過給時と比べて低下する．しかし，動圧過給はエンジンのブローダウンのエネルギーを有効に活用することができ，過渡特性も良い．よって，車両用ターボチャージャには動圧過給を想定して設計されたターボチャージャを用いることが多い．

15

CHAPTER FIFTEEN

機械要素

15.1 ロータとロータダイナミクス

図 15.1 に示すように，ターボ機械の回転部は翼や羽根車，回転軸，シールや軸受によって成立している．これらの構成要素を含めた回転軸系をロータ (rotor) という．ロータは必要な回転数で振動などが発生せずに安定に動作することが必要であり，回転系での振動問題を取り扱うのがロータダイナミクス (rotordynamics) である．本章では，ターボ機械のロータを構成する機械要素とロータダイナミクスに関係するポイントを示すが，詳細は専門書を参照して頂きたい．

15.1.1 軸受

軸受 (bearing) は，回転軸系を静止系から支えるために必要である．図 15.1 に示すように，荷重の方向には回転軸の軸方向に働く軸方向スラスト力，回転軸と直交する方向に働く半径方向スラスト力があるが，それを受ける軸受にも，軸方向（スラスト）軸受，半径方向（ラジアル）軸受および両方向の成分を 1 つの軸受で受ける複合軸受などがある．ターボ機械の軸受の種類としては，大

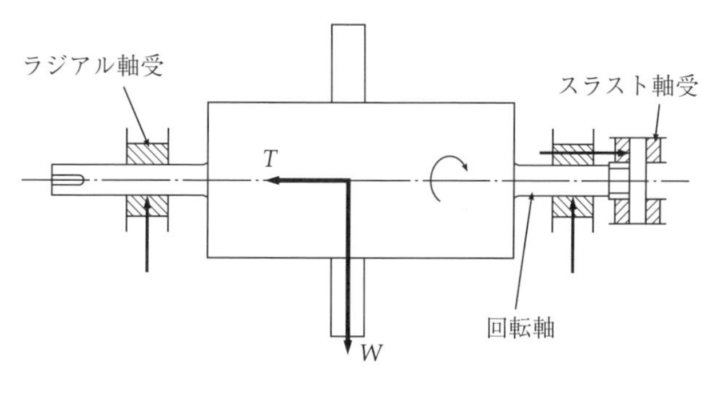

図 15.1　ロータにかかる荷重

表 15.1　軸受の分類

	転がり軸受	滑り軸受	磁気軸受
用途	小型の圧縮機，ファン，ポンプ，水車など	ガスタービン，蒸気タービン，圧縮機，水車，大型ポンプなど大きな荷重がかかるターボ機械	ターボ分子ポンプ冷凍機向け圧縮機など転がり軸受，滑り軸受の使用が適さないターボ機械
荷重	衝撃荷重には劣る	7 [Mpa] 程度までの重荷重，衝撃荷重に適する	1 [MPa] 程度
摩擦	静止摩擦係数は小さい (10^{-3}〜10^{-2})．動摩擦係数 10^{-3} 程度	静止摩擦係数は大きい (10^{-2}〜10^{-1})．動摩擦係数 10^{-3} 程度	静止摩擦係数，動摩擦係数ともほぼ無視できるほど小さい
速度特性	低速時は問題なし，高速時は，DN 値（D: 軸受径, N:回転数）を目安とする転動体の遠心力と保持器の潤滑が高速の限界 DN ＜ 約 2×10^5 [mm rpm]	低速には不向き，特に極低速は不可．高速時には，温度上昇，乱流遷移，オイルホイップが高速の限界 周速度 V ＜ 約 120 [m/s]	スリーブの遠心強度および制御系の周波数追従性が高速化の限界 周速度 V ＜ 約 200 [m/s]
安定性	ばね定数大きく，減衰は非常に小さい	高速回転ではオイルホイップと呼ばれる自励振動発生，減衰は大きい	軸受特性は等方性，ばね・減衰は制御系により可変
音響的特性	比較的大	比較的小	小
潤滑剤	主に潤滑グリース	主に潤滑油	不要
寿命	材料の疲労による寿命有り．高速時には焼きつきによる破損も有り	半永久的であるが，焼き付き，摩耗による破損有り	半永久的
コスト	標準化され安価	一般に自家製で比較的安価，設計自由度大	オーダーメードで高価

きく分類して**転がり軸受** (rolling bearing)，**滑り軸受** (hydrodynamic bearing)，**磁気軸受** (magnetic bearing) などがある．表 15.1 に軸受分類を示す．図 15.2 に示す転がり軸受は，多くのターボ機械に使用されている．軸受反力が全方向に等しく軸対象に発生し，剛性（ばね定数）は大きく，減衰はほとんどない．図 15.3 に示すすべり軸受は，油，水，気体など供給流体が軸受内の流体となっていて，軸受中心から偏心した位置で油膜がロータ自重を支持する．また，振動も吸収する．偏心のため軸受反力は軸に対して非対称となり，剛性，減衰とも大きい．図 15.3(b) に示すように，パッドを有する場合にはパッド軸受という．磁気軸受は，軸を静的に保持するように電磁石を用いた磁気により制御する動的軸受である．電磁力は軸対象に作用し，剛性，減衰とも制御可能である．図 15.4 に，特に低速においても軸受反力の大きな，静圧軸受の構造を示す．静圧軸受は，圧縮機やポンプからの圧力の高い流体を回転軸に当てて，回転軸を静止側から浮き上がらせている．剛性は流体の圧力により制御可能であり，減衰は大きい．

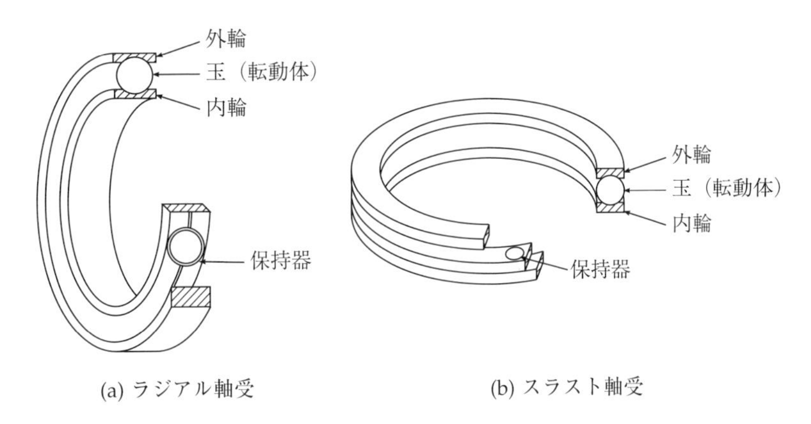

図 15.2 転がり軸受の基本構造

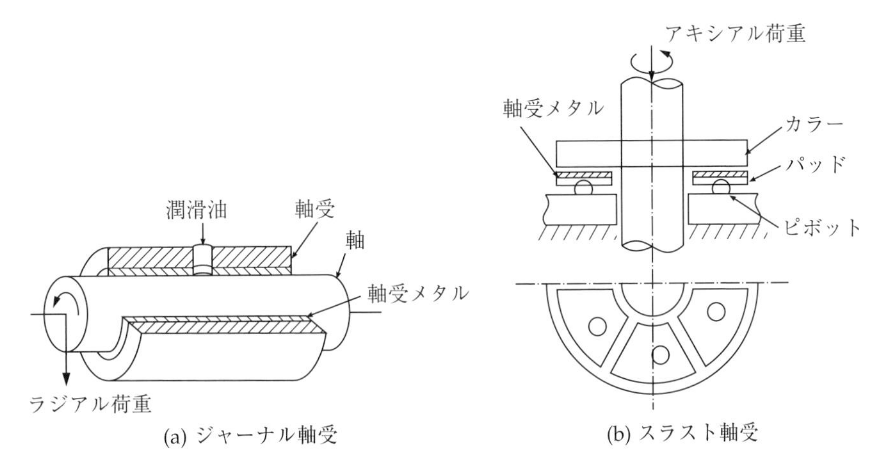

図 15.3 すべり軸受の基本構造

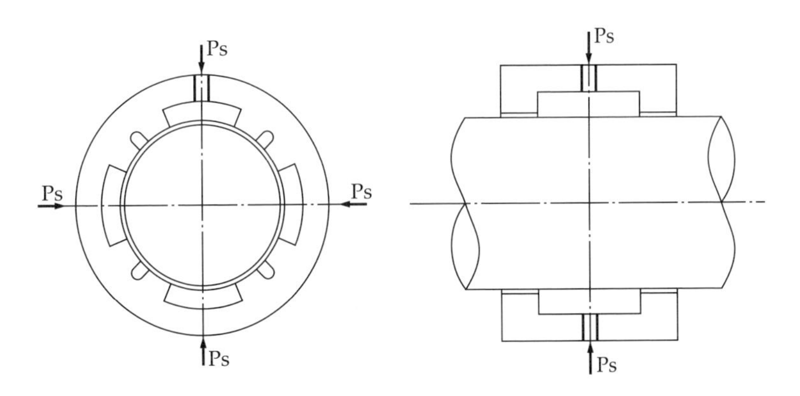

図 15.4 静圧ジャーナル軸受

15.1.2 軸封装置（シール）

ロータを構成する翼，羽根車および軸は流体のエネルギーと軸の回転トルクとの変換を実施するが，翼，羽根車軸から外部への漏れ，あるいは外部から翼，

表15.2 軸封装置の分類

形式	分類
接触形（端面）	メカニカルシール
接触形（円筒面）	オイルシール
	グランドパッキン
	成形パッキン
	セグメントシール
非接触形（端面）	メカニカルシール （ドライガスシール）
非接触形（円筒面）	ラビリンス
	フローティングリング
	フローティングブッシュ
	ねじ
	磁性流体

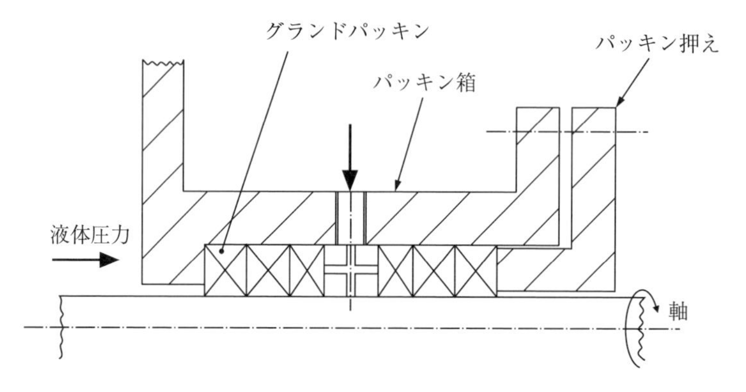

図15.5 グランドパッキン

羽根車軸に流体が漏れることを抑制するために，回転軸に沿って漏れを抑制する要素をつける必要がある．それらを軸封装置またはシール (seal) という．軸封装置の分類を表15.2に示す．軸封装置には，水車やポンプなどの液体ターボ機械に用いる場合と，圧縮機やタービンなどの気体ターボ機械に用いる場合で大きく種類が異なる．ここでは，代表的な軸封装置について説明する．

(1) 液体の軸封装置

液体機械向け回転軸の軸封装置としてよく用いられるのが，**グランドパッキン** (ground packing) と**メカニカルシール** (mechanical seal) である．

グランドパッキンは，図15.5に示すように軸とケーシングの間のパッキン箱に挿入したパッキンを軸に巻き軸方向に押しつけたもので，押しつけ力を増すと，漏れ量が少なくなる．一方，押しつけ力が強いと，軸の摩擦が大きくなり大きな回転トルクの損失をまねくだけではなくパッキンの摩耗も進展する．パッキンは，木綿などを四角に編み上げ，油脂などをしみ込ませ自己潤滑性をもたらしたものが使われる．

メカニカルシールは，最も漏れ流量が少なく機械損失も小さいという優れた特性を有する．構造例を図15.6に示すが，固定シール面と回転シール面が軸に垂直な面で摺動するようにスプリングなどで圧着されたもので，シール面の潤

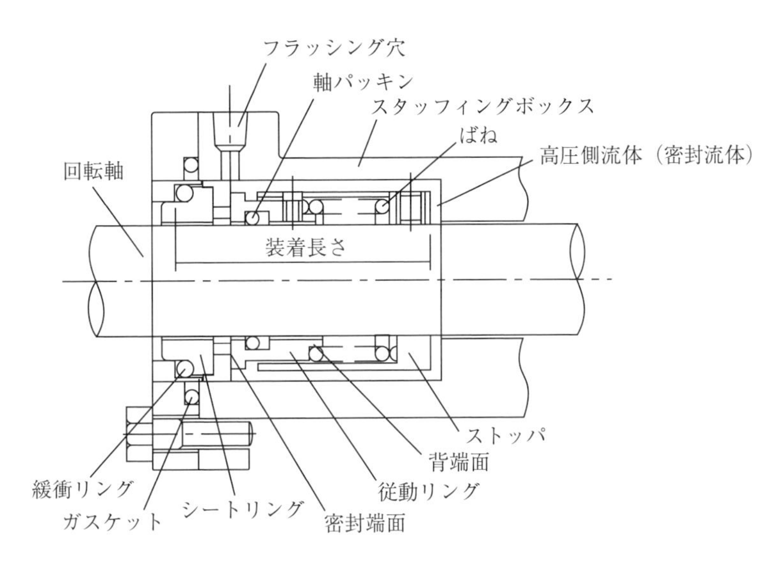

図 15.6 メカニカルシール

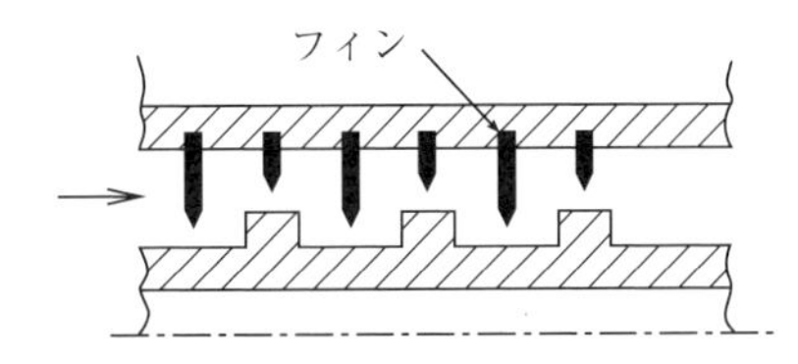

図 15.7 ラビリンスシール（HiLo 型）

滑は，シール面内の液自身の流体潤滑作用によって行われる．よって，漏れる量はこのシール面を通り抜ける量に限られる．一方，シール面の損傷によると漏れ量が著しく多くなるため，その取り扱いには注意を要する．

(2) 気体の軸封装置

気体機械向けの軸封装置は，気体の密度が小さく，流体潤滑作用はほとんど期待できないため，液体機械に用いることができた軸封装置は使用できない．気体機械に用いられる軸封装置のほとんどが，図 15.7 に示す**ラビリンスシール** (labyrinth seal) である．流体の流れ方向に何度も狭い隙間を通り抜け圧力が降下していく．すべてのラビリンス間の圧力損失につり合う量の漏れ流量がラビリンスの漏れ流量となる．ラビリンスの回転軸側は，普通，細くとがっており，軸との接触があっても軸側に大きな損傷がないような形状となっている．

(3) シールシステム

(2) で説明したラビリンスシールでは漏れを完全に防止することはできない．このため，図 15.8 に示すように吸引，あるいはシールガスを用いたシールシステムとすることで漏出を防止する．a) は単純にラビリンスシールを用いた場合であるが，機内圧が大気より高い場合には機内ガスの外部への漏出は避けられないし，逆に機内圧が大気圧よりも低い場合には外気が機内へ流入する．機内ガスが大気よりも高い場合にその漏出を防ぐためには，b) のように途中で大気よりも低圧のところへ吸引する．また，外気の機内への流入を防ぐためには，

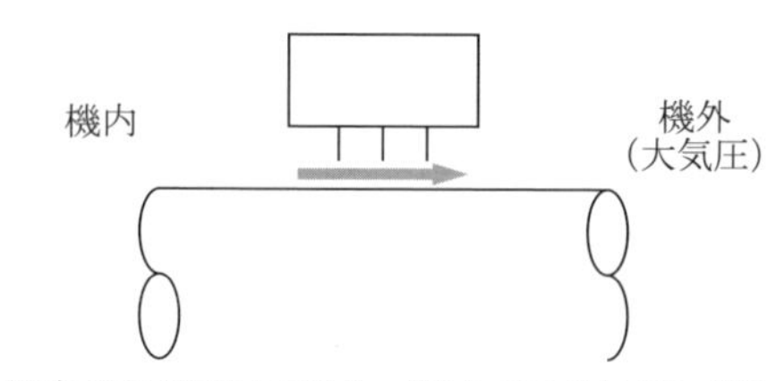

(a) 機内ガスが高圧の場合，機内ガスは外部に漏れる

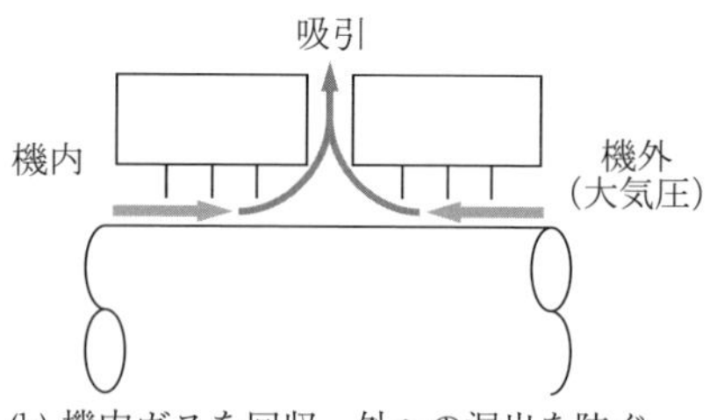

(b) 機内ガスを回収，外への漏出を防ぐ

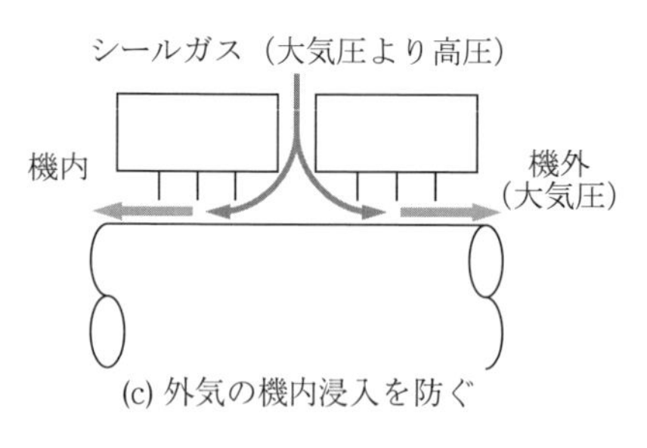

(c) 外気の機内浸入を防ぐ

吸引　シールガス
機内
機外
（大気圧）

(d) 機内ガスの漏出，外気の浸入の双方を防ぐ

図 15.8　シールシステムの例

c) のように大気圧より圧力の高いシールガスを用いる．d) のようにb) とc) を組み合わせることで，機内ガスの漏出，外気の侵入の双方を防ぐことができる．

15.1.3　ロータダイナミクス

ロータの振動特性は，軸受，軸封装置，羽根車の動特性が影響する．特に回転軸は，変形に対する剛性や質量，ジャイロモーメントなどを正しく見積もる必要があり，ロータの軸受部をフリーにして両端を自由端とした加振により回転軸の特性を計測するフリー加振テストがよく行われる．

回転軸系の振動問題は，強制振動，自励振動，その他の振動に分けることができる．強制振動は，不つり合いによる振動，脈動などの強制力による振動など，自励振動では，オイルウィップや流体力による不安定振動，その他はガタや接触による振動などが発生原因としてあり得る．

ロータには常に回転に伴う外力が加わっており，強制振動としての応答が生じている．このため，振動が大きくなった場合には何らかの対策を取る必要がでてくる．対策としては，励振力の低減，励振力とロータなど振動する物体の固有値を離調（両者の周波数をずらすこと）することによる共振の回避，減衰の増加による振動振幅の減少が考えられる．一方，自励振動はエネルギー源となる励振力が振動物体に作用し，その振動物体が運動することによって，自身に加わる励振力が発生，振動物体の振動（変位，速度，加速度）がさらに大きくなるエネルギーフィードバックがかかるメカニズムで発生し，対策としては，流体，構造，材料などからなるシステム減衰を増加させるような軸，軸受，シールなどを改良することが必要である．ロータの振動モデル例を図 15.9 に示す．質量を持つロータを支える軸受やシールを剛性要素であるバネ，減衰要素であ

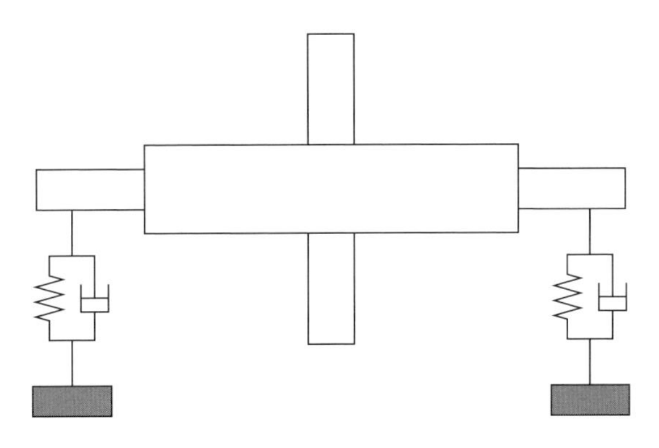

図 15.9　ロータの振動モデル

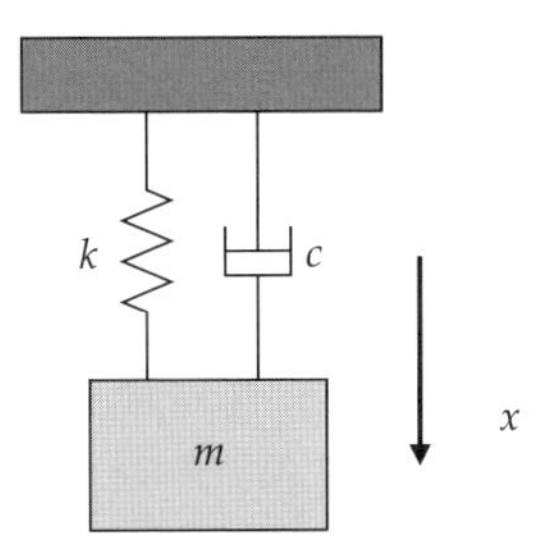

図 15.10　1 自由度の振動系

るダッシュポットで表すことができる．ロータダイナミクスの問題は，上記の強制振動と自励振動問題に分類して以下のように検討する．

(1)　振動のモデル化

振動問題をモデル化するために，基礎となる 1 自由度の振動系についてモデル化してみよう．図 15.10 に示す 1 自由度振動系において，質量 m に力が作用した場合の質点の挙動を下向きを正として記述する．この場合に，質量 m [kg]，変位 x [m]，ばね定数または剛性係数 k [N/m]，ダッシュポットの粘性減衰係数 c [N·s/m] を用いると，物体が下向きに働くときには，

慣性力：$-m\ddot{x}$，減衰力：$-c\dot{x}$，復元力：$-kx$

の力が上向きに作用する．静的なつり合い式として一点に働く力の総和が 0 であるとするダランベールの原理を用いて，これらの力を定式化することにより

$$(-m\ddot{x}) + (-c\dot{x}) + (-kx) = 0 \tag{15.1}$$

よって
$$m\ddot{x} + c\dot{x} + kx = 0 \tag{15.2}$$

となる 2 階の常微分方程式となる．

これらの 1 自由度振動系の式系を減衰，強制力の有無でまとめると，

非減衰自由振動　$$m\ddot{x} + kx = 0 \tag{15.3}$$

減衰自由振動　$$m\ddot{x} + c\dot{x} + kx = 0 \tag{15.4}$$

外力（励振力）F が角振動数 ω で働く場合には，

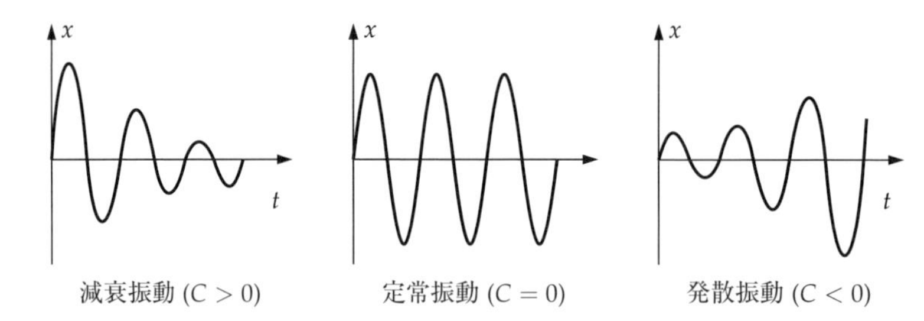

図 15.11　1 自由度振動計の特徴

$$\text{非減衰強制振動} \quad m\ddot{x} + kx = F\sin\omega t \tag{15.5}$$

$$\text{減衰強制振動} \quad m\ddot{x} + c\dot{x} + kx = F\sin\omega t \tag{15.6}$$

となる．図 15.11 に減衰係数の正負による 1 自由度振動系の特徴を示す．

上式での減衰は，振動のエネルギーを振動系の外に散逸させ質点の運動を妨げる作用があり，流体中で物体の速度に正比例し方向が速度の逆向きとなる粘性減衰，面に作用する物体の速度の逆方向に働き物体に対して働く垂直反力に比例する摩擦減衰，および構造物が振動する場合に振動数に関係なく振幅の 2 乗に比例する構造減衰がある．

(2)　危険速度と不つり合い振動

回転軸系の回転数を増加させ固有値が近くなると振動が大きくなり，一致する点，すなわち共振点では振動の極大値をとる．この回転数を回転軸系の危険速度といい強制振動の中では，最も注意すべき振動である．回転機械の定格回転数がこの危険速度以下である回転軸系では，変形を考慮する必要が無く剛性軸（剛性ロータ）という．また，変形を考慮する必要があるロータの剛性が低いものを弾性軸という．弾性軸では軸線が静的平衡位置のまわりに旋回的な運動，すなわちふれまわりを生じ，危険速度ではふれまわりのたわみが極大になる．この原因は，軸の偏心やロータの不つり合いによるものが多く，特に，高速回転機では注意が必要である．たとえば，密度の小さな流体を扱うため高い回転数が必要な過給機や低密度用ターボポンプや，羽根車の多段化により長い回転軸を有するコンプレッサなどは，この危険速度を運転の開始・停止時あるいは運転中でも回転数が通過する必要がある．この場合には，ロータのアンバランス（不つり合い）を少なくし励振力を低減すること，大きな減衰要素を持たせ共振点での振動を低減させることなどが対策となる．

ふれまわっているロータの振動特性を，図 15.12 に示すように 1 つの偏心質量（円板）を有する回転弾性軸（偏心質量に対して軸自身の分布質量を無視できる場合）の例で示す．ここで，

O：軸受中心，S：ロータ軸中心，G：ロータ重心，ε：ロータ重心の偏心，m：ロータ質量，k：軸のばね定数，δ：S 点でのたわみ，ω：軸の回転角速度

とする．

x, y 方向の力のつり合いより，円板の運動方程式は

$$m\ddot{x} + c\dot{x} + kx = m\varepsilon\omega^2\cos\omega t \tag{15.7}$$

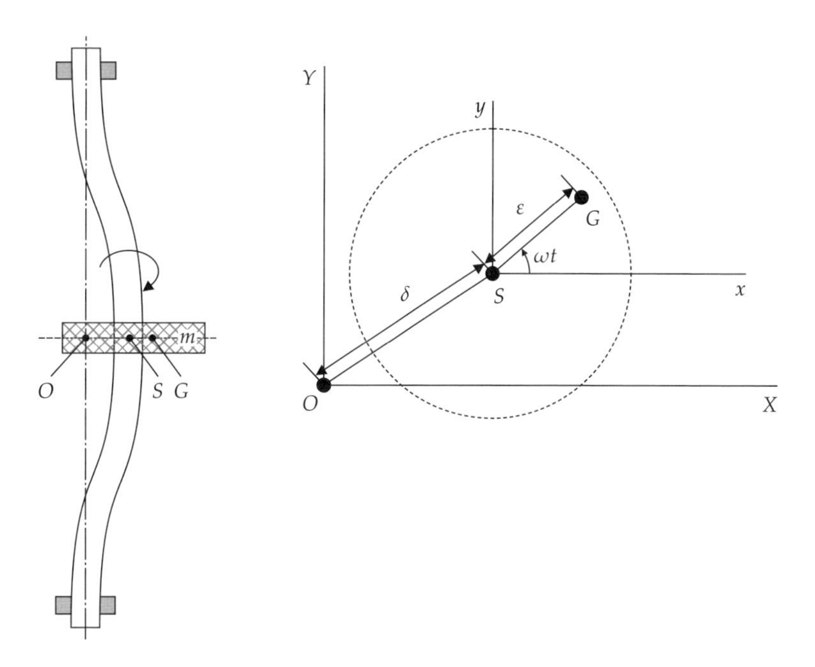

図 15.12 回転弾性軸系と偏心位置

$$m\ddot{y} + c\dot{y} + ky = m\varepsilon\omega^2 \sin\omega t \tag{15.8}$$

となる．

また，ω_n を軸の固有角振動数とすると $\omega_n = \sqrt{k/m}$ であり，振動の減衰を表す減衰比 ζ は，粘性減衰定数 C［N・m/s］を臨界減衰定数 $C_C = 2\sqrt{mk}$［N・m/s］で除した以下の式で示すことができる．

$$\zeta = \frac{C}{C_C} = \frac{C}{2\sqrt{mk}} = \frac{C}{2m\omega_n} \tag{15.9}$$

振幅 a および位相遅れ角 ϕ は，ω_n を軸の固有角振動数および減衰比 ζ を用いて，

$$a = \frac{\varepsilon\,(\omega/\omega_n)^2}{\sqrt{\left\{1-(\omega/\omega_n)^2\right\}^2 + \{2\zeta\,(\omega/\omega_n)\}^2}} \tag{15.10}$$

$$\phi = \tan^{-1}\frac{2\zeta\,(\omega/\omega_n)}{1-(\omega/\omega_n)^2} \tag{15.11}$$

となる．（式の誘導は，参考文献 B12 を参照されたい．）

図 15.13 に無次元振幅 a/ε と，位相遅れ角 ϕ を無次元回転速度 ω/ω_n で対して示す．無次元回転速度 ω/ω_n が 1 より小さい場合には，無次元振幅は 0 に近くなるが，1 より大きくなるにつれて重心の偏心量 ε に漸近していく．また，減衰比 ζ の増加とともにピークの振幅値は小さくなる．本図において，無次元回転速度 $\omega/\omega_n = 1$ の場合には，無次元次元振幅はピークとなり，共振状態を表す．また，このピーク値のことを Q 値（共振倍率）といい，式 (15.12) で表す．図 15.13 の位相曲線でわかるとおり危険速度（共振）時には，減衰比の値にか

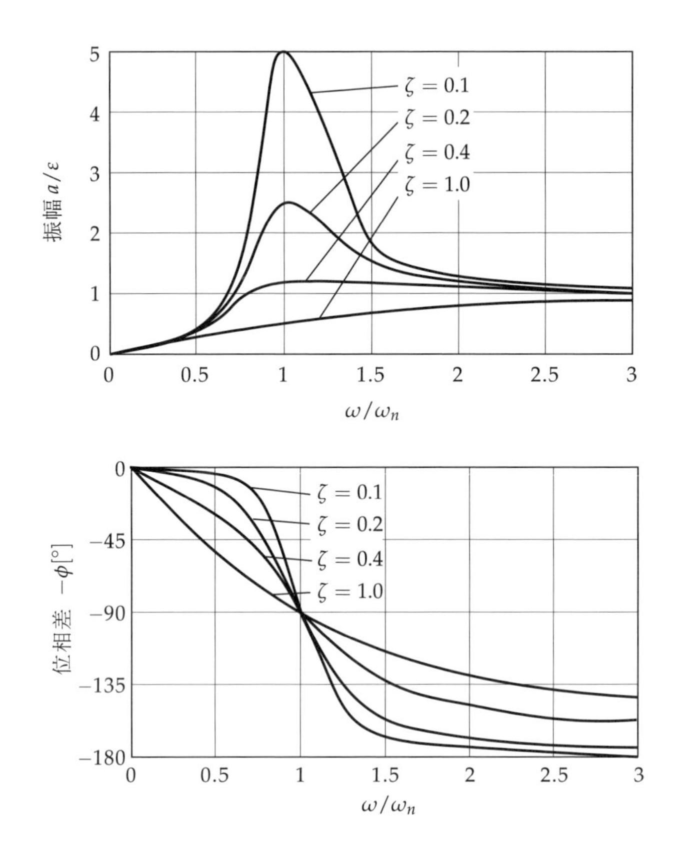

図 15.13　無次元回転速度と振幅，位相

かわらず必ず 90° の遅れが生ずる．

$$Q = \frac{1}{2\zeta\sqrt{1-\zeta^2}} = \frac{1}{2\zeta}\left(\frac{\omega}{\omega_n}\right) \approx \frac{1}{2\zeta} \tag{15.12}$$

この場合には，ピーク振幅と減衰比の関係は以下のようになる．

$$\omega = \frac{1}{\sqrt{1-2\zeta^2}}\omega_n \tag{15.13}$$

図 15.14 に Q 値と回転速度の対する振幅を示す共振曲線との関係を減衰比 ζ を用いて説明する．共振時のピーク振幅値が小さい ζ_1 と振幅値の大きな ζ_2 では，それぞれの Q 値を Q_1，Q_2 とすると，$\zeta_1 > \zeta_2$ であり，$Q_1 < Q_2$ の関係がある．また，共振曲線は，Q 値が大きいと急峻になり，Q 値が小さいとなだらかになる．この Q 値は回転速度と振幅の関係からも求めることができ共振点 $\omega/\omega_n = 1$ における振幅 $a_{\max}$ の半分のパワーの振幅 $a_{\max}/\sqrt{2}$ の回転速度の幅から以下の式で Q 値を求めることができる．

$$Q = \frac{1}{2\zeta} = \frac{\omega_n}{\omega_2 - \omega_1} \tag{15.14}$$

図 15.12 の系で遠心力と復元力がつり合うためには，

$$m(\delta + \varepsilon)\omega^2 = k\delta \tag{15.15}$$

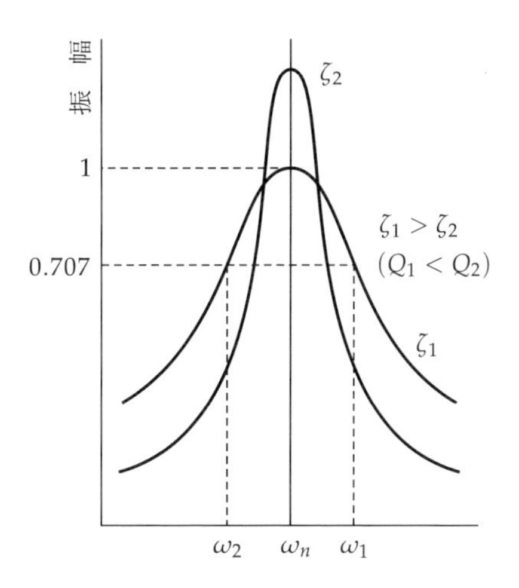

図 15.14　Q 値の定義

となる．ここで，前述の固有振動数 ω_n を用いると，たわみ δ は

$$\delta = \frac{\varepsilon}{(\omega_n/\omega)^2 - 1} \tag{15.16}$$

となる．この式からも，軸の回転数 ω が，軸の固有角振動数 ω_n と一致するとたわみ δ は無限大になり，この回転数 ω が危険回転速度となることがわかる．

このふれまわりに対しては，回転軸の回転数と危険速度を離調することで，ふれ回り δ は，偏心距離 ε と同等のオーダーに抑えることができ，また，偏心距離を十分に小さくなるようにロータの静つり合わせを実施することにより，危険な回転数を小さくすることが可能である．この危険速度を超えて運転をする必要がある場合には，まず，危険速度の通過時間を早くしてふれまわりが過渡に成長をしないように注意する．

(3)　自励振動による不安定振動

ロータ系の動特性に影響を与える要素は，軸受とシールであり，その特性を前項までに記した．軸受，シールの特性によっては，ロータ系に自励振動を発生させることがある．軸受では，表 15.1 に示すようにすべり軸受で，シールでは，減衰の少ない非接触シールで自励振動が発生することがある．自励振動の発生は，ほとんどの場合に 2 自由度系の連成による共振によって生ずる．たとえば，すべり軸受を用いるロータでは，ロータ系（軸受，シールを含む）の固有角振動数 ω_c の 2 倍以上で回転する場合に，軸受によって発生するオイルウィップと呼ばれる自励振動が発生することがある (図 15.15)．このオイルウィップは，x 方向の変位に対して y 方向の力が発生し，y 方向の変位に対して x 方向の力が発生する連成力が働く，回転軸の x, y 方向の連成による自励振動である．ロータに働く流体力は，ロータダイナミクス流体力といい，すきま中心周りの微小振動に関しては，線形の仮定が成り立つとすると，図 15.16 の座標系において，x, y 方向の連成に関する式を定式化して，以下の通り表すことができる．この式に対して，たとえば，各種軸受の特性として，転がり軸受の場合には，$k = \infty$，$c = 0$，4 枚パッドのすべり軸受では，等方バネと考えて

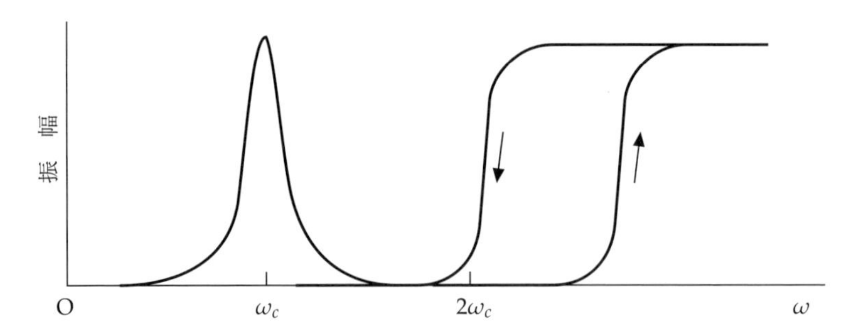

図 15.15　ジャーナル軸受のオイルウィップ

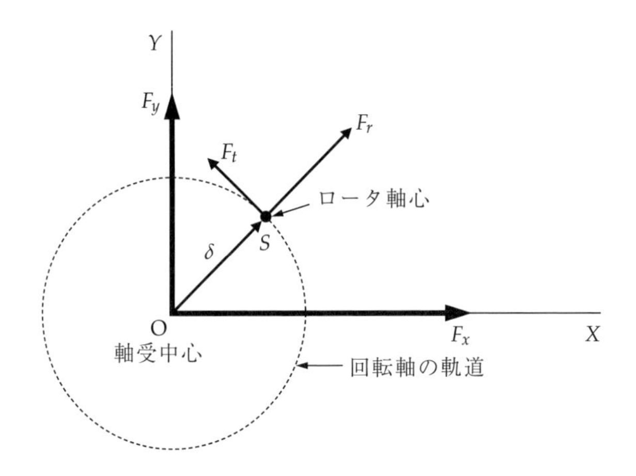

図 15.16　回転弾性軸系と偏心位置

$k_{xx} = k_{yy}$, $c_{xx} = c_{yy}$, $k_{xy} = k_{yx} = c_{xy} = c_{yx} = 0$, ジャーナル軸受では異方性, 非連成バネとして $k_{xy} = k_{yx} = 0$, $c_{xy} = c_{yx} = 0$ とおくことができる.

$$
\begin{aligned}
-\begin{bmatrix} F_x \\ F_y \end{bmatrix} &= \begin{bmatrix} k_{xx} & k_{xy} \\ k_{yx} & k_{yy} \end{bmatrix}\begin{bmatrix} \Delta x \\ \Delta y \end{bmatrix} + \begin{bmatrix} c_{xx} & c_{xy} \\ c_{yx} & c_{yy} \end{bmatrix}\begin{bmatrix} \Delta \dot{x} \\ \Delta \dot{y} \end{bmatrix} + \begin{bmatrix} m_{xx} & m_{xy} \\ m_{yx} & m_{yy} \end{bmatrix}\begin{bmatrix} \Delta \ddot{x} \\ \Delta \ddot{y} \end{bmatrix} \\
&\equiv \begin{bmatrix} k_d & k_c \\ -k_c & k_d \end{bmatrix}\begin{bmatrix} \Delta x \\ \Delta y \end{bmatrix} + \begin{bmatrix} c_d & c_c \\ -c_c & c_d \end{bmatrix}\begin{bmatrix} \Delta \dot{x} \\ \Delta \dot{y} \end{bmatrix} + \begin{bmatrix} m_d & m_c \\ -m_c & m_d \end{bmatrix}\begin{bmatrix} \Delta \ddot{x} \\ \Delta \ddot{y} \end{bmatrix}
\end{aligned}
$$

k：ばね定数, c：減衰係数, m：付加質量

(15.17)

となる. 前述のようにジャーナル軸受の場合には, 付加質量効果は少なく, 本式よりふれまわり軌跡 1 周上での流体膜の作用により失われるエネルギー E は,

$$E = \oint (f_x dx + f_y dy) = \pi A^2\{\omega(c_{xx} + c_{yy}) - (k_{xy} - k_{yx})\} \tag{15.18}$$

また, 式 (15.17) より

$$E = 2\pi A^2(\omega c_d - k_c) \tag{15.19}$$

ただし, A：微小振幅

$E > 0$ の場合には, エネルギーが散逸され, $E < 0$ の場合にはエネルギーが供給され不安定振動が発生する. すなわち, ばね定数の連成項の差 $(k_{xy} - k_{yx})$ が

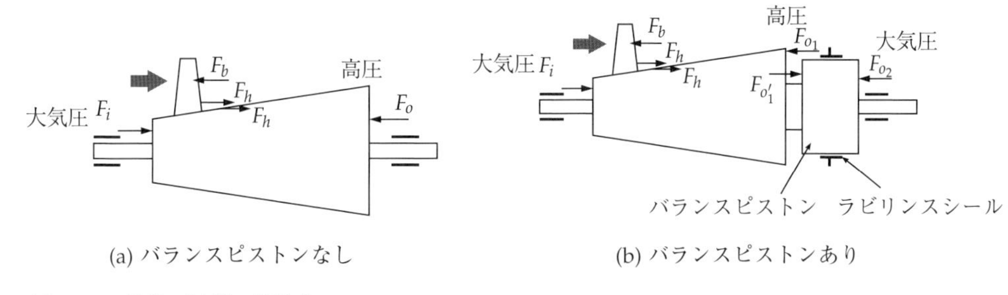

図 15.17 軸流圧縮機の軸推力

負の減衰と同じ影響を及ぼすことがわかる．

上式より，$E < 0$ になるかどうかの判定には，減衰には直接項，剛性には連成項の差が重要であることがわかる．

式 (15.17) で，k_{ii}, c_{ii}, m_{ii} は，直接項，k_{ij}, c_{ij}, m_{ij} は連成項である．たとえば，直接項は，x 方向への微小変位により x 方向への力が作用し，連成項は x 方向への微小変位により y 方向に力が作用することを示す．前述のように，自励振動は，この連成項の効果により発生する．

この例に挙げた平行環状すきまは，ジャーナル軸受，非接触シールで用いられるが，半径に対するすきまの比は，ジャーナル軸受では，ロータを浮かせる流体反力を得るために小さく，シールはロータとケーシングの接触を避けるため大きい．よって，すきま内の流れは一般に，ジャーナル軸受では層流，シールでは乱流となっていて，各々に応じた流れの解析手法が使われる．

図 15.16 でロータダイナミクス流体力をふれまわり周波数 ω_ε，周波数比 $\omega_\varepsilon/\omega$ で表示すると，式 (15.17) から

$$F_r = m_d(\omega_\varepsilon/\omega)^2 - c_c(\omega_\varepsilon/\omega) - k_d \tag{15.20}$$

$$F_t = -m_c(\omega_\varepsilon/\omega)^2 - c_d(\omega_\varepsilon/\omega) + k_c \tag{15.21}$$

となる．半径力 F_r は軸受などでは復元力に比べて小さい．接線力 F_t は軸系安定性に重要なパラメータであり，接線力がふれまわりと同方向に働くと，ふれまわりに対して不安定化力となり，逆方向ならば安定化させる作用となる．

15.2 推力バランス

遠心式・軸流式などの形式，または液体機械・気体機械など作動流体にかかわらず，ターボ機械のロータの各面には軸方向の投影面積図に圧力を乗じた力が作用する．この力の不つり合いによってロータには軸方向および半径方向の推力（スラスト）が働く．

15.2.1 軸流機のバランスピストン

図 15.17 は軸流多段圧縮機の例であるが，(a) に示すようにロータ全体には吸込み側端面に吸込み圧による推力 F_i が，吐出し側端面には吐出し圧による推力 F_o がかかる．また，各段落には動翼による推力 F_b が働き，ロータ面が傾斜している場合にはその投影面積に対してその場の圧力に応じた推力 F_h が働く．し

たがって，この場合の軸方向推力は，吸込み側から吐出し側に向かう方向を正にとれば，

$$F = F_i + \Sigma \quad (F_h - F_b) - F_o \tag{15.22}$$

となる．軸流圧縮機では F_o は F_i に比してはるかに大きいので，何も対策しなければ吸込み側に向かって大きな推力が働く．

これに対して，(b) に示すようにバランスピストンと呼ばれる比較的径の大きいシール部分を吐出し側に設けることで，吐出し圧力の作用する対抗面をつくってスラスト力を相殺させる．この場合の軸方向推力 F は $F = F_i + \Sigma(F_h - F_b) - F_{01} + F'_{01} + F_{02}$ となり，$F_{01} \fallingdotseq F'_{01}$，$F_i = F_{02}$ であるので軸方向推力の絶対値を大幅に軽減することができるが，径の大きな部分で大圧力差のシールをする必要があるため，多段のシールが必要となり軸設計としては不利である．このように，軸方向推力は軸方向の投影面積にその場の圧力が作用して発生するので，軸径の変化と圧力差をうまく配慮することで推力の絶対値をかなり低減することが可能である．

15.2.2　遠心機の軸推力バランス

遠心機械の場合について軸方向推力（スラスト力）を考えてみよう．図 15.11 に示す片吸込みのポンプでは，羽根車の前後面には羽根車内部圧力と吐出し圧力の差圧が作用するが，中心部（目玉）は背面側しかないため，この部分に作用する力が羽根車を吸込み側に推す力となる．この軸推力の大きさは，1 個の羽根車について

$$T = (A_1 - A_s)(p_1 - p_s) - \rho Q v_m \tag{15.23}$$

で与えられる．ここで

T = 軸推力 [kgf]，[N]
A_1：ライナリングの直径 D_r に相当する断面横 [m^2]
A_s：軸または軸の断面積 [m^2]
p_s：吸込み圧力 [N/m^2]
p_1：シュラウド背面の $(A_1 - A_s)$ に働く圧力 [N/m^2]
v_m：羽根車の目玉のところの平均速度

式 (15.23) の右辺 $\rho Q V_m$ は，完全な半径流羽根車の場合に流体が羽根車を通過するときに，流れが 90° 方向変換することによる推力であるが，比較的小さく普通は無視できる．なお，オープン形の羽根車ではクローズド形に比べて軸方向推力は大きくなる．以上は，ポンプを例にとって説明したが気体機械でも同じことが言える．

遠心羽根車にかかる軸推力は，図 15.18 に示すようにフロントシュラウド側とバックシュラウド側にかかる圧力の積分値の差で不つり合い流体力が発生する．軸方向推力は，スラスト軸受によって保持されるが，高い圧力の遠心機械では非常に大きな軸方向の水圧推力が発生し，それに伴い大きな軸受も必要となる．そのため，各種の軸方向推力の低減方法が検討されている．図 15.19 に

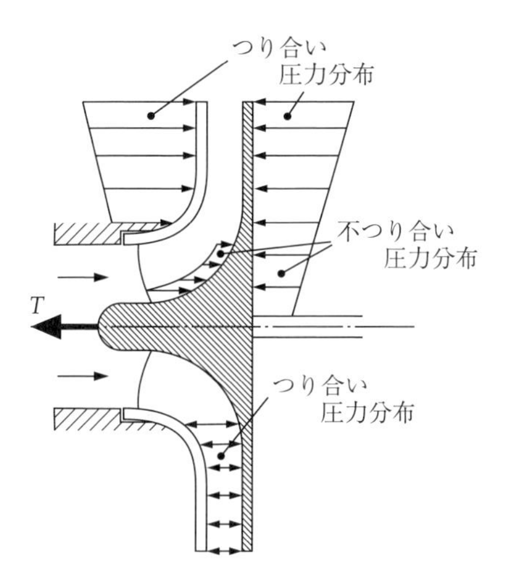

図 15.18 軸推力の発生

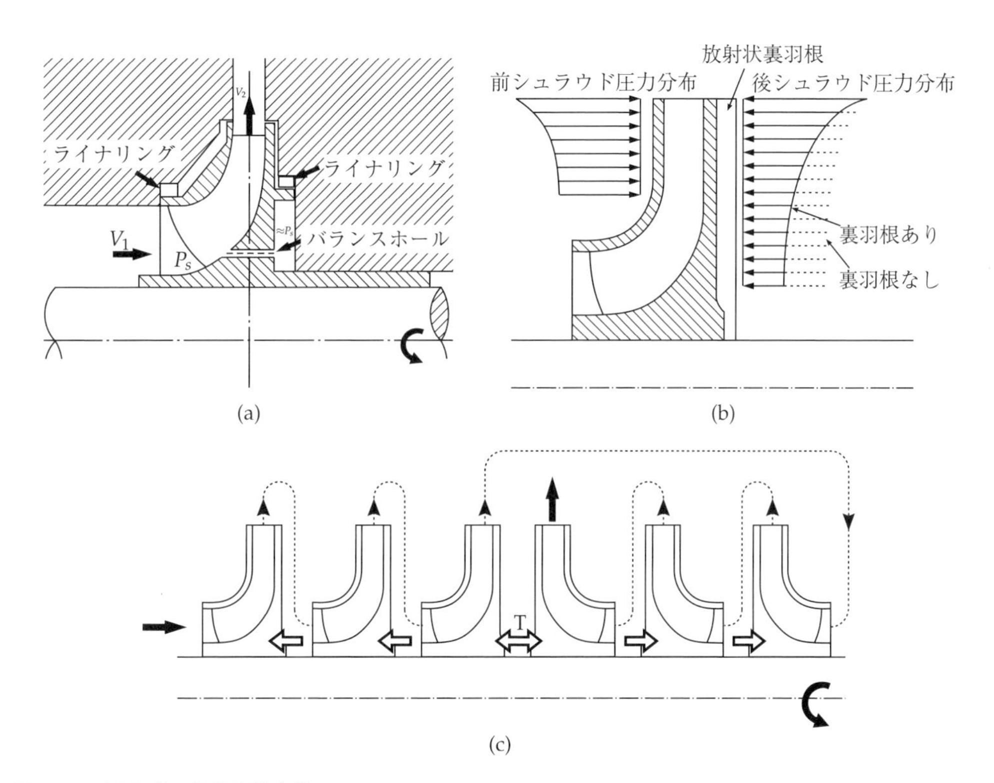

図 15.19 遠心式の軸推力減少法

軸方向推力の低減方法を示す．(a) はバランスホールを用いる方法である．バランスホールは，バックシュラウドと羽根車の翼間流路間の孔のことで，バックシュラウドに漏れ流れを作ることで，バックシュラウドと固定壁間の静圧を下げ，軸方向推力を低減させる．同様な方法として，バランスパイプという方法もある．バランスパイプは，バックシュラウドと羽根車の吸込み側を複数の管路で結び，高圧のバックシュラウドから低圧の入口への流れを作ることで，バランスホールと同様の効果を得る．(b) は，羽根車のバックシュラウド側に放

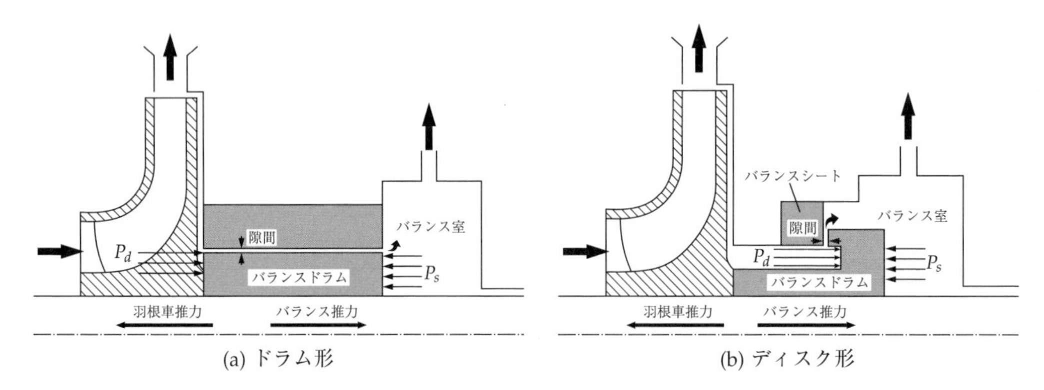

(a) ドラム形　　(b) ディスク形

図 15.20　ポンプの推力バランス装置

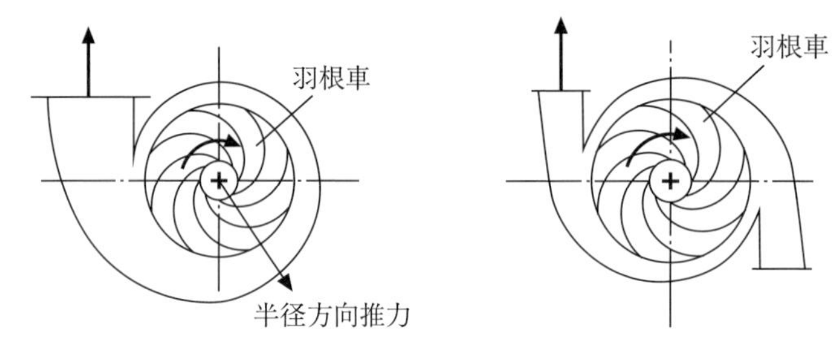

図 15.21　半径方向推力のバランス

射状の短い高さの羽根を設けることで，流体に周方向速度を与え動圧を大きくする効果がある．ほかには，フロントシュラウドの固定壁側に放射状の溝を切り，逆に旋回成分を小さくすることで，シュラウド側からハブ側への軸方向推力を大きくし，逆方向の推力との差分を小さくすることもよく実施される．(c) は多段の羽根車に使われる方法であり，ほぼ段数の半分筒を背面に向かい合わせにすることで，軸方向推力の差分を小さくすることを目的としている．

図 15.20 に示すのは，自動的に軸方向推力を調整する機構である．軸方向推力により片側に軸が移動すると，移動方向とは反対方向に圧力がかかるように隙間が構成されている．これにより，自動的につり合い点でバランスする．ロケット用ターボポンプや高圧ボイラー給水ポンプでよく用いられている．

15.2.3　半径方向推力と対策

遠心式のターボ機械では吐出し流れを配管に接続するためにうず巻き室（ボリュート）を有したり，多段の構成では，ディフューザやリターンベーンなどの静翼がある．うず巻き室は軸対称ではないため，設計点以外の流量では周方向の圧力が均一とはならず，これに起因してロータに対して半径方向の推力が作用する．また，ディフューザなどの静翼がある場合にも，小流量での旋回失速などが生じると，半径方向に推力の変動が生じることがある．特に，高揚程，高圧力比のポンプ，コンプレッサでは，半径方向の軸振動を誘起することがあり，注意を要する．対策としては，図 15.21 に示すように軸対称に複数のボリュートを設けるか二重ボリュートとすることでこの半径方向の推力差を緩和させることができる．

16

CHAPTER SIXTEEN

設計と評価

16.1 概要

本章では，相似設計や流体機械の主構成要素である管路，ディフューザ，また損失に大きく影響を及ぼす漏れ流れ，水力機械の過渡現象である水撃，流体機械一般に問題となる騒音に関して詳述する．

16.2 相似設計

第 5 章で幾何学的に相似な機械の流量 Q，揚程 H，動力 P について次式が成り立つことを学んだ．

$$\Pi_1 = \frac{Q}{D^3 N} \Rightarrow \frac{Q_B}{Q_A} = \left(\frac{D_B}{D_A}\right)^3 \frac{N_B}{N_A} \tag{16.1) ((5.20)}$$

$$\Pi_2 = \frac{E}{D^2 N^2} = \frac{gH}{D^2 N^2} \Rightarrow \frac{H_B}{H_A} = \left(\frac{D_B}{D_A}\right)^2 \left(\frac{N_B}{N_A}\right)^2 \tag{16.2) ((5.21)}$$

$$\Pi_3 = \frac{P}{\rho D^5 N^3} \Rightarrow \frac{P_B}{P_A} = \left(\frac{D_B}{D_A}\right)^5 \left(\frac{N_B}{N_A}\right)^3 \tag{16.3) ((5.22)}$$

いま，形状が相似で大きさの異なる A, B 2 つの機械を考えたとき，両者の揚程が等しくなるためには，式 (5.21) より $N_B/N_A = D_A/D_B$ の関係を満たせばよいことがわかる．この関係を満足するとき，両者の周方向速度は等しくなり，速度三角形は一致する．すなわち，回転数を大きさに反比例させることで同様の特性を得ることができる．式 (5.20)，(5.22) からわかるように，流量および動力は N_B/N_A の 2 乗に比例する．

この関係を用いた相似設計を適用することで，ある設計を元に回転数の異なる機械，あるいは出力の異なる機械を容易に得ることができる．表 16.1 には例として 60 Hz (3,600 [1/min]) 用のターボ機械の設計を 50 Hz (3,000 [1/min]) に適用する場合を示すが，スケールを 1.2 倍，回転数を 1/1.2 とすることで元の機械と同等の流体特性を持つ機械を得ることができる．この場合，表 16.2 に示す

表 16.1　相似設計の例

	60 Hz	50 Hz
サイズ	1	1.2
回転数	1	1/1.2
流量	1	1.2^2
出力	1	1.2^2

表 16.2　相似設計（サイズを n 倍とした場合の構造条件）

幾何学的条件	n
回転数	$1/n$
遠心応力	1
曲げ応力	1
静止時曲げ振動数	$1/n$
静止時捩じり振動数	$1/n$

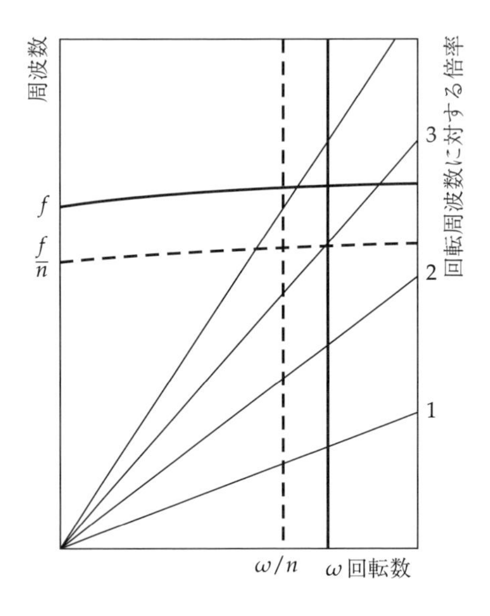

図 16.1　キャンベル線図

ように，応力や振動数など機械的な特性についても基本的には相似則が成立する．ここで，図 16.1 は**キャンベル線図** (Campbell diagram) と呼ばれるもので，回転機械の振動特性を評価する際にしばしば用いられるものである．横軸は回転数，縦軸は周波数であり，斜めに数本引かれている線は回転周波数の整数倍の周波数を示す．図中横方向に引かれている線は翼の固有振動数であり，回転に伴って剛性が上がるため若干右上がりの特性を示している．この線と斜めの線が交差したところでは固有振動数と回転数の整数倍成分が一致するため，共振が発生する．したがって，想定される運転回転数で両者が一致することを避ける必要がある．このように共振を回避して設計することを**離調** (detuning) するという．同図では 1 次の固有振動数のみを示しているが，実際にはもっと高次のモードまで配慮する．ここで，表の元の設計回転数を ω（縦実線）とすると，サイズを n 倍した相似設計の回転数は ω/n（縦破線）となる．このとき，対応する翼の振動特性もそれぞれ実線，破線のように相似特性を示す．

表 16.3　同期電動機・発電機の極数と回転数の関係

周波数	2 極	4 極	6 極	8 極
50 Hz	3000	1500	1000	750
60 Hz	3600	1800	1200	900

回転数 [1/min]

相似設計は，縮小モデルや拡大モデルによる模型試験を実施する場合にも有効であるが，機械的なクリアランスには絶対的な下限値が存在することやレイノルズ数の影響のため，小さい機械ほど損失が大きくなることに注意が必要である．なお，大型の機械で用いられる同期発電機あるいは同期電動機の極数と回転数には基本的に次式の関係がある．

$$N = \frac{120f}{P} \tag{16.4}$$

ここで，N：回転数 [1/min]，f：周波数 [Hz]，P：極数

この関係を 50 Hz と 60 Hz の場合について表 16.3 にまとめて記す（実際の同期電動機の回転数 N はすべりのために数%程度低いものとなる）．電動機駆動の被動機，発電機を駆動するための原動機の回転数はこの関係から選択され，これより高い回転数や中間の回転数としたい場合にはギアやインバータなどの採用を検討する．大型の発電設備では 2 極の発電機が用いられることが多いが，たとえば原子力用蒸気タービンなど大流量の処理が必要な機械では回転数を 1/2 とする設計が採用されており，この場合には 4 極機が用いられる．

16.3 管路とディフューザ

(1)　管路

流体機械の管路には，静止部にある流路と回転する羽根車があるが，前者を固定流路という．固定流路には，遠心ターボ機械で使われるうず巻ケーシングあるいはスクロールと呼ばれる 360° あるいは 180° の巻き角を有する面積変化のある管路断面や，吸込み口から羽根車入口への導入流路である吸込み流路，静止翼列であるディフューザやノズル，案内翼（ノズル，案内翼には可動するものもある）などから構成される．いずれも，エネルギー損失を生ずる部位であるが，タービンのノズル，案内翼のように羽根車の角運動量のコントロールに使われたり，後述するディフューザのように速度エネルギーを圧力エネルギーにして回収するためにも使われる重要なパーツでもある．

流体機械の場合，一般に固定流路は壁面に囲まれた内部流れになっており，流れ方向の面積変化によって狭まり流路と広がり流路に分類される．内部流れで生じる壁面による摩擦損失は，非圧縮の場合には流速の 2 乗に比例した損失になり，その係数は多くの実験データベースがあるが，図 16.2 に示すムーディ線図 (Moody diagram) などにまとめられている．式 (16.5) に摩擦損失の式を示す．

$$h_f = \lambda \left(\frac{L}{4m}\right) \frac{\rho v^2}{2} \tag{16.5}$$

ただし，h_f：摩擦損失，λ：管摩擦係数，L：流路長さ [m]，m：水力半径 [m]，ρ：密度 [kg/m^3]，v：流路内の流れの速度 [m/s]

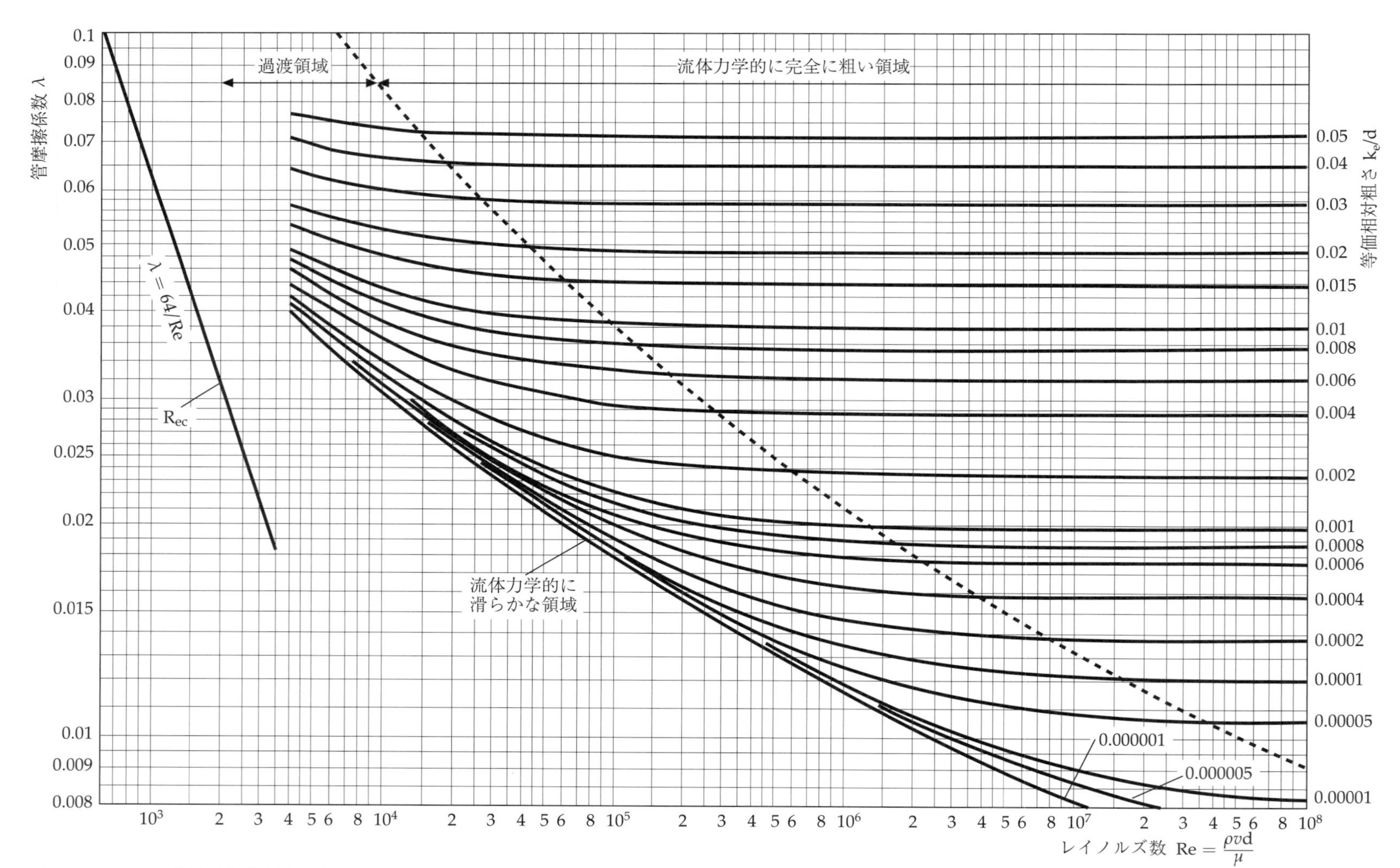

図 16.2　ムーディ線図（参考文献 A9）

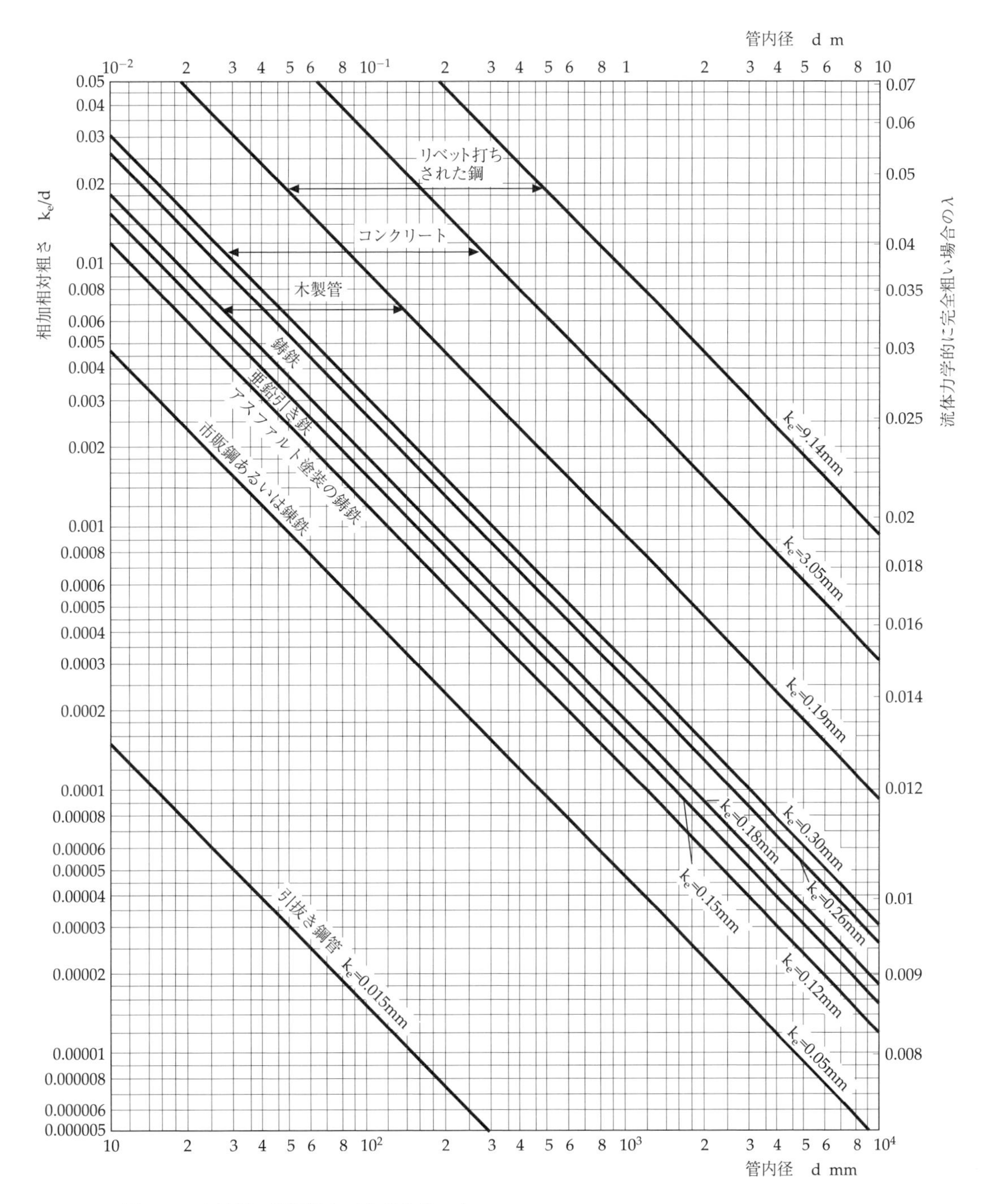

図 16.3 実用管の相対粗さ（参考文献 A9）

管摩擦係数 λ は，レイノルズ数と壁面の粗度との関数になっており，ムーディ線図に示されるようにレイノルズ数の増加，壁面粗度の減少に伴い管摩擦係数は小さくなる．ただし，レイノルズ数が高くなると，管摩擦の顕著な減少は期待できない．また，壁面の粗度もある値以下になると，それ以上の管摩擦係数の低減はなくなるが，その場合の管路を“流体力学的に滑らかな管路”といい，壁面粗度が粘性底層の値より小さい場合に粗さの影響を受けなくなる．図 16.3 に実用管の相対粗さを示す．

狭まり流路では，流路内で流速が増加し，静圧は減少する．また，広がり流路では，逆に流速が減少するが，静圧は増加する．狭まり流路の場合には，流路内で流れは増速され，圧力勾配が負になることにより流れは下流方向に押されるため，損失は壁面摩擦損失が支配的になる．一方，広がり流路の場合には，流れは下流に向かって逆圧力勾配になり，壁面近傍の流れは，流路に沿った圧力上昇に打ち勝つことができないときに壁面近くの流れが剥離する．このような場合には，大きな損失の増加を伴う．

(2)　ディフューザ

高速の流体は高い運動エネルギーを持つが，これは流路を通過する過程で粘性の影響によって熱になる．この分は損失となって有効活用することができなくなってしまうので，運動エネルギーを圧力エネルギーに変換することが重要となる．このような圧力回復は流路を拡大して流速を減じることで達成できるが，このような拡大流路のことを**ディフューザ** (diffuser) と呼ぶ．逆に，流路面積を減じて圧力エネルギーを速度エネルギーに変換する流路は**ノズル** (nozzle) と呼ばれる．軸流ポンプ，圧縮機で用いられる翼列は減速翼列であり，ディフューザとみなすことができ，軸流水車，タービンで用いられる翼列は増速翼列であってノズルとみなすことができる．

ディフューザ自体は単純な拡大流路であり，流路拡大率を大きくとればそれだけ減速率も大きくなるはずであるが，実際には減速流路であって逆圧力勾配の流れとなるために壁面境界層の発達が著しく，ある程度以上の拡大率をとると流れが剥離して思うような減速，すなわち圧力回復が得られなくなる．流体機械の要素としてディフューザはさまざまな形状で利用されるが，基本的なものとしては2次元ディフューザ，円すいディフューザ，二重円環ディフューザ，平行壁遠心ディフューザ，パイプディフューザなどである．これらの代表的なディフューザについては系統的な実験がなされ，その特性がある程度明らかとなっている．ディフューザの性能は，次式で定義される静圧回復係数 C_{ps}，全圧損失係数 C_{pt} で示される．

$$C_{ps} = \frac{p_{s_2} - p_{s_1}}{p_{t_1} - p_{s_1}} \tag{16.6}$$

$$C_{pt} = \frac{p_{t_2} - p_{t_1}}{p_{t_2} - p_{s_1}} \tag{16.7}$$

図16.4にはディフューザ特性の一例を示す．横軸に無次元流路長さ N/R_1，縦軸に面積比 AR から1を引いたものをとって，その中に静圧回復係数 C_{ps} 分布をプロットし，同じ C_{ps} を得るために必要な最小長さおよび最小面積比の点を結ぶと，図中の2本の線 C_{ps}^{*} および C_{ps}^{**} が得られる．ディフューザの形式によって静圧回復係数の絶対値は異なるが，おおむね同様の傾向を持つ．ディフューザを設計する際にはこのようなマップを参照することで，適当な拡大率や長さを選定することができる．

(3)　遠心機械のディフューザ

ディフューザは流体機械の重要な要素であり，軸流機械では二重円環ディフューザが用いられることが多い．一方，遠心機械では図10.11(a) に示したよ

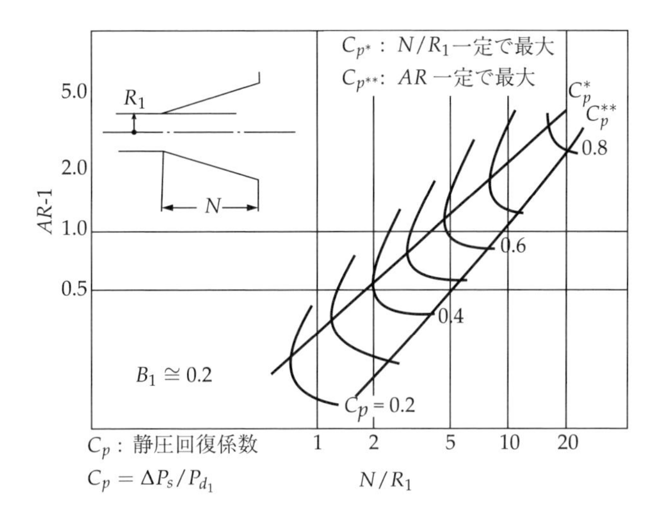

図 16.4 ディフューザの特性例（円錐ディフューザ）（参考文献 D19）

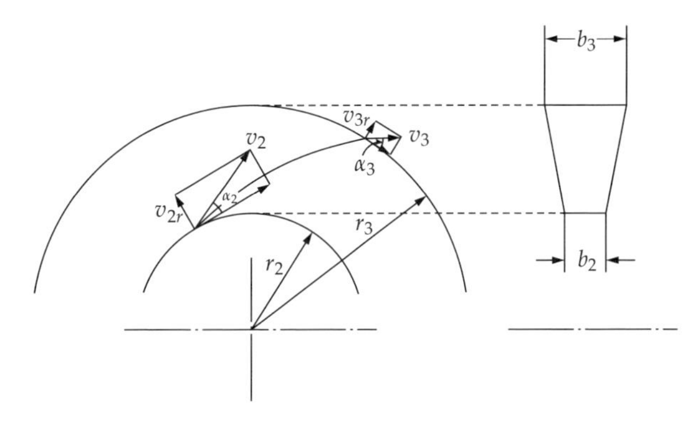

図 16.5 遠心ディフューザの入口，出口速度

うに平行壁あるいはこれに近い子午断面形状で案内羽根のないもの，(b) のように案内羽根を持つもの，(c) のようなチャンネル流れ形のものがある．この中で (b)，(c) は広がり管路と同様に考えることができるから，ここでは (a) の案内羽根のない遠心ディフューザ内の流れについて考えてみる．

ディフューザ内においては外部からエネルギーが与えられないから，等エントロピ流れの場合にはディフューザ入口，出口間の運動量のモーメントの差はゼロである．すなわち，図 16.5 から，

$$mv_3 \cos\alpha_3 r_3 - mv_2 \cos\alpha_2 r_2 = 0 \tag{16.8}$$

または

$$\frac{r_3}{r_2} = \frac{v_2 \cos\alpha_2}{v_3 \cos\alpha_3} \tag{16.9}$$

つぎに，連続の関係すなわちディフューザ入口の質量流量と出口の質量流量が等しいという関係から

$$\rho_3 2\pi r_3 b_3 v_3 \sin\alpha_3 = \rho_2 2\pi r_2 b_2 v_2 \sin\alpha_2 \tag{16.10}$$

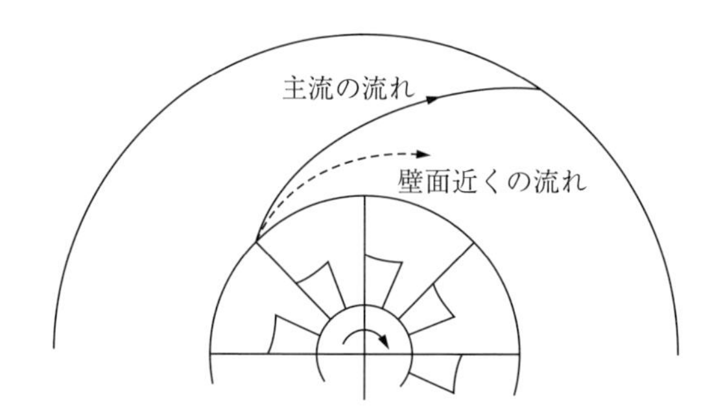

図16.6　案内羽根なしのディフューザ内流れ

あるいは

$$\frac{r_3}{r_2} = \frac{b_2 v_2 \sin\alpha_2}{b_3 v_3 \sin\alpha_3}\frac{\rho_2}{\rho_3} \tag{16.11}$$

等エントロピー変化を仮定しているから

$$\frac{\rho_2}{\rho_3} = \left(\frac{p_2}{p_3}\right)^{\frac{1}{\kappa}} \tag{16.12}$$

を代入して

$$\frac{r_3}{r_2} = \frac{b_2 v_2 \sin\alpha_2}{b_3 v_3 \sin\alpha_3}\left(\frac{p_2}{p_3}\right)^{\frac{1}{\kappa}} \tag{16.13}$$

さらに式(16.9)を考慮すれば，

$$\frac{\tan\alpha_3}{\tan\alpha_2} = \frac{b_2}{b_3}\left(\frac{p_2}{p_3}\right)^{\frac{1}{\kappa}} \tag{16.14}$$

平行壁ディフューザの場合には $b_2 = b_3$ であるから

$$\frac{\tan\alpha_3}{\tan\alpha_2} = \left(\frac{p_2}{p_3}\right)^{\frac{1}{\kappa}} \tag{16.15}$$

圧力比が小さい平行壁ディフューザの場合には $(p_2/p_3)^{1/\kappa}$ は1に近くなるため α_3 は α_2 に近くなり，流れは**等角ら線** (logarithmic spiral) あるいは**自由うず流れ**に近づく．

実際の案内羽根のない遠心ディフューザ内の流れは，流体の粘性の影響により上述の等エントロピー流れの場合とはかなり違ったものになる．すなわち，壁面における境界層の発達により壁面近傍での流れの方向は図16.6の破線によって示されるように円周方向に近くなり，**ねじれ境界層** (skewed boundary layer) の発達が見られる．

つぎに，ディフューザの効率について考えてみる．ディフューザに損失がない場合には等エントロピー流れの関係から，

$$\underset{[\mathrm{s^2/m}]}{\frac{1}{2g}}\ \underset{[\mathrm{m^2/s^2}]}{(v_2{}^2 - v_3{}^2)} = \underset{[\mathrm{s^2/m}]}{\frac{1}{g}}\ \frac{\kappa}{\kappa-1}\ \underset{[\mathrm{N/m^2}]}{p_2}\ \underset{[\mathrm{m^3/kg}]}{\frac{1}{\rho_2}}\left\{\left(\frac{p_3}{p_2}\right)^{\frac{\kappa-1}{\kappa}} - 1\right\}\ [\mathrm{m}] \tag{16.16}$$

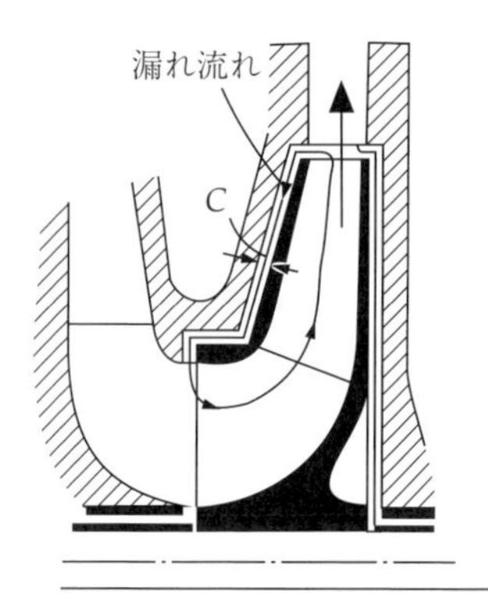

図 16.7　リーク

損失を伴う実際のディフューザ出口の圧力を p_3' だとすれば

$$\frac{1}{2g}(v_2{}^2 - v_3{}^2) = \underset{[\mathrm{s^2/m}]}{\frac{1}{g}} \quad \frac{\kappa}{\kappa-1} \quad \underset{[\mathrm{N/m^2}]}{p_2} \quad \underset{[\mathrm{m^3/kg}]}{\frac{1}{\rho_2}} \left\{\left(\frac{p_3'}{p_2}\right)^{\frac{\kappa-1}{\kappa}} - 1\right\} + \underset{[\mathrm{m}]}{h_l} \quad [\mathrm{m}] \tag{16.17}$$

ここで，h_l [m] は摩擦損失ヘッドである．p_3' は実測により求められる値であるが，p_3 はディフューザの形状および入口条件から求められる値である．

上式からディフューザの効率 η_D はつぎの形で表される．

$$\eta_D = \frac{\left(\dfrac{p_3'}{p_2}\right)^{\frac{\kappa-1}{\kappa}} - 1}{\left(\dfrac{p_3}{p_2}\right)^{\frac{\kappa-1}{\kappa}} - 1} \tag{16.18}$$

16.4 円盤摩擦と漏れ損失

羽根車は回転によりフロント，バックシュラウドが固定壁との間で相対運動しているが，その場合に流体摩擦によって動力が消費される．羽根車のシュラウド片面が固定壁との間の摩擦で失われる動力を円盤摩擦動力 P_f といい，次式のように与えられる．

$$P_f = \frac{C_m \rho D_2{}^3 u_2{}^3}{8} \tag{16.19}$$

ここで，C_m は摩擦トルク係数，D_2 は羽根車外径寸法である．

すなわち円盤摩擦による損失は回転数の 3 乗に比例し，外径寸法の 5 乗に比例することがわかる．比速度の小さい遠心羽根車では，この円盤摩擦損失が著しく大きくなり効率の低下をもたらす．

被動機では，図 16.7 に示すように，羽根車出口の流体は，羽根車とケーシングのすき間を通って入口側に逆流する．この環状すき間のシール部を通る流量を漏れ流量 q とすると，

$$q = C_w A_w \sqrt{2g\Delta H} \tag{16.20}$$

ただし C_w：漏れ流量係数，A_w：すき間断面積，ΔH：シール部圧力ヘッド差

で与えられる．

この漏れ流量係数は，

$$C_w = \frac{1}{\sqrt{1+\zeta+\lambda\ell_w/2b_w}} \tag{16.21}$$

となる．ただしシール部隙間 b_w，シール部長さ ℓ_w，ζ は入口損失係数（たとえば0.5），λ_w はシール部の管摩擦係数で，コールブルックの管摩擦係数（図16.2参照）によって得られる．

被動機の場合には，この漏れ流量は主流に加わり羽根車を通過するが，原動機の場合には，主流流量からこの漏れ流量分が差し引かれる．この漏れ流量分の動力への影響を表したものが，体積効率で，

$$\text{被動機の場合}\quad \eta_{vp} = \frac{Q}{Q+q} \tag{16.22}$$

$$\text{原動機の場合}\quad \eta_{vq} = \frac{Q-q}{Q} \tag{16.23}$$

で定義される．

クローズドインペラの場合には，フロントシュラウド，バックシュラウドの両方について，漏れ流量を算出する必要がある．

16.5 水撃

管路を流体が定常的に流れているときに，ある箇所で流速を急に変化させると，それに伴って圧力が急激に変化し，圧力波となって管路内を往復伝播する．たとえば，管路末端の弁を急閉すると，圧力上昇が生じ，これが管路の中を上流側へ圧力変動が伝播する速度（音速）で伝わる．このような流速の急激な変化に伴う過渡的な圧力変動を**水撃** (water hammer) と呼んでいる．

水撃は，この音速を考慮しなければならないことがある．音速は管路の弾性や液体の圧縮性によって変化し，付録B.3の表B.4に示すように，たとえば水では，温度30[℃]で1510[m/s]である．管路が薄くなり弾性が増すほど，また液中のボイド率（液中における気泡の体積割合）が多くなるほど音速は低下する．長さ ℓ の管路において，音速を a とすると，音速が管路を往復する時間 T_a は $2\ell/a$ となるが，流速の変化が起こる時間 T が T_a に比べて十分に大きいときには，圧縮性を無視（音速を考慮しない）することができ，次式に示すように時間変化に dt に対する液体の速度変化 dV に密度 ρ と長さ ℓ を乗じた圧力変化 ΔP を生じる．

$$\Delta P = -\rho\ell\frac{dV}{dt} \tag{16.24}$$

たとえば，管路の長さ $l = 500$ [m] の中を流速 $V = 10$ [m/s] で流れている密度 $\rho = 1000$ [m^3/kg] の水が，バルブを $dt = 5$ [s] で全閉，すなわち流速 $V = 0$ [m/s] になるときに生じる圧力上昇 ΔP は，式 (16.24) を用いて，$\Delta P = 10^6$ [Pa] にも

なる．この場合には，式 (16.24) からもわかるように，流体の速度変化が大きく，管路が長く，流体の密度が大きいほど，圧力変化も大きくなる．

一方，流速の変化が起こる時間 T が T_a とほぼ同じ，あるいは小さいときには，管路や液体の弾性を考慮した音速を用いた式 (16.25) を用いる必要がある．管路を流れている流速 V が瞬時に 0 となるように管路端のバルブを閉めた場合に，管路の圧力は，$t = 0$ と T_a との間で ΔP の圧力上昇を生じ，次に T_a と $2T_a$ との間では，逆に ΔP の圧力降下を生じる．すなわち，管路端では，周期 $2T_a$，振幅 ΔP の圧力変動を得ることとなる．

$$\Delta P = \rho V a \tag{16.25}$$

この式をジューコフスキー (Joukowsky) の式という．たとえば，密度 $\rho = 1000\,[\mathrm{m^3/kg}]$ の水のバルブ閉鎖直前の流速を $V = 10\,[\mathrm{m/s}]$, 音速 $a = 1510\,[\mathrm{m/s}]$ とすると，$\Delta P = 1.51 \times 10^7\,[\mathrm{Pa}]$ となり，流速変化の値に対して，圧力の上昇値が大きいことがわかる．

この水撃は，長い管路を有する水車，ポンプ水車やポンプシステムで，負荷遮断，入力遮断などシステムの状態が急変することにより生じる．

ポンプ，水車の管路系においては，

(1) ポンプに接続された十分に充水されていない管路のバルブを半開状態にしたままポンプを始動する場合に，空気がバルブの絞り部を抜け終わる際に，水の流速が急激に変化し水撃を生ずる場合がある．

(2) 長い管路を有する水車，ポンプ水車では，発電機，送電系の負荷が急に喪失する場合（負荷遮断）には，バルブと同じ機能を有するガイドベーンの開度を小さくするが，開度の変化により，管路圧力の上昇や水車の回転数の増加を誘起し，大きな事故になることがある．

これら水撃の軽減法としては，

(1) 回転軸にフライホイールを設け，負荷・入力変化後の回転速度変化をゆるやかにする．

(2) 管路にサージタンクあるいは空気室を設け，過渡的な圧力変化を緩和する．

(3) バルブの閉鎖速度を数段階に変化させ，水撃の発生を避ける．

などの方法が用いられる．

16.6 騒音

音波は媒質中を伝わる疎密波であり，音が伝わる際に媒質中に平均圧力を中心とした微小な圧力変化を生じる．この変動を音圧というが，いまある周波数 f (Hz) の音波が媒質中を伝わる場合を考えてみると，媒質中のある位置における音圧 p は，

$$p = p_0 \sin 2\pi f t \tag{16.26}$$

で表すことができる．ここで p_0 は図 16.8 に示された変動圧力の最大値であり，$T(s)(T = 1/f)$ は周期である．音圧としては次式で表される実効値 p_e がよく使われている．

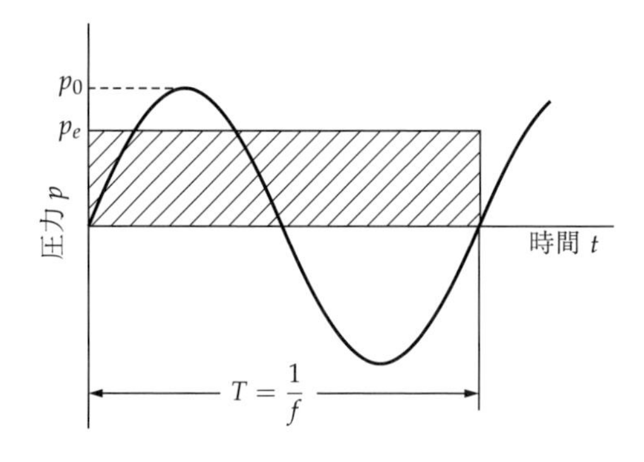

図 16.8　音圧

$$p_e = \sqrt{\frac{1}{T}\int_0^T p^2 dt} \tag{16.27}$$

音圧 P が式 (16.27) で表される場合には $p_e = p_0/\sqrt{2}$ となる．

音の強さすなわち音波のエネルギーに対する人間の感覚は対数的であるために，音の強さのレベルとしては対数尺度が用いられる．音の進行方向に直角な単位面積を単位時間に通過する音の平均エネルギーすなわち**音の強さ** (sound intensity) を $I\,[\mathrm{W/m^2}]$ とすると，基準の音の強さ I_0 に対して I のレベル L_E は，

$$L_E = 10\log_{10}\frac{I}{I_0}\ [\mathrm{dB}] \tag{16.28}$$

で表される．これを**音の強さのレベル** (sound intensity level) という．音の強さの基準値 I_0 は人間が感ずることのできる最小値 $10^{-12}\ [\mathrm{W/m^2}]$ とする．

音の強さ I は音圧の実行値 p_e の 2 乗に比例するから，式 (16.28) を音圧で表すと

$$L_p = 10\log_{10}\left(\frac{p_e}{p_{e0}}\right)^2 = 20\log_{10}\frac{p_e}{p_{e0}}\ [\mathrm{dB}] \tag{16.29}$$

L_p は**音圧レベル** (sound pressure level) といわれ，SPL の記号を用いることが多い．基準となる P_{e0} は人間が感ずることのできる最小の値を採用し，これを $2 \times 10^{-5}\ [\mathrm{N/\ m^2}]$ とする．

音源のパワー（音響出力）を $W\,[\mathrm{W}]$ とすると，基準値 $10^{-12}\,[\mathrm{W}]$ に対する**音源のパワーレベル** (sound power level) は

$$\mathrm{PWL} = 10\log_{10}\frac{W}{10^{-12}}\ [\mathrm{dB}] \tag{16.30}$$

となる．上式は式 (16.28) と類似しているが，同式が音源からある距離における単位面積を通過する音の強さ $I\,[\mathrm{W/m^2}]$ のレベルを表しているのに対し，式 (16.30) は音源のパワー $W\,[\mathrm{W}]$ の基準値に対するレベルを表したものである．

音源の出力 $W\,[\mathrm{W}]$ の音源エネルギーは音源が自由空間にあるとすれば球面状に拡がるから，音源から $r\,[\mathrm{m}]$ の距離における音の強さ I は，

$$I = \frac{W}{4\pi r^2}\ [\mathrm{W/m^2}] \tag{16.31}$$

となる．上式を基準値 10^{-12} [W] で割り，対数計算を行うことにより，

$$10\log_{10}\frac{W}{10^{-12}} = 10\log_{10}\frac{I}{10^{-12}} + 10\log_{10}4\pi r^2 \text{ [dB]} \tag{16.32}$$

式 (16.32) の左辺は音源のパワーレベル PWL に等しく，右辺の第 1 項は音の強さ I のレベル L_E あるいは音圧レベル SPL に等しいから，

$$\text{PWL} = \text{SPL} + 20\log_{10}r + 10\log_{10}4\pi \approx \text{SPL} + 20\log_{10}r + 11 \tag{16.33}$$

となる．半自由空間に音源がある場合には，音波は半球面状に伝わるから，

$$I = \frac{W}{2\pi r^2} \text{ [W/m}^2\text{]} \tag{16.34}$$

となり

$$\text{PWL} = \text{SPL} + 20\log_{10}r + 10\log_{10}2\pi \approx \text{SPL} + 20\log_{10}r + 8 \tag{16.35}$$

となる．

一般に音源から r_1 および r_2 の距離にある点の音の強さのレベル L_1 および L_2 の関係は

$$L_1 = L_2 + 10\log_{10}\left(\frac{r_2}{r_1}\right)^2 = L_2 + 20\log_{10}\left(\frac{r_2}{r_1}\right) \text{ [dB]} \tag{16.36}$$

となり，音源からの距離が倍になると 6[dB] 減衰することになる．

いま，音源 A から発生する音の測定点における音圧の実効値が p_{eA} であったとする．これに別の音源 B による p_{eB} が付加された場合，同じ測定点における音圧の実効値 p_{eA+B} は，

$$p_{e\overline{A+B}} = \sqrt{p_{eA}{}^2 + p_{eB}{}^2} \tag{16.37}$$

で表される．これを音圧レベルで表せば，

$$L_{p\overline{A+B}} = 20\log_{10}\frac{\sqrt{p_{eA}{}^2 + p_{eB}{}^2}}{p_{e0}} \text{ [dB]} \tag{16.38}$$

となる．また，音の強さのレベルで表せば，

$$L_{E\overline{A+B}} = 10\log_{10}\frac{I_A + I_B}{I_0} \text{ [dB]} \tag{16.39}$$

ここで添え字の $\overline{A+B}$ は，A および B の音源から同時に音が発生された場合を表す．

たとえば，音源 A のみから発生する音の測定点における音の強さのレベルを 100 [dB]，音源 B のみから発生する音の同じ測定点におけるレベルも 100 [dB] であったとすると，これらの音源から同時に発生する音の測定点におけるレベルは，

$$\begin{aligned} L_{E\overline{A+B}} &= 10\log_{10}\frac{I_A + I_B}{I_0} = 10\log_{10}\frac{2I_A}{I_0} = L_{EA} + 10\log_{10}2 \\ &= 100 + 3 \text{ [dB]} \end{aligned} \tag{16.40}$$

となり，レベルは 3 [dB] 増加する．

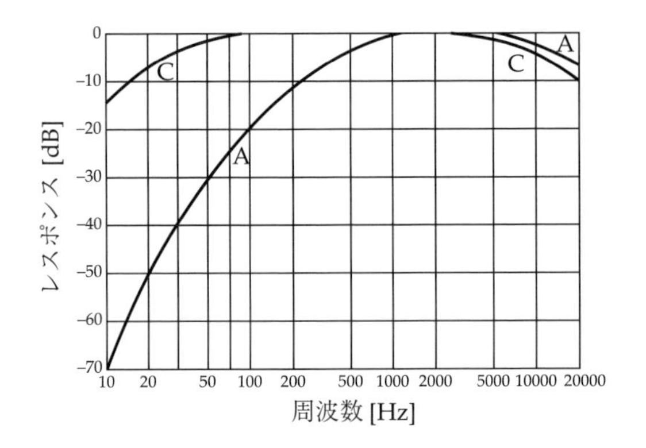

図 16.9　騒音計の聴感補正特性

人間の可聴周波数は 20〜20,000 Hz 程度といわれているが，その範囲内においても低い周波数領域と高い周波数領域では鈍くなるので，測定した騒音の物理量のほかに人間の感覚量に対応させて騒音の物理量を補正した特性表示がある．図 16.9 は音圧レベルに周波数によって重みをつけた 3 種の特性であり，A 特性は低い周波数のレベルを大幅に下げた補正を行った人間の聴感覚に近いものである．C 特性は実際の騒音の物理量の指示を目的としており，ほぼ平坦な周波数特性をもつ．したがって，低周波数域での騒音が大きい場合には，A 特性 $\ll$ C という結果が得られ，高周波数域での騒音が大きい場合には両特性の結果に差は小さくなる．

機械から発生する騒音は多くの場合，いろいろな周波数の音からなる複合音である．これらの周波数のうちで騒音として問題になるのは人間の可聴周波数であるので，その範囲を考慮すれば十分である．

騒音の各周波数における音圧レベルを図示したものを騒音スペクトルという．騒音スペクトルはオクターブバンドあるいは 1/3 オクターブバンドで示すことが多い（ここで，2 つの周波数 f_1，f_2 の間に $f_2 = 2f_1$ の関係があるとき，f_2 は f_1 より 1 オクターブ高いという．また，$f_2 = 2^{1/2}f_1$ の場合には f_2 は f_1 より 1/3 オクターブ高いという．考慮している周波数範囲をこれら周波数を中心とした幅の領域に分け，その幅内の音圧レベルの平均値を示したものがオクターブバンドレベル，1/3 オクターブバンドレベル）．特別な場合に狭帯域の音圧レベルで表すこともある．図 16.10 に 1/3 オクターブバンドレベルの騒音スペクトルの一例を示す．ターボ機械の場合には，羽根枚数 × 回転数 (1/s) に相当する周波数 (BPF: Blade Passing Frequency) の整数倍でピークが立つことがわかる．

送風機の騒音計測については JIS B8346 (1985) に詳しく規定されているが，一般に，送風機の音圧は 流量 × 全圧^2 に比例することが知られており，同規格て規定されているような吸込み口および吐出し口が大気に開放されている場合では，送風機の騒音レベル L は比騒音（比騒音レベル，specific sound level）L_s を用いて次式で与えることができる．

$$L = L_s + 10 \log(QP_t{}^2) \quad [\mathrm{dB(A)}] \tag{16.41}$$

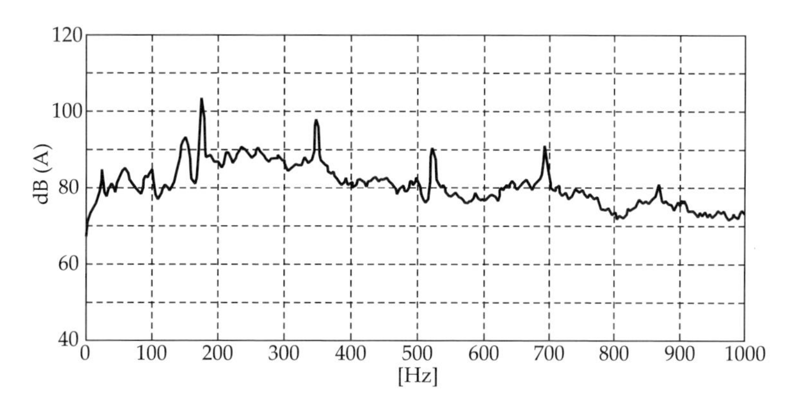

図 16.10 ターボ機械の騒音スペクトル例（軸流ファン，翼枚数 7 枚，25 Hz (1,500 [1/min])）

表 16.4 各種ファンの比騒音レベル

機種名	比騒音 L_s [dB(A)]
多翼ファン	−7 〜 3
後向き羽根ファン	−6 〜 6
ラジアルファン	−10 〜 4
翼形ファン	−16 〜 −1
軸流ファン	1 〜 18

ここで，Q は送風機の体積流量，P_t は全圧力である．いま，それぞれの単位を $[\mathrm{m}^3/\mathrm{s}]$，[Pa] とした場合の代表的な機種の最高効率点における比騒音 L_s の値は，送風機の大きさや風量，流量，回転数によらずほぼ表 16.4 に示す値となる．

ターボ機械における騒音の原因と対策

流体機械で発生する騒音を考えると，機械的な振動によるものもあるが多くは流体力学的な原因による．流体力学的な騒音の中でも噴流音や干渉音などを乱流騒音，風切り音や羽根・壁面と乱流の干渉による騒音などは圧力騒音と呼ぶことにする．前者は流速の 8 乗に，後者は 6 乗に比例し，流体機械では圧力騒音が支配的となる．

乱流騒音の低減には，入口側の形状改善や障害物の影響排除，翼先端間隙の最小化，翼後縁厚さの最小化が，圧力騒音の低減には，動翼と静翼の距離を離すことや相互干渉が同時に発生しないよう翼を傾けるなどの施策が考えられる．ただし，このような流体設計の改善による発生騒音の低減には限界があり，サイレンサを取り付けたり，機械全体を防音カバー内に収めるなどにより騒音の伝播を防止することが行われる．

APPENDIX A

単位

単位系としてはSI単位が世界的に一般化しており，本書でも基本的にSI単位を用いているが，現場ではまだ工学単位その他の単位が使われることもある．ここでは，単位についてまとめる．

A.1 SI単位

SI単位の特徴は，7個の基本単位と2個の補助単位を用いてすべての実用的な単位が組み立てられる一貫した単位系であること，および1つの物理量にただ1つの単位が対応することであり，用いる記号も定められている．このため，工学単位などに比べて，使用に際しても教育に際しても合理的である．

表A.1にSI基本単位，SI補助単位を，表A.2に流体機械に関連の深い固有の名称を持つSI組立単位を，表A.3に単位に乗ぜられる倍数と接頭語を示す．

表 A.1 SI基本単位・補助単位

SI基本単位の名称	記号
メートル	m
グラム	g
秒	s
アンペア	A
ケルビン	K
モル	mol

SI補助単位の名称	記号
ラジアン	rad

表 A.2　SI 組立単位

SI 組立単位の名称	記号	基本単位または補助単位による表記
ヘルツ	Hz	$1\,\mathrm{Hz} = 1\,\mathrm{s}^{-1}$
ニュートン	N	$1\,\mathrm{N} = 1\,\mathrm{kg \cdot m/s^2}$
パスカル	Pa	$1\,\mathrm{Pa} = 1\,\mathrm{N/m^2}$
ジュール	J	$1\,\mathrm{J} = 1\,\mathrm{N \cdot m}$
ワット	W	$1\,\mathrm{W} = 1\,\mathrm{J/s}$

表 A.3　単位に乗ぜられる倍数と接頭語

単位に乗ぜられる倍数	接頭語	
	名称	記号
10^{12}	テラ	T
10^{9}	ギガ	G
10^{6}	メガ	M
10^{3}	キロ	k
10	デカ	da
10^{-1}	デシ	d
10^{-2}	センチ	c
10^{-3}	ミリ	m
10^{-6}	マイクロ	μ
10^{-9}	ナノ	n
10^{-12}	ピコ	p

A.2 単位の換算

ここでは流体機械に関連の深いものについて，単位の換算を示す．

A.2.1　力

力は質量と加速度の積である．重力の場（重力の加速度 9.80665 [m/s^2]）における質量 1 [kg] の物質の及ぼす力は

$$
\begin{aligned}
\text{質量} \times \text{加速度} = 1\,[\mathrm{kg}] \times 9.80665\,[\mathrm{m/s^2}] &= 9.80665\ [\mathrm{kg \cdot m/s^2}] \\
&= 9.80665\ [\mathrm{N}]
\end{aligned}
$$

なお，重力加速度 9.80665 [m/s^2] は標準重力加速度であり，正確な重力加速は低緯度ほど，標高が高いほど小さくなり，緯度 ϕ と標高 Z の関数として次式で得ることができる．

$$
\begin{aligned}
g &= 9.7803267715(1 + 5.2790414 \times 10^{-3} \sin^2\phi + 2.32718 \times 10^{-5} \sin^4\phi \\
&\quad + 1.262 \times 10^{-7} \sin^6\phi + 7 \times 10^{-10} \sin^8\phi) + \delta g \\
\delta g &= 8.7 \times 10^{-3} - 9.65 \times 10^{-8} \mathrm{Z}
\end{aligned}
$$

工学単位においては，重力の場で質量 1 kg の物質の及ぼす力（重量）は 1 kgf である．したがって，以下の関係が成り立つ．

$$1\,[\mathrm{kgf}] \fallingdotseq 9.8\,[\mathrm{N}]$$

表 A.4 圧力の換算表

	kgf/cm^2(*1)	atm	N/m^2(Pa)	bar	mmHg	mmAq(mm H_2O)	lb/in^2(psi)
1 kgf/cm^2	1	0.967841	0.980665 $\times 10^5$	0.987841	735.56	10^4	14.2234
1 atm	1.03323	1	1.01325 $\times 10^5$	1.01325	760	1.0332 $\times 10^4$	14.6960
1 N/m^2(Pa)	1.01972 $\times 10^{-5}$	0.986923 $\times 10^{-5}$	1	10^{-5}	0.75006 $\times 10^{-3}$	1.0197 $\times 10^{-1}$	14.5038 $\times 10^{-5}$
1 bar	1.01972	0.986923	105	1	0.75006 $\times 10^2$	1.0197 $\times 10^4$	14.5038

*1) 絶対圧を ata，ゲージ圧を atg と表記することもある．

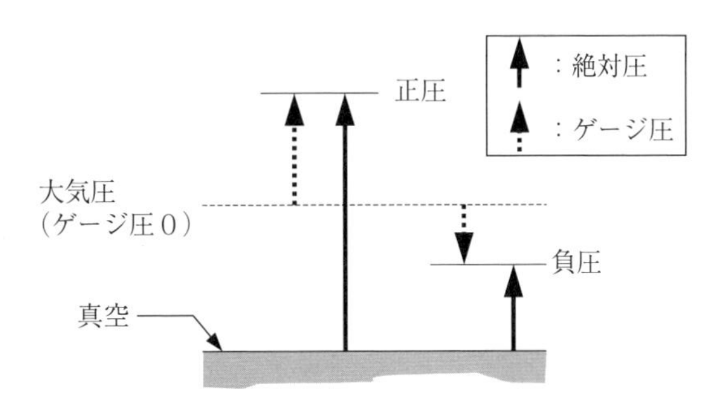

図 A.1 絶対圧とゲージ圧

A.2.2 圧力

SI 単位においては，単位表面積当たりの力すなわち圧力 [N/m^2] は組立単位 Pa（パスカル）で表す．圧力に関しては，工学，理学それぞれの分野において最も使いやすいものを用いてきた関係から，多種の単位があり，また圧力を液柱の高さに換算した表し方もある．たとえば，1 kgf/m^2 の圧力は 4 ℃における水柱 1 mm（1 [mm H_2O]）の示す圧力と等しい．また，273.15 [K]，水銀柱 760 mm の場合の圧力を標準気圧 (standard atmosphere) と呼び，[atm] の記号で表している．

表 A.4 に各種圧力単位の換算表を示す．さらに，圧力の表現には真空を基準とした絶対圧と，大気圧を基準としたゲージ圧 (gauge pressure) がある．図 A.1 に示すように絶対圧では真空が基準なので負となることはないが，ゲージ圧では大気圧より高い場合は正圧，低い場合には負圧となる．大気圧は前述のように標準状態では 1 [atm] であるが，圧力や温度によって相違する．

A.2.3 仕事，熱量

これらのエネルギーの単位は力と長さの積で表すことができ，SI 単位においては [N · m] または組立単位 J（ジュール）で表す．工学単位の [kgf · m] と [J] には，以下の関係がある．

$$1\ [\mathrm{kgf \cdot m}] = 9.80665\ [\mathrm{J}]$$

表 A.5　エネルギーの換算表

	J = Nm	kgf · m	$kcal_{15^\circ}$	$kcal_{IT}$	kWh	PSh	PSh
1 J = 10^7 erg	1	0.1019716	2.38920×10^{-4}	2.38846×10^{-4}	2.77778×10^{-7}	3.77673×10^{-7}	9.47817×10^{-4}
1 kgf · m	9.800665	1	2.34301×10^{-8}	2.34228×10^{-3}	2.72407×10^{-6}	3.703070×10^{-6}	9.29491×10^{-4}
1 $kcal_{15^\circ}$	4185.5	426.80	1	0.99969	1.16264×10^{-3}	1.58075×10^{-3}	3.96709
1 $kcal_{IT}$	4186.8	426.935	1.00031	1	1.16300×10^{-3}	1.58111×10^{-3}	3.96832
1 kWh	3,600,000	367,097.8	860.11	859.845	1	1.35962	3412.14
1 PSh	2,647,796	270,000	632.61	632.416	0.735499	1	2509.63
1 Btu	1,055.056	107.5857	0.252074	0.251996	2.93071×10^{-4}	3.98466×10^{-4}	1

表 A.6　仕事率（動力）の換算表

	kW	kgf · m/s	PS	$kcal_{IT}$/h	$kcal_{15^\circ}$/h
1 kW = 1 kJ/s	1	101.9716	1.3596	859.845	860.11
1 kgf · m/s	9.80665×10^{-3}	1	0.013333	8.4324	8.4345
1 PS	0.73549875	75	1	632.44	632.61
1 $kcal_{IT}$/h	1.163×10^{-3}	0.11859	1.58125×10^{-3}	1	1.00031
1 $kcal_{15^\circ}$/h	1.16264×10^{-3}	0.11856	1.58075×10^{-3}	0.99968	1

工学単位では熱エネルギーの場合に限って cal（カロリー）という単位を使用している．カロリーには各種の定義が存在するが，工学的によく用いられるのは 15 度カロリー [cal_{15}] と国際蒸気表カロリー [cal_{IT}] と思われる．これらと [kgf · m] および [J] との間には以下の関係がある．

$$1\ [cal_{IT}] = 0.42694\ [kgf \cdot m],\quad 1\ [cal_{15}] = 0.42680\ [kgf \cdot m]$$
$$1\ [cal_{IT}] = 4.1868\ [J],\quad 1\ [cal_{15}] = 4.1855\ [J]$$

表 A.5 に各種エネルギーの換算表を示す．

A.2.4　仕事率，動力

仕事率あるいは動力は単位時間当たりの仕事である．SI 単位では単位時間当たりの仕事 [J/s] は組立単位 W（ワット）で表す．[W] と [kgf · m/s] との関係は，

$$1\ [kgf \cdot m/s] = 9.80665\ [W]$$

仏馬力 [PS] との関係は

$$1\ [PS] = 75\ [kgf \cdot m/s] = 735.5\ [W] = 0.73535\ [kW]$$

となる．表 A.6 に各種仕事率あるいは動力の換算表を示す．

B

APPENDIX B

流体の物理的性質

B.1 比熱，ガス定数

比熱 (specific heat) は質量 1 [kg] の物質の温度を 1 [K] 上昇させるのに必要な熱量として定義され，定圧比熱 Cp と定容比熱 Cv がある．比熱およびガス定数については 2.3 節および表 2.1 を参照されたい．

B.2 密度，比体積および比重量

単位体積当たりの物質の質量を**密度** (density) という．また，逆に単位質量当たりの物質の体積を**比体積** (specific volume) という．すなわち，密度 $\rho\,[\mathrm{kg/m^3}]$ と比体積 $v\,[\mathrm{m^3/kg}]$ の間には以下の関係がある．

$$v = \frac{1}{\rho} \quad [\mathrm{m^3/kg}]$$

工学単位系では**比重量** (specific weight)，すなわち単位体積当たりの物質の重量が用いられるが，先に述べたように，質量 1 [kg] の物質の重量は 1 [kgf] であるので，比重量 $\gamma\,[\mathrm{kgf/m^3}]$ と密度 $\rho\,[\mathrm{kg/m^3}]$ の数値は等しくなる．気体の密度は圧力や温度に大きく依存するが，液体の密度変化は気体に比べて非常に小さい．

B.2.1 気体の密度

低圧の気体で理想気体として扱える場合には，温度と圧力および基準となる圧力 P_0 [Pa] および温度 T_0 [K] における密度 $\rho_0\,[\mathrm{kg/m^3}]$ が既知であれば状態方程式を用いることによって任意の圧力 p [Pa]，温度 T [K] における密度 $\rho\,[\mathrm{kg/m^3}]$ を知ることができる．すなわち，

$$\rho = \rho_0 \cdot \frac{p}{p_0} \cdot \frac{T_0}{T} \tag{B.1}$$

また，気体のガス定数 $R\,[\mathrm{J/K \cdot Kg}]$ が既知であれば，状態方程式は次式のよ

表 B.1　1 atm における圧力計用液体の密度 ρ [kg/m^3]

温度 [℃]	0	10	15	20	30
水銀	13,595.5	13,570.8	13,558.5	13,546.2	13,521.6
エチルアルコール					
100%	806.3	797.8	793.6	789.3	780.4
90%	835.4	826.7	822.4	818.0	809.3
80%	860.6	852.0	847.7	843.4	834.8
メチルアルコール					
100%	810.2	800.9	795.8	791.7	
90%	837.4	828.7	824.0	820.2	
80%	863.4	855.1	850.5	846.9	
四塩化炭素	1,632.6	1,613.5	1,603.9	1,594.4	1,575.4
四クロルエタン	1,636.0	1,620.0	1,612.0	1,604.0	1,588.0

表 B.2　1 atm における液体の密度 ρ [kg/m^3]

物質	温度 [℃]	密度 ρ [kg/m^3]
海水	15	1,010〜1,050
10% 食塩水	20	1,071
グリセリン	20	1,261
エチルアルコール	20	789
メチルアルコール	20	793
ベンゾール	20	879
ガソリン	15	660〜750
重油	15	850〜900
植物性油	15	910〜970

うに書けるため任意の圧力 p [Pa]，温度 T [K] における密度 ρ [kg/m^2] を知ることができる．

$$\rho = \frac{p}{RT} \tag{B.2}$$

乾燥空気は理想気体として近似することができる．標準状態（温度 0℃ = 273.15 K，圧力 1.0133 × 105 Pa）の空気密度 ρ^* は $\rho^* = 1.293$ なので，温度 t [K]，圧力 p [Pa] における密度は次式のようになる．

$$\rho = 1.293 \times \frac{273.15}{273.15 + t} \times \frac{p^*}{1.0133 \times 10^5} \tag{B.3}$$

実際の流体機械では混合ガスが作動流体となることも多いが，物性値を計算するサブルーチン（ガスチャート，gas chart）が多く提案されているのでこれらを利用すればよい．また，水蒸気については**蒸気表** (steam table) が提案されている（参考文献 A8 など）．このようなデータベースは，いずれを用いるかで結果が異なる場合があるので注意が必要である．

B.2.2　液体の密度

液体の密度の変化は小さいが，厳密な評価が必要な際には考慮が必要である．圧力計測に用いられる液体の温度と密度の関係を表 B.1 に，その他の液体の密度の例を表 B.2 に示す．

B.3 音速

音速は流体内に圧力波が伝わる速度である．すなわち，

$$a = \sqrt{\frac{dp}{d\rho}} \quad [\mathrm{m/s}] \tag{B.4}$$

気体が等エントロピー変化をする場合には完全気体の状態方程式を用いて，

$$a = \sqrt{\frac{dp}{d\rho}} = \sqrt{\kappa RT} \quad [\mathrm{m/s}] \tag{B.5}$$

となる．すなわちこの場合，音速 a は比熱比 κ，ガス定数 $R\,[\mathrm{J/K \cdot kg}]$，温度 $T\,[\mathrm{K}]$ に依存し，同一気体であれば音速 a は $\sqrt{T}$ に比例する．

液体の音速は体積弾性係数 $K\,[\mathrm{N/m^2}]$ を用いれば，次式で表される．体積弾性係数 K は圧力変化を与えた場合に生ずる体積変化を表す圧縮率 $\beta\,[\mathrm{m^2/N}]$ の逆数であるから，液体では非常に大きな値となる．各種液体の圧縮率 $[\mathrm{m^2/N}]$ を表 B.3 に示す．

$$a = \sqrt{\frac{K}{\rho}} \tag{B.6}$$

純水の音速 a_w は温度 T [℃] の関数として次式で近似的に与えられる．液体の音速は気体よりも大きい値となる．種々の流体中の圧力波の伝わり速度を表 B.4 に示す．

$$a_w = 1404.4 + 4.8215t - 0.047562t^2 + 0.00013541t^3 \quad [\mathrm{m/s}] \tag{B.7}$$

表 B.3 液体の圧縮率

物質	温度 [℃]	圧力範囲 [MPa]	圧縮率 β [m^2/N]
食塩水（5%）	25	0.1 ～49	3.9
水銀	20	0.1 ～49	0.4
グリセリン	15	0.1 ～ 0.98	2.3
エチルアルコール	20	0.1 ～49	8.4
メチルアルコール	20	0.1 ～49	8.3
ベンゾール	20	9.81～29.4	7.8
オリーブ油	20	0.1 ～ 0.98	6.0

表 B.4 流体中の圧力波の伝わり速度（音速）

物質＼温度 [℃]	0	10	20	30	40	50
乾燥空気	332	338	344	349	355	361
水	1,404	1,448	1,483	1,510	1,530	1,544
水銀	1,406	1,456	1,451	1,446	1,442	1,437
エチルアルコール	1,242	1,204	1,168	1,134	1,101	1,067
メチルアルコール	1,187	1,154	1,121	1,088	1,056	1,024
グリセリン		1,942	1,923	1,905	1,887	1,869
四塩化炭素	1,008	970	935	904	874	843
ベンゾール		1,375	1,324	1,278	1,231	1,184

B.4 粘性係数・動粘性係数（動粘度）

垂直な方向 y に対する速度 u の変化と流れに働くせん断応力 τ [N/m^2] の間には次式の関係がある．

$$\tau = \mu \frac{du}{dy} \quad [\mathrm{Pa, N/m^2}] \tag{B.8}$$

ここで，μ は**粘性係数**（粘度，dynamic viscosity）と呼ばれるが，μ が一定の流体はニュートン流体，速度勾配 du/dy に依存する流体は非ニュートン流体と呼ばれる．気体や低分子の液体はニュートン流体とみなされ，本書ではニュートン流体を扱う流体機械を対象とするが，食品などをはじめとして非ニュートン流体はわれわれの周りに多く存在している．SI における粘性係数の単位は [Pa · s] であるが，国内では CGS 単位であるポアズ [P] が用いられることも多い．両者の関係は，1 [P] = 0.1 [Pa · s] である．

粘性係数 μ を密度 ρ で序したものは**動粘性係数**または**動粘度** (kinematic viscosity) と呼ばれ，流体工学では多く用いられる．すなわち，動粘性係数 ν は次式で表される．

$$\nu = \frac{\mu}{\rho} \quad [\mathrm{m^2/s}] \tag{B.9}$$

動粘性係数の単位は [m^2/s] となるが，ポアズに対応する単位としてストークス [St] があり，1 [St] = 10^{-4} [m^2/s] である．

粘性係数が力の伝わりやすさを示すのに対し，動粘性係数は速度の伝わりやすさを示すものととらえることができる．図 B.1 に示すように水は空気よりも粘性係数は大きいが密度が大きいため動粘性係数は小さい．これは水の方が力を伝えやすいが速度は伝えにくいことを示している．また，液体の粘性係数は温度が増加するとともに小さくなるが，気体の粘性係数は図 B.2 に示すように温度の増加とともに増加する．

理想気体とみなすことができる温度 T [K] のガスの粘性係数は**サザランドの式** (Sutherland's formula) で与えることができる．

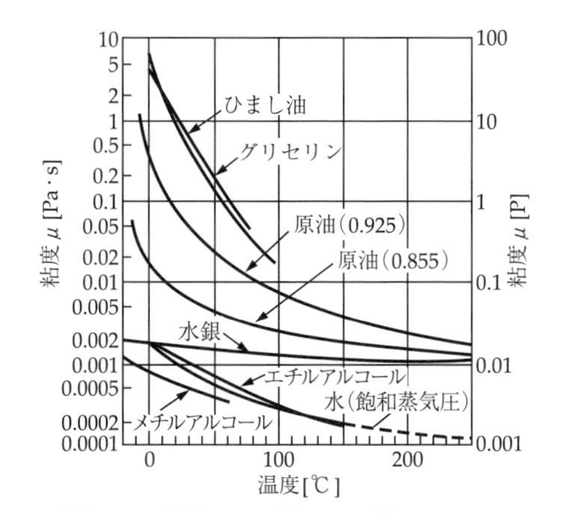

図 B.1　液体の粘性係数

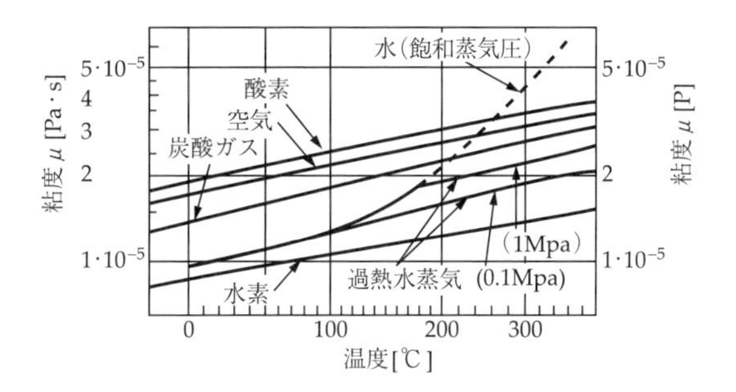

図 B.2 気体および水蒸気の粘性係数

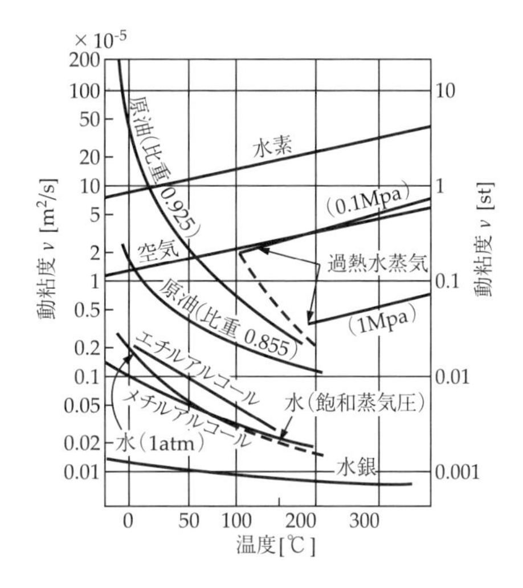

図 B.3 動粘性係数

$$\mu = \mu_0 \frac{T_0 + C}{T + C} \left(\frac{T}{T_0} \right)^{3/2} \tag{B.10}$$

ここで，T_0 は参照温度，μ_0 は参照温度における粘性係数，C は定数であって，空気に対しては，$C = 120\,[\mathrm{K}]$，$T_0 = 291.15\,[\mathrm{K}]$，$\mu_0 = 18.27$ となる．

他のガスについては参考文献 (A7) などを参照されたい．

解　答

[演習問題 1.1〜1.5]

流体機械の教科書および専門書，インターネットの解説記事，企業のホームページなどを調べ，まとめること．本書の第 II 部応用編も参考にすること．

[演習問題 2.1]

[解答例]

(1) 吸込み側：$U_1 = \dfrac{4Q}{\pi D_1^2} = \dfrac{4 \times 0.084}{\pi (0.2)^2} = 2.67$ [m/s]

吐出し側：$U_2 = \dfrac{4Q}{\pi D_2^2} = \dfrac{4 \times 0.084}{\pi (0.15)^2} = 4.75$ [m/s]

比有効仕事 E は，式 (2.34) より，$E = \dfrac{1}{\rho}(p_2 - p_1) + \dfrac{1}{2}(U_2^2 - U_1^2) = 237.7$ [J/kg]

質量流量 m が $m = \rho Q = 84$ [kg/s] であるから，比仕事 w は，

$w = 26 \times 10^3 / 84$ [J/kg]

以上より，流体効率 η は，$\eta = \dfrac{237.7}{26 \times 10^3 / 84} = 0.768$　$\underline{\eta = 76.8\ [\%]}$

(2) 式 (2.33)，(2.34) より，$w = E + q_f$.

よって，$q_f = w - E = 26 \times 10^3 / 84 - 237.7 = 71.8$ [J/kg]

$h_f = \underline{7.33\ [\mathrm{m}]}$

[演習問題 2.2]

[解答例]

等温比仕事 w_{iso} は，式 (2.67) より，

$$w_{iso} = RT_{t1} \ln\left(\frac{p_{t2}}{p_{t1}}\right) = 287 \times (273.15 + 15) \times \ln\left(\frac{750}{100}\right) = w_{iso} = \underline{166.6\ [\mathrm{kJ/kg}]}$$

圧縮前の空気密度：$\rho_1 = \dfrac{p_1}{RT_1} = \dfrac{100 \times 10^3}{287 \times (273.15 + 15)} = 1.209$ [kg/m^3]

圧縮後の空気密度：$\rho_2 = \dfrac{p_2}{p_1}\rho_1 = \dfrac{750}{100} \times 1.209 = 9.069\ [\mathrm{kg/m^3}]$

$P_{th} = \underline{378\ [\mathrm{kW}]}$

［演習問題 2.3］

［解答例］

$T_{t1} = 273.15 + 20 = 293.15[\mathrm{K}], \qquad T_{t2} = 273.15 + 120 = 393.15\ [\mathrm{K}]$

$$T_{t2,ad} = T_{t1} \cdot \left(\frac{p_{t2}}{p_{t1}}\right)^{\frac{\kappa-1}{\kappa}} = 293.15 \cdot \left(\frac{205}{96}\right)^{\frac{1.4-1}{1.4}} = 364.1\ [\mathrm{K}]$$

式 (2.83) より，断熱効率 η_{ad} は，

$$\eta_{\mathrm{ad}} = \frac{T_{t2,ad} - T_{t1}}{T_{t2} - T_{t1}} = \frac{364.1 - 293.15}{393.15 - 293.15} = 0.7095, \quad \underline{\eta_{ad} = 71\ [\%]}$$

式 (2.98) より，ポリトロープ指数 n は，

$$n = \frac{\ln(p_{t2}/p_{t1})}{\ln(p_{t2}/p_{t1}) - \ln(T_{t2}/T_{t1})} = \frac{\ln(205/96)}{\ln(205/96) - \ln(393.15/293.15)}$$
$$= 1.63$$

よって，ポリトロープ効率 η_{pol} は，式 (2.96) より，

$$\eta_{pol} = (1-\alpha)\frac{\kappa-1}{\kappa}\frac{n}{n-1} = \frac{1.4-1}{1.4}\frac{1.63}{1.63-1} = 0.7392, \quad \underline{\eta_{pol} = 74\ [\%]}$$

［演習問題 2.4］

［解答例］

$$T_{t2,ad} = T_{t1} \cdot \left(\frac{p_{t2}}{p_{t1}}\right)^{\frac{\kappa-1}{\kappa}} = 293.15 \cdot \left(\frac{205}{95}\right)^{\frac{1.4-1}{1.4}} = 367.72\ [\mathrm{K}]$$

式 (2.83) より，$T_{t2} - T_{t1} = \dfrac{T_{t2,ad} - T_{t1}}{\eta_{ad}} = \dfrac{367.72 - 293.15}{0.7} \quad \underline{T_{t2} = 400\,[\mathrm{K}]}$

［演習問題 2.5］

［解答例］

式 (2.81) より，

$$w_{ad} = \frac{\kappa}{\kappa-1}RT_{t1}\left\{\left(\frac{p_{t2}}{p_{t1}}\right)^{\frac{\kappa-1}{\kappa}} - 1\right\} = \frac{\kappa}{\kappa-1}\frac{p_{t1}}{\rho_1}\left\{\left(\frac{p_{t2}}{p_{t1}}\right)^{\frac{\kappa-1}{\kappa}} - 1\right\}\ [\mathrm{J/kg}]$$

理論空気動力 w は，

$$w = \rho_1 Q_1 w_{ad} = \frac{\kappa}{\kappa-1}p_{t1}Q_1\left\{\left(\frac{p_{t2}}{p_{t1}}\right)^{\frac{\kappa-1}{\kappa}} - 1\right\}$$
$$= \frac{1.4}{1.4-1} \times 101.3 \times 10^3 \times \frac{120}{60} \times \left\{\left(\frac{140}{101.3}\right)^{\frac{0.4}{1.4}} - 1\right\} = 68.7\ [\mathrm{kW}]$$

$\eta_{ad} = \dfrac{w}{L}$ より，$L = \dfrac{w}{\eta_{ad}} = \dfrac{70.9}{0.7} = P = \underline{98.1\ [\mathrm{kW}]}$

［演習問題 3.1］

［解答例］

式 (3.2) より，

$$P_h = \rho g Q(H_2 - H_1)$$
$$\therefore Q = \frac{P_h}{\rho g(H_2 - H_1)}$$

数値を代入して，体積流量は，

$$Q = \frac{P_h}{\rho g(H_2 - H_1)} = \frac{500 \times 10^3}{1000 \times 9.8 \times (15-10)} = 10.2\ [\mathrm{m^3/s}]$$

と求まる．

[演習問題 3.2]

[解答例]

オイラーの式 (3.5) より，

$$H_{th\infty} = \frac{1}{g}(u_2 v_{u2} - u_1 v_{u1})$$

$$\therefore v_{u2} = \frac{gH_{th\infty} + u_1 v_{u1}}{u_2}$$

数値を代入して，出口の周方向速度成分は，

$$v_{u2} = \frac{gH_{th\infty} + u_1 v_{u1}}{u_2} = \frac{9.8 \times 40 + 0.18 \times \dfrac{1800 \times 2\pi}{60} \times 0}{0.36 \times \dfrac{1800 \times 2\pi}{60}} = 5.78\ [\mathrm{m/s}]$$

と求まる．

[演習問題 3.3]

[解答例]

オイラーの式 (3.6) より，理論揚程は，

$$H_{th\infty} = \frac{1}{2g}\left[(v_2^2 - v_1^2) + (u_2^2 - u_1^2) + (w_1^2 - w_2^2)\right]$$

$$= \frac{1}{2 \times 9.8}\left[(14^2 - 8^2) + (22^2 - 15^2) + (10^2 - 16^2)\right] = 12.0\ [\mathrm{m}]$$

と求まる．

[演習問題 3.4]

[解答例]

反動度の定義式（3.9!）より，反動度は

$$R = \frac{(u_2^2 - u_1^2) + (w_1^2 - w_2^2)}{(v_2^2 - v_1^2) + (u_2^2 - u_1^2) + (w_1^2 - w_2^2)}$$

$$= \frac{(22^2 - 15^2) + (10^2 - 16^2)}{(14^2 - 8^2) + (22^2 - 15^2) + (10^2 - 16^2)} = 0.438$$

と求まる．

速度ヘッドの割合は，反動度の定義から

$$\frac{v_2^2 - v_1^2}{2gH_{th\infty}} = 1 - R = 1 - 0.438 = 0.56$$

より，56％と求まる．

あるいは，速度ヘッドの増加は

$$\frac{v_2^2 - v_1^2}{2g} = \frac{14^2 - 8^2}{2 \times 9.8} = 6.7\ [\mathrm{m}]$$

であるから，オイラーヘッドに対する割合は

$$\frac{6.7}{12.0} = 0.56$$

より，56％と求めることもできる．

[演習問題 3.5]

[解答例]

余弦定理より，絶対速度と周方向速度の成す角度は

$$\alpha_1 = \cos^{-1}\left(\frac{15^2+8^2-10^2}{2\times 15\times 8}\right) = 38.0\ [^\circ]$$

$$\alpha_2 = \cos^{-1}\left(\frac{22^2+14^2-16^2}{2\times 22\times 14}\right) = 46.5\ [^\circ]$$

したがって，絶対速度の周方向成分は，

$$v_{u1} = v_1\cos\alpha_1 = 8\cos(38.0^\circ) = 6.30\ [\mathrm{m/s}]$$

$$v_{u2} = v_2\cos\alpha_2 = 14\cos(46.5^\circ) = 9.64\ [\mathrm{m/s}]$$

すべり係数の定義 (3.16) より，

$$k_2 = \frac{v_{u2}-v'_{u2}}{u_2}$$

$$v'_{u2} = v_{u2} - k_2u_2 = 9.64 - 0.05\times 22 = 8.54\ [\mathrm{m/s}]$$

オイラーの式 (3.5) にすべりの効果を含めて，実際の揚程は，

$$H_{th\infty} = \frac{1}{g}(u_2v'_{u2} - u_1v_{u1}) = \frac{1}{9.8}(22\times 8.54 - 15\times 6.30) = 9.53\ [\mathrm{m}]$$

と求まる．

[演習問題 3.6]

[解答例]

羽根車の流れは羽根に沿って滑らかに流れているときに損失が最小となる．前向き羽根の負圧面では，流体に作用する遠心力の向きが負圧面から離れる方向を向いているため，羽根の負圧面からはく離しやすい傾向を持っている．このようなはく離が生じると，羽根車は期待する性能を出すことができず，大きな損失につながる．

[演習問題 3.7]

[解答例]

出口の周速度は，

$$u_2 = r_2\omega = 0.2\times\frac{3000\times 2\pi}{60} = 62.8\ [\mathrm{m/s}]$$

流量係数の定義より，子午面速度成分は

$$\phi = \frac{v_{m2}}{u_2}$$

$$v_{m2} = \phi u_2 = 0.4\times 62.8 = 25.1\ [\mathrm{m/s}]$$

体積流量は，

$$Q = \pi D_2b_2v_{m2} = \pi\times 0.4\times 0.02\times 25.1 = 0.63\ [\mathrm{m^3/s}]$$

Stodola の近似式 (3.23) より，すべり係数は

$$\mu = 1 - \frac{\pi\sin\beta_2/z}{1-\phi\cot\beta_2} = 1 - \frac{\pi\sin(30^\circ)/8}{1-0.4\cot(30^\circ)} = 0.36$$

(3.22) 式より，すべり速度は，

$$\Delta v_{u2} = \frac{\pi\sin\beta_2}{z}u_2 = \frac{\pi\sin(30^\circ)}{8}\times 62.8 = 12.3\ [\mathrm{m/s}]$$

相対流出角は，

$$\beta_2' = \tan^{-1}\left(\frac{v_{m2}}{\dfrac{v_{m2}}{\tan\beta_2} + \Delta v_{u2}}\right) = \tan^{-1}\left(\frac{25.1}{\dfrac{25.1}{\tan(30^\circ)} + 12.3}\right) = 24.2\ [^\circ]$$

実際に得られる揚程は，入口の予旋回がないと仮定すると，

$$H_{th} = \frac{1}{g}(u_2 v_{u2}') = \frac{1}{9.8}\left[u_2\left(\frac{v_{m2}}{\tan\beta_2'}\right)\right] = \frac{1}{9.8}\left[62.8\left(\frac{25.1}{\tan(24.2^\circ)}\right)\right]$$
$$= 357.4\ [\mathrm{m}]$$

この揚程を圧力上昇に換算すると，

$$\Delta P = \rho g H_{th} = 1000 \times 9.8 \times 357.4 = 3.50 \times 10^6\ [\mathrm{Pa}]$$

となる．

[演習問題 4.1]

[解答例]

有効平均速度は，

$$w_\infty = \sqrt{12^2 + 8^2} = 14.4\ [\mathrm{m/s}]$$

1 枚の翼に作用する揚力は，

$$dL = C_L l \rho \frac{w_\infty^2}{2} = 1.5 \times 0.1 \times 1000 \times \frac{14.4^2}{2} = 1.56 \times 10^4\ [\mathrm{N}]$$

翼列全体に作用する揚力は

$$L = dL \times z = 1.56 \times 10^4 \times 12 = 1.87 \times 10^5\ [\mathrm{N}]$$

1 枚の翼に作用する抗力は，

$$dD = C_D l \rho \frac{w_\infty^2}{2} = 0.05 \times 0.1 \times 1000 \times \frac{14.4^2}{2} = 5.18 \times 10^2\ [\mathrm{N}]$$

翼列全体に作用する抗力は

$$D = dD \times z = 5.18 \times 10^2 \times 12 = 6.22 \times 10^3\ [\mathrm{N}]$$

抗揚比は，

$$\frac{D}{L} = \frac{C_D}{C_L} = \frac{0.05}{1.5} = 0.033$$

と求まる．

[演習問題 4.2]

[解答例]

動翼出口における絶対流速の周方向速度成分は，

$$v_{u2} = 28 \times \tan(20^\circ) = 10.2\ [\mathrm{m/s}]$$

周速度は

$$u = r\omega = 0.3 \times \frac{1000 \times 2\pi}{60} = 31.4\ [\mathrm{m/s}]$$

(4.15) 式より，動翼における圧力ヘッドの上昇は，

$$\frac{p_2 - p_1}{\rho g} = \frac{1}{g}\left(u v_{u2} - \frac{v_{u2}^2}{2}\right) = \frac{1}{9.8}\left(31.4 \times 10.2 - \frac{10.2^2}{2}\right) = 27.4\ [\mathrm{m}]$$

(4.23) 式より，オイラーヘッドの上昇分は，

$$H_{th} = \frac{1}{g} u v_{u2} = \frac{1}{9.8} \times 31.4 \times 10.2 = 32.7\ [\mathrm{m}]$$

と求まる．

[演習問題 4.3]

[解答例]

平均半径は，

$$r = \frac{r_1 + r_2}{2} = \frac{0.4 + 0.25}{2} = 0.325 \text{ [m]}$$

平均径における周速度は，

$$u = r\omega = 0.325 \times \frac{1200 \times 2\pi}{60} = 40.8 \text{ [m/s]}$$

(4.45) 式より，軸流速は，

$$v_a = \frac{Q}{\frac{\pi}{4}(D^2 - D_b^2)} = \frac{240/60}{\frac{\pi}{4}(0.8^2 - 0.5^2)} = 13.1 \text{ [m/s]}$$

(4.46) 式より，出口における絶対速度の周方向速度成分は，効率 100%を仮定して（損失が無視できるため），

$$v_{u2} = \frac{gH}{r\omega} = \frac{9.8 \times 30}{0.325 \times \frac{1200 \times 2\pi}{60}} = 7.20 \text{ [m/s]}$$

出口における相対流出角は，

$$\beta_\infty = \tan^{-1}\left(\frac{v_a}{u - v_{u2}/2}\right) = \tan^{-1}\left(\frac{13.1}{40.8 - 7.20/2}\right) = 19.4 \text{ [°]}$$

有効平均速度は，

$$w_\infty = \frac{v_a}{\sin\beta_\infty} = \frac{13.1}{\sin(19.4°)} = 39.4 \text{ [m/s]}$$

(4.23) 式より，オイラーヘッドは，

$$H_{th} = \frac{1}{g} u v_{u2} = \frac{1}{9.8} \times 40.8 \times 7.2 = 30.0 \text{ [m]}$$

のように求められる．

[演習問題 5.1]

[解答例]

回転数の比：$\frac{N_2}{N_1} = \frac{1620}{1080} = 1.5$．式 (5.23) より，

$Q \propto N$ より，$Q_2 = Q_1 \times 1.5 = 16 \times 1.5 = 24 \text{ [m}^3\text{/min]}$

$P_T \propto N^2$ より，$P_{T2} = P_{T1} \times (1.5)^2 = 600 \times (1.5)^2 = 1350 \text{ [Pa]}$

[演習問題 5.2]

[解答例]

(1) 回転数の比：$\frac{N_2}{N_1} = \frac{1740}{1450} = 1.2$．式 (5.23) より，

$Q \propto N$ より，$Q_2 = Q_1 \times 1.2 = 3 \times 1.2 = 3.6 \text{ [m}^3\text{/min]}$

$H \propto N^2$ より，$H_2 = H_1 \times (1.2)^2 = 20 \times (1.2)^2 = 28.8 \text{ [m]}$

$L \propto N^3$ より，$L_2 = L_1 \times (1.2)^3 = 13 \times (1.2)^3 = 22.5 \text{ [kW]}$

(2) $N_s = N\frac{Q^{\frac{1}{2}}}{H^{\frac{3}{4}}} = 1450\frac{(3)^{\frac{1}{2}}}{(20)^{\frac{3}{4}}} = 265.6 \text{ [1/min, m}^3\text{/min, m]}$ より，遠心式と推定できる．

[演習問題 5.3]

[解答例]

式 (5.34) より， $N_s^* = N\dfrac{L^{\frac{1}{2}}}{H^{\frac{5}{4}}} = \dfrac{150 \times (50000)^{\frac{1}{2}}}{(80)^{\frac{5}{4}}} = 140.2$ [1/min, kW, m]

[演習問題 5.4]

[解答例]

(1) $N_s = N\dfrac{Q^{\frac{1}{2}}}{H^{\frac{3}{4}}} = 750\dfrac{(400)^{\frac{1}{2}}}{(200)^{\frac{3}{4}}} = 282$ [1/min, m^3/min, m]

(2) $\eta = \dfrac{\rho g H Q}{L}$ より， $H = \dfrac{L\eta}{\rho g Q} = \dfrac{210 \times 10^3 \times 0.82}{1000 \times 9.8 \times 12/60} = 87.86$ [m],

$N_s = N\dfrac{Q^{\frac{1}{2}}}{H^{\frac{3}{4}}} = N\dfrac{(12)^{\frac{1}{2}}}{(87.86)^{\frac{3}{4}}}$ より回転数を求めると， $N = 2336$ [1/min]

(3) 式 (5.20)： $\dfrac{Q_2}{Q_1} = \left(\dfrac{D_2}{D_1}\right)^3 \dfrac{N_2}{N_1}$， あるいは式 (5.21)： $\dfrac{H_2}{H_1} = \left(\dfrac{D_2}{D_1}\right)^2 \left(\dfrac{N_2}{N_1}\right)^2$ より， $\dfrac{D_2}{D_1} = 4.7$

(4) 式 (5.21) より， $\dfrac{H_2}{H_1} = \left(\dfrac{D_2}{D_1}\right)^2 \left(\dfrac{N_2}{N_1}\right)^2 = (4.7)^2 \left(\dfrac{750}{2336}\right)^2 = 2.277$， 模型の揚程は $H_1 = \dfrac{H_2}{2.277} = 87.8$ [m]

$\dfrac{200}{87.8} = 2.277$

$H \propto N^2$ より， $N = 2336 \times (2.277)^{\frac{1}{2}} = 3525$ [1/min]

$Q \propto N$ より， $Q = 12 \times (2.277)^{\frac{1}{2}} = 18.1$ [m^3/min]

$P \propto N^3$ より， $P = 210 \times (2.277)^{\frac{3}{2}} = 722$ [kW]

[演習問題 6.1]

[解答例]

式 (6.3) より， 吸込み揚程 h_s は，

$$h_s = \frac{p_{sp}}{\rho g} + \frac{v_s^2}{2g} = \frac{(101.3 - 60) \times 10^3}{10^3 \times 9.8} + \frac{(3.6)^2}{2 \times 9.8} = 4.88 \text{ [m]}$$

よって, 式 (6.4) より, $[NPSH]_i = h_s - H_{vp} = h_s - \dfrac{p_v}{\rho g} = 4.88 - \dfrac{7.4 \times 10^3}{10^3 \times 9.8} = 4.12$ [m]

[演習問題 6.2]

[解答例]

(1) $N_s = N\dfrac{Q^{\frac{1}{2}}}{H^{\frac{3}{4}}} = 2900\dfrac{(1.5)^{\frac{1}{2}}}{(50)^{\frac{3}{4}}} = 188.9$

式 (6.14a) より， $\sigma = \dfrac{78.8}{10^6} N_s^{\frac{4}{3}} = \dfrac{78.8}{10^6}(188.9)^{\frac{4}{3}} = 0.085$

(2) 式 (6.13) より， $[NPSH]_i = \sigma H = 0.085 \times 50 = 4.25$ [m]

(3) 式 (6.12) より， $-H_s = \dfrac{p_a}{\rho g} - (h_\ell + H_{vp} + [NPSH]_i)$

$$= \frac{101.3 \times 10^3}{10^3 \times 9.8} - \left(1.5 + \frac{19.9 \times 10^3}{10^3 \times 9.8} + 4.25\right) = 2.55 \text{ [m]}$$

参考文献

以下，本書を執筆する上でも直接参考としていないものも含まれているが，さらに詳細について知識を得たい際に活用していただきたい．

【便覧・ハンドブックなど】

(A1)　機械工学便覧　基礎編（α4）流体工学，日本機械学会，(2006).

(A2)　機械工学便覧　応用システム編（γ2）流体機械，日本機械学会，(2007).

(A3)　流体機械ハンドブック，大橋秀雄ら編，朝倉書店，(1998).

(A4)　水力機械工学便覧，水力機械工学便覧編集委員会編，コロナ社，(1957).

(A5)　新版空気機械工学便覧，空気機械工学便覧編集委員会編，コロナ社，(1979).

(A6)　気体機械ハンドブック，八田桂三編，朝倉書店，(1969).

(A7)　流体の熱物性値集（技術資料），日本機械学会，(1983).

(A8)　日本機械学会蒸気表 (1999)，日本機械学会，(1999).

(A9)　管路・ダクトの流体抵抗（技術資料），日本機械学会，(1979).

【教科書・参考書】

流体機械全般

(B1)　草間秀俊，酒井俊道，流体機械，共立出版，(1976).

(B2)　大場利三郎，流体機械-大学講義，丸善，(1980).

(B3)　原田幸夫，流体機械，朝倉書店，(1986).

(B4)　大橋秀雄，流体機械，森北出版，(1987).

(B5)　妹尾泰利，内部流れ学と流体機械，養賢堂，(1988).

(B6)　井上雅弘，鎌田好久，流体機械の基礎，コロナ社，(1989).

(B7)　横山重吉，六角泰久，流体機械，コロナ社，(1994).

(B8)　安達勤，村上芳則，システムとしてとらえた流体機械，培風館，(1998).

(B9)　藤本武助，流体機械大要-新編，養賢堂，(2000).

(B10)　ターボ機械入門編，ターボ機械協会，日本工業出版，(2005).

(B11)　小池勝，流体機械工学，コロナ社，(2009).

(B12)　岩壺卓三，松久寛，振動工学の基礎，森北出版，(2009).

水力機械

(C1)　A.J.Stepanoff, Centrifugal and Axial Flow Pumps, John Wiley & Sons, Inc., (1957).

(C2)　ハイドロタービン新改訂版（PDF 版），ターボ機械協会，日本工業出版，(2007).

(C3)　ターボポンプ新改訂版，ターボ機械協会，日本工業出版，(2011).

空気機械

(D1)　生井武文，井上雅弘，ターボ送風機と圧縮機，コロナ社，(1988).

(D2)　Horlock, H.J., Axial-Compressors, Butterworths Scientific Pub. Ltd, (1958).

(D3)　ベ・エス・ステーチキン編，浜島操訳，ジェットエンジン理論，コロナ社，(1959).

(D4)　Abbott, I. H., von Doenhoff, A. E., Theory of Wing Sections, Dover Publications, (1959).

(D5)　Traupel, W, Die Theorie der Stromung durch Tadialmaschinen, G.Braun Verlag, Karlsruhe, (1962).

(D6)　送風機，圧縮機計画設計データ集，日刊工業出版社，(1964).

(D7)　Johnson, I.A., and Bullock, R.O., Aerodynamic Design of Axial-Flow Compressors, NASA SP-36, (1965).

(D8)　Horlock, H.J., Axia Flow Turbine, Butterworths Scientific Pub. Ltd, (1966).

(D9)　Sovran G., Klomp E.D., Experimentally Determined Optimum Geometries for Rectilinear Diffusers with Rectangular, Conical or Annular Cross-Section, Fluid Dynamics of Internal Flow, Elsevier Publishing Company, (1967).

(D10)　ア・ヴェ・シチェグリヤノフ，ベェ・エス・トロヤノフスキー，永島俊三郎訳，蒸気タービン—理論と構造—，タービン研究会，(1982)

(D11)　蒸気タービン新改訂版，ターボ機械協会，日本工業出版，(2013).

(D12)　青木素直，日本ガスタービン学会誌，Vol.27，No.4，pp.228-233，(1999).

(D13)　ガスタービン工学，日本ガスタービン学会，(2013).

(D14)　吉田豊明，日本ガスタービン学会誌，Vol.35，No.3，pp.132-133，(2007).

(D15)　原田広史他，日本ガスタービン学会誌，Vol.41，No.1，pp.85-92，(2013).

(D16)　浅妻金平，ターボチャージャーの性能と設計，グランプリ出版，(2014).

(D17)　牛山泉，風車工学入門，森北出版，(2013).

(D18)　Sutherland, U.S. Committee on Extension to the Standard Atmosphere, (1976).

(D19)　Cockrell, D.J., Markland, E., A Review of Incompressible Diffuser Flow, Aircraft Engineering 35, (1963).

【規格など】

(E1)　計測の不確かさ，アメリカ規格協会・アメリカ機械学会，(1985)

(E2)　模型によるファン・ブロワの性能試験及び検査方法，ターボ機械協会，日本工業出版，(2004).

(E3)　JIS B0119 水車及びポンプ水車用語，(2009).

(E4)　JIS B0131 ターボポンプ用語，(2002).

(E5)　JIS B0132 送風機・圧縮機用語，(2005).

(E6)　JIS B8040 ガスタービン用語，(2005).

(E7) JIS B8101 蒸気タービンの一般仕様，(2012).

(E8) JIS B8313 小型渦巻ポンプ，(2013).

(E9) JIS B8319 小型多段遠心ポンプ，(2013).

(E10) JIS B8322 両吸込渦巻きポンプ，(2013).

(E11) JIS B8331 多翼送風機，(2002).

(E12) JIS B8342 小型往復空気圧縮機，(2008).

(E13) JIS B8346 送風機及び圧縮機-騒音レベル測定方法，(1991).

(E14) JIS C1400 風車，(2010～2014).

(E15) JEC 4001 水車及びポンプ水車，(2018).

【Web Site など】(2018/9/1 参照)

(F1) 株式会社 IHI，https://www.ihi.co.jp/compressor/index.html

(F2) 株式会社荏原製作所，https://www.ebara.co.jp/products/index.html

(F3) 川崎重工株式会社，https://www.khi.co.jp/machinery/product

(F4) 株式会社電業社機械製作所，http://www.dmw.co.jp/product/index.html

(F5) 東芝エネルギーシステムズ株式会社，https://www.toshiba-energy.com/

(F6) 三井造船株式会社，https://www.mes.co.jp/business/infra/industrial

(F7) 三菱重工，https:/www.mhi.com/jp/products/

(F8) 三菱日立パワーシステムズ，https:/www.mhps.com/jp

索　引

【著者略歴】

山本 誠（やまもと まこと）

1982 年　東京大学工学部産業機械工学科 卒業
1987 年　東京大学大学院工学系研究科博士課程・単位取得退学
1987 年　石川島播磨重工業株式会社
1990 年　東京理科大学工学部 講師
1995 年　東京理科大学工学部 助教授
2004 年　東京理科大学工学部 教授
現　在　東京理科大学工学部機械工学科 教授，工学博士

太田 有（おおた ゆたか）

1983 年　早稲田大学理工学部機械工学科 卒業
1989 年　早稲田大学大学院 理工学研究科 博士後期課程単位取得退学
1989 年　早稲田大学理工学部 助手
1993 年　早稲田大学理工学部 専任講師
1995 年　早稲田大学理工学部 助教授
2000 年　早稲田大学理工学部 教授
現　在　早稲田大学基幹理工学部機械科学・航空学科 教授，工学博士

新関良樹（にいぜきよしき）

1982 年　東京理科大学工学部機械工学科 卒業
1984 年　東京理科大学大学院工学研究科修士課程修了
1984 年　株式会社東芝
2018 年　徳島文理大学理工学部機械創造工学科 教授
現　在　徳島文理大学理工学部機械創造工学科 教授，博士（工学）

宮川和芳（みやがわかずよし）

1983 年　早稲田大学理工学部機械工学科 卒業
1985 年　早稲田大学大学院理工学研究科 博士前期課程修了
1985 年　三菱重工業株式会社
2011 年　早稲田大学基幹理工学部機械科学・航空学科 准教授
2012 年　早稲田大学基幹理工学部機械科学・航空学科 教授
現　在　早稲田大学基幹理工学部機械科学・航空学科 教授，博士（工学）

流体機械－基礎理論から応用まで－

Fluid Machinary —From Fundamental Theory to Applications—

NDC 534　検印廃止　©2018

2018 年 10 月 30 日　初版第 1 刷発行
2024 年 9 月 10 日　初版第 4 刷発行

著　者　山本　誠・太田　有
新関良樹・宮川和芳

発行者　南 條　光 章
東京都文京区小日向 4 丁目 6 番 19 号

印刷者　加 藤　文 男
東京都千代田区神田三崎町 2 丁目 15 番 6 号

発行所　東京都文京区小日向 4 丁目 6 番 19 号
電 話 東 京 3947 局 2511 番（代 表）
〒112-0006 振替口座 00110-2-57035 番
www.kyoritsu-pub.co.jp

共立出版株式会社

印刷 加藤文明社　製本 協栄製本

Printed in Japan

一般社団法人
自然科学書協会
会員

ISBN 978-4-320-08220-5